国家科学技术学术著作出版基金资助出版

智能科学与技术前沿丛书

深度强化学习控制
前沿理论与方法

孙长银　穆朝絮　著

科学出版社

北　京

内 容 简 介

本书系统梳理了深度强化学习的核心理论、关键算法及其在智能控制、机器人技术和多智能体系统中的应用。全书涵盖强化学习的基本概念、深度强化学习的主要框架，以及多智能体强化学习的协同决策、任务分解与优化控制等前沿问题，并结合大量实验案例，深入探讨强化学习在飞行器控制、移动机器人导航与避障等领域的实践应用。

本书适合人工智能、自动化、计算机科学、机器人学等领域的研究人员、工程师及研究生阅读，尤其适用于希望系统掌握深度强化学习理论，并将其应用于复杂环境决策与智能控制任务的读者。书中内容兼顾理论推导与工程实践，既适合作为强化学习相关课程的参考教材，也可供从事智能决策、自动控制、多智能体系统研究的专业人员深入学习和参考。

图书在版编目（CIP）数据

深度强化学习控制 ：前沿理论与方法 / 孙长银，穆朝絮著. — 北京 ：科学出版社，2025. 6. — (智能科学与技术前沿丛书). — ISBN 978-7-03-081934-5

Ⅰ. TP181

中国国家版本馆 CIP 数据核字第 2025W0L468 号

责任编辑：张海娜　赵微微 / 责任校对：任苗苗

责任印制：赵　博 / 封面设计：有道文化

科学出版社 出版

北京东黄城根北街 16 号

邮政编码: 100717

http://www.sciencep.com

北京中科印刷有限公司印刷

科学出版社发行　各地新华书店经销

*

2025 年 6 月第　一　版　开本：720×1000　1/16

2025 年11月第二次印刷　印张：20

字数：401 000

定价：180.00 元

(如有印装质量问题，我社负责调换)

前 言

强化学习作为人工智能领域的重要分支，自诞生以来，便在理论研究与实际应用中取得了广泛的关注。近年来，随着深度学习的快速发展，深度强化学习逐渐成为智能决策、自动控制、机器人技术等领域的关键方法之一。深度强化学习的核心思想是利用神经网络学习复杂环境中的最优决策策略，从而赋予智能体更高效的感知和控制能力。

本书的写作缘于近年来强化学习技术的迅猛发展及其在各个场景中的广泛应用。作者长期从事深度强化学习、机器人控制、多智能体系统等相关研究，深刻认识到理论研究和实际应用之间仍存在较大鸿沟。虽然近年来出现了诸多开创性的研究，但如何将其有效应用于复杂环境，仍是学术界和工业界共同面临的挑战。因此，本书系统地梳理了深度强化学习的基础理论、核心算法，并结合实际应用场景，深入探讨其在智能控制、机器人导航、多智能体协作等领域的最新进展。与此同时，强化学习领域的研究者和从业人员往往面临着学习曲线陡峭、算法实现复杂等问题。现有的教材和研究论文通常偏重于理论推导或单一应用，而缺乏全面的理论阐述与实践指导。因此，本书不仅希望为研究者提供系统化的理论框架，还致力于通过详细的实验分析和应用案例，帮助相关研究人员快速理解和掌握深度强化学习的核心思想及其应用技巧。

本书共 14 章，涵盖深度强化学习的基本概念、核心算法及其在不同领域的应用。第 1 章回顾强化学习的发展历程，从早期的马尔可夫决策过程理论，到近年来取得突破性进展的深度强化学习，同时介绍深度强化学习的基本框架，为后续章节的深入探讨奠定基础。第 2 章详细介绍强化学习的基本概念与理论，包括智能体–环境交互模型、策略与值函数、探索–利用权衡等内容，同时阐述基于值函数和基于策略的经典强化学习方法，为读者建立系统性的认知。第 3~6 章主要探讨强化学习在控制问题中的应用。其中，第 3 章介绍深度强化学习在输入受限系统中的应用，包括相关优化算法的设计；第 4 章讨论状态依赖输入约束的强化学习优化控制方法，并结合仿真实验进行分析；第 5 章和第 6 章则重点研究强化学习在自治切换系统和受控切换系统中的优化控制问题，探索不同场景下的策略优化方法。从第 7 章开始深入探讨多智能体强化学习问题。第 7 章介绍基于任务分解的多智能体协同控制方法；第 8 章进一步探讨后继特征在多智能体任务迁移中的应用；第 9 章关注多智能体一致性控制问题；第 10 章研究基于自学习通信的多智能体合作追捕问题，展示强化学习在群体智能中的潜力。第 11、12 章主要分析强化学习在飞行器控制、移动机器人导航与避障等领域的应用。其中，第 11 章介绍强化学习在无人机控制中的优化方法，并探讨积分补偿策略在飞行控制中的作用；第 12 章系统阐述强化学习在移动机器人路径规划、避障导航中的关键技术。第 13 章汇总当前主流的强化学习开源测试环境以及作者团队开发的“玄策”强化学习算法库，为读者提供实验平台。最后，第 14 章总结全书的核心内容，并展望深度强化学习在未来的发展方向，包括如何提高模型的可解释性、数据高效性、鲁棒性等。本书既强调理论体系的完整性，也注重实验分析与应用案例的结合，力求在理论与实践之间建立桥梁，帮助读者掌握深度强化学习的基本原理与应用方法。

本书的完成离不开团队成员的共同努力。在此，向在撰写过程中做出重要贡献的王远大博士、袁心博士、朱晓霞博士、李晓峰博士、柳文章博士等致以最诚挚的感谢。他们在强化学习、多智能体系统、智能控制等领域的专业知识和研究经验，为本书的内容提供了重要的理论支持、实验分析和案例研究，使得本书的框架更加完善，内容更加严谨和富有深度。此外，衷心感谢学术界的同行们，他们在强化学习、智能控制、机器人技术等方向的前沿研究成果，为本书提供了丰富的参考资料和宝贵的学术启发。正是这些研究的累积和创新推动了该领域的发展，使得本书能够为读者提供更具系统性和前瞻性的内容。最后，向所有关心、帮助和支持本书创作的人表示最由衷的感谢！

愿本书能够为从事强化学习研究的学者、工程师、学生提供有价值的参考，也诚挚期待各位读者的批评与建议，共同推动强化学习技术的发展与应用。

作　者

2025 年 2 月于合肥

目录

第 1 章 绪 论

1.1 强化学习发展历程

强化学习 (reinforcement learning, RL) 是受到生物学习规律的启发，以试错机制与环境进行交互，通过最大化累计奖励的方式来获得最优策略的机器学习方法[1,2]。强化学习的起源和发展历程具有动物行为学、心理学、神经科学、计算机科学、控制科学等多学科交叉的背景。早在 1898 年，Thorndike[3] 通过研究猫的行为发现了动物的试错学习机制。1957 年，Bellman[4] 提出了求解最优控制问题的动态规划 (dynamic programming, DP) 方法，将迭代求解机制与试错学习的方法相结合，并且引入了马尔可夫决策过程 (Markov decision process, MDP) 用于描述随机和离散的被控模型。1965 年，Waltz 等[5] 在控制理论中提出了通过奖惩手段和试错方法进行学习的基本思想。1972 年，Klopf[6] 将动物学习心理学的基本原理与试错学习的计算模型相结合，提出了时间差分 (tempral difference, TD) 学习方法。1992 年，Watkins 等[7] 将最优控制理论、贝尔曼方程、马尔可夫决策过程与时间差分学习结合，提出了著名的 Q 学习 (Q learning) 算法，成为强化学习发展早期最重大的突破。

近年来，深度学习的快速发展和计算能力的提升给解决经典强化学习在高维状态和动作空间下值函数和策略的表达与学习这类固有难题带来了新的希望。研究人员将深度神经网络强大的特征提取和表示能力与强化学习的决策和控制能力相结合，提出了深度强化学习 (deep reinforcement learning, DRL)。2013 年，Google DeepMind 团队将深度卷积神经网络与 Q 学习算法相结合，在 Atari(雅达利) 游戏中达到了专业玩家的操作水平[8]。该项成果也标志着深度强化学习的诞生，开创了强化学习发展的新阶段。随后 DRL 在多个领域取得引人瞩目的成果：DeepMind 团队研制 AlphaGo 系列围棋程序多次击败了人类专业围棋冠军[9,10]；OpenAI 团队和 DeepMind 团队分别开发的电子游戏程序 OpenAI Five[11] 和 AlphaStar[12] 在 *Dota2* 和 *StarCraft II* 游戏中击败人类专业玩家团队。除了对弈和电子游戏领域，DRL 在机器人控制[13,14]、自动驾驶[15]、推荐系统[16]、智能电网[17] 等多种复杂任务中都展现出强大的威力。从此，DRL 凭借其在解决复杂决策和控制问题中的显著优势和广泛的应用前景，成为多个领域的研究热点[2,18-20]。

1.2　深度强化学习基础算法

早期的强化学习方法与同时期的其他机器学习算法相同，受到存储空间和计算能力的限制，在处理高维传感数据方面存在很大的局限性，因此只能处理低维的状态和动作。深度学习的发展使得从视频、语音等高维感知数据中自动学习特征表示成为可能，一系列的深度神经网络结构被提出，如卷积神经网络 [21](convolutional neural network, CNN)、循环神经网络 (recurrent neural network, RNN)、深度残差网络 (deep residual network, DRN) 等结构。DRL 将深度学习的高维特征提取能力与强化学习的决策与控制能力相结合，便可以解决传统强化学习在高维状态和动作空间下的值函数和策略表达的难题，从而实现端到端的学习 [22-24]。DRL 基本框架如图 1.1 所示，其中深度学习方法主要用于从高维观测中提取特征，并表示为当前的环境状态，而强化学习方法根据预期的累计奖励对策略和深度网络的特征提取方式进行优化，同时将当前状态映射到相应的动作。目前 DRL 可以大致分为两类：基于值函数的 DRL 算法和基于策略的 DRL 算法。下面对这两类算法的研究现状分别进行介绍。

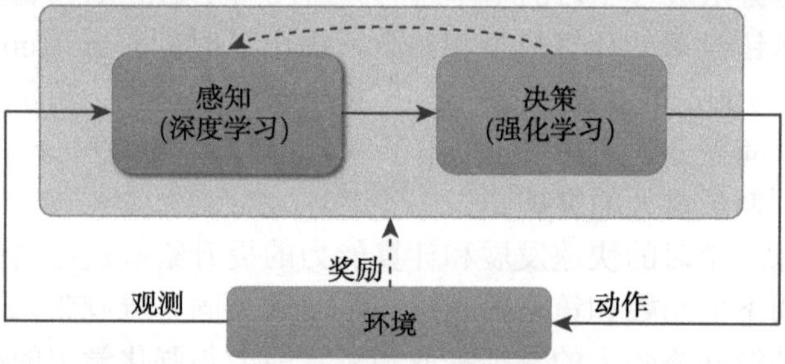

图 1.1　DRL 基本框架

1.2.1　基于值函数的深度强化学习

基于值函数的 DRL 算法使用深度神经网络对强化学习中的值函数进行拟合，从而完成对策略的迭代优化。Mnih 等 [8] 在 2015 年提出的深度 Q 网络 (deep Q network, DQN) 是基于值函数的 DRL 算法的代表，也是 DRL 领域的开山之作。该算法将深度学习与 Q 学习算法相结合，使用深度卷积神经网络对状态–动作值函数进行拟合，并使用 Q 学习算法对 Q 网络进行训练。在 DQN 算法之前，科研人员也尝试使用神经网络对 Q 学习中的状态–动作值函数进行拟合，然而学习过程往往会不稳定甚至不收敛。这主要是由学习过程中状态转换样本的相关性引起的 [25]。为了解决这个问题，在 DQN 算法中引入了经验回放 (experience replay) 机制 [26] 和目标网络 (target network) 两种处理方法。

经验回放机制将智能体与环境每个时间步的状态转换经验样本 (也称为经验样本)，保存在经验回放池中。在每次训练迭代时从经验回放池中随机抽取一批经验样本，使用批量式梯度下降的方法对神经网络表示的值函数进行更新。该方法一方面提高了经验样本的利用率，另一方面打乱了样本的时间顺序，降低了相关性。目标网络方法额外引入了 Q 网络的一个副本，其初始参数与 Q 网络相同。在每次迭代更新中，状态–动作值的目标值由目标网络提供，但是只对 Q 网络的参数进行调节。每经过一定次数的迭代，用 Q 网络的参数覆盖目标网络的参数，而在两次执行覆盖操作的中间迭代中，目标网络的参数保持不变。目标网络的处理方式一定程度上减慢了 Q 网络的更新速度，也提高了学习过程的稳定性。最终，DQN 在 Atari 游戏环境中进行了验证，完成了由原始视频输入到控制输入的端到端的感知和决策过程，并且在部分游戏中达到甚至超过了人类的操作水平。

DQN 算法获得成功之后，科研人员在此基础上提出了各种改进方法。这些改进方法大概可以分为两类：一类是从训练算法和学习机制方面进行改进，提高训练的效果和速度；另一类是从神经网络结构方面进行改进，使其更加适应特定的应用场景。也有的方法在两方面都进行了改进。下面我们分别选择两类方法中部分常用的改进版本进行介绍。

双深度 Q 网络 (double deep Q network, DDQN) 是 van Hasselt 等 [27] 对 DQN 在训练算法上的重要改进之一。在标准的 DQN 算法中计算更新 Q 网络的目标值 (目标 Q 值) 时，根据贪婪策略使用目标网络选择下一步的动作，并且同样使用目标网络评价该动作，从而得到目标 Q 值。由于训练初期目标网络对动作的估计不准确，这样的目标值计算方法会使 Q 值的估计越来越大，即过估计问题。DDQN 算法借鉴了 van Hasselt [28] 在 2010 年提出的双 Q 学习算法，在计算目标 Q 值时，基于 Q 网络使用贪婪策略选择下一步动作，但使用目标网络对其进行评价。通过这种方法将动作的选择和评价分开，有效缓解了过估计问题，并且在 Atari 游戏环境中获得了比标准 DQN 更好的效果。

经验回放的处理方法能够打破经验样本之间的关联，同时提高样本利用率。但是常规的经验回放方法每次都从经验回放池中以等同的概率随机抽取一批经验样本。这种完全随机采样的方式显然不是最优的选择，因为这样使得对 Q 网络更新有较大贡献的重要样本无法得到应有的重视，而对网络更新没有太大贡献的普通样本则频繁被采样。针对这个问题，Schaul 等 [29] 提出了优先经验回放 (prioritized experience replay, PER) 训练机制，使用每个经验样本的时间差分误差来衡量其重要性，并且在采样中赋予重要性高的样本更高的采样概率，最终使得每次从经验回放池中采样得到的一批样本能够包括更多的重要样本。将优先经验回放训练机制用于 DQN 和 DDQN，均能在训练速度和效果上得到提高。

竞争网络结构 (dueling network structure) 是 Wang 等 [30] 提出的一种用于

改进 DQN 的新型网络结构。原始的 Q 网络的输入图像经过多个卷积层和多个全连接层，最终映射到 Q 值，而竞争网络结构在全连接层处进行了改进，分成了两条支路，一条用于拟合状态值函数，另一条用于拟合优势函数。状态值函数用于评价当前状态的优劣，状态–动作值函数表示当前状态下选择特定动作的期望奖励，优势函数则表达了当前状态下各个动作相对的优劣程度。状态值函数与优势函数之和即为状态–动作值函数。这种结构对状态值函数进行了单独的学习，因此对于大量动作冗余的环境中的学习具有很大的改善。动作冗余的情况是指在某个状态下，无论选择何种动作，对环境都没有实质上的影响。在这种状态下，对状态进行评价就比对该状态下的每个动作进行评价要更有价值。另外，状态值函数是状态–动作值函数在特定状态下所有动作值的一个基准，在学习状态–动作值函数的同时调节该基准，可以大大提高算法的收敛速度，当动作数量较大时效果更加显著。

深度循环 Q 网络 [31](deep recurrent Q network, DRQN) 是 DQN 在神经网络结构方面的一个重要改进。通过将原始 DQN 的全连接层换成长短期记忆 (long short term memory, LSTM) 网络，加强了 DQN 算法在部分可观测环境中的学习效果。由于大量的实际应用问题的状态都是部分可观测的，如第一人称视角的迷宫导航问题，因此需要根据历史数据来推测当前的完整状态。常规的 DQN 算法在 Atari 游戏中通过输入连续四帧图像的方法来获得一定的“记忆力”，但是更复杂的问题需要更长久的历史信息依赖。DRQN 通过引入 LSTM 网络，虽然每个时间步只输入一帧图像，但是能够整合历史上输入的图像数据之间的相关信息，从而获得更强的“记忆力”。DRQN 算法在部分观测的 Atari 游戏中取得了比 DQN 更好的效果。Lample 等 [32] 将 DRQN 算法在三维第一人称射击游戏 $ViZDoom$ 环境中进行了训练，通过引入额外的游戏特征作为输入，最终获得了超过人类玩家的水平。Sorokin 等 [33] 在 DRQN 的基础之上加入注意力机制，提出了深度注意力递归 Q 网络 (deep attention recurrent Q network, DARQN)，使得策略网络更加重视游戏画面的重要区域，从而凭借更小的网络规模便可以完成相同的任务，可以有效减少存储负担，提高训练速度。

在 DQN 算法运行的每个时间步中，根据 Q 网络选择动作与环境交互，获得经验样本，再从经验回放池中抽取样本对网络进行训练。这种单线程的顺序执行方式难以充分利用计算资源，尤其是不能像现有的深度学习训练方法一样使用大规模并行的方式进行加速。为了能够使用大规模的计算资源对 DQN 进行加速，Nair 等 [34] 提出了一种分布式通用强化学习计算结构 Gorila。该结构主要分为四个部分：多个并行执行者、多个并行学习者、参数服务器和经验回放存储器。每个并行执行者具有一个本地的 Q 网络，并且周期性地从参数服务器中下载并覆盖其本地的 Q 网络的参数。执行者根据 Q 网络构成的策略在目标环境的不同副本中进行交互，并将经验样本存储至经验回放存储器中。每个并行学习者同样拥有一个本地的 Q 网络，并且周期性地从参数服务器下载并覆盖其本地的 Q 网络参数。学习者从经验回放存储器随机抽取一批经验样本，然后根据 DQN 算法计算 Q 网络参数的梯度并推送至参数服务器。参数服务器接收学习者推送来的梯度信息并对全局 Q 网络进行更新。Gorila 结构使与环境交互的执行者和计算网络参数梯度的学习者分别独立运行，使得原始 DQN 算法能够进行并行化运算，可以充分利用现有的大规模并行运算资源提高学习速度。

除了上述几种改进方法外，还有多步 Q 学习 (multi-step Q learning) [1,35]、分配式强化学习 (distributional RL) [36]、噪声网络探索 [37] 等方法。每种改进方法都从特定的方面对 DQN 进行了改进，提升了 DQN 特定的性能指标。由于这些方法都建立在 DQN 基本框架下，能够进行集中的整合。Hessel 等 [38] 提出了一种强大的 DQN 改进方法，称为 Rainbow。在 Atari 游戏环境测试中，Rainbow 算法在训练速度和最终性能上都超过了原始 DQN 算法及其任何一种扩展算法。

DQN 及其扩展算法一般只用于处理离散和低维的动作空间，而难以用于连续动作空间，这主要是因为在每一步选择动作时，需要找到使动作值函数最大的动作，在动作为连续取值的情况下，则需要在每一步进行迭代优化，需要耗费巨大的计算量。虽然可以通过将连续动作离散化的方法直接将 DQN 用于连续动作控制的问题，但是动作的数量会随着系统自由度增多而指数增长，给训练带来巨大的困难。因此，DQN 算法更加适用于离散动作数量相对较少的连续决策问题。而对于实际中具有连续和高维动作空间的控制问题，并不适合使用 DQN 算法来解决。

1.2.2 基于策略的深度强化学习

基于策略的 DRL 算法使用深度神经网络对强化学习中的策略进行表示，并使用策略梯度算法对策略进行迭代优化。相比于 DQN 及其扩展算法，基于策略的 DRL 算法可以处理连续的动作空间问题，因此在控制领域具有更广泛的应用前景。下面选取其中具有代表性的算法及其扩展算法进行介绍。

深度确定性策略梯度 (deep deterministic policy gradient, DDPG) 算法 [39] 是基于策略的 DRL 算法中的一个重要代表。DDPG 算法融合了确定性策略梯度 (deterministic policy gradient, DPG) 算法 [40]、执行器–评价器 (actor-critic) 结构，以及 DQN 算法中的目标网络和经验回放机制。DDPG 算法采用了执行器–评价器结构，即分别用深度神经网络表示执行函数和评价函数，两个网络分别称为执行网络和评价网络。其中执行网络表示策略，输入高维状态，直接映射到连续的动作输出。评价网络用于拟合状态–动作值函数，其输入分为两个部分，一部分是与执行网络相同的高维状态，另一部分是动作值，其输出就是在输入的状态和动作下估计得到的 Q 值。执行网络和评价网络通常采用类似的网络结构，并且根据实际状态的数据格式和动作维度进行调整。若状态为原始视频输入，则需要使用卷积神经网络和全连接网络进行处理，如果状态为低维的物理量向量，则可以直接使用多层全连接网络。

DDPG 算法使用了与 DQN 算法类似的目标网络处理方法，评价网络和执行网络各自拥有其对应的结构相同的目标网络。然而在参数更新上，与 DQN 算法每隔一定步数进行参数覆盖的方式不同，DDPG 算法在每次训练迭代都会使两个目标网络的参数以一个较小的学习率朝着其对应的执行网络和评价网络参数进行更新。这种缓慢的更新方式更加有利于学习过程的稳定性。在网络的训练方面，同样使用了经验回放机制，根据随机采样得到的一批经验样本进行参数更新。对于评价网络，首先使用目标执行网络选取对应的下一步动作，并使用目标评价网络进行评价，从而获得目标 Q 值，然后使用批量式梯度下降的方法进行更新。对于执行网络，根据 DDPG 算法获取网络参数的梯度并进行调节。DDPG 算法在倒立摆、机械臂、仿生关节及汽车驾驶等多种仿真物理控制任务中进行了测试，均能够以无模型在线学习的方式获得与传统基于模型方法媲美的控制策略。对于其中部分控制任务，如倒立摆和模拟汽车驾驶，DDPG 算法能够直接以场景的原始图像为输入，进行端到端的学习并得到良好的策略。DDPG 算法将 DQN 中用于 Q 学习的处理方式扩展到了基于策略的算法上，弥补了 DQN 难以用于连续动作空间的不足，具有重大意义。

在 DDPG 算法的基础之上，研究人员基于各种应用场景和任务需求给出了多种扩展算法。Popov 等 [41] 在机械手灵活抓取操作问题上对 DDPG 算法进行了改进，提出了更新次数可配置的异步 DPG 算法，进一步提高了经验样本的利用率，有效减少了学习过程中所需要的交互次数和经验数据。Vecerik 等 [42] 提出了示范 DDPG 算法，针对奖励函数设置难题，通过示范的方式给出合理的奖励函数，对于奖励稀疏的场景学习效果有较大提升。de Bruin 等 [43] 在经验回放机制基础上提出了改进，给出了一种保存经验数据的整理策略，确保经验回放池中经验样本的分布特点处于策略分布和平均分布之间，减少随机探索需求并提高了策略的泛化性能。

信任域策略优化 (trust region policy optimization, TRPO) [44] 是 Schulman 等在 2015 年提出的基于策略梯度原理的 DRL 算法。传统策略梯度算法难以选择合理的策略参数更新步长，使得策略的期望奖励在训练中反复振荡难以收敛。TRPO 算法的核心是寻求一个合适的策略参数更新步长，使得参数迭代更新过程对应的期望奖励的变化是单调递增的，即策略总是向着更优的方向调整。该算法通过引入 KL 散度定义的置信区域约束，并使用蒙特卡罗模拟的算法得到满足 KL 散度约束的最大更新步长。由于 TRPO 在每一步更新过程中都要满足 KL 散度的约束条件，因此使用线性搜索方法避免产生较大的更新步长。深度神经网络参数量较大，TRPO 算法中使用了共轭梯度算法计算自然梯度方向，避免了大矩阵求逆的过程，大大降低了运算的复杂度。从理论方面，TRPO 算法通过一系列近似运算对提出的策略更新对应的期望奖励的单调递增性进行了证明。相关实验表明，TRPO 算法在优化神经网络表示的复杂非线性策略的应用中十分有效，并且在具有复杂动态的仿生机器人控制中取得了良好的效果。

在此基础之上还发展出各种改进算法。Wu 等 [45] 提出了 ACKTR (actor-critic Kronecker factored trust region) 算法，即在执行器–评价器结构的基础之上，引入了 TRPO 算法保证稳定性，在学习中逼近信任域，再加上 Kronecker 因子分解，以提升样本的利用率并提高模型的泛化性能。Schulman 等 [46] 提出了通用优势估计 (generalized advantage estimation, GAE) 算法，通过价值函数的作用降低策略梯度方差，提高了训练的稳定性。近似策略优化 (proximal policy optimization, PPO) [47] 是 TRPO 算法的一个简化实现版本，只使用了一阶优化算法，并且简化了代理目标函数的约束限定，使其实现过程更加简便。PPO 算法主要使用了随机梯度上升和多步更新方法对策略进行优化。虽然是简化版本，但是表现出的稳定性和最终性能与 TRPO 算法相当。PPO 算法还有一种分布式的实现版本，称为分布式近似策略优化 (distributed PPO) 算法 [48]，使用并行计算提升训练速度。

异步优势执行器–评价器 (asynchronous advantage actor-critic, A3C) 是 Mnih 等 [49] 提出的一系列基于多线程异步并行更新方法的深度强化学习计算框架中的一个实现形式。A3C 算法中的异步并行的思路与前面提到的 Gorila 结构类似，设置多个并行学习者，每个学习者在同一环境的不同副本进行交互学习，但是 A3C 结构不需要设置多个分布式计算节点，而是在同一台计算机的多核中央处理器 (central processing unit, CPU) 的不同线程上运行不同的学习者，大大降低了执行的成本和复杂性。该结构中的每个学习者在一个线程上都具有一套执行器–评价器网络，另外包括一个全局的执行器–评价器网络。这些网络结构完全相同。这种执行器–评价器网络结构不像 DDPG 中是两个完全分立的网络，而是一个单输入双输出的“双头”网络。其输入为状态，输出分为状态值函数和策略两个部分，中间用于特征提取的网络隐含层是共享的。在训练过程中，每个学习者使用其本地策略与环境交互，并保存经验序列，每完成特定时间步或到达某个终止状态时使用多步经验根据 SARSA(state-action-reward-state-action) [1] 学习算法和基于优势函数的策略梯度计算网络的梯度。然后将这些梯度信息推送至全局执行器–评价器网络，对全局网络进行更新，随后再使用更新后的全局网络参数覆盖本地网络参数。由于每个学习者使用不同的探索方式，其更新全局网络的时机根据其自身情况而定，因而是异步的。

A3C 通过多线程异步执行的方式，直接使用每个线程获得的多步连续样本对网络进行训练，省去了经验回放机制，有效地节省了存储和计算资源。另外，通过多个学习者采用不同的探索策略与环境交互，可以得到更加均匀的训练样本，有利于提高训练的稳定性和策略的泛化性能。A3C 算法不仅在 Atari 游戏环境中仅使用多核 CPU 就在训练速度和效果上超过使用图形处理单元 (graphics processing unit, GPU) 的 DQN 算法，同时也在仿真物理控制、模拟汽车驾驶、3D 迷宫导航 [50] 等复杂任务中取得了成功，成为 DRL 领域一种重要的基准算法。在 A3C 基础上的改进算法也有很多。Babaeizadeh 等 [51] 提出了使用 GPU 和 CPU 混合架构的 A3C 算法，称为 GA3C，通过引入一种队列动态管理机制，使得原始 A3C 算法能够充分利用 GPU 的计算能力，大幅提升了训练速度。Jaderberg 等 [52] 提出了非监督强化辅助学习 (unsupervised reinforcement and auxiliary learning, UNREAL) 算法。UNREAL 在 A3C 训练算法的基础上引入了控制辅助任务和奖励预测辅助任务，充分利用了环境中额外可用训练信息。该算法还加入了经验回放机制，进行离线的值函数拟合。UNREAL 算法最终在 Atari 游戏和 3D 迷宫导航任务的训练速度和最终策略效果上都超过了原始 A3C 算法。

1.2.3 深度强化学习的应用与挑战

1. 运动控制

将强化学习的思路用于控制问题已经有几十年的历史。早在 20 世纪 70 年代，针对最优控制领域连续动态系统最优控制的哈密顿–雅可比–贝尔曼 (Hamilton-Jacobi-Bellman, HJB) 方程，或者离散系统最优控制的贝尔曼方程 (Bellman equation) 求解困难的问题，Werbos [53] 就提出了自适应动态规划 (adaptive dynamic programming, ADP) 方法，引入了基于强化学习思路的迭代求解方法，例如，针对模型已知问题的策略迭代和值迭代等动态规划类求解算法，以及评价器–执行器结构和算法，并使用线性函数和神经网络等结构对值函数进行拟合，成功解决了大量复杂的最优控制问题。随后，该方法在 Lewis 等 [54]、Si 等 [55,56]、Liu 等 [57]、Zhang 等 [58]、Zhong 等 [59] 学者的努力下日益发展成熟，并给出了丰富的理论和应用成果。该类方法虽然引入了强化学习思路，但是仍然局限于传统控制领域，其在实际应用中仍然需要先使用微分方程或差分方程对动态系统建模，然后依照模型方程或者部分的模型方程进行迭代求解。

在具有高维状态–动作空间、原始图像输入、完全未知动态等特征的控制问题中，无论是 ADP 方法还是传统的强化学习方法，都难以得到满意的效果，然而 DRL 算法提供了很好的解决思路。由于控制问题的动作空间一般是连续的，因此常常使用基于策略的 DRL 算法予以解决。Levine 等 [60] 针对机械臂控制问题提出指导性策略搜索 (guided policy search) 算法，将策略搜索转化为监督学习，并且将视觉图像作为输入，然后用卷积神经网络进行特征提取和策略表示，最终实现了直接端到端、眼到手的类似人的机械臂操作控制。Zhang 等 [61] 将上述指导性策略搜索算法与模型预测控制 (model predictive control, MPC) 相结合，提出了一种基于 DRL 的四旋翼无人机控制方法，使用深度神经网络将原始激光雷达测距数据直接映射到四旋翼电机控制量。模型预测控制器作为辅助控制器，用于在离策略训练采样过程中的安全控制。Rodriguez-Ramos 等 [62] 使用了标准 DDPG 算法在仿真环境中训练了一种四旋翼无人机的自动降落策略并且在实际飞行环境中进行了测试。Hwangbo 等 [63] 给出了一种新型的确定性同策略执行器–评价器结构并结合自然策略梯度的四旋翼控制方法，在学习速度上超过了标准的 DDPG 算法和 TRPO 算法。

基于 DRL 的控制方法通常需要对被控对象在控制输入下的动态进行大量采样，然后使用异策略的学习方法进行策略更新，然而实际实验成本较高且效率较低，例如，大型机械臂动作慢运行损耗大，四旋翼等被控对象在实验中还存在一定的危险性。对于这种问题，一般的解决方法是先在仿真环境中进行训练，然后再将其应用到实际被控对象上。然而仿真对象和实际对象还是存在一定偏差的，直接将仿真环境中学到的控制策略用于实际对象会降低控制性能，即“现实鸿沟”(reality gap) 问题 [63,64]。如何缩小现实鸿沟或者减少其对实际控制效果的影响是将 DRL 在电子游戏和仿真环境中取得的成就落地到实际控制应用的关键点之一。

2. 路径规划与避障

路径规划和避障是移动机器人领域的重要研究内容，也是移动机器人在复杂环境中自主导航的关键技术之一。机器人学领域中已经提出了大量成熟路径规划和避障方法。然而现有的路径规划方法通常需要基于全局地图进行规划。而避障方法一般需要基于事先设定的规则，其效果依赖于人的经验和技术。然而对于全局地图未知的环境和存在动态障碍物的环境，即便是使用先进的同步定位与地图构建 (simultaneous localization and mapping, SLAM) 技术也难以进行有效的导航。近几年来，研究人员将 DRL 算法引入移动机器人导航领域，使用深度神经网络将机器人的原始传感输入映射到导航指令，并直接驱动机器人在真实或者仿真环境中进行强化学习，在相关应用中取得了良好的效果。

Tai 等 [65] 搭建了一套机器人室内仿真环境，并基于此环境实现了基于深度 Q 网络的移动机器人避障控制，其 Q 网络的输入为机器人的原始 RGB-D 摄像机图像信息，输出为离散的机器人控制指令。他们将在仿真环境中训练得到的避障策略应用到实际环境中，取得了较好的效果。他们还在仿真环境中采用了 A3C 算法对搭载二维激光雷达的机器人进行了避障任务的训练，同样获得了成功 [66]。由于 RNN 及其 LSTM 网络的实现形式能够处理历史信息依赖，即“记住”之前走过的路，因而在第一人称视角的导航问题中具有重要的应用。Lample 等 [32] 提出了一种结合 LSTM 网络结构和深度 Q 学习的强化学习算法，并且在 $ViZDoom$ 游戏环境中仅通过原始游戏画面输入击败了内置的游戏人工智能 (artificial intelligence, AI) 敌人。Mirowski 等 [50] 结合了 A3C 算法、深度卷积神经网络、LSTM 网络提出了一种可以在复杂三维迷宫环境中使用的视觉导航方法。

除了典型移动机器人在室内室外等环境下的导航与路径规划问题，智能辅助驾驶和自动驾驶领域也是 DRL 在导航与路径规划方面的一个重要应用领域。目前常用的辅助驾驶和自动驾驶方案是通过车载的激光雷达、毫米波雷达和视觉传感器，通过人工设计的算法从复杂道路环境的传感信息中提取关键特征信息，然后根据这些信息和预设的导航和控制规则进行判断、决策和控制。这类解决方案虽然已经取得了很多商用成果，但是仍然不具备经验丰富的驾驶员对整体环境的态势感知和预判能力，以及在不同车型、路况、天气条件下的泛化、学习和适应能力。DRL 算法的引入使得智能驾驶系统像人一样从实际驾驶经验中学习，在不同情况下进行在线自适应成为可能，能够有效改善传统算法在这些方面的不足，给智能驾驶领域带来了新的思路。

斯坦福大学研究团队使用 A3C 强化学习算法成功完成了控制小车在虚拟场景和现实场景中抵达指定地点的任务 [67]。小车的输入为车载摄像头的图像和目标物体图像，使用残差网络模型提取特征，并通过孪生 (siamese) 网络结构完成当前视角图像中的目标物体的判别。Zhao 等 [68] 使用 DRL 算法并结合注意力机制，实现了智能驾驶领域车辆的高精度分类。Zhu 等 [69] 使用高斯过程强化学习 PILCO(probabilistic inference for learning control, 学习控制中的概率推理) 算法 [70] 离线训练控制器，实现了辅助驾驶中车道保持功能。该方法中使用深度学习方法感知环境，预测本车与车道中心线的距离、车辆偏航角、道路曲率等信息，将基于深度学习的信息感知与基于强化学习的控制策略优化相结合，完成了基于图像的车道保持，并且在开放赛车模拟器 (the open racing car simulator, TORCS) 环境 [71] 中进行了测试。另外，现阶段基于 DRL 的智能驾驶的研究大多在仿真环境下进行。如何在真实道路环境和车辆上应用 DRL 算法构建智能驾驶系统仍是一个开放性问题。

与运动控制领域不同，导航与规划领域具有更加复杂的观测和更多方面的任务需求。例如，在自动驾驶任务中，汽车的观测数据来自车载雷达、摄像头、惯性测量单元、全球定位系统等。智能控制系统既要控制车辆速度和在车道内的位置，又要根据其他车辆的动态主动调节自身的动态以保持安全的横向和纵向距离，同时还要选择合适的路线抵达目的地。而这一切控制动作的选择还要符合交通法规的限制。可以看出，完全像人脑一样通过一个大型的神经网络结构完成所有任务在现阶段是不现实的，一种合理的方法是先将任务分解成不同的子任务进行学习，然后再通过合理的方法组合成最终的控制策略，即模块化的设计方法。

1.3 多智能体强化学习

前面涉及的 DRL 算法都是基于单个智能体形式，但是在一些复杂的场景和应用中，常常会涉及多个智能体的协同合作、信息交流共享、敌对竞争等不同情况。对于这种情况就需要将单智能体强化学习扩展为多智能体强化学习。下面首先介绍多智能体强化学习相比单智能体强化学习所面临的几个难点问题，然后介绍近年来研究人员应对这些难题所提出的各类多智能体强化学习算法，最后介绍多智能体强化学习在实际中的应用。

1.3.1 多智能体强化学习难点问题

1. 环境非静态问题

在单智能体强化学习中，仅需要根据自身动作和环境交互即可完成学习任务。而当环境中存在多个智能体时，每个智能体不仅观测其自身的动作对环境造成的影响，同时也会观测其他智能体的动作对环境的影响。当任一智能体进行随机探索或者更新自身策略，从其他智能体角度来讲就是环境发生了改变，打破了单智能体强化学习中对状态转移概率模型不变的假设。在这种情况下，通过学习改变其中一个智能体的策略会影响其他智能体最优策略的选取，同时对于某个智能体动作值函数的估计也会不准确。换句话说，在当前情况下的最优策略，随着其他智能体的学习和策略更新，在未来的情况下将不再是最优策略 [72]。因此，如果每个智能体进行独立的策略优化，往往不能获得理想的协作策略。Q 学习等应用于传统单智能体的强化学习方法，在多智能体环境中将不能保证算法的收敛性。由于上述原因，无论是独立式 Q 学习算法 [73] 还是 DQN 算法 [8]，均不适用于非静态环境的条件。

2. 环境部分可观测问题

由于环境限制，在多数任务中多智能体系统中的每个智能体并不能得到包括其他智能体在内的全部环境信息，只能对部分环境信息进行观测，虽然该问题在单智能体强化学习场景中普遍存在，然而在多智能体场景下，其他智能体的策略通常也不可通过观测获得，因此环境中不能观测的部分相比而言大大增加。而在这种情况下仍要在每个时间步中做出最优动作选择，就需要设计具有记忆功能或者通信功能的多智能体强化学习算法，一方面通过对历史观测的记忆进行处理，对当前不能观测到的环境信息进行估计；另一方面可以通过智能体之间的通信功能，获得其他智能体的观测信息和策略信息，从而充分掌握全局环境信息。

3. 状态–动作空间维度灾问题

在大规模多智能体协作任务中，随着智能体数量的增多，表达强化学习问题的联合状态–动作空间规模呈指数增长，使得策略的探索和优化所耗费的计算资源远远超过可行的范围。

4. 多智能体贡献度分配问题

在多智能体合作任务中，由于只存在全局奖励对联合策略的效果进行反馈，无法判断单个智能体的策略对整体任务的贡献度，通常会导致团队中的某些智能体总是拒绝参与团队合作。

1.3.2 多智能体强化学习常用算法与结构

1. 独立式学习与集中式学习算法

独立式学习和集中式学习是将单智能体的强化学习算法直接推广到多智能体系统中的两种基本方法。独立式学习算法对每个智能体分别使用强化学习算法，而将其他智能体看成环境的一部分。独立式 Q 学习 (independent Q learning, IQL) 算法 [73] 是一个典型的例子。IQL 算法中每个智能体获得其局部观测，并且向着最大化整体奖励值的方向调整每个智能体的策略。简而言之，每个智能体独立地执行 Q 学习算法。该方法在离散状态–动作空间下的小规模问题上具有一定的效果 [74]，然而在需要使用神经网络进行值函数拟合的复杂问题上无法获得理想的效果。这主要是因为每个智能体在学习的过程中，其他的智能体策略也在同时发生变化，打破了强化学习中的环境静态性，因而不能得到稳定的策略优化过程。集中式学习算法将所有智能体的状态和动作集中在一起，构成一个扩张的状态和动作空间，并直接使用单智能体的强化学习算法 [75,76]。但智能体数量的增加会导致扩张的状态和动作空间过大，以至于无法进行有效的探索和训练。因此，近期对于多智能体强化学习的研究，一般都寻求一种非集中式算法，以避免过大的状态和动作空间 [77]。

2. 集中式训练–分布式执行算法结构

"集中式训练–分布式执行" 是当前常用的一种多智能体强化学习算法结构。在训练时，所有的智能体采用集中式结构进行训练，每个智能体可以通过无限制开放的信道获得其他智能体的信息。在训练结束之后则执行分布式策略，每个智能体只能通过自身的观测和有限信道传来的其他智能体的信息进行动作的选择 [78]。由于多智能体强化学习常在模拟环境中进行训练，因此智能体之间的通信不受实际硬件条件的限制，而且易于获得额外的环境状态，便于这种集中式训练–分布式执行算法结构的实际应用。因此，这种结构也被认为是多智能体强化学习领域的典型学习算法结构之一。目前有大量的多智能体强化学习算法采用了这种结构。

Lowe 等 [79] 提出的多智能体深度确定性策略梯度算法 (multi-agent DDPG, MADDPG) 将经典的 DDPG 算法扩展到多智能体领域，使用了集中式训练–分布式执行算法结构，每个智能体均配有一个执行器网络和一个评价器网络。在训练中，评价器网络可以获取全局信息，并对执行器网络的更新提供指导。在执行中，执行器网络根据其局部信息进行动作的选择。此外，该算法还引入了额外的网络用于预测其他所有智能体的策略。该算法在多种合作和竞争的任务中取得了较好的效果。另外，基于该算法还有多种类似的拓展和补充性工作 [80,81]，其中 Iqbal 等 [82] 在 MADDPG 算法的基础上引入了注意力机制，提出了多执行–注意力–评价 (multi-actor-attention-critic, MAAC) 算法，该算法的主要贡献在于，当多智能体系统规模较大时，在训练中重点关注周围的局部信息，可以缓解由状态–动作空间过大导致的策略难以收敛的问题。

Foerster 等 [83] 提出了一种反拟多智能体策略梯度 (counterfactual multi-agent policy gradient，COMA) 算法，将一个智能体的奖励表示为当前状态下的整体奖励与该智能体替换动作之后的整体奖励之差。与 MADDPG 算法不同，COMA 算法使用了一个全局的评价函数对当前的全部动作和状态进行评价，提高了训练中信息共享效率和智能体之间的协作能力。由于全局评价函数的使用，该方法同样使用了集中式训练–分布式执行的结构。COMA 的不足之处是只能用于离散的动作空间，而不能像 MADDPG 一样可用于连续动作空间。

同样基于“集中式训练–分布式执行”结构，Q 函数混合 (QMIX) 算法 [84] 重点解决了多智能体贡献度分配问题。通过在训练中引入全局信息，使用神经网络建立个体值函数与全局值函数之间的非线性关系，使得个体值函数与全局值函数单调性相同，从而使每个智能体仅依据个体值函数建立分布式的最优合作策略。

尽管“集中式训练–分布式执行”具有诸多优势，但是随着智能体数量的增加，集中式训练中的全局评价器网络规模就会快速增长，因而无法处理大规模多智能体的学习问题。另外，在上述算法的分布式执行过程中，智能体之间相互独立，由于通信方面存在欠缺，一定程度上限制了其合作策略的效果。

3. 针对环境部分可观测性的学习算法

环境部分可观测的多智能体环境可以使用部分可观马尔可夫决策过程 (partially observable Markov decision process, POMDP) 进行建模。在当前的研究中，已经有很多针对部分可观问题和 POMDP 模型的 DRL 解决方案。例如，Hausknecht 等 [31] 提出了基于 RNN 的 DRQN 算法结构，使用 DRQN 算法在部分可观的环境中优化策略。DRQN 将网络的隐藏状态视为环境的内部状态，然后使用与 DQN 类似的算法进行值函数的更新。虽然对于 POMDP 问题已经有了一定的研究基础，然而带有部分可观测性的多智能体强化学习则是一个具有挑战性的问题。

Foerster 等 [85] 将 DRQN 算法扩展为深度分布式递归 Q 网络 (deep distributed recurrent Q network, DDRQN) 算法，用以处理多智能体 POMDP 问题。DDRQN 算法主要有三个特点: ①将每个智能体上一时间步的动作作为本时间步的输入状态的一部分; ②在学习过程中所有智能体共享同一个 Q 网络; ③相比于 DQN 算法，不使用经验回放机制。通过共享 Q 网络的方法，可以大大减少网络参数的数量，提高学习速度。但是该方法的一个重要局限在于假设所有的智能体动作集是相同的。在解决复杂问题时，通常需要各种不同的智能体进行协作，动作集可以是不同的，因此该方法并不能应用于异构多智能体优化控制问题中。Hong 等 [86] 提出的深度递归策略推理 Q 网络 (deep policy inference recurrent Q network, DPIRQN) 算法也使用了 RNN 应对部分可观性的困难。DPIRQN 通过引入辅助任务和额外学习目标，对其他智能体的策略进行学习。在训练中，自适应调整对其他智能体策略进行学习和对自身策略进行优化的侧重程度。该算法使得每个智能体的动作值函数一定程度上依赖其他智能体的策略，减轻了环境的部分可观问题给学习带来的不利影响。

4. 针对环境非静态性的学习算法

为解决多智能体强化学习中的非静态环境问题，Castaneda 提出了两种基于 DQN 算法的改进方法，即深度重复更新 Q 网络 (deep repeated update Q network, DRUQN) 和深度松耦合 Q 网络 (deep loosely coupled Q network，DLCQN)。DRUQN 由重复更新 Q 学习 (repeat update Q learning，RUQL) 模型改进而来 [87,88]。RUQL 通过与选择动作概率成反比的方法，来更新动作值避免策略的偏差。DLCQN 使用文献 [89] 中提出的松耦合 Q 学习方法，通过观测信息和负值奖励信息为每个智能体调整独立程度。通过引入独立程度的概念，智能体可以在不同情况中通过学习来决定独立行动还是与其他智能体进行合作。Diallo 等 [90] 将 DQN 扩展为多智能体并发 DQN，并展示该算法可以在非静态环境中收敛。

Foerster 等 [91] 提出在多智能体环境下使用经验回放机制的 DQN 算法，主要是给经验加入额外信息来辅助多智能体的训练过程，包括两种具体解决方法，一是使用重要性采样方法来剔除过时数据，二是通过在经验中加入更多信息来确定经验池中回放样本的“年龄”。类似的方法还有 Palmer 等 [92] 提出的宽松 DQN (lenient-DQN，LDQN) 算法，用以解决多智能体同时学习而导致的策略不稳定问题，将其在多智能体协同运输任务中与滞回 DQN (hysteretic-DQN，HDQN) 算法进行对比，结果表明 LDQN 算法在随机奖励环境中能够收敛到比 HDQN 算法更好的控制策略 [93]。

5. 基于自学习通信的学习算法

正如在人类社会中沟通交流是人们达成合作的基础，在多智能体强化学习中，高效的显式通信策略对构建智能体具有重要的促进作用，自学习通信 (learning communication) 作为多智能体强化学习的前沿技术之一 [94]，基本思路是通过强化学习构建智能体之间的通信策略，包括通信内容、通信拓扑、通信时机等。具体来讲就是智能体可以自主根据当前状态决定什么时候发送信息、发送什么种类的信息、发送信息的内容和接收信息的目标智能体。基于自学习通信策略的多智能体强化学习方法所采用的通信拓扑结构，可以大致分为全连接结构、星形结构、树形/近邻结构。下面针对每一种拓扑结构进行介绍。

在基于全连接结构的算法中，每个智能体可以与其所有队友进行通信。智能体间可微学习算法 [85] 是自学习通信领域的早期代表性工作，采用了全连接通信结构。每个智能体基于深度 Q 网络产生控制动作和通信动作，其中通信动作可以经由通信网络影响其他智能体的动作选择。在训练中，通过在智能体深度 Q 网络之间构建可微信道，可以直接使用反向传播算法进行跨智能体的策略优化。SchedNet 算法 [95] 在智能体间可微学习算法的基础上进行了扩展，引入了基于权值的调度算法来划分智能体之间通信的优先级关系。虽然全连接结构可以实现智能体之间最大化的信息共享，然而在实际使用中会耗费大量的通信资源。

在基于星形结构的算法中，每个智能体只与单一中心智能体进行通信，除中心智能体之外，其他智能体之间不存在通信关系。CommNet 通信模型 [96] 使用连续向量广播信道进行智能体之间的通信，每个智能体向公共信道 (可以看成中心智能体) 发送自身的内部状态，并且接收所有智能体发送的内部状态的数值的平均值。在执行每一步动作之前，通过多轮通信达成合作。IC3Net [97] 算法在 CommNet 模型的基础上引入了信道选通机制，使智能体根据当前状态，选择是否与中心智能体进行信息交互。国内北京大学研究团队在 CommNet 的基础上构建了通信过滤模块 [98]，完成了从低质量冗余信息到高质量低维信息的压缩过程，并且在自动驾驶车道变换任务中进行了测试。在星形结构中，中心智能体作为通信中枢，其信息处理能力决定了整个系统的效率，另外，中心智能体的故障将会导致整个系统的故障，无法发挥分布式结构的优势。

在基于树形/近邻结构的算法中，每个智能体与其一个或几个近邻智能体通信，避免了单中心结构和全连接结构的缺陷，同时减小了通信资源的占用，是目前重点研究的方向之一。基于注意力机制的多智能体合作通信 (attentional communication for multi-agent cooperation) 算法 [99] 在多智能体执行器–评价器结构的基础上引入了注意力机制，并使用了多层树形结构连接所有智能体，使用从上而下依次通信的方式进行交流。但是该方法包含依照树形结构依次通信的步骤，当网络规模较大时，会造成较大的通信时延，从而无法获得实时的控制效果。针对该问题，DCN 算法 [100] 将近邻通信网络结构与图神经网络相结合，通过分布式的多轮通信避免了依次通信时延长的缺陷，同时也扩大了每个智能体对环境的感受野。基于图神经网络的方法在这方面的优势，研究人员积极地将图神经网络用于自学习通信领域，提出了关系前向模型 (relational forward model, RFM) [101] 等多种多智能体强化学习算法。

1.3.3　多智能体强化学习应用与挑战

多智能体系统是由多个相互作用的智能体构成，其中每个智能体都具备一定的传感、计算和执行能力，并可以通过通信网络与其他智能体通信。多智能体协同控制的目标是通过设计合理的通信和控制策略，使多个智能体相互合作从而完成单个智能体难以独立完成的任务。传统的多智能体控制算法通过分析智能体的动力学特性，然后设计相应的通信策略和控制策略，最终完成智能体的一致性、集群、编队等问题 [102]。近年来，部分工作将强化学习的方法用于多智能体协同控制问题，使得多智能体在特定奖励函数的指导下，自主学习协同控制策略，甚至自主构建通信策略，在多个应用领域都取得了良好的效果，如机器人集群控制、智能交通、任务分配与调度、智能电网等方面。

在机器人集群控制方面，Hüttenrauch 等 [103] 将机器人集群系统建模为分布式 POMDP 的一个特殊形式，并使用执行器–评价器结构对机器人集群系统进行协同控制。该方法通过视频信息描述整个机器人集群的状态，并作为一个全局信息用于估计系统的动作值函数。尽管每个机器人在环境中的观测范围有限，通过合作方式则可以完成协同搜救和装配等复杂的任务。在智能交通方面，Sukhbaatar 等 [96] 使用多智能体强化学习构建了智能体之间的通信策略，智能体根据学到的通信策略对当前形势进行协商，并选择构成合作的动作。该方法应用于交通路口车辆协同控制问题中，将每个接近路口的车辆抽象为一个智能体，通过分布式的通信策略对车辆通过路口的顺序进行协商，并作出相应的加速和刹车的动作，最终使所有车辆都能安全高效地通过路口。在任务调度方面，Lin 等 [104] 基于多智能体强化学习研究大规模车队高效调度问题。通过将车辆建模为智能体，使用网格环境对区域地理信息进行描述，建立起智能体之间的合作关系。仿真结果表明，通过学习得到的调度策略可以有效提高运输效率并减少交通拥塞。另外，多智能体强化学习算法也被用于智能电网领域，以及绿色能源社区的能源管理和共享。Prasad 等 [105] 将绿色能源社区中的每栋建筑物抽象为一个强化学习的智能体，并设计奖励函数与整个社区的能源净消耗量有关，然后使用多智能体强化学习算法训练每个智能体，并使其得到合理的发电、用电、储能以及与其他建筑物进行能源共享的策略，最终使整个社区内的所有建筑物实现高效的能源的平衡调度，降低能源的净消耗量。

多智能体协同问题一般需要设计分布式的控制方法，以便应对任务过程中智能体的增减、通信故障等问题，从而提高系统的鲁棒性、灵活性和可扩展性。对于分布式的控制策略，其关键之处在于设计合理的通信策略，使得每个智能体能够通过通信网络获得必要的信息进而构成合作。在多智能体协同控制的实际应用问题中，智能体都对应着现实被控对象实体，如移动机器人、智能汽车、电网节点等，其状态包括多对自身和外界多方面的传感信息，数据维度高，信息量大。如何从复杂的本地信息中提取构成合作的关键信息并且与邻居共享是设计通信策略的重点之一。

综合分析上述研究现状可知，DRL 算法在面向单个智能体的策略学习任务中已经取得了丰富的理论成果，并且在机器人感知、导航和控制方面得到了广泛的研究和应用。然而将 DRL 算法从单智能体场景扩展到多智能体场景后，会面临环境非静态和部分可观、状态–动作空间维度灾等问题。因此，将 DRL 算法用于多智能体系统协作任务，需要首先从理论上分析和解决上述难点。虽然现有的研究已经在面向非静态环境和部分可观测环境等问题上取得了一定的成果，但是该类成果大都基于小规模计算机仿真环境进行分析和设计。然而在实际的多智能体协作任务中，智能体在传感数据处理、信息通信共享、协作策略构建等方面所面临的实际情况更加复杂。

1.4 本章小结

本章系统性地介绍了深度强化学习的基础理论、核心算法及其在多智能体场景下的扩展与应用。首先回顾了强化学习的发展历程，从早期的试错学习机制到现代的深度强化学习，强调了深度学习与强化学习结合在高维状态和动作空间问题中的突破性作用。详细阐述了基于值函数和基于策略的两类深度强化学习算法，分析了它们在离散和连续动作空间中的优势与局限性。此外，本章还探讨了深度强化学习在运动控制、路径规划、自动驾驶等领域的应用，并指出“现实鸿沟”等实际挑战。在多智能体强化学习部分，本章重点讨论了环境非静态性、环境部分可观测性、状态–动作空间维度灾以及多智能体贡献度分配等核心难点，并介绍了集中式训练-分布式执行、自学习通信等前沿方法及其在机器人集群、智能交通等场景中的应用，分析了当前研究的局限性。本章为深度强化学习的理论发展和实际应用奠定了坚实基础，同时指明了未来研究的关键挑战。

参考文献

[1] Sutton R S, Barto A G. Reinforcement Learning: An Introduction[M]. Cambridge: MIT Press, 1998.

[2] 赵冬斌, 邵坤, 朱圆恒, 等. 深度强化学习综述: 兼论计算机围棋的发展[J]. 控制理论与应用, 2016, 33(6): 701-717.

[3] Thorndike E L. Animal Intelligence: An Experimental Study of the Associative Processes in Animals[M]. New York: Columbia University Press, 1898.

[4] Bellman R. A Markovian decision process[J]. Journal of Mathematics and Mechanics, 1957, 6(5): 679-684.

[5] Waltz M, Fu K. A heuristic approach to reinforcement learning control systems[J]. IEEE Transactions on Automatic Control, 1965, 10(4): 390-398.

[6] Klopf A H. Brain function and adaptive systems: A heterostatic theory[R]. Bedford: Air Force Cambridge Research Laboratories, 1972.

[7] Watkins C J C H, Dayan P. Q-learning[J]. Machine Learning, 1992, 8(3): 279-292.

[8] Mnih V, Kavukcuoglu K, Silver D, et al. Human-level control through deep reinforcement learning[J]. Nature, 2015, 518(7540): 529-533.

[9] Silver D, Huang A, Maddison C J, et al. Mastering the game of go with deep neural networks and tree search[J]. Nature, 2016, 529(7587): 484-489.

[10] Silver D, Schrittwieser J, Simonyan K, et al. Mastering the game of go without human knowledge[J]. Nature, 2017, 550(7676): 354-359.

[11] Berner C, Brockman G, Chan B, et al. Dota 2 with large scale deep reinforcement learning[J]. arXiv preprint arXiv: 1912.06680, 2019.

[12] Vinyals O, Babuschkin I, Czarnecki W M, et al. Grandmaster level in StarCraft II using multi-agent reinforcement learning[J]. Nature, 2019, 575(7782): 350-354.

[13] Duan Y, Chen X, Houthooft R, et al. Benchmarking deep reinforcement learning for continuous control[C]. Proceedings of the 33rd International Conference on International Conference on Machine Learning, New York, 2016: 1329-1338.

[14] Finn C, Tan X Y, Duan Y, et al. Deep spatial autoencoders for visuomotor learning[C]. IEEE International Conference on Robotics and Automation, Stockholm, 2016: 512-519.

[15] Sallab A, Abdou M, Perot E, et al. Deep reinforcement learning framework for autonomous driving[J]. Electronic Imaging, 2017, 29(19): 70-76.

[16] Zhao X Y, Zhang L, Ding Z Y, et al. Recommendations with negative feedback via pairwise deep reinforcement learning[C]. Proceedings of the 24th ACM SIGKDD International Conference on Knowledge Discovery & Data Mining, London, 2018: 1040-1048.

[17] Zhang D X, Han X Q, Deng C Y. Review on the research and practice of deep learning and reinforcement learning in smart grids[J]. CSEE Journal of Power and Energy Systems, 2018, 4(3): 362-370.

[18] 唐振韬, 邵坤, 赵冬斌, 等. 深度强化学习进展: 从 AlphaGo 到 AlphaGo Zero[J]. 控制理论与应用, 2017, 34(12): 1529-1546.

[19] 刘全, 翟建伟, 章宗长, 等. 深度强化学习综述[J]. 计算机学报, 2018, 41(1):1-27.

[20] 刘建伟, 高峰, 罗雄麟. 基于值函数和策略梯度的深度强化学习综述[J]. 计算机学报, 2019, 42(6): 1406-1438.

[21] Krizhevsky A, Sutskever I, Hinton G E. ImageNet classification with deep convolutional neural networks[J]. Communications of the ACM, 2017, 60(6): 84-90.

[22] Arulkumaran K, Deisenroth M P, Brundage M, et al. Deep reinforcement learning: A brief survey[J]. IEEE Signal Processing Magazine, 2017, 34(6): 26-38.

[23] Li Y X. Deep reinforcement learning: An overview[J]. arXiv preprint arXiv: 1701.07274, 2017.

[24] Nguyen N D, Nguyen T, Nahavandi S. System design perspective for human-level agents using deep reinforcement learning: A survey[J]. IEEE Access, 2017, 5: 27091-27102.

[25] Tsitsiklis J N, van Roy B. An analysis of temporal-difference learning with function approximation[J]. IEEE Transactions on Automatic Control, 1997, 42(5): 674-690.

[26] Lin L J. Reinforcement Learning for Robots Using Neural Networks[D]. Pittsburgh: Carnegie Mellon University, 1993.

[27] van Hasselt H, Guez A, Silver D. Deep reinforcement learning with double Q-learning[C]. Proceedings of the 30th AAAI Conference on Artificial Intelligence, Phoenix, 2016: 2094-2100.

[28] van Hasselt H. Double Q-Learning[J]. International Conference on Neural Information Processing Systems, Vancouver, 2010: 2613-2621.

[29] Schaul T, Quan J, Antonoglou I, et al. Prioritized experience replay[J]. arXiv preprint arXiv: 1511.05952, 2015.

[30] Wang Z Y, Schaul T, Hessel M, et al. Dueling network architectures for deep reinforcement learning[C]. Proceedings of the 33rd International Conference on International Conference on Machine Learning, New York, 2016: 1995-2003.

[31] Hausknecht M, Stone P. Deep recurrent Q-learning for partially observable MDPs[C]. AAAI Fall Symposium on Sequential Decision Making for Intelligent Agents, Arlington, 2015: 29-37.

[32] Lample G, Chaplot D S, Lample G, et al. Playing FPS games with deep reinforcement learning[C]. Proceedings of the Thirty-First AAAI Conference on Artificial Intelligence, San Francisco, 2017: 2140-2146.

[33] Sorokin I, Seleznev A, Pavlov M, et al. Deep attention recurrent Q-network[J]. arXiv preprint arXiv: 1512.01693, 2015.

[34] Nair A, Srinivasan P B S, Blackwell S, et al. Massively parallel methods for deep reinforcement learning[J]. arXiv preprint arXiv: 1507.04296, 2015.

[35] Sutton R S. Learning to predict by the methods of temporal differences[J]. Machine Learning, 1988, 3(1): 9-44.

[36] Bellemare M G, Dabney W, Munos R, et al. A distributional perspective on rein-

forcement learning[C]. Proceedings of the 34th International Conference on Machine Learning, Sydney, 2017: 449-458.

[37] Fortunato M, Azar M G, Piot B, et al. Noisy networks for exploration[J]. arXiv preprint arXiv: 1706.10295, 2017.

[38] Hessel M, Modayil J, van Hasselt H, et al. Rainbow: Combining improvements in deep reinforcement learning[C]. Thirty-Second AAAI Conference on Artificial Intelligence, New Orleans, 2018.

[39] Lillicrap T P, Hunt J J, Pritzel A, et al. Continuous control with deep reinforcement learning[C]. International Conference on Learning Representations, San Juan, 2016: 1-14.

[40] Silver D, Lever G, Heess N, et al. Deterministic policy gradient algorithms[C]. Proceedings of the 31st International Conference on International Conference on Machine Learning, Beijing, 2014: 387-395.

[41] Popov I, Heess N, Lillicrap T, et al. Data-efficient deep reinforcement learning for dexterous manipulation[J]. arXiv preprint arXiv: 1704.03073, 2017.

[42] Vecerik M, Hester T, Scholz J, et al. Leveraging demonstrations for deep reinforcement learning on robotics problems with sparse rewards[J]. arXiv preprint arXiv: 1707.08817, 2017.

[43] de Bruin T, Kober J, Tuyls K, et al. The importance of experience replay database composition in deep reinforcement learning[C]. Deep Reinforcement Learning Workshop, Montreal, 2015: 1-9.

[44] Schulman J, Levine S, Moritz P, et al. Trust region policy optimization[C]. Proceedings of the 32nd International Conference on International Conference on Machine Learning, Lille, 2015: 1889-1897.

[45] Wu Y H, Mansimov E, Liao S, et al. Scalable trust-region method for deep reinforcement learning using Kronecker-factored approximation[C]. Proceedings of the 31st International Conference on Neural Information Processing Systems, Long Beach, 2017: 5285-5294.

[46] Schulman J, Moritz P, Levine S, et al. High-dimensional continuous control using generalized advantage estimation[J]. arXiv preprint arXiv: 1506.02438, 2015.

[47] Schulman J, Wolski F, Dhariwal P, et al. Proximal policy optimization algorithms[J]. arXiv preprint arXiv: 1707.06347, 2017.

[48] Horgan D, Quan J, Budden D, et al. Distributed prioritized experience replay[J]. arXiv preprint arXiv: 1803.00933, 2018.

[49] Mnih V, Badia A P, Mirza M, et al. Asynchronous methods for deep reinforcement learning[C]. Proceedings of the 33rd International Conference on International Conference on Machine Learning, New York, 2016: 1928-1937.

[50] Mirowski P, Pascanu R, Viola F, et al. Learning to navigate in complex environments[J]. arXiv preprint arXiv: 1611.03673, 2016.

[51] Babaeizadeh M, Frosio I, Tyree S, et al. GA3C: GPU-based A3C for deep reinforcement

learning[J]. arXiv preprint arXiv: 1611.06256, 2016.

[52] Jaderberg M, Mnih V, Czarnecki W M, et al. Reinforcement learning with unsupervised auxiliary tasks[J]. arXiv preprint arXiv: 1611.05397, 2016.

[53] Werbos P. Advanced forecasting methods for global crisis warning and models of intelligence[J]. General System Yearbook, 1977, 22: 25-38.

[54] Lewis F L, Vrabie D. Reinforcement learning and adaptive dynamic programming for feedback control[J]. IEEE Circuits and Systems Magazine, 2009, 9(3): 32-50.

[55] Si J, Barto A, Powell W, et al. Handbook of Learning and Approximate Dynamic Programming[M]. New York: John Wiley & Sons, 2004.

[56] Si J, Wang Y T. Online learning control by association and reinforcement[J]. IEEE Transactions on Neural Networks, 2001, 12(2): 264-276.

[57] Liu D R, Wei Q L. Policy iteration adaptive dynamic programming algorithm for discrete-time nonlinear systems[J]. IEEE Transactions on Neural Networks and Learning Systems, 2014, 25(3): 621-634.

[58] Zhang H, Liu D, Luo Y, et al. Adaptive Dynamic Programming for Control: Algorithms and Stability[M]. London: Springer-Verlag, 2012.

[59] Zhong X N, Ni Z, He H B. Gr-GDHP: A new architecture for globalized dual heuristic dynamic programming[J]. IEEE Transactions on Cybernetics, 2017, 47(10): 3318-3330.

[60] Levine S, Finn C, Darrell T, et al. End-to-end training of deep visuomotor policies[J]. Journal of Machine Learning Research, 2016, 17(1): 1334-1373.

[61] Zhang T H, Kahn G, Levine S, et al. Learning deep control policies for autonomous aerial vehicles with MPC-guided policy search[C]. IEEE International Conference on Robotics and Automation, Stockholm, 2016: 528-535.

[62] Rodriguez-Ramos A, Sampedro C, Bavle H, et al. A deep reinforcement learning strategy for UAV autonomous landing on a moving platform[J]. Journal of Intelligent & Robotic Systems, 2019, 93(1): 351-366.

[63] Hwangbo J, Sa I, Siegwart R, et al. Control of a quadrotor with reinforcement learning[J]. IEEE Robotics and Automation Letters, 2017, 2(4): 2096-2103.

[64] Waslander S L, Hoffmann G M, Jang J S, et al. Multi-agent quadrotor testbed control design: Integral sliding mode vs. reinforcement learning[C]. IEEE/RSJ International Conference on Intelligent Robots and Systems, Edmonton, 2005: 3712-3717.

[65] Tai L, Liu M. Towards cognitive exploration through deep reinforcement learning for mobile robots[J]. arXiv preprint arXiv: 1610.01733, 2016.

[66] Tai L, Paolo G, Liu M. Virtual-to-real deep reinforcement learning: Continuous control of mobile robots for mapless navigation[J]. arXiv preprint arXiv:1703.00420, 2017.

[67] Zhu Y K, Mottaghi R, Kolve E, et al. Target-driven visual navigation in indoor scenes using deep reinforcement learning[C]. IEEE International Conference on Robotics and Automation, Singapore, 2017: 3357-3364.

[68] Zhao D B, Chen Y R, Lv L. Deep reinforcement learning with visual attention for vehicle classification[J]. IEEE Transactions on Cognitive and Developmental Systems,

2017, 9(4): 356-367.

[69] Zhu Y H, Zhao D B. Vision-based control in the open racing car simulator with deep and reinforcement learning[J]. Journal of Ambient Intelligence and Humanized Computing, 2023, 14(12): 15673-15685.

[70] Deisenroth M, Rasmussen C E. PILCO: A model-based and data-efficient approach to policy search[C]. Proceedings of the 28th International Conference on Machine Learning, Bellevue, 2011: 465-472.

[71] Espié E, Guionneau C, Wymann B, et al. TORCS, the open racing car simulator[C]. Proceedings of the IEEE International Conference on Intelligent Transportation Systems, Madrid, 2002.

[72] Hernandez-Leal P, Kaisers M, Baarslag T, et al. A survey of learning in multiagent environments: Dealing with non-stationarity[J]. arXiv preprint arXiv: 1707.09183, 2017.

[73] Tan M, Tan M. Multi-agent reinforcement learning[C]. Proceedings of the Tenth International Conference on International Conference on Machine Learning, Amherst, 1993: 330-337.

[74] Matignon L, Laurent G J, Le Fort-Piat N. Review: Independent reinforcement learners in cooperative Markov games: A survey regarding coordination problems[J]. The Knowledge Engineering Review, 2012, 27(1): 1-31.

[75] Tampuu A, Matiisen T, Kodelja D, et al. Multiagent cooperation and competition with deep reinforcement learning[J]. PLoS One, 2017, 12(4): e0172395.

[76] Usunier N, Synnaeve G, Lin Z, et al. Episodic exploration for deep deterministic policies: An application to StarCraft micromanagement tasks[J]. arXiv preprint arXiv:1609.02993, 2016.

[77] Cui L L, Wang X W, Zhang Y. Reinforcement learning-based asymptotic cooperative tracking of a class multi-agent dynamic systems using neural networks[J]. Neurocomputing, 2016, 171: 220-229.

[78] Kraemer L, Banerjee B. Multi-agent reinforcement learning as a rehearsal for decentralized planning[J]. Neurocomputing, 2016, 190: 82-94.

[79] Lowe R, Wu Y, Tamar A, et al. Multi-agent actor-critic for mixed cooperative-competitive environments[C]. Proceedings of the 31st International Conference on Neural Information Processing Systems, Long Beach, 2017: 6382-6393.

[80] Ryu H, Shin H, Park J. Multi-agent actor-critic with generative cooperative policy network[J]. arXiv preprint arXiv:1810.09206, 2018.

[81] Chu X X, Ye H J. Parameter sharing deep deterministic policy gradient for cooperative multi-agent reinforcement learning[J]. arXiv preprint arXiv: 1710.00336, 2017.

[82] Iqbal S, Sha F. Actor-attention-critic for multi-agent reinforcement learning[C]. International Conference on Machine Learning, Long Beach, 2019: 2961-2970.

[83] Foerster J, Farquhar G, Afouras T, et al. Counterfactual multi-agent policy gradients[C]. Proceedings of the AAAI Conference on Artificial Intelligence, New Orleans, 2018: 1-11.

[84] Rashid T, Samvelyan M, Schroeder C, et al. Qmix: Monotonic value function factorisation for deep multi-agent reinforcement learning[C]. International Conference on Machine Learning, Stockholm, 2018: 4295-4304.

[85] Foerster J N, Assael Y M, de Freitas N, et al. Learning to communicate to solve riddles with deep distributed recurrent Q-networks[J]. arXiv preprint arXiv:1602.02672, 2016.

[86] Hong Z W, Su S Y, Shann T Y, et al. A deep policy inference q-network for multi-agent systems[C]. Proceedings of the 17th International Conference on Autonomous Agents and MultiAgent Systems, Stockholm, 2018: 1388-1396.

[87] Abdallah S, Kaiser M. Addressing the policy-bias of q-learning by repeating updates[C]. Proceedings of the International Conference on Autonomous Agents and Multi-agent Systems, Saint Paul, 2013: 1045-1052.

[88] Abdallah S, Kaisers M. Addressing environment non-stationarity by repeating Q-learning updates[J]. The Journal of Machine Learning Research, 2016, 17(1): 1582-1612.

[89] Yu C, Zhang M J, Ren F H, et al. Emotional multiagent reinforcement learning in spatial social dilemmas[J]. IEEE Transactions on Neural Networks and Learning Systems, 2015, 26(12): 3083-3096.

[90] Diallo E A O, Sugiyama A, Sugawara T. Learning to coordinate with deep reinforcement learning in doubles pong game[C]. Proceedings of the 16th IEEE International Conference on Machine Learning and Applications, Cancun, 2017: 14-19.

[91] Foerster J, Nardelli N, Farquhar G, et al. Stabilising experience replay for deep multi-agent reinforcement learning[C]. Proceedings of the 34th International Conference on Machine Learning, Sydney, 2017: 1146-1155.

[92] Palmer G, Tuyls K, Bloembergen D, et al. Lenient multi-agent deep reinforcement learning[C]. Proceedings of the 17th International Conference on Autonomous Agents and MultiAgent Systems, Stockholm, 2018: 443-451.

[93] Omidshafiei S, Pazis J, Amato C, et al. Deep decentralized multi-task multi-agent reinforcement learning under partial observability[C]. Proceedings of the 34th International Conference on Machine Learning, Sydney, 2017: 2681-2690.

[94] Hernandez-Leal P, Kartal B, Taylor M E. A survey and critique of multiagent deep reinforcement learning[J]. Autonomous Agents and Multi-Agent Systems, 2019, 33(6): 750-797.

[95] Kim D, Moon S, Hostallero D, et al. Learning to schedule communication in multi-agent reinforcement learning[C]. International Conference on Representation Learning, New Orleans, 2019.

[96] Sukhbaatar S, Szlam A, Fergus R, et al. Learning multiagent communication with backpropagation[C]. Proceedings of the 30th International Conference on Neural Information Processing Systems, Barcelona, 2016: 2252-2260.

[97] Singh A, Jain T, Sukhbaatar S. Learning when to communicate at scale in multiagent cooperative and competitive tasks[C]. International Conference on Learning Representations, Vancouver, 2018.

[98] 赵宇航, 马修军. 一种高效率的多智能体协作学习通信机制[J]. 信息安全研究, 2020, 6(4): 345-349.

[99] Jiang J C, Lu Z Q, Jiang J C, et al. Learning attentional communication for multi-agent cooperation[C]. Proceedings of the 32nd International Conference on Neural Information Processing Systems, Montréal, 2018: 7265-7275.

[100] Jiang J C, Dun C, Huang T J, et al. Graph convolutional reinforcement learning[C]. International Conference on Learning Representations, Lonolon, 2020.

[101] Tacchetti A, Francis Song H, Mediano P A M, et al. Relational forward models for multi-agent learning[C]. The 7th International Conference on Learning Representations, New Orleans, 2018.

[102] Cao Y C, Yu W W, Ren W, et al. An overview of recent progress in the study of distributed multi-agent coordination[J]. IEEE Transactions on Industrial Informatics, 2013, 9(1): 427-438.

[103] Hüttenrauch M, Šošić A, Neumann G. Guided deep reinforcement learning for swarm systems[J]. arXiv preprint arXiv: 1709.06011, 2017.

[104] Lin K X, Zhao R Y, Xu Z, et al. Efficient large-scale fleet management via multi-agent deep reinforcement learning[C]. Proceedings of the 24th ACM SIGKDD International Conference on Knowledge Discovery & Data Mining, London, 2018: 1774-1783.

[105] Prasad A, Dusparic I. Multi-agent deep reinforcement learning for zero energy communities[C]. IEEE PES Innovative Smart Grid Technologies Europe (ISGT-Europe), Bucharest, 2019: 1-5.

第 2 章　强化学习基本概念与理论

本章对强化学习的基本结构和算法进行详细介绍，为后续章节提出的深度强化学习和多智能体强化学习方法提供基础理论。

2.1　智能体–环境交互模型

在强化学习中，我们将具有学习和决策能力的部分定义为“智能体”(agent)，将智能体之外的与之交互的所有部分定义为“环境”(environment)[1]。强化学习基本结构如图 2.1 所示，其中智能体与环境的交互过程一般使用马尔可夫决策过程 (Markov decision process, MDP) 进行建模 [2]。MDP 通常表示为一个四元组 $\langle \mathcal{S}, \mathcal{A}, P, R\rangle$，其中 $\mathcal{S}$ 为状态集合，$\mathcal{A}$ 为动作集合，P 为状态转移模型，R 为奖励函数。智能体在 MDP 中的交互过程可以描述为：在时间步 t，智能体处于状态 $s_t \in \mathcal{S}$，根据其“策略”(policy) π 选择并执行动作 $a_t \in \mathcal{A}$，接着根据环境的奖励函数获得奖励 $r_t = R(s_t, a_t)$，然后根据状态转移模型 $P(s'|s_t, a_t)$ 进入下一个状态 s_{t+1}。

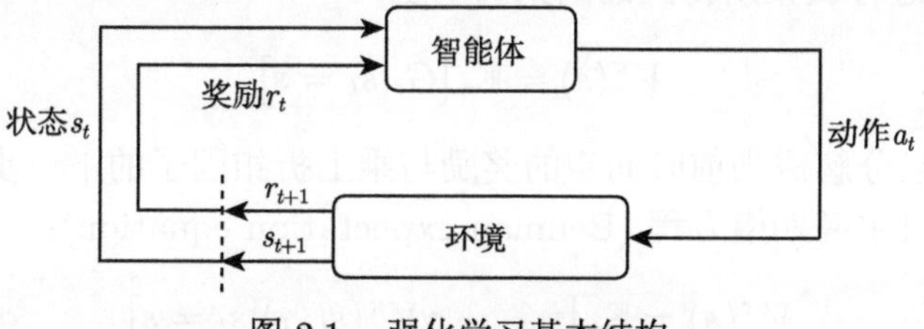

图 2.1　强化学习基本结构

在这个连续决策的过程中，最关键的一点在于智能体的策略 π，因为其决定了在当前状态 s 下选择什么样的动作 a，进而影响整个 MDP 的走向和结果。策略一般有两种形式：随机策略 (stochastic policy) 和确定性策略 (deterministic policy)。随机策略是一种概率表示：$\pi: \mathcal{S}\times\mathcal{A}\mapsto\mathbb{R}$，函数 $\pi(s,a)$ 表示在状态 s 下选择动作 a 的概率，其必须满足 $\sum\limits_a \pi(s,a)=1$。确定性策略则是一种从状态空间到动作空间的函数映射：$\pi:\mathcal{S}\mapsto\mathcal{A}$。动作可以通过确定性策略函数直接获得：$a=\pi(s)$。

在强化学习的任务中，智能体的目标就是通过不断尝试和学习，找到一个能够使长期累计奖励最大化的策略。从时间步 t 开始的长期累计奖励定义为回报

(return)：

$$G_t = r_{t+1} + \gamma r_{t+2} + \cdots = \sum_{k=0}^{\infty} \gamma^k r_{t+k+1} \tag{2.1}$$

其中，$\gamma \in [0,1]$ 为折扣因子，当 γ 接近 1 时，回报值反映了更为长期的累计奖励；反之，当 γ 接近 0 时，回报值反映了较为短期的累计奖励。设置折扣因子一方面考虑到数学分析的方便，因为可以有效避免回报值在没有终止条件的 MDP 中趋于无穷大。另外，由于实际模型的复杂性，我们难以对较远的将来的收益情况进行准确的预测，因此可以通过设置折扣因子的方式来削弱未来的影响。通常情况下，较为明智的选择还是在一定的时间长度上尽可能着眼于长期利益，因此通常将 γ 设置为接近 1 的值，如 $\gamma = 0.99$。如果 MDP 总是在一定步数 T 后终止，则也可以设置为 $\gamma = 1$。在下面的介绍中，若不加说明，一般为 $\gamma < 1$ 的情形。

2.2　策略与值函数

智能体在 MDP 中的状态 s 开始遵循策略 π 与环境交互所能获得的累计奖励 (即回报) 的期望值关于状态或者状态和动作的函数称为值函数 (value function)。值函数有两种：状态值函数 (state value function) 和状态–动作值函数 (state-action value function)。状态–动作值函数也称为动作值函数 (action value function) 或者 Q 函数 [1]。状态值函数 $V^\pi(s)$ 表示智能体从状态 $s_t = s$ 出发，并持续遵循策略 π 进行决策所得到的回报的期望：

$$V^\pi(s) = \mathbb{E}_\pi\big[G_t | s_t = s\big] \tag{2.2}$$

状态值函数可以分解成当前时间步的奖励与乘上折扣因子的下一步状态值函数之和的形式，即贝尔曼期望方程 (Bellman expectation equation)：

$$V^\pi(s) = \mathbb{E}_\pi\big[r_{t+1} + \gamma V^\pi(s_{t+1}) | s_t = s\big] \tag{2.3}$$

状态–动作值函数 $Q^\pi(s,a)$ 表示智能体从状态 $s_t = s$ 出发，执行了动作 $a_t = a$，随后持续遵循策略 π 进行决策所得到的回报的期望：

$$Q^\pi(s,a) = \mathbb{E}_\pi\big[G_t | s = s_t, a = a_t\big] \tag{2.4}$$

状态–动作值函数也有其对应的贝尔曼期望方程的分解形式：

$$Q^\pi(s,a) = \mathbb{E}_\pi\big[r_{t+1} + \gamma Q^\pi(s_{t+1}, a_{t+1}) | s_t = s, a_t = a\big] \tag{2.5}$$

强化学习的目标是寻找一个能使长期累计奖励最大化的策略，其学习过程就是不断寻找一个新的策略 π，使其在整个状态空间的所有状态下，都具有比原策

略 π' 更好或者相同的期望累计奖励。具体来讲，用 $\pi \geqslant \pi'$ 表示新策略 π 比原策略 π' 更好或者相同，当且仅当 $V^{\pi}(s) \geqslant V^{\pi'}(s), \forall s \in \mathcal{S}$。显然总存在至少一个策略比其他任一策略更好或者相同，这个策略称为最优策略 π^*。尽管最优策略可能不止一个，但其对应的状态值函数一定是相同的，称为最优状态值函数 V^*，定义为

$$V^*(s) = \max_{\pi} V^{\pi}(s), \quad \forall s \in \mathcal{S} \tag{2.6}$$

其对应的贝尔曼最优方程 (Bellman optimality equation)：

$$V^*(s) = \max_{a} \mathbb{E}\big[r_{t+1} + \gamma V^*(s_{t+1}) | s_t = s, a_t = a\big] \tag{2.7}$$

同理，最优状态–动作值函数 $Q^*(s,a)$ 可以表示为

$$Q^*(s,a) = \max_{\pi} Q^{\pi}(s,a), \quad \forall s \in \mathcal{S}, \forall a \in \mathcal{A} \tag{2.8}$$

由于最优状态–动作值函数直接给出了在任意状态 s 下，执行每个动作 a 所对应的期望回报，显然，此时最优策略 π^* 便是选择使 $Q^*(s,a)$ 值最大的动作。最优确定性策略表示为

$$\pi^*(s) = \arg\max_{a \in \mathcal{A}} Q^*(s,a) \tag{2.9}$$

相应地，最优随机策略表示为

$$\pi^*(s,a) = \begin{cases} 1, & a = \arg\max\limits_{a \in \mathcal{A}} Q^*(s,a) \\ 0, & \text{其他} \end{cases} \tag{2.10}$$

可以看出，最优随机策略最终还是一个确定性策略。事实上，对于任何给定的 MDP，总是存在一个最优的确定性策略。根据最优策略的表示方法可以得到状态–动作值函数的贝尔曼最优方程：

$$Q^*(s,a) = \mathbb{E}\big[r_{t+1} + \gamma \max_{a'} Q^*(s_{t+1}, a') | s_t = s, a_t = a\big] \tag{2.11}$$

其中，a' 是在 s_{t+1} 状态下使值函数 Q^* 最大的动作，即最优动作。也就是说，只有在下一个时间步 $t+1$ 执行最优策略得到的动作，才能使最优性方程成立。从而还可以建立最优状态–动作值函数和最优状态的值函数之间的关系：

$$Q^*(s,a) = \mathbb{E}\big[r_{t+1} + \gamma V^*(s_{t+1}) | s_t = s, a_t = a\big] \tag{2.12}$$

在以上概念的基础上，我们可以使用具体的强化学习算法对策略进行优化。强化学习算法大致可以分为基于值函数的强化学习算法和基于策略的强化学习算法两大类。下面我们对两类算法中最基础的几种代表性算法进行简要介绍。

2.3 基于值函数的强化学习算法

基于值函数的强化学习算法首先对值函数进行估计，然后根据估计得到的值函数对策略进行优化。对值函数进行估计的方法主要有蒙特卡罗 (Monte-Carlo, MC) 法 [3] 和时间差分 (temporal different, TD) 法 [4]。相比而言时间差分法具有诸多优势，例如能够在每一步状态转换中在线学习，能够从不完整的状态转换序列中学习，能够在没有终点的无尽环境中学习等，因此得到更广泛的应用。下面首先简要介绍基于时间差分法的策略评估 (policy evaluation) 方法，然后给出对应的两种控制方法。

时间差分学习通过智能体与环境交互中前后两个时间步获得的时间差分信息来对状态值函数进行估计。我们用 $V(s)$ 表示对真实的状态值函数 $V^{\pi}(s)$ 的估计。时间差分学习最简单的形式称为一步式时间差分 (one-step TD)，或 TD(0)。每次仅需要使用前一步估计值 $V(s_t)$ 和后一步的估计值 $V(s_{t+1})$ 及其在状态转换时得到的奖励 r_{t+1} 就可以对当前状态的值函数估计值 $V(s_t)$ 进行更新，其更新方程为

$$V(s_t) \leftarrow V(s_t) + \alpha\big(r_{t+1} + \gamma V(s_{t+1}) - V(s_t)\big) \tag{2.13}$$

其中，$\alpha \in (0,1]$ 为更新速率，通常选择为较小的数值。无论 $V(s_t)$ 还是 $V(s_{t+1})$ 都是值函数的估计值，这种对值函数的更新过程是从当前的值函数中“自举”(bootstrapping) 的方法。将式 (2.13) 的右侧写成 $(1-\alpha)V(s_t) + \alpha(r_{t+1} + \gamma V(s_{t+1}))$ 的形式，其中 $r_{t+1} + \gamma V(s_{t+1})$ 称为时间差分目标 (TD-target)，其在当前的值函数估计的基础之上，融入了状态转换过程中得到的下一状态的信息和奖励信息，从而获得了对本状态的值函数更加准确的估计。容易看出，该更新过程直观上是将原始估计值 $V(s_t)$ 向目标估计值 $r_{t+1} + \gamma V(s_{t+1})$ 移动了步长 α，从而得到了对 $V(s_t)$ 更加准确的估计值。另外，式(2.13)中右侧的部分是时间差分目标与当前估计值之差，称为时间差分误差 (TD-error)：

$$\delta_t = r_{t+1} + \gamma V(s_{t+1}) - V(s_t) \tag{2.14}$$

通过不断地使用上述更新方程对状态值估计进行迭代更新，最终估计值函数 $V(s)$ 会收敛于真实状态值函数 $V^{\pi}(s)$。TD(0) 算法在每次更新中仅使用了前后两个时间步状态转换的信息。另外还有其他使用连续多步状态转换信息的时间差分方法，如多步时间差分 (n-step TD) 和 TD(λ) 等。

上述时间差分法完成了策略评估的作用，即对于给定的策略 π，对其状态值函数 $V^{\pi}(s)$ 进行估计，但没有给出策略的形式和优化策略的方法。由于状态值函数并没有直接给出在当前状态下如何选择动作的信息，因此估计状态值函数并不

适用于优化策略，而应当估计状态–动作值函数。用 $Q(s,a)$ 表示对策略 π 的状态–动作值函数 $Q^{\pi}(s,a)$ 的估计。下面我们在时间差分法的基础上介绍两种重要的强化学习算法：SARSA 和 Q 学习。

SARSA[4] 算法使用时间差分法对当前策略的状态–动作值函数进行估计，并在此基础上建立策略，其估计值函数的更新方程与 TD(0) 更新方程的原理一致：

$$Q(s_t,a_t) \leftarrow Q(s_t,a_t) + \alpha\big(r_{t+1} + \gamma Q(s_{t+1},a_{t+1}) - Q(s_t,a_t)\big) \tag{2.15}$$

执行该更新方程需要用到两步状态、动作和奖励信息，即 $(s_t,a_t,r_{t+1},s_{t+1},a_{t+1})$。该状态转换过程的动作需要根据策略 π 进行选择。若要获得最大的累计奖励，选择动作的策略显然应当为根据状态–动作值函数估计 $Q(s,a)$，选择最大的动作值对应的动作执行。在 SARSA 算法的每一步状态转换和迭代更新中，一方面对当前策略的状态–动作值函数进行估计，另一方面利用估计得到的值函数作出最优的动作选择。这种强化学习算法所评估的策略和其实际执行的策略是同一个策略，因此称为同策略 (on-policy) 学习算法。

通常在学习算法起始时将每个状态–动作的值函数设置为较小的随机值或者全零值，并且在学习的初始阶段无法访问到所有的状态，因此值函数的初始阶段的估计是不准确的，如果我们总是基于当前的估计值函数选择每个状态下最大值对应的动作，即利用 (exploitation)，而没有对整个状态空间进行有效的探索 (exploration)，则难以收敛于最优策略。因此，必须采取一定的探索策略，常用的探索策略有 ε-贪婪 (ε-greedy) 策略，即以概率 $1-\varepsilon$ 选择动作值最大的动作，以概率 ε 选择随机动作。值得一提的是，当在 SARSA 算法中使用 ε-贪婪策略进行动作选择时，其估计的状态–动作值函数实际上是 ε-贪婪策略对应的值函数，为了确保最终收敛到最优策略，需要在迭代中不断衰减 ε 值并使其逐渐趋近于 0。

Q 学习 [5] 算法是强化学习领域的一大突破，与 SARSA 算法中不同，Q 学习并非对当前策略的状态–动作值函数进行估计，而是基于贝尔曼最优方程直接拟合最优的状态–动作值函数 $Q^*(s,a)$，其更新公式为

$$Q(s_t,a_t) \leftarrow Q(s_t,a_t) + \alpha\big(r_{t+1} + \gamma \max_{a} Q(s_{t+1},a) - Q(s_t,a_t)\big) \tag{2.16}$$

执行该公式需要使用的两步状态、动作和奖励信息为 $(s_t,a_t,r_{t+1},s_{t+1})$。可以看出，$Q(s,a)$ 所拟合的不是当前根据 s_t 选择 a_t 所遵循的策略对应的值函数，而是根据当前的 $Q(s,a)$ 选择最大值对应的动作策略，即当前情况下的最优策略。由于 Q 学习所拟合的状态–动作值函数与当前执行的策略是相互独立的，因此称之为异策略 (off-policy) 学习算法。Q 学习这种简洁的形式也大大简化了算法收敛的条件：只要所有的状态和其下对应的所有动作在学习过程中都能够被持续访问

并更新，算法就能正确收敛。虽然在理论上使用这种异策略学习算法时可以使用任意一种满足上述访问要求的执行策略，如随机策略，然而实际上 ε-贪婪仍然是一种能够平衡探索和利用的高效执行策略，但在迭代更新中不需要使 ε 衰减到 0，也能收敛到 $Q^*(s,a)$。

虽然 SARSA 和 Q 学习都使用了时间差分学习原理对值函数进行估计，并且根据值函数进行动作的选择，然而 SARSA 是同策略的学习算法，具体来讲就是只能依据当前的策略 π 生成状态转换信息 $(s,a,r,s',a')_\pi$ 更新估计值函数进而更新策略 π'，然后根据新策略产生新的状态转换信息 $(s,a,r,s',a')_{\pi'}$，再次进行迭代更新。由旧策略产生的状态转换信息对未来的迭代更新是没有帮助的，因此整个过程必须在线执行，状态转换信息的利用率较低。相比而言，Q 学习是异策略学习算法，在整个过程中任何一步状态转换信息 (s,a,r,s') 对于状态–动作值函数的估计均有帮助，因此 Q 学习并不一定需要在线执行，而可以采集大量的状态转换信息，然后离线计算最优值函数，具有较高的样本利用率。正因为 Q 学习有这方面的优势，在 DRL 中配合经验回放等技术在复杂高维度问题上收到了良好的效果。

2.4 基于策略的强化学习算法

基于值函数的强化学习算法主要有以下两点不足。第一是处理连续动作的能力不足，因为在基于值函数的学习算法中，策略的表示依赖于值函数，需要根据学到的状态–动作值函数选择对应动作值最大的动作，当动作为连续变量时，选择特定状态下的最优动作面临巨大的困难。虽然对于连续动作问题可以使用将动作值离散化的变通方法，然而这并不是根本的解决方法。第二是不能得到随机策略，根据上述针对值函数表示最优策略的结果可以看出，无论初始策略是随机策略还是确定性策略，最终收敛到的最优策略一定是确定性策略。但是某些实际问题的最优策略却是随机策略，这种情况是无法通过基于值函数的强化学习算法来求解的。

针对基于值函数的强化学习算法这两方面的困难，另一类强化学习算法——基于策略的强化学习算法能给出有效的解决方案。基于策略的强化学习算法不依赖于值函数，而是根据评价策略的可优化的目标函数，直接对策略进行优化。基于策略的强化学习算法中，策略不再依赖值函数存在，而是被独立描述为一个参数为 θ 的连续函数，一个随机策略可以写成

$$\pi_\theta(s,a) = P(a|s,\theta) \tag{2.17}$$

接下来的目标便是通过调节策略参数 θ 寻求最优的策略。策略梯度（policy

gradient) [6] 是基于策略的强化学习算法的基础。首先定义一个评价策略性能的可以优化的目标函数，称为策略目标函数 (policy objective function)，其形式有多种，最简单的形式为 MDP 的初始状态 s_1 的回报的期望值：

$$J_1(\theta) = V^{\pi_\theta}(s_1) = \mathbb{E}_{\pi_\theta}(G_1) \tag{2.18}$$

当 MDP 的初始状态不确定时，也可以将策略目标函数定义为所有状态的状态值函数的加权平均值：

$$J_{\text{avg}}(\theta) = \sum_s d^{\pi_\theta}(s)V^{\pi_\theta}(s) \tag{2.19}$$

其中，$d^{\pi_\theta}(s)$ 是在当前 MDP 下遵循策略 π_θ 得到的状态的静态分布。根据策略梯度定理，无论策略目标函数的形式是 $J_1(\theta)$ 还是 $J_{\text{avg}}(\theta)$，其关于策略参数 θ 的梯度都可以表示为

$$\nabla_\theta J(\theta) = \mathbb{E}_{s\sim d^{\pi_\theta}, a\sim\pi_\theta}\left[\nabla_\theta \log \pi_\theta(s,a) Q^{\pi_\theta}(s,a)\right] \tag{2.20}$$

策略参数的梯度可以由策略本身及策略的状态–动作值函数表示，但是若用在实际的策略更新中，首先值函数 $Q^{\pi_\theta}(s,a)$ 显然是未知的，其次 $\nabla_\theta \log \pi_\theta(s,a) Q^{\pi_\theta}(s,a)$ 在整个状态空间上的期望也是不可能获得的。在实际使用策略梯度算法时，需要配合蒙特卡罗采样的方法执行，称为 REINFORCE 算法 [7]。首先随机初始化参数 θ，然后执行该策略并获得一系列的状态转换采样信息：

$$\{s_1, a_1, r_2, \cdots, s_{T-1}, a_{T-1}, r_T\} \sim \pi_\theta \tag{2.21}$$

计算每一步的回报值 G_t 作为对应的 $Q^{\pi_\theta}(s_t, a_t)$ 的采样值代入策略梯度公式，然后使用每个状态–动作对 (s_t, a_t)，都可以对参数 θ 进行梯度上升，更新公式为

$$\theta \leftarrow \theta + \alpha \nabla_\theta \log \pi_\theta(s_t, a_t) G_t \tag{2.22}$$

经过反复采样和对参数的迭代更新，策略参数最终会收敛于一个局部最优点。

REINFORCE 算法可以通过计算一种状态转换序列的方法得到值函数的估计，然后获得策略梯度。虽然用这种蒙特卡罗方法可以得到值函数的无偏估计，但是其估计值在多次采样中具有很大的方差，进而导致学习速度非常缓慢。同时这种算法也只能用于有限步的 MDP 中，而无法像上述基于时间差分控制方法一样在线执行或者用于连续无终点的 MDP。执行器–评价器 (actor-critic) [8] 算法很好地解决了这些不足之处。该方法引入了评价器 (critic) 这一结构对状态–动作值函数进行估计，其估计函数表示为参数为 w 的函数 $Q^w(s,a)$。而执行器 (actor) 为参数化的随机策略，表示为函数 $\pi_\theta(s,a)$。其算法结构如图 2.2 所示，其中评价

器可以使用多种时间差分法进行估计函数的更新，例如，使用 SARSA 算法所使用的更新方式，时间差分误差 δ_t 表示为

$$\delta_t = r_{t+1} + \gamma Q^w(s_{t+1}, a_{t+1}) - Q^w(s_t, a_t) \tag{2.23}$$

参数的更新公式为

$$w \leftarrow w + \alpha\delta_t \nabla_w Q^w(s_t, a_t) \tag{2.24}$$

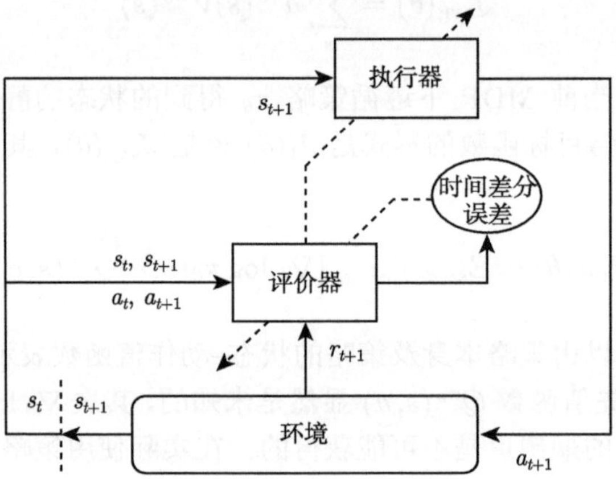

图 2.2 执行器–评价器结构

执行器–评价器结构与时间差分法一样，只需要两步状态转换信息就能够进行更新，因此可用于在线训练，每得到状态转换信息 (s_t，a_t，r_{t+1}，s_{t+1}，a_{t+1}) 就可以使用式(2.23)和式(2.24)对评价器参数进行更新，然后使用学到的评价器函数 $Q^w(s,a)$ 代替真实的值函数 $Q^\pi(s,a)$，使用策略梯度的更新方式对执行器参数进行更新：

$$\theta \leftarrow \theta + \alpha\nabla_\theta \log \pi_\theta(s_t, a_t) Q^w(s_t, a_t) \tag{2.25}$$

执行器–评价器结构既使用了时间差分法对值函数进行估计，又使用了策略梯度法对参数化的策略进行更新，结合了基于值函数和基于策略两类强化学习算法的优点。执行器和评价器可以使用多种形式进行表示，当使用神经网络来表示执行器和评价器时，它们又可以分别称为执行网络 (actor network) 和评价网络 (critic network)。评价器也可以使用多种学习方法进行更新，具有极强的灵活性，因此执行器–评价器结构在 DRL 领域得到了非常广泛的应用。

2.5 本 章 小 结

本章系统阐述了强化学习的核心理论与方法框架。首先介绍了马尔可夫决策过程的基本模型，包括状态、动作、转移模型和奖励函数等核心要素，并重点阐释了值函数的概念及其贝尔曼方程。在此基础上，首先介绍了基于值函数的强化学习算法，包括时间差分法、SARSA 算法和 Q 学习算法，比较了同策略和异策略的差异及其适用场景。然后介绍了基于策略的强化学习算法，包括策略梯度算法和执行器-评价器框架。通过分析两类算法的优缺点和应用特点，为后续深度强化学习和多智能体强化学习的研究奠定了坚实的理论基础。

参 考 文 献

[1] Sutton R S, Barto A G. Reinforcement Learning: An Introduction[M]. Cambridge: MIT Press, 1998.

[2] Bellman R. A Markovian decision process[J]. Journal of Mathematics and Mechanics, 1957, 6(5): 679-684.

[3] Singh S P, Sutton R S. Reinforcement learning with replacing eligibility traces[J]. Machine Learning, 1996, 22(1): 123-158.

[4] Sutton R S. Learning to predict by the methods of temporal differences[J]. Machine Learning, 1988, 3(1): 9-44.

[5] Watkins C J C H, Dayan P. Q-learning[J]. Machine Learning, 1992, 8(3): 279-292.

[6] Sutton R S, McAllester D, Singh S, et al. Policy gradient methods for reinforcement learning with function approximation[C]. Proceedings of the 13th International Conference on Neural Information Processing Systems, Denver, 1999: 1057-1063.

[7] Williams R J. Simple statistical gradient-following algorithms for connectionist reinforcement learning[J]. Machine Learning, 1992, 8(3): 229-256.

[8] Barto A G, Sutton R S, Anderson C W. Neuronlike adaptive elements that can solve difficult learning control problems[J]. IEEE Transactions on Systems, Man, and Cybernetics, 1983, SMC-13(5): 834-846.

第 3 章 面向输入受限系统的深度强化学习

3.1 引 言

强化学习是一种具有自学习能力的优化策略，常用于求解贝尔曼方程的最优解问题。通常情况下，随着状态与控制输入维度的增加，求解贝尔曼最优方程所需要的计算量将会指数上升，最终导致“维度灾”问题。针对上述问题，强化学习提供了一种近似求解该问题的框架，通过不断与环境交互，采用试错机制不断迭代优化输出的控制策略，并最终给出一个近似最优解。此外，强化学习具有在线学习、不依赖于模型等特点。这些特点使得强化学习在处理复杂非线性系统的最优控制问题上具有很大的优势，因此受到了研究人员的广泛关注。

强化学习算法通常包含两个重要的过程：策略评估与策略提升 [1]。在策略评估方面，离轨学习算法 [2,3] 和经验回放机制 [4] 等众多研究成果使得策略评估的可靠性得到了极大的提升。而在策略提升方面，大多算法仍然采用传统的梯度下降法给出评价函数的近似最优解，这很可能使得所求解的策略陷入局部极小点，进而导致系统不稳定 [5]。除此之外，带有控制输入约束的系统是十分常见的 [6-8]，而大多基于强化学习的算法是不能直接用于处理带有控制输入约束的优化问题。针对上述问题，本章尝试采用平方和规划的方法来处理带有控制输入约束的最优控制问题。

近年来，针对带有控制输入约束系统的最优控制问题，国内外学者展开了深入的研究，并在输入饱和非线性系统的最优控制问题上取得了许多重要进展。Abu-Khalaf 等 [9] 研究了连续时间下输入饱和的最优控制问题，提出了一种离线的优化策略算法。该算法基于当前策略通过与系统的交互生成训练数据，并采用迭代的方式不断优化策略。针对离散时间下带有输入约束的最优控制问题，Zhang 等 [10] 提出了采用一种在代价函数中加入惩罚项的控制方法。该方法将一个非二次型形式的惩罚项加入代价函数，此时评价函数可以评判控制量靠近控制饱和值的程度，进而可以通过调整控制策略将控制输入严格地限定在约束范围内。上述算法类似于静态优化问题中的惩罚方法 [11]，即通过引入惩罚项，将原有的有约束优化问题转换为无约束问题。另一种处理输入饱和的方法就是对所得的控制输入的范围进行限定 [12,13]。通常的做法是在执行器的输出层采用合适的激活函数，这样可以直接保证执行器的输出在给定范围内。

然而，这些处理方法均有着各自的不足之处。例如，基于惩罚函数的方法，由于惩罚项的引入，原有的优化目标将不可避免地被改变，进而所得的控制策略会变得相对保守。除此之外，相对于原有的优化目标，所得策略将不再是最优的 [14]。而采用激活函数算法时大多会采用梯度下降法进行策略优化，那么就会存在优化陷于局部极小点的风险 [5]。另外，上述方法无法处理非输入饱和约束形式的控制问题，然而具有这些形式输入约束的系统又是普遍存在的，如控制输入的加和约束 [15]、控制速率约束 [16] 及上述约束的各种组合，因此，研究如何解决具有一般输入约束形式的最优控制问题是很有必要的。

平方和规划算法是近年来出现的一种针对具有特定函数形式的优化算法 [17-19]，其在处理有约束的多项式优化问题中具有很大优势。因此，若可以将值函数表示成多项式的形式，那么采用这种规划算法便可以解决带有输入约束的控制问题。近几年，已有一些学者成功地将平方和规划引入到最优控制中 [20-22]。其核心思想便是将值函数限定为关于状态的多项式形式，此时便可以将贝尔曼最优方程的求解过程转变为一系列带有约束的多项式优化的求解。并且，这些优化问题可以在多项式时间内完成解算。受到这种想法的启发，我们进一步考虑带有输入约束的最优控制问题。

本章针对带有输入约束的最优控制问题提出一种解算器–评价器算法。该方法可以在不改变原有优化目标的前提下，给出贝尔曼最优方程的一个近似解。评价器用于近似状态–动作值函数，此函数被表示为关于控制输入量的多项式形式。解算器采用平方和规划给出可以最小化目标函数的数值解，同时确保控制量在给定的约束范围内。该算法采用 Lasserre 松弛方法将原有的优化问题变为一个凸优化问题，再采用平方和规划搜索最优解。为了确保在线学习的稳定性，算法还将目标网络引入原有结构，并采用一种软更新机制完成对状态–动作值函数的拟合。本章还对算法的收敛性和所得策略的最优性进行了研究，研究表明随着算法迭代次数趋向无穷，所得策略将最终收敛到贝尔曼最优方程的解。本章给出四个数值仿真实验，分别验证理论分析的正确性和算法的有效性。本章的主要贡献总结如下。

(1) 提出一种基于强化学习的算法，即解算器–评价器算法。该算法解决了带有控制输入约束的离散时间最优控制问题，可以在不改变优化目标函数的情况下求解带有控制输入约束的最优控制问题。此外，该算法还将软更新和经验回放机制引入到策略评价环节，有效地提高了在线学习过程的稳定性。

(2) 给出迭代算法的收敛性以及所得策略的最优性证明。研究中考虑迭代过程中两种常见的情况，分别是随机初始化的状态–动作值函数和不同的折扣因子。针对这两种情况，分别对算法的收敛性和输出策略的最优性进行理论分析。

本章结构总结如下。3.2 节介绍带有控制输入约束的系统以及强化学习算法的基本框架。3.3 节给出解算器–评价器具体结构并基于该结构提出离轨的学习算法，对算法的收敛性和策略最优性进行理论分析。3.4 节给出四个数值仿真实验，并对实验结果进行分析。3.5 节对所做工作进行总结。

3.2 问题描述

本章主要考虑如下带有控制输入约束的离散时间系统：

$$x_{k+1} = f(x_k, u_k) \tag{3.1}$$

其中，$x_k \in \Omega \subseteq \mathbb{R}^n$ 表示系统的状态；$u_k \in \Omega_u \subseteq \mathbb{R}^m$ 表示带有特定约束的控制输入；$f: \mathbb{R}^{n+m} \to \mathbb{R}^n$ 表示系统的动态方程，并且我们规定零点是系统的平衡点，即 $f(0) = 0$；Ω 与 Ω_u 分别表示状态量与控制输入量的可行域，并且规定二者均为紧集。将 Ω_u 表示为如下形式：

$$\Omega_u = \{u | g_i(u) \geqslant 0,\ i = 1, 2, \cdots, M\} \tag{3.2}$$

其中，$g_i: \mathbb{R}^m \to \mathbb{R}$ 为多变量多项式函数。

最优控制目标就是在给定代价函数的基础上找到最优控制策略 π^*，该策略可以使系统在 Ω 上稳定并且满足最小化代价函数的要求。代价函数以如下形式给出：

$$\begin{aligned} J^{\pi}(x_k) &= \sum_{i=k}^{\infty} \gamma^{i-k} r(x_i, u_i) \\ &= \sum_{i=k}^{\infty} \gamma^{i-k} (x_i^{\mathrm{T}} Q x_i + u_i^{\mathrm{T}} R u_i) \end{aligned} \tag{3.3}$$

其中，$Q \in \mathbb{R}^{n\times n}$ 和 $R \in \mathbb{R}^{m\times m}$ 为正定矩阵；$u_i \in \Omega_u (i = k, k+1, \cdots)$ 是控制输入序列，其值由给定的策略与当前的状态量同时决定，满足等式 $u_i = \pi(x_i)$；γ 表示折扣因子且满足 $0 < \gamma \leqslant 1$；$r: \mathbb{R}^{n+m} \to \mathbb{R}$ 表示奖励函数。

假设 3.1 离散时间系统 (3.1) 是可控的并且函数 $f(x_k, u_k)$ 关于变量 x_k 和 u_k 是利普希茨连续的。

定义 3.1 (容许控制 [23]) 给定代价函数 (3.3), 如果策略 π 满足：① π 在给定 Ω 上是连续的并且满足 $\pi(0) = 0$; ② π 可以使得系统 (3.1) 稳定; ③ 对于任一给定的 $x_0 \in \Omega$，π 对应的代价函数 $J^{\pi}(x_0)$ 均为适定值，则称策略 π 是容许的。

注记 3.1 当折扣因子为 1 时，如果策略 π 可以使得 J^{π} 在 Ω 上均为适定值，那么该策略一定可以使得系统稳定，但是反之则不一定 [24]。而在一些最优跟踪控制的研究中 [25,26]，在折扣因子被设定为小于 1 的正数时，如果控制策略可以使得系统稳定，那么该策略一定可以使得代价函数为适定的，但是反之则不一定。给出如下一个例子，考虑离散时间系统 $x_{k+1}=x_k+1$。该系统毫无疑问是发散的，但是策略 $\pi(x)\equiv 0$ 却仍可以使得代价函数在 Ω 上为适定的。

为求解最优策略，引入最优状态–动作值函数，即最优 Q 函数。其定义如下：

$$Q^*(x_k,u_k)\overset{\text{def}}{=\!=\!=}r(x_k,u_k)+\gamma J^*(x_{k+1}) \tag{3.4}$$

其中，J^* 表示最优策略下的代价函数。

此时，最优策略将可以通过以下方式给出：

$$\pi^*(x_k)=\arg\min_{u\in\Omega_u}Q^*(x_k,u) \tag{3.5}$$

由式 (3.5) 可知，为得到最优的控制策略，首先需要估计出最优的状态–动作值函数。在求解策略过程的同时，还需解决带有约束的优化问题 (3.5)，确保得到的控制输入在给定的约束范围内。针对上述问题，本章给出一种新型的强化学习结构，并结合离轨学习和经验回放机制给出了策略更新算法。此外，本章对相关的算法收敛性和策略最优性也进行了理论分析。

3.3 解算器–评价器结构与离轨策略学习算法

本章首先给出评价器的具体结构，主要介绍如何采用平方和多项式对状态–动作值函数进行拟合。其次，针对带有输入约束的优化问题，给出动作解算器结构以及求解控制输入的方法。再次，介绍在线学习的策略评估优化机制，即软更新机制和经验回放机制。最后，给出在线的离轨策略学习算法。

3.3.1 基于平方和的策略评价器

传统的评价器大多直接采用神经网络对状态–动作值函数进行拟合，在理论上该方法虽然可以以任意精度逼近任意连续函数，但高度非线性的拟合方式也给之后的最优控制输入的求解带来了困难。此外，控制输入还应被约束在给定的范围内，这进一步增加了求解难度。为了处理上述问题，本章给出一种基于平方和多项式的拟合方式，其具体的形式如下：

$$\begin{aligned}\hat{Q}(x_k,u_k|\omega_k^C)&=\Lambda^{\mathrm{T}}(u_k,d)L^{\mathrm{T}}(x_k|\omega_k^C)L(x_k|\omega_k^C)\Lambda(u_k,d)\\&=\left\|L(x_k|\omega_k^C)\Lambda(u_k,d)\right\|_2^2\end{aligned} \tag{3.6}$$

其中，ω_k^C 表示评价器中的参数；$L(\cdot|\omega_k^C)$ 是状态依赖的下三角矩阵，其维度由函数 $\Lambda(u_k,d)$ 确定，该矩阵的每一个元素均对应神经网络输出层的一个输出值；ω_k^C

表示该神经网络的权值参数；$\varLambda(u_k, d)$ 表示关于变量 u 的阶不超过 d 的单项式全体所构成的列向量。类似的拟合方式可参见文献 [27]。采用该拟合方法可以通过增加阶数 d 使得 $\hat{Q}(x_k, u_k|\omega_k^C)$ 以任意精度逼近非负连续函数 [28]。不过需要注意的是，更高阶数的拟合方式也会需要更大的计算量。本章为了平衡拟合精度和计算量，取阶数 $d=2$。

评价器网络用于拟合状态–动作值函数，其网络中参数采用时序差分法进行迭代更新。时序差分法可以以在线学习的方式进行参数更新。根据贝尔曼方程，时序差分误差被定义为

$$\delta_k = y_k - \hat{Q}(x_k, u_k|\omega_k^C) \tag{3.7}$$

其中，$y_k = r(x_k, u_k) + \gamma \min_u \hat{Q}(x_{k+1}, u_k|\omega_k^C)$ 是拟合的目标值。

评价器通过调节权值参数 ω_k^C 来最小化 y_k，进而实现对状态–动作值函数的估计。依据梯度下降准则，权值调节如下：

$$\omega_{k+1}^C \leftarrow \omega_k^C + \alpha_c \delta_k \frac{\partial \hat{Q}(x_k, u_k|\omega_k^C)}{\partial \omega_k^C} \tag{3.8}$$

其中，α_c 表示评价器网络的学习率。

3.3.2 动作解算器

动作解算器用于求解可以最小化状态–动作值函数的控制输入。通过将式 (3.6) 代入式 (3.5) 可得如下带有输入约束的多项式优化问题：

$$\min_u \ \|L_k \varLambda(u, d)\|_2^2 \tag{3.9}$$

$$\text{s.t. } u \in \varOmega_u \tag{3.10}$$

其中，$L_k = L(x_k|\omega_k^C)$。

为了得到最优解，本章采用 Putinar's Positivstellensatz 方法 [19] 进行求解。该方法的前提条件是需要受限集合 $\varOmega_u$ 的二次模 $M(\varOmega_u)$ 满足阿基米德性质。需要指出的是，在大多数实际的控制系统中，该条件很容易得到满足。

定义 3.2 令 K 表示关于 u 的闭半代数集，其中 $u \in \mathbb{R}^m$。如果存在整数 N 满足 $N - \sum_{i=1}^{m} u_i^2 \in M(K)$，则称二次模 K 满足阿基米德性质。

定理 3.1 若系统的控制输入变量均存在饱和约束，则二次模 $M(\varOmega_u)$ 满足阿基米德性质。

证明 将系统的输入饱和约束集表示为 $\varOmega_{\text{sat}} := \{u|\underline{u}_i \leqslant u_i \leqslant \overline{u}_i, i=1,2,\cdots, m\}$。容易验证，集合 $\varOmega_{\text{sat}}$ 满足 $\varOmega_{\text{sat}} \supseteq \varOmega_u$。因此，如果可以证明 $M(\varOmega_{\text{sat}})$ 是

满足阿基米德性质的，那么 $M(\Omega_u)$ 也将满足。首先，证明存在 $N_1 \in \mathbb{N}$ 使得 $N_1 - u_1^2 \in M(\Omega_{\text{sat}})$。令 $N_1 = \lceil \overline{u}_1^2 \rceil$，其中 $\lceil \cdot \rceil$ 是上限取整函数。那么，可得

$$\begin{aligned} N_1 - u_1^2 = & (\overline{u}_1 + \underline{u}_1)(\overline{u}_1 - u_1) + \frac{(\overline{u}_1 - u_1)^2}{\overline{u}_1 - \underline{u}_1}(u_1 - \underline{u}_1) \\ & + \frac{(u_1 - \underline{u}_1)^2}{\overline{u}_1 - \underline{u}_1}(\overline{u}_1 - u_1) + \varepsilon \in M(\Omega_{\text{sat}}) \end{aligned} \tag{3.11}$$

其中，$\varepsilon = \lceil \overline{u}_1^2 \rceil - \overline{u}_1^2 \geqslant 0$。

与此类似,可以证明同样存在 $N_i \in \mathbb{N}$ 使得 $N_i - u_i^2 \in M(\Omega_{\text{sat}}), i = 2, 3, \cdots, m$。令 $N = \sum\limits_{i=1}^{m} N_i$，进而有

$$N - \sum_{i=1}^{m} u_i^2 = \sum_{i=1}^{m} N_i - u_i^2 \in M(\Omega_{\text{sat}}) \tag{3.12}$$

根据定义 3.2，$M(\Omega_{\text{sat}})$ 是满足阿基米德性质的。因此，$M(\Omega_u)$ 也是满足阿基米德性质的。 □

定理 3.2 (Putinar 定理) 令 $p(u)$ 为一个在给定约束集 Ω_u 上恒正的多项式，并且 $M(\Omega_u)$ 是满足阿基米德性质的。那么，一定有 $p(u) \in M(\Omega_u)$。

证明 定理 3.2 的证明参见文献 [19]。 □

假定 p^* 是问题 (3.9) 的最优解，即 $p^* = \inf\left\{ \|L_k \Lambda(u,d)\|_2^2 \middle| u \in \Omega_u \right\}$。那么，可以证明 p^* 也是令不等式 $||L_k \Lambda(u,d)||_2^2 - p \geqslant 0, u \in \Omega_u$ 恒成立的解集的上确界。因此根据 Putinar 定理，可得

$$\begin{aligned} & \max_u p \\ & \text{s.t.} \ \|L_k \Lambda(u,d)\|_2^2 - p \in M(\Omega_u) \end{aligned} \tag{3.13}$$

此时，采用平方和规划，即 Lasserre 松弛法 [17]，可进一步将上述问题转换为原始–对偶半定规划问题。MATLAB 工具箱 SOSTOOLS 为该问题提供了有效的解决办法，可在多项式时间内得到问题的解。

3.3.3 离轨策略学习算法

本章所提出的算法采用基于离轨策略的学习方式进行在线训练，训练过程将引入经验回放机制增加样本的利用率。离轨学习允许评价策略和执行策略不一致，这也就使得强化学习中的策略探索环节与策略评价环节两者互不冲突，执行策略

可以进行充分探索，而评价策略保持为当前最优策略。经验回放机制可以对过去的交互数据进行重复利用，而随机抽取的训练数据也可以降低传统训练中训练数据所具有的高度相关性。在具体的实现中，交互数据被统一保存在一个具有固定大小的缓存区域中，当储存数据达到最大存储限制后，新来的数据元组将替代最旧的数据元组保存在缓存中。图 3.1 给出了算法的结构原理图。

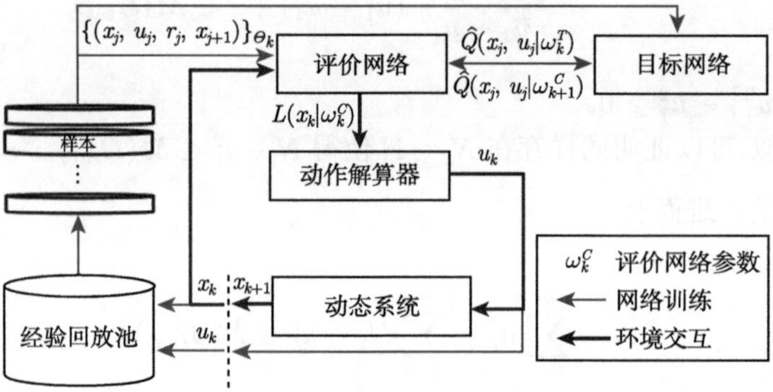

图 3.1　解算器–评价器结构

粗实线代表控制器与受控对象的交互过程，细实线代表控制器网络中的参数训练过程

在每一个时刻，交互的数据元组 $e_k = (x_k, u_k, r_k, x_{k+1})$ 被保存进经验回放的缓存区域中。然后，从缓存中随机采样出具有固定大小的历史元组用于评价器网络的权值更新。权值更新的目标是最小化损失函数，损失函数的具体形式如下：

$$\ell(\omega_k^C) = \frac{1}{|\Theta_k|} \sum_{j \in \Theta_k} \left(y_j - \hat{Q}\left(x_j, u_j|\omega_k^C\right) \right)^2 \tag{3.14}$$

其中，$|\Theta_k|$ 表示集合 Θ_k 所含元素的个数；y_j 表示目标网络输出的值。

目标网络的权值更新方式如下：

$$\hat{Q}(x_j, u_j|\omega_{k+1}^T) = (1-\tau)\hat{Q}(x_j, u_j|\omega_k^T) + \tau\hat{Q}(x_j, u_j|\omega_{k+1}^C) \tag{3.15}$$

其中，$j \in \Theta_k$ 表示目标网络的权值更新是基于所有的采样数据来完成的。

动作解算器采用平方和规划的方式来得到当前的最优控制量。若系统状态超过给定的范围或者时间步数达到最大值，则单次训练终止。算法 3.1 给出了离轨策略学习算法。需要指出的是，软更新机制可由如下的简单形式进行替代：

$$\omega_{k+1}^T = (1-\tau)\omega_k^T + \tau\omega_{k+1}^C \tag{3.16}$$

算法 3.1 离轨策略学习算法

初始化:
随机初始化评价网络 $\hat{Q}(x,u|\omega_1^C)$
初始化经验缓存 $\mathcal{R} \leftarrow \varnothing$
初始化目标网络 $\omega_1^T \leftarrow \omega_1^C$
学习过程:
for 训练回合数 = 1 **to** 最大训练回合数 **do**
  初始化探索噪声序列 $\mathcal{N}$
  随机初始化系统状态 x_1
  for 当前时间步数 $k=1$ **to** 最大时间步数 **do**
    计算控制输入 $u_k = \arg\min\limits_{u\in\Omega_u} Q(x_k,u|\omega_k^C)+\mathcal{N}_k$
    系统执行控制输入 u_k 并观测新的状态 x_{k+1}
    存储数据元组 (x_k,u_k,r_k,x_{k+1}) 到经验缓存 $\mathcal{R}$ 中
    在经验池中进行训练数据采样 $\{(x_j,u_j,r_j,x_{j+1})\}_{j\in\Theta_k}$
    根据式 (3.14) 更新评价网络的权值参数
    根据式 (3.15) 或者式 (3.16) 更新目标网络的权值参数
    if x_{k+1} 超过安全范围 **then**
      停止更新
    end if
  end for
end for

3.3.4 算法收敛性和策略最优性分析

本节主要对算法的收敛性和策略的最优性进行理论分析。首先给出折扣因子小于 1 时的收敛性分析，然后对折扣因子等于 1 的情况进行分析。分析时同时考虑了随机初始神经网络权值对收敛结果的影响。

简便起见，分别用 $\hat{Q}_k^C(x,u)$ 和 $\hat{Q}_k^T(x,u)$ 来表示 $\hat{Q}(x,u|\omega_k^C)$ 和 $\hat{Q}(x,u|\omega_k^T)$。此时，更新机制可写为如下形式：

$$
\begin{aligned}
&\hat{Q}_{k+1}^C(x,u)=r(x,u)+\gamma\min_{u'\in\Omega_u}\hat{Q}_k^T(x',u')\\
&\hat{Q}_{k+1}^T(x,u)=(1-\tau)\hat{Q}_k^T(x,u)+\tau\hat{Q}_{k+1}^C(x,u)\\
&\pi_{k+1}(x)=\arg\min_{u\in\Omega_u}\hat{Q}_{k+1}^C(x,u)
\end{aligned}
\tag{3.17}
$$

其中，$x'=f(x,u)$ 并且 $\tau\in(0,1]$。

1. $0 \leqslant \gamma < 1$

为证明在 $0 \leqslant \gamma < 1$ 情况下算法的收敛性，首先引入两个算子 T_q 和 S_q：

$$
\begin{aligned}
(T_qQ)(x,u) &= r(x,u) + \gamma \min_{u' \in \Omega_u} Q(x',u') \\
(S_qQ)(x,u) &= (1-\tau)Q(x,u) + \tau(T_qQ)(x,u)
\end{aligned} \tag{3.18}
$$

其中，$Q: \Omega \times \Omega_u \to \mathbb{R}$。

此时，评价网络更新公式 (3.17) 可以表示为

$$
\begin{aligned}
\hat{Q}^C_{k+1}(x,u) &= (T_q\hat{Q}^T_k)(x,u) \\
\hat{Q}^T_{k+1}(x,u) &= (S_q\hat{Q}^T_k)(x,u)
\end{aligned} \tag{3.19}
$$

此时，如果可以证明 S_q 是一个严格压缩映射，那么就可以证明算法会最终收敛并且会收敛到最优策略，即贝尔曼方程的解。首先给出引理 3.1。

引理 3.1 令 $\hat{Q}_1$、$\hat{Q}_2$ 是两个状态–动作值估计函数。假定对于所有的 $(x,u) \in \Omega \times \Omega_u$ 都有 $\hat{Q}_1(x,u) \geqslant \hat{Q}_2(x,u)$，那么 $(T_q\hat{Q}_1)(x,u) \geqslant (T_q\hat{Q}_2)(x,u)$。

证明 定义 $\pi_1^*(x) = \arg\min_{u \in \Omega_u} \hat{Q}_1(x,u)$，则可得

$$
\begin{aligned}
(T_q\hat{Q}_1)(x,u) &= r(x,u) + \gamma\hat{Q}_1(x',\pi_1^*(x')) \\
&\geqslant r(x,u) + \gamma\hat{Q}_2(x',\pi_1^*(x')) \\
&\geqslant r(x,u) + \gamma \min_{u' \in \Omega_u} \hat{Q}_2(x',u') = (T_q\hat{Q}_2)(x,u)
\end{aligned} \tag{3.20}
$$

由于上述满足不等式，表明算子 T_q 具有单调性。 □

定理 3.3 令 $\hat{Q}^C_0$、$\hat{Q}^T_0$ 表示随机初始化评价网络与目标网络，并且两个函数均初始化为有界连续函数。设定折扣因子小于 1。根据更新式 (3.17) 产生函数序列 $\{\hat{Q}^C_k\}_{k=0}^\infty$、$\{\hat{Q}^T_k\}_{k=0}^\infty$ 和 $\{\pi_k\}_{k=0}^\infty$。那么，随着迭代次数 $k \to \infty$，有 $\hat{Q}^C_k \to Q^*$，$\hat{Q}^T_k \to Q^*$ 并且 $\pi_k \to \pi^*$。

证明 首先证明算子 S_q 具有不动点。此时，采用 $\|\cdot\|$ 来表示 $\|\cdot\|_{\sup}$。令 $f,g: \Omega \times \Omega_u \to \mathbb{R}$ 为两个连续函数，同时满足 $\|f\|,\|g\| < \infty$。那么，容易验证 $f \leqslant g + \|g-f\|$。此时，根据引理 3.1，可得

$$
\begin{aligned}
S_qf &= (1-\tau)f + \tau T_qf \\
&\leqslant (1-\tau)(g + \|g-f\|) + \tau T_q(g + \|g-f\|) \\
&= S_qg + (1-\tau+\tau\gamma)\|g-f\|
\end{aligned} \tag{3.21}
$$

因此，如下的不等式成立：

$$S_q f - S_q g \leqslant (1-\tau+\gamma\tau)\|g-f\| \tag{3.22}$$

由于 $g \leqslant f + \|g-f\|$，进而可得 $S_q g - S_q f \leqslant (1-\tau+\gamma\tau)\|g-f\|$。将其代入式 (3.22) 可得

$$\|S_q g - S_q f\| \leqslant (1-\tau+\gamma\tau)\|g-f\| \tag{3.23}$$

此时，根据压缩映射定理，便可证明 S_q 为一个严格压缩映射。因此，S_q 具有唯一的不动点。容易验证最优状态–动作值函数即为 S_q 的不动点。定义 $\theta = 1-\tau+\gamma\tau$，则

$$\begin{aligned}\left\|\hat{Q}_{k+1}^T - Q^*\right\| &= \left\|S_q\hat{Q}_k^T - S_q Q^*\right\| \\ &\leqslant \theta\left\|\hat{Q}_k^T - Q^*\right\| = \theta\left\|\hat{Q}_k^T - \hat{Q}_{k+1}^T + \hat{Q}_{k+1}^T - Q^*\right\| \\ &\leqslant \theta\left\|\hat{Q}_k^T - \hat{Q}_{k+1}^T\right\| + \theta\left\|\hat{Q}_{k+1}^T - Q^*\right\|\end{aligned} \tag{3.24}$$

进而可知

$$\begin{aligned}\left\|\hat{Q}_{k+1}^T - Q^*\right\| &\leqslant \frac{\theta}{1-\theta}\left\|\hat{Q}_{k+1}^T - \hat{Q}_k^T\right\| \\ &\leqslant \cdots \leqslant \frac{\theta^{k+1}}{1-\theta}\left\|\hat{Q}_1^T - \hat{Q}_0^T\right\|\end{aligned} \tag{3.25}$$

由上述分析可知，当 $k\to\infty$ 时，有 $\hat{Q}_k^T \to Q^*$。由于 $\Omega\times\Omega_u$ 是紧集并且 S_q、T_q 具有单调性，则 $\hat{Q}_k^T$ 一致收敛于 Q^*。根据更新式 (3.19)，可知 $\hat{Q}_\infty^C = \hat{Q}_\infty^T$。结果表明随着 $k\to\infty$，$\hat{Q}_k^C \to Q^*$，有 $\hat{Q}_k^T \to Q^*$ 并且 $\pi_k \to \pi^*$。 □

2. $\gamma = 1$

引理 3.2 令序列 $\{x_i\}_{i=1}^\infty$ 满足 $\lim\limits_{i\to\infty} x_i = 0$ 并且令函数 $f:\mathbb{R}^n \to \mathbb{R}^+\cup\{0\}$ 为一个连续函数且满足 $f(0)=0$。定义序列 $\{c_i\}_{i=1}^\infty$ 为 $c_n = \sum\limits_{j=0}^n b_j^{(n)} f(x_j)$，其中参数 $b_j^{(n)} \in [0,1)$ 并且满足 $\lim\limits_{n\to\infty} b_j^{(n)} = 1$。假定序列 $\{s_i\}_{i=0}^\infty$ 是一个柯西序列，其中 $s_i = \sum\limits_{j=0}^i f(x_j)$。那么，$\lim\limits_{n\to\infty} c_n = \lim\limits_{n\to\infty} s_n$。

证明 由于 $\{s_i\}_{i=0}^\infty$ 是一个柯西序列，则对于任意的 $\varepsilon>0$，存在一个 $n_1\in\mathbb{N}$ 使得 $\sum\limits_{j=n}^\infty f(x_j) \leqslant \varepsilon/4$ 对于所有的 $n \geqslant n_1$ 成立。定义一个正标量 $\delta = \max\{f(x_0),\cdots,$

$f(x_{n_1})\}$。由于 $\lim\limits_{n\to\infty} b_j^{(n)}=1$,那么存在一个 $n_2\in\mathbb{N}$ 使得 $\sum\limits_{j=0}^{n_1}|b_j^{(n)}-1|<\varepsilon/(2(\delta+1))$ 对于所有的 $n\geqslant n_2$ 都成立。取 $n\geqslant n_3=\max\{n_1,n_2\}+1$，则可得

$$
\begin{aligned}
\left|c_n-\sum_{j=0}^{\infty}f(x_j)\right| &= \left|\sum_{j=0}^{n}(b_j^{(n)}-1)f(x_j)-\sum_{j=n+1}^{\infty}f(x_j)\right| \\
&\leqslant \left|\sum_{j=0}^{n_1}(b_j^{(n)}-1)f(x_j)\right|+\sum_{j=n_1+1}^{n}b_j^{(n)}f(x_j)+\sum_{j=n_1+1}^{\infty}f(x_j) \\
&\leqslant \frac{\varepsilon}{2(\delta+1)}\delta+\frac{2\varepsilon}{4}\leqslant\varepsilon
\end{aligned}
\tag{3.26}
$$

进而可知 $\lim\limits_{n\to\infty}c_n=\lim\limits_{n\to\infty}s_n$。　□

引理 3.3　令序列 $\{x_i\}_{i=1}^{\infty}$ 满足 $\lim\limits_{i\to\infty}x_i=0$。令函数 $f:\mathbb{R}^n\to\mathbb{R}$ 为一个连续函数。定义序列 $\{c_i\}_{i=1}^{\infty}$ 为 $c_n=\sum\limits_{j=0}^{n}b_j^{(n)}f(x_j)$，其中 $b_j^{(n)}>0$，$\lim\limits_{n\to\infty}b_j^{(n)}=0$ 并且 $\sum\limits_{j=0}^{n}b_j^{(n)}=1$。那么 $\lim\limits_{n\to\infty}c_n=f(0)$。

证明　由于 f 是连续的并且 $\lim\limits_{i\to\infty}x_i=0$，那么对于任意的一个正数 $\varepsilon>0$ 都存在一个正整数 $n_1\in\mathbb{N}$ 有 $|f(x_n)-f(0)|\leqslant\varepsilon/2$ 对于所有的 $n\geqslant n_1$ 都成立。定义一个正标量 $\delta=\max\{|f(x_0)-f(0)|,\cdots,|f(x_{n_1})-f(0)|\}$。由于 $\lim\limits_{n\to\infty}b_j^{(n)}=0$ 对于所有的 $j\in\mathbb{N}$ 都成立,因此存在一个正整数 $n_2\in\mathbb{N}$ 使得 $\left|\sum\limits_{j=0}^{n_1}b_j^{(n)}\right|<\varepsilon/(2(\delta+1))$ 对于所有的 $n\geqslant n_2$ 都成立。取 $n\geqslant n_3=\max\{n_1,n_2\}+1$，则可得

$$
\begin{aligned}
|c_n-f(0)| &= \left|\sum_{j=0}^{n}b_j^{(n)}(f(x_j)-f(0))\right| \\
&\leqslant \left|\sum_{j=0}^{n_1}b_j^{(n)}(f(x_j)-f(0))\right|+\left|\sum_{j=n_1+1}^{n}b_j^{(n)}(f(x_j)-f(0))\right| \\
&\leqslant \frac{\varepsilon}{2(\delta+1)}\delta+\frac{\varepsilon}{2}\left|\sum_{j=n_1+1}^{n}b_j^{(n)}\right|\leqslant\frac{\varepsilon}{2}+\frac{\varepsilon}{2}=\varepsilon
\end{aligned}
\tag{3.27}
$$

进而可得 $\lim\limits_{n\to\infty}c_n=f(0)$。　□

定理 3.4　设定折扣因子为 1,并根据更新公式 (3.17) 得到函数序列 $\{\hat{Q}_k^C\}_{k=0}^{\infty}$、$\{\hat{Q}_k^T\}_{k=0}^{\infty}$ 和 $\{\pi_k\}_{k=0}^{\infty}$。此时，下列命题成立。

(1) 初始化 $\hat{Q}_0^T = \hat{Q}_0^C = C$，其中 C 为任意标量。那么，随着迭代次数 $k \to \infty$，有 $\hat{Q}_k^C \to Q^* + C$，$\hat{Q}_k^T \to Q^* + C$ 并且 $\pi_k \to \pi^*$。

(2) 初始化 $\hat{Q}_0^T$ 与 $\hat{Q}_0^C$ 为有界的连续函数，同时满足 $\hat{Q}_0^T = \hat{Q}_0^C$ 并且 $(0,0)$ 是函数 $\hat{Q}_0^C$ 的最小值点。那么，随着迭代次数 $k \to \infty$，有 $\hat{Q}_k^C \to Q^* + \hat{Q}_0^C(0,0)$，$\hat{Q}_k^T \to Q^* + \hat{Q}_0^C(0,0)$ 并且 $\pi_k \to \pi^*$。

证明 (1) 定义如下序列 $\{\hat{Q}_k^P\}_{k=0}^{\infty}$：

$$\hat{Q}_{k+1}^P = T_q \hat{Q}_k^P \ , \quad \hat{Q}_0^P = \hat{Q}_0^C \tag{3.28}$$

首先证明序列 $\hat{Q}_k^C$、$\hat{Q}_k^T$ 及 $\hat{Q}_k^P$ 均为单调递增的。采用数学归纳法进行证明，由于对所有的 $(x,u) \in \Omega \times \Omega_u$ 均有 $r(x,u) \geqslant 0$，可得

$$\hat{Q}_1^P(x,u) = (T_q \hat{Q}_0^P)(x,u) = C + r(x,u) \geqslant \hat{Q}_0^P(x,u) \tag{3.29}$$

类似地，可得 $\hat{Q}_1^C \geqslant \hat{Q}_0^C$ 及 $\hat{Q}_1^T \geqslant \hat{Q}_0^T$。由于 $\hat{Q}_1^P = \hat{Q}_1^C \geqslant C$，可知 $\hat{Q}_1^P \geqslant \hat{Q}_1^C \geqslant \hat{Q}_1^T$。因此，对于 $k=1$ 的情况，上述猜想成立。然后考虑 $k>1$ 的情况。根据引理 3.1，可得

$$\hat{Q}_{i+1}^P = T_q \hat{Q}_i^P \geqslant T_q \hat{Q}_{i-1}^P = \hat{Q}_i^P \tag{3.30}$$

$$\hat{Q}_{i+1}^C = T_q \hat{Q}_i^T \geqslant T_q \hat{Q}_{i-1}^T = \hat{Q}_i^C \tag{3.31}$$

此外，还可推导出

$$\begin{aligned}\hat{Q}_{i+1}^T(x,u) &= (1-\tau)\hat{Q}_i^T + \tau \hat{Q}_{i+1}^C \\ &\geqslant (1-\tau)\hat{Q}_{i-1}^T + \tau \hat{Q}_i^C = \hat{Q}_i^T\end{aligned} \tag{3.32}$$

将式 (3.30)、式 (3.31) 与式 (3.32) 结合可得

$$\begin{aligned}\hat{Q}_{i+1}^P = T_q \hat{Q}_i^P \geqslant T_q \hat{Q}_i^C = \hat{Q}_{i+1}^C &\geqslant (1-\tau)\hat{Q}_i^C + \tau \hat{Q}_{i+1}^C \\ &\geqslant (1-\tau)\hat{Q}_i^T + \tau \hat{Q}_{i+1}^C = \hat{Q}_{i+1}^T\end{aligned} \tag{3.33}$$

因此 $\hat{Q}_k^P$、$\hat{Q}_k^C$ 和 $\hat{Q}_k^T$ 是单调递增的。此外 $\hat{Q}_k^P \geqslant \hat{Q}_k^C \geqslant \hat{Q}_k^T$ 对于所有的 $k \in \mathbb{N}$ 都成立。

之后我们证明 $\hat{Q}_k^P$、$\hat{Q}_k^C$ 和 $\hat{Q}_k^T$ 均存在一个上界。对于任意 $k \in \mathbb{N}$ 与 $(x_i,u_i) \in \Omega \times \Omega_u$，$\hat{Q}_k^P$ 均满足

$$\begin{aligned}\hat{Q}_k^P(x_i,u_i) &= C + r(x_i,u_i) + \min_{u_{i+1},\cdots,u_{i+k}} \left(\sum_{j=1}^{k} r\left(x_{i+j}, u_{i+j}\right) \right) \\ &\leqslant C + r(x_i,u_i) + \sum_{j=1}^{\infty} r(x_{i+j}, \pi^*(x_{i+j}))\end{aligned}$$

$$= C + Q^*(x_i, u_i) < \infty \tag{3.34}$$

因此，$C + Q^*(x_i, u_i)$ 是函数 $\hat{Q}_k^C$、$\hat{Q}_k^T$ 和 $\hat{Q}_k^P$ 的一个上界。由于 $\Omega \times \Omega_u$ 是一个紧集并且 S_q、T_q 具有单调性，那么随着 $k \to \infty$，有 $\hat{Q}_k^C$、$\hat{Q}_k^T$ 和 $\hat{Q}_k^P$ 一致收敛。根据更新式 (3.19)，可知

$$\begin{aligned}\hat{Q}_\infty^T(x_i, u_i) &= \hat{Q}_\infty^C(x_i, u_i) \\ &= C + r(x_i, u_i) + \min_{u_{i+1},\cdots}\left(\sum_{j=1}^{\infty} r(x_{i+j}, u_{i+j})\right) \\ &= C + Q^*(x_i, u_i)\end{aligned} \tag{3.35}$$

因此，如下的等式成立：

$$\begin{aligned}\pi_\infty(x) &= \arg\min_{u\in\Omega_u}(\hat{Q}_\infty^C(x,u)) = \arg\min_{u\in\Omega_u}(Q^*(x,u) + C) \\ &= \arg\min_{u\in\Omega_u}(Q^*(x,u)) = \pi^*(x)\end{aligned} \tag{3.36}$$

综上所述，随着 $k \to \infty$，有 $\hat{Q}_k^C \to Q^* + C$，$\hat{Q}_k^T \to Q^* + C$ 并且 $\pi_k \to \pi^*$。

(2) 首先，证明 $\hat{Q}_\infty^T \geqslant Q^* + \hat{Q}_0^T(0,0)$。定义一个新的迭代函数序列 $\{\hat{Q}_k^U\}_{k=0}^\infty$ 如下：

$$\hat{Q}_{k+1}^U = S_q\hat{Q}_k^U\ ,\quad \hat{Q}_0^U = \hat{Q}_0^T(0,0) \tag{3.37}$$

由于 $\hat{Q}_0^T \geqslant \hat{Q}_0^U$，可知 $\hat{Q}_{k+1}^T = S_q\hat{Q}_k^T \geqslant S_q\hat{Q}_k^U = \hat{Q}_{k+1}^U$ 对于任意的 $k \in \mathbb{N}$ 均成立。此时根据上述定理可直接导出

$$\hat{Q}_\infty^T \geqslant \hat{Q}_\infty^U = Q^* + \hat{Q}_0^T(0,0) \tag{3.38}$$

然后，证明 $\hat{Q}_k^T$ 存在上界。如下再次定义一个迭代函数序列：

$$\begin{aligned}\hat{Q}_{k+1}^S(x,u) &= r(x,u) + \hat{Q}_k^O(x', \pi^*(x')) \\ \hat{Q}_{k+1}^O(x,u) &= (1-\tau)\hat{Q}_k^O(x,u) + \tau\hat{Q}_{k+1}^S(x,u)\end{aligned} \tag{3.39}$$

其中，$\hat{Q}_0^O = \hat{Q}_0^T$。假定 $k = i$ 时，有 $\hat{Q}_i^O \geqslant \hat{Q}_i^T$。那么当 $k = i+1$ 时，可得

$$\begin{aligned}\hat{Q}_{i+1}^O &= (1-\tau)\hat{Q}_i^O(x,u) + \tau\hat{Q}_{i+1}^S(x,u) \\ &\geqslant (1-\tau)\hat{Q}_i^T(x,u) + \tau T_q\hat{Q}_i^O(x,u) \\ &\geqslant (1-\tau)\hat{Q}_i^T(x,u) + \tau T_q\hat{Q}_i^T(x,u) = \hat{Q}_{i+1}^T\end{aligned} \tag{3.40}$$

展开 $\hat{Q}_k^O(x_i,u_i)$ 可得

$$\hat{Q}_k^O(x_i,u_i)=\underbrace{a_0^{(k)}r(x_i,u_i)+\sum_{j=1}^{k-1}a_j^{(k)}r(x_{i+j},\pi^*(x_{i+j}))}_{\alpha^{(k)}(x_i,u_i)}$$

$$\underbrace{+\,b_0^{(k)}\hat{Q}_k^O(x_i,u_i)+\sum_{j=1}^{k}b_j^{(k)}\hat{Q}_k^O(x_{i+j},\pi^*(x_{i+j}))}_{\beta^{(k)}(x_i,u_i)} \tag{3.41}$$

其中

$$a_0^{(k)}=\begin{cases}0, & k=0\\ (1-\tau)a_0^{(k-1)}+\tau, & k\geqslant 1\end{cases}$$

$$a_j^{(k)}=\begin{cases}0, & k=j\\ (1-\tau)a_j^{(k-1)}+\tau a_{j-1}^{(k-1)}, & k>j\geqslant 1\end{cases}$$

$$b_0^{(k)}=(1-\tau)^k,\quad k\in\mathbb{N}$$

$$b_j^{(k)}=\begin{cases}\tau^k, & k=j\\ (1-\tau)b_j^{(k-1)}+\tau b_{j-1}^{(k-1)}, & k>j\geqslant 1\end{cases}$$

由于 π^* 为一个容许控制策略，那么可知序列 $\left\{\sum_{j=1}^{k}r(x_{i+j},\pi^*(x_{i+j}))\right\}_{k=1}^{\infty}$ 必为一个柯西序列。根据引理 3.2 可得

$$\begin{aligned}\lim_{k\to\infty}\alpha^{(k)}(x_i,u_i)&=r(x_i,u_i)+\sum_{j=1}^{\infty}r(x_{i+j},\pi^*(x_{i+j}))\\&=Q^*(x_i,u_i)\end{aligned} \tag{3.42}$$

类似地，由引理 3.3 可得

$$\lim_{k\to\infty}\beta^{(k)}(x_i,u_i)=\hat{Q}_0^O(0,0)=\hat{Q}_0^T(0,0) \tag{3.43}$$

将式 (3.42) 和式 (3.43) 代入式 (3.41) 可得

$$\begin{aligned}\lim_{k\to\infty}\hat{Q}_k^O(x_i,u_i)&=\lim_{k\to\infty}\alpha^{(k)}(x_i,u_i)+\lim_{k\to\infty}\beta^{(k)}(x_i,u_i)\\&=Q^*(x_i,u_i)+\hat{Q}_0^T(0,0)\end{aligned} \tag{3.44}$$

因此可得 $Q^* + \hat{Q}_0^T(0,0)$ 是 $\hat{Q}_\infty^T$ 的一个上界。结合式 (3.38)、式 (3.40) 与式 (3.44)，则有 $\hat{Q}_\infty^T = Q^* + \hat{Q}_0^T(0,0)$。因此，随着迭代次数 $k \to \infty$，有 $\hat{Q}_k^C \to Q^* + \hat{Q}_0^C(0,0)$，$\hat{Q}_k^T \to Q^* + \hat{Q}_0^C(0,0)$ 并且 $\pi_k \to \pi^*$。 □

注记 3.2 因为 $x = 0$ 被假定为系统的平衡点，所以在容许控制 π 下，系统状态一定会回归状态零点。又因为 $Q^\pi(x_k, u_k) = r(x_k, u_k) + Q^\pi(x_{k+1}, u_{k+1}) \geqslant Q^\pi(x_{k+1}, u_{k+1}) \geqslant \cdots \geqslant Q^\pi(0,0)$，所以将 $(0,0)$ 初始化为函数最小值点是合理的。

3.4 仿真实验

本节将给出四个数值仿真实验。第一个用于验证理论分析的正确性，其他三个则分别针对不同的控制输入约束系统来验证算法的有效性。

算法采用三层神经网络实现。神经网络的隐含层与输入层之间设置为全连接，隐含层采用了 64 个线性整流单元 (rectifier linear unit)，并与输出层全连接。权值更新的方式采用了 Adam 优化方法 [29]。为选择合适的经验缓存大小，我们尝试采用不同缓存大小进行测试，结果表明当缓存大小超过 10000 后，基本可以保证学习过程的稳定性，因此我们为了平衡算法实现难度和控制效果，最终将缓存设定为 50000。算法的具体参数设置均在表 3.1 中给出。

表 3.1 参数列表

参数符号	数值	含义
N_c, N_t	64	评价网络/目标网络的隐含层节点数
N_r	50000	经验缓存最大值
N_b	128	单次训练的采样元组数
α_c, α_t	0.001	评价网络/目标网络的学习率
τ	0.01	目标网络的软更新因子

3.4.1 一般线性系统的控制仿真

考虑如下线性系统 [30]：

$$x_{k+1} = Ax_k + Bu_k \tag{3.45}$$

其中，$x_k = [x_k(1), x_k(2)]^{\mathrm{T}} \in \Omega \subseteq \mathbb{R}^2$；系统矩阵如下：

$$A = \begin{bmatrix} 0 & 0.1 \\ 0.3 & -1 \end{bmatrix}, \quad B = \begin{bmatrix} 0 \\ 0.5 \end{bmatrix}$$

奖励函数被定义为 $r(x_k, u_k) = x_k^{\mathrm{T}} Q x_k + u_k^{\mathrm{T}} R u_k$，其中 $Q = I_{2\times 2}$，$R = 0.5$。系统状态的安全范围被设定为 $[-1.5, 1.5] \times [-1.5, 1.5]$。

为验证定理 3.3 与定理 3.4，引入离线更新的方法，即算法 3.1 的离线版本。引入离线版本的原因是在线训练的数据获取必须依赖在线的轨迹，因此训练时间较长。对在线训练来说，训练数据只能沿着系统的状态轨迹进行采样，这极大地限制了搜索空间，因此找到最优的控制策略会花费较长的时间。为减轻这一现象带来的影响，假定状态–动作对可以在空间 $\Omega \times \Omega_u$ 中随机选取。在每一次迭代中，首先从 $\Omega \times \Omega_u$ 随机采样 128 个状态–动作对 $(x_k, u_k) \in \Omega \times \Omega_u$，通过与环境交互得到下一时刻的状态 x_{k+1}。如果 $x_{k+1} \notin \Omega$，则丢弃 (x_k, u_k) 并重新生成状态–动作对直到 $x_{k+1} \in \Omega$。这 128 个采样数据构成了单次的训练数据用于更新评价网络和目标网络。我们将神经网络的训练误差阈值 ε 设定为 10^{-5}，最大的训练次数设定为 50。在 $\gamma = 1$ 的情况下，将最大迭代次数设定为 2000；在 $\gamma = 0.95$ 的情况下，将最大迭代次数设定为 20000。为了更好地展示学习过程，仿真引入了一个新的迭代值函数 $\hat{V}_k(x)$，具体形式如下：

$$\hat{V}_k(x) = \hat{Q}_k^C(x, \pi_k(x)) \tag{3.46}$$

在 $\gamma = 1$ 的情况下，将 $\hat{Q}_0^C$ 和 $\hat{Q}_0^T$ 初始化为相同的有界连续函数，且满足平衡点为最小值点。图 3.2 展示了离线算法的学习效果。图 3.2(a) 表明随着迭代次数的不断增加，估计函数将最终收敛。图 3.2(b) 表明函数估计值与真实值之间的误差将趋于 5，也就是平衡点的初始值。此外，随着迭代次数的不断增加，估计值与真实值的最大差值，即 $||\hat{V}_k - V^*||$ 不断下降。当迭代次数达到 200 时，该误差小于 10^{-3}。上述仿真结果与定理 3.4 相吻合。图 3.2(c) 给出了 8 次不同初始值的实验，再次从统计的角度验证了理论分析的正确性。

在 $\gamma = 0.95$ 的情况下，将 $\hat{Q}_0^C$ 和 $\hat{Q}_0^T$ 初始化为相同的有界连续函数。图 3.3 展示了离线算法的学习效果。图 3.3(a) 表明随着迭代次数的不断增加，估计函数将最终收敛。需要指出的是，值函数的值在某些状态点上并非单调的，这也说明要在随机初始化的前提下证明算法的收敛性，仅采用单调有界定理是不可行的。图 3.3(b) 表明估计函数值与真实函数值之间的误差将趋于 0。此外，随着迭代次数的不断增加，估计值与真实值的最大差值，即 $||\hat{V}_k - V^*||$ 不断下降。当迭代次数达到 5000 时，该误差小于 10^{-3}。上述仿真结果与定理 3.3 相吻合。图 3.3(c) 给出了 8 次不同初始值的实验，再次从统计的角度验证了理论分析的正确性。

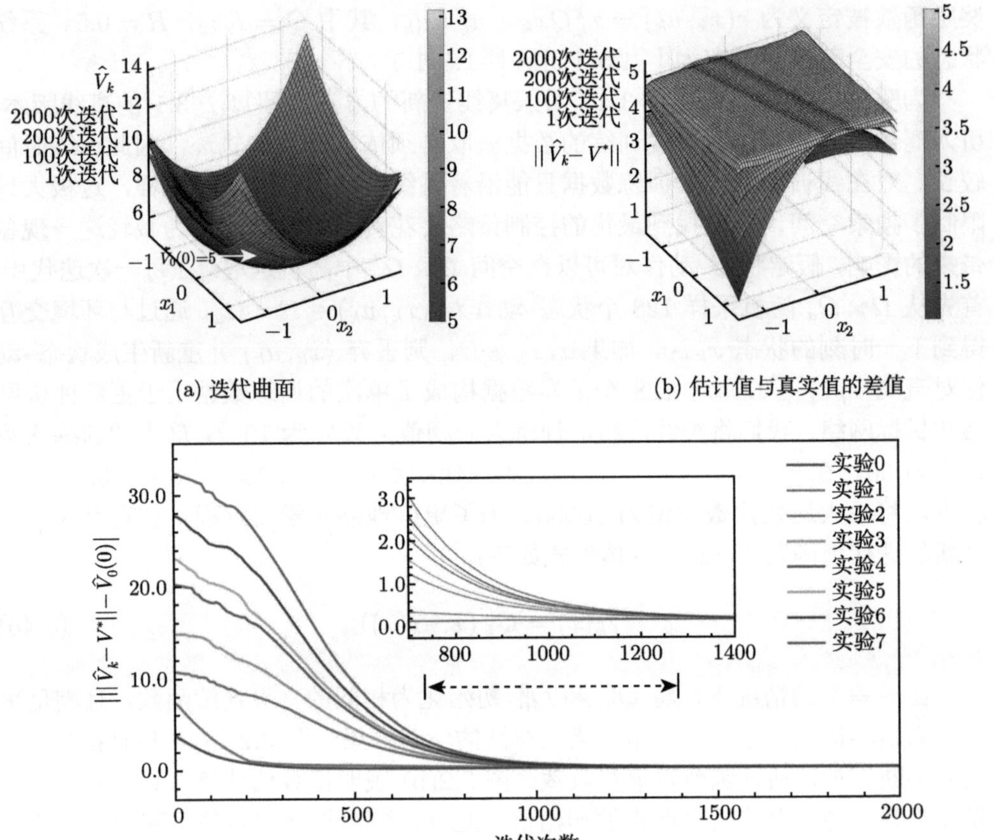

(a) 迭代曲面　　(b) 估计值与真实值的差值

(c) 8次不同初始情况的学习曲线

图 3.2　$\gamma=1$ 的学习过程

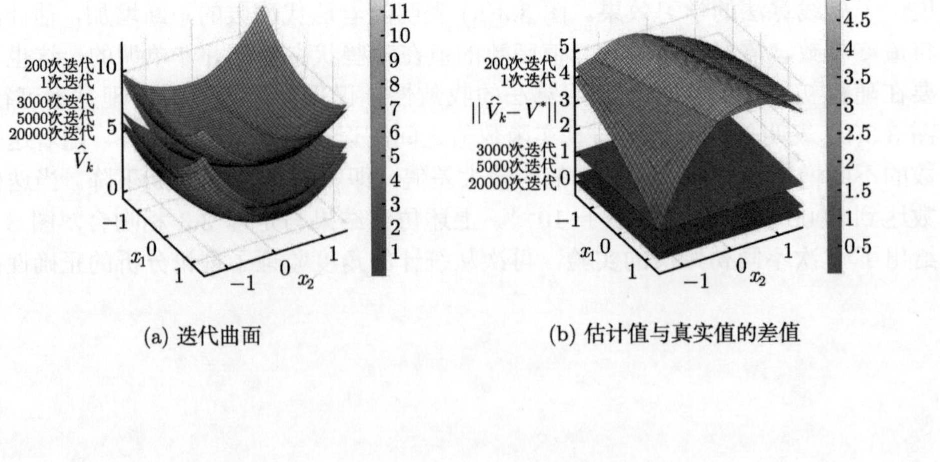

(a) 迭代曲面　　(b) 估计值与真实值的差值

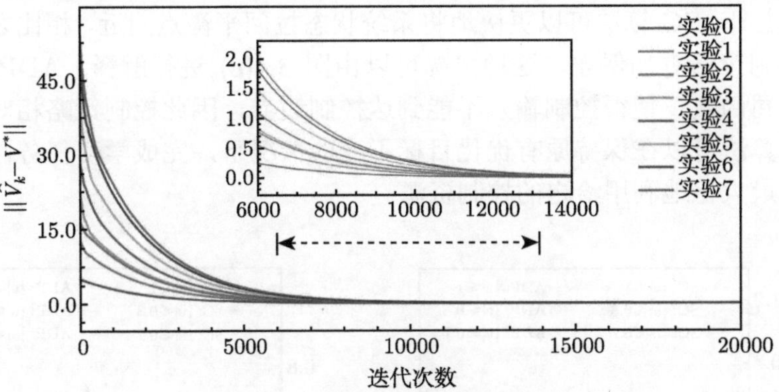

(c) 8次不同初始情况的学习曲线

图 3.3 $\gamma = 0.95$ 的学习过程

注记 3.3 从仿真结果可以看出，使值函数达到指定精度所需要的迭代次数与折扣因子的设置有着很大的关系。这主要是因为，当折扣因子小于 1 时，估计函数迭代的最终结果将与真实函数一致，进而平衡点处的值一定为 0。所以在仿真实验中，需要 17000 次迭代才可以将平衡点处的值拉回到 0 附近。而当折扣因子等于 1 时，根据更新式 (3.17)，平衡点处的值将保持不变并不需要回归零点，因此所需要的迭代次数会相应较少。

3.4.2 非线性振荡器的控制仿真

考虑如下非线性振荡器 [9]：

$$
\begin{aligned}
\dot{x}_1 &= x_1 + x_2 - x_1(x_1^2 + x_2^2) \\
\dot{x}_2 &= -x_1 + x_2 - x_2(x_1^2 + x_2^2) + u
\end{aligned}
\tag{3.47}
$$

采样时间间隔定义为 0.02s。仿真采用龙格–库塔法来计算微分方程的数值解，即系统的状态轨迹，进而产生用于训练评价网络的数据元组。奖励函数被定义为 $r(x(k), u(k)) = x^{\mathrm{T}}(k)Qx(k) + u^{\mathrm{T}}(k)Ru(k)$，其中 $Q = I_{2\times 2}$，$R = 1$。折扣因子设置为 1。仿真采用了 3 组不同的饱和约束来对算法进行测试。此外，为进行对照实验，我们还采用了 ADP 算法 [9] 进行了测试。该方法采用惩罚项的方式处理饱和约束。实验中具体的实现方式与文献 [9] 一致。

图 3.4 展示了解算器–评价器 (solver-critic, SC) 算法与 ADP 算法在不同饱和约束情况下的控制效果。图中实线表示 SC 算法的控制效果，虚线表示 ADP 算法的控制效果。不同的颜色代表不同的饱和约束。图 3.4(a) 和 (b) 给出了系统的状态轨迹，采用 SC 算法通过了所有饱和约束的测试，相比之下，当饱和约束下降到 0.7 的时候，ADP 算法并不能得到一个可行的策略，致使受控系统持续振

荡。除此之外，SC 算法可以更快地将系统状态拉回平衡点附近，相比之下，ADP 算法的控制策略更加保守。这种情况可以由图 3.4(c) 进行解释。ADP 算法引入了新的惩罚函数，使得控制输入不能到达控制边界，因此控制策略相对保守。而采用 SC 算法可以在保持原有优化目标不变的情况下，完成学习任务，因此使得算法可以最大化地利用给定的控制资源。

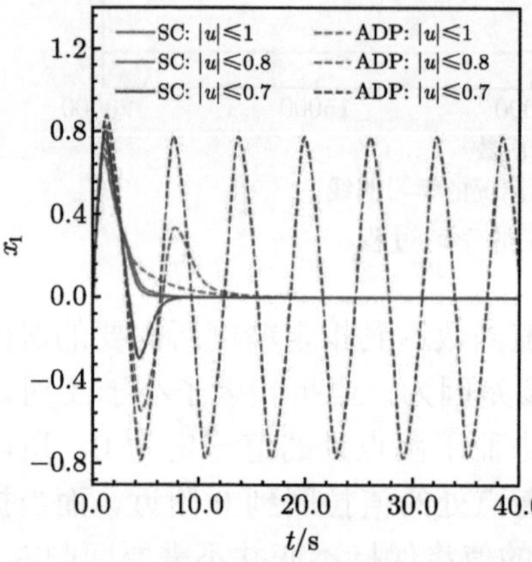

(a) 状态x_1

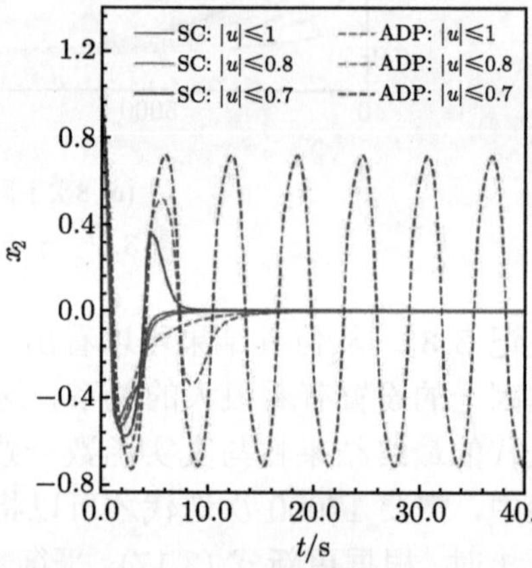

(b) 状态x_2

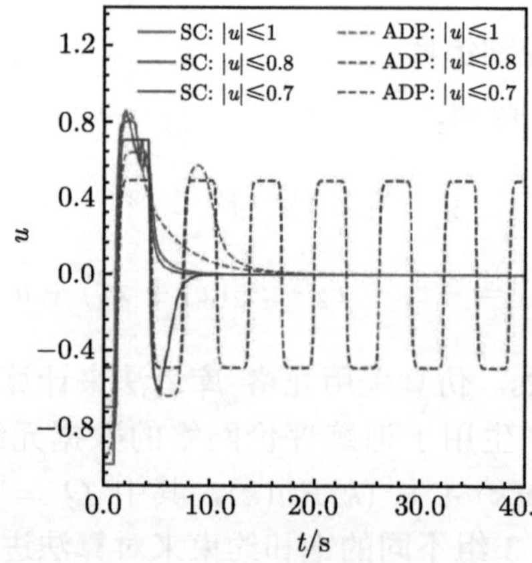

(c) 控制输入u

图 3.4 SC 算法与 ADP 算法在不同饱和约束情况下的控制效果

SC 算法可以仅采用在线获取的数据完成策略的学习与更新，并且确保在线学习过程的稳定性。本节主要研究该算法的在线学习效果，并验证了目标网络及软更新机制对于在线学习稳定性的提升。

考虑如下的平衡车系统：

$$\begin{bmatrix} \dot{\theta} \\ \dot{\omega} \\ \dot{p} \\ \dot{v} \end{bmatrix} = \begin{bmatrix} \omega \\ \dfrac{g\sin\theta + \cos\theta(-u - ml\omega^2\sin\theta + \mu_c \mathrm{sgn}(v)) - \dfrac{\mu_p\omega}{ml}}{l\left(\dfrac{4}{3} - \dfrac{m\cos^2\theta}{m_c + m}\right)} \\ v \\ \dfrac{u + ml(\omega^2\sin\theta - \dot{\omega}\cos\theta) - \mu_c\mathrm{sgn}(v)}{m_c + m} \end{bmatrix} \tag{3.48}$$

其中，θ 表示平衡杆偏离垂直中心位置的角度；ω 表示角速度；p 表示平衡车在轨道上的位置；v 表示平衡车的速度。

系统的各项参数与文献 [31] 中相一致。系统采用龙格–库塔法进行数值仿真，仿真的时间间隔设定为 $\mathrm{d}t = 0.02\mathrm{s}$。奖励函数设定为 $r(x(k), u(k)) = x^{\mathrm{T}}(k)Qx(k) + u^{\mathrm{T}}(k)Ru(k)$，其中 $Q = \mathrm{diag}\{50, 0.1, 10, 1\}$，$R = 0.001$，折扣因子设定为 0.995。系统控制输入的饱和约束设定为 $|u(k)| \leqslant 10$。系统的安全范围如下：平衡杆角度在 $[-10°, 10°]$ 范围内；平衡车位置在 $[-2.4\mathrm{m}, 2.4\mathrm{m}]$ 范围内。控制目标为确保平衡车的状态在安全范围内的前提下，最小化系统的代价函数。一旦系统某一状态超出了安全范围，系统将会输出一个较大的惩罚值，设为 -80，同时系统状态将被重置。

在线学习过程依照算法 3.1 完成。仿真中，探索噪声 $\mathcal{N}_k$ 通过在一个高斯分布 $N(0, \sigma^2)$ 上进行采样获得。其中方差 σ^2 在前 200 训练回合呈指数衰减，由 1.0 衰减至 0.01，并在之后设定为 0。仿真由 20 次实验组成，每次实验包含 350 回合，其中前 300 回合用于训练神经网络权值，最后 50 回合用于测试策略的控制效果。在训练环节中，每回合包含 300 个时间步；测试环节中，每回合包含 3000 个时间步。在每一个训练回合中，在该回合结束后所得策略将在不同的初始状态下运行十次，如果均可通过测试，那么该策略对应的神经网络权值将被保存，其得分为 10 次测试的回报值的加和。训练环节结束后，具有最佳分数的策略将被采用，用于之后的测试环节。为了更好地评价控制效果，引入一个有限时域的回报函数，其具体形式如下：

$$R(x(0)) = -\sum_{i=0}^{N_{\mathrm{epi}}} \gamma^{i-k} r(x(i), u(i)) \tag{3.49}$$

其中，N_{epi} 表示训练回合的最大时间步数。

为了进行对比实验，实验引入了确定策略梯度 (DPG) 算法。算法的结构与超参数设置与文献 [32] 相一致。

图 3.5 给出了两种算法的仿真结果。图 3.5(a) 中，实直线表示 20 次实验的平均累计奖励值，阴影部分则表示标准差。红色线和蓝色线分别表示 SC 算法和

DPG 算法，红色圆圈和蓝色三角则表示两种算法第一次得到成功策略的训练回合数。由图可知，两种算法均得到满足要求的控制策略。相比较而言，SC 算法取得控制策略所需的训练回合相对较少，在测试环节的控制效果也更好。图 3.5(b) 与 (c) 所给出的状态轨迹来自测试环节。由图 3.5(b) 和 (c) 可以明显看出，SC 算法的稳态误差明显小于 DPG 算法。

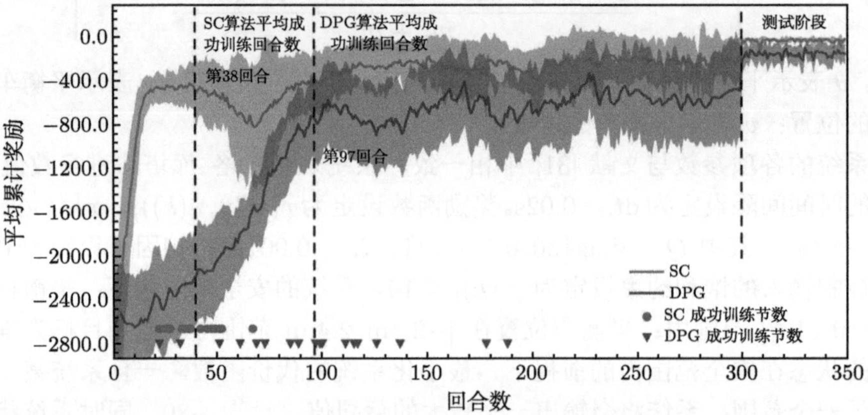

(a) 20 次实验的平均累计奖励

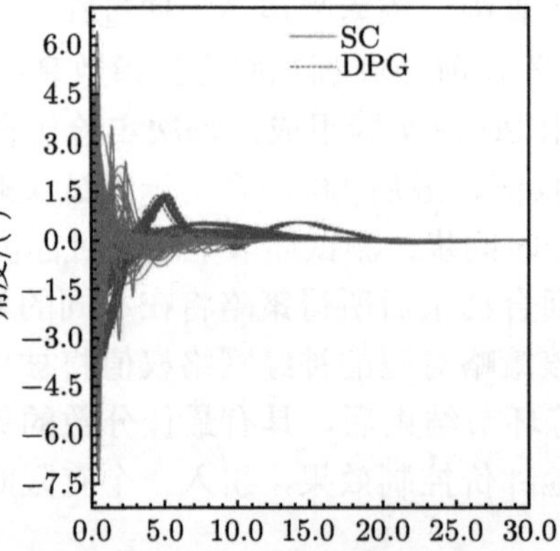

(b) 平衡杆偏离垂直中心位置的角度

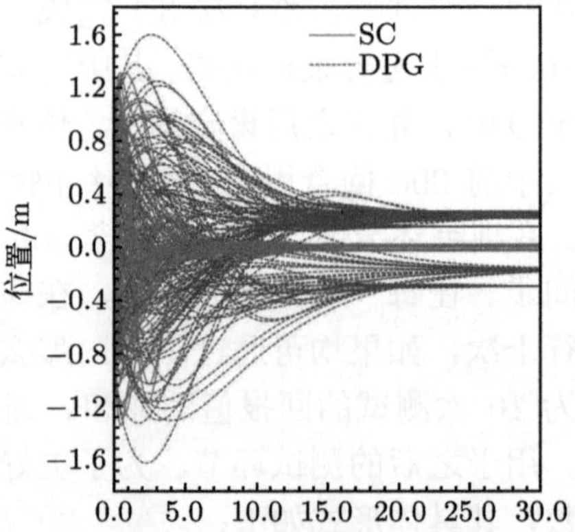

(c) 平衡车在轨道上的位置

图 3.5　在线学习过程对比实验

3.4.3　平衡车系统的控制仿真

为进一步验证目标网络的有效性，仿真完成了相关对照测试。对照实验中采用了蒙特卡罗方法和带有不同软更新因子的时序差分法来更新评价网络的权值，蒙特卡罗方法的实现方式由文献 [33] 给出，其中评价网络在完成一次训练回合后才进行更新，因此该方法实际上并不适合在线控制。图 3.6 展示了不同方法的学习效果，其中网络权值 #1 表示神经网络参数列表中的第一个权值参数，网络权值 #2 表示神经网络参数列表中的第二个权值参数。从图 3.6(a) 中的学习曲线可以看出，$\tau = 0.01$ 的时序差分法效果最好。尽管蒙特卡罗方法也可以稳定地完成策略评价任务，但是该方法无法对历史数据进行重复利用，因此对于训练数据的利用率较低。同时考虑到在线学习的任务要求，时序差分法将更具优势。图 3.6(b) 和 (c) 给出了网络中特定权值的更新过程，进一步验证了目标网络可以提高学习过程的稳定性。

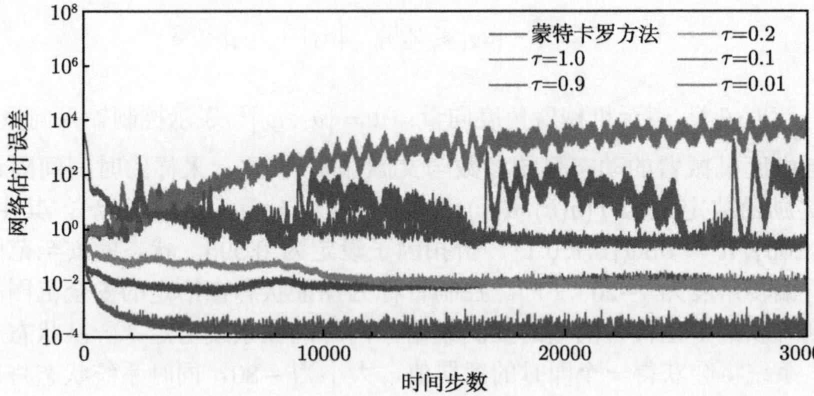

(a) 估计误差

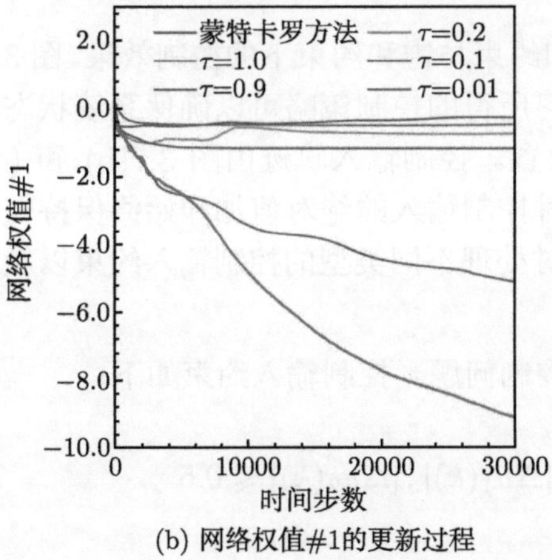

(b) 网络权值#1的更新过程

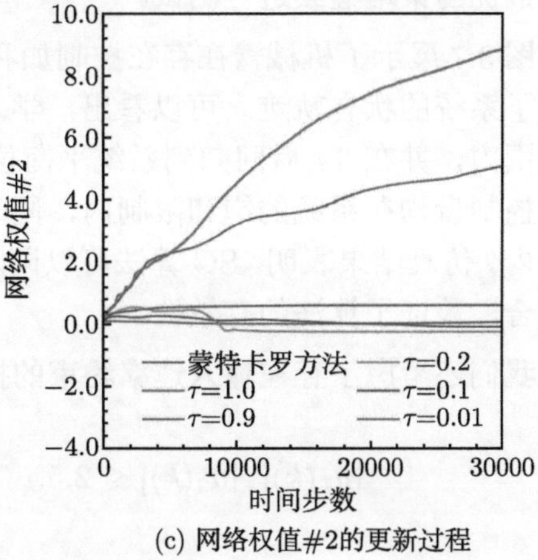

(c) 网络权值#2的更新过程

图 3.6 不同方法的学习效果

3.4.4 二自由度机械臂系统的控制仿真

通常情况下，系统将受限于不同类型的控制输入约束或者不同类型约束的组合。因此，本节选用二自由度机械臂系统作为受控对象，并施加不同的控制输入约束来测试所提算法的有效性。控制输入约束类型包括饱和约束、控制量加和约束、控制速率约束及其组合。

考虑如下二自由度机械臂系统:

$$M(q)\ddot{q} + C(q,\dot{q}) + G(q) = u \tag{3.50}$$

系统的控制输入约束定义为

$$|u_1| \leqslant 2.5, \quad |u_2| \leqslant 2.5, \quad |u_1| + |u_2| \leqslant 3$$

其中，$q = [\theta_1, \theta_2]^{\mathrm{T}}$ 表示机械臂角度向量；$u = [u_1, u_2]^{\mathrm{T}}$ 表示控制输入向量。

二自由度机械臂的动态系统参数与文献 [34] 一致。采样的时间间隔设定为 0.01s。奖励函数定义为 $r(q(k), u(k)) = q^{\mathrm{T}}(k)Qq(k) + u^{\mathrm{T}}(k)Ru(k)$，其中 $Q = \mathrm{diag}\{25, 100\}, R = \mathrm{diag}\{0.1, 0.1\}$。折扣因子设定为 0.995。状态的安全范围设定为机械臂偏转角度为 $[-20°, 20°]$。控制目标为保证状态在给定的安全范围的前提下，找到可以最小化代价函数的控制策略，同时确保系统稳定。一旦状态超出给定范围，系统将会获得一个即时的惩罚值，大小为 -80，同时系统状态将重新初始化。算法实现与 3.4.2 节仿真相同。单次实验将包含 300 训练回合，并在其中选出最优的策略继续进行测试。

图 3.7 展示了机械臂在存在控制加和约束与饱和约束下的控制效果。图 3.7(a) 给出了系统的状态轨迹。可以看出，学习所得的控制策略可以确保系统状态在安全范围内，并在 1s 后回归到系统平衡位置。控制输入轨迹由图 3.7(b) 和 (c) 给出，控制量均在系统的饱和限制内，同时控制输入的绝对值加和始终保持在要求范围内。仿真结果表明，SC 算法可以同时处理不同类型的控制输入约束以及它们的组合，验证了算法的有效性。

我们还考虑了存在输入速率约束的控制问题。控制输入约束如下:

$$|u_1(k)|, |u_2(k)| \leqslant 2.5, \quad |\Delta u_1(k)|, |\Delta u_2(k)| \leqslant 0.5$$

其中，$\Delta u_1(k) = u_1(k) - u_1(k-1)$，$\Delta u_2(k) = u_2(k) - u_2(k-1)$。

图 3.8 给出了系统的状态轨迹和控制轨迹，该实验测试了机械臂在存在控制速率约束与饱和约束下的控制效果。可以看出，控制策略可以使系统稳定，并且确保系统状态一直保持在安全范围内。对于给定的系统控制输入的约束，该策略也完全达到了要求，控制量均在合理范围内。

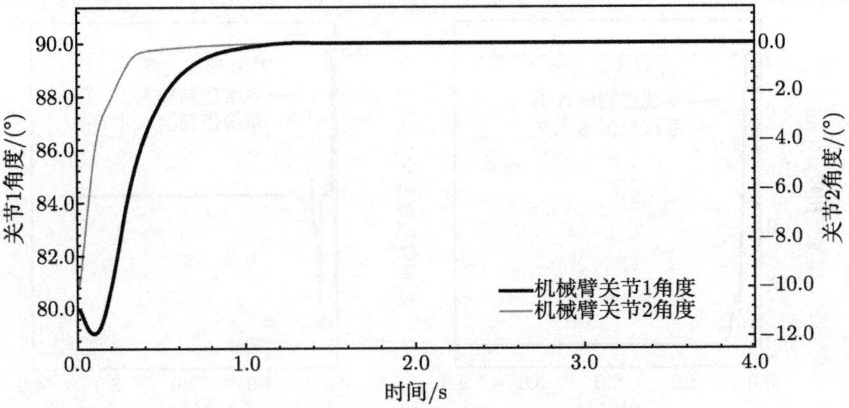

(a) 系统状态

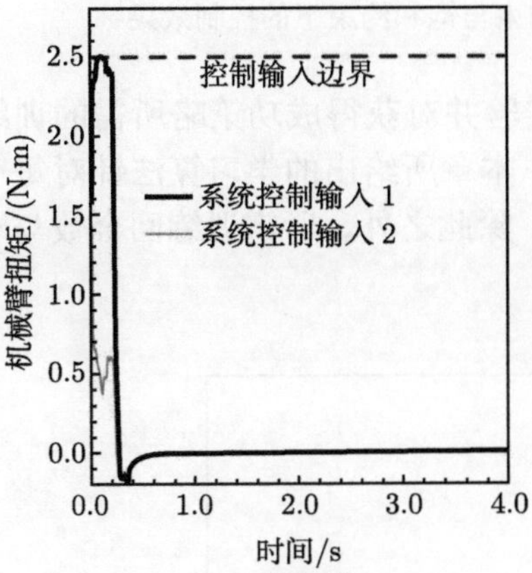

(b) 控制输入

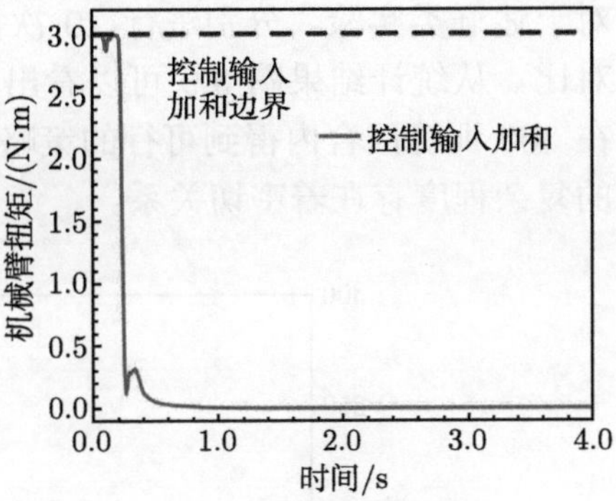

(c) 控制输入加和

图 3.7 机械臂在存在控制加和约束与饱和约束下的控制效果

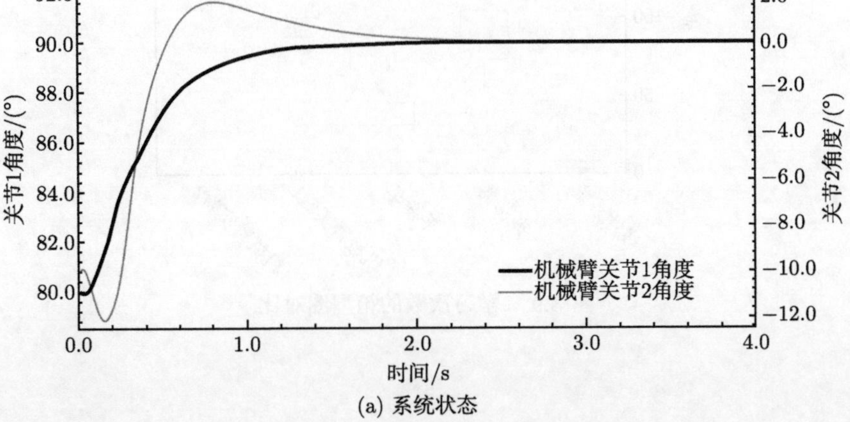

(a) 系统状态

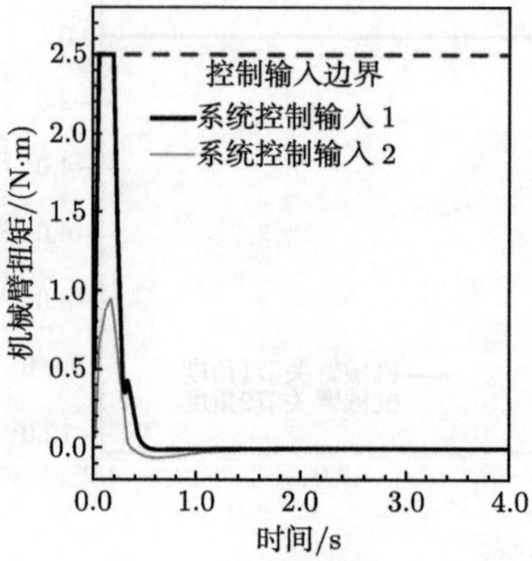

(b) 控制输入

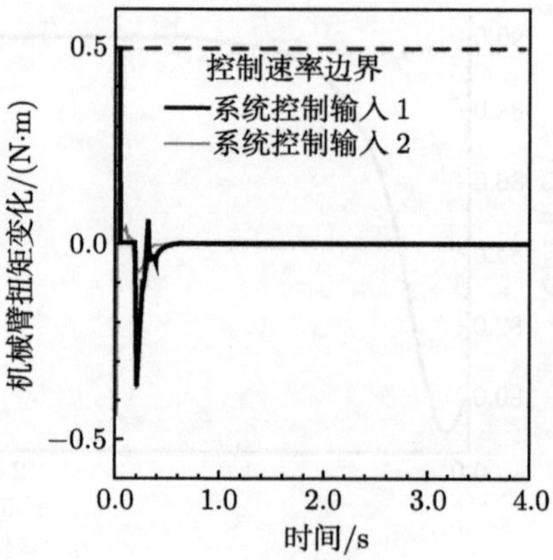

(c) 控制速率

图 3.8　机械臂在存在控制速率约束与饱和约束下的控制效果

针对上述五类实验，分别进行 20 次实验并对获得成功策略所需的训练回合数进行对比。从统计结果图 3.9 可以看出，本章所给出的学习算法针对每一种环境均可在 300 训练回合内得到可行的策略。除此之外，所需训练回合数与动态系统自身的复杂程度存在着密切关系。

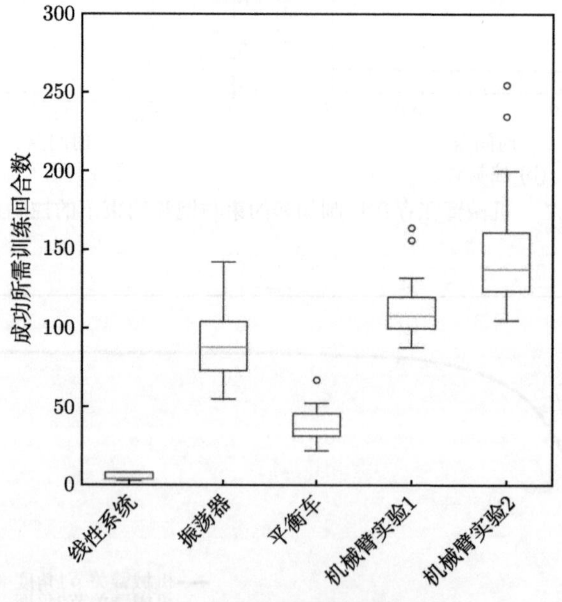

图 3.9　学习次数的箱型图对比

3.5 本章小结

本章面向输入受限系统的最优控制问题给出了一种基于平方和规划的强化学习算法。该算法可以在不改变原有优化目标的前提下，在线求解存在输入约束的贝尔曼最优方程的数值解。通过将目标网络和经验回放机制引入到策略评价过程，算法的在线学习稳定性得到了极大的提升。此外，本章给出了算法的收敛性与解的最优性分析。四个数值仿真实验达到了预期的控制效果，实验结果与理论分析的结果相符同时也验证了算法的有效性。

参 考 文 献

[1] Kiumarsi B, Vamvoudakis K G, Modares H, et al. Optimal and autonomous control using reinforcement learning: A survey[J]. IEEE Transactions on Neural Networks and Learning Systems, 2018, 29(6): 2042-2062.

[2] Kiumarsi B, Lewis F L, Jiang Z P. H_∞ control of linear discrete-time systems: Off-policy reinforcement learning[J]. Automatica, 2017, 78: 144-152.

[3] Luo B, Wu H N, Huang T W, et al. Data-based approximate policy iteration for affine nonlinear continuous-time optimal control design[J]. Automatica, 2014, 50(12): 3281-3290.

[4] Wawrzyński P, Tanwani A K. Autonomous reinforcement learning with experience replay[J]. Neural Networks, 2013, 41: 156-167.

[5] Arulkumaran K, Deisenroth M P, Brundage M, et al. A brief survey of deep reinforcement learning[J]. arXiv preprint arXiv: 1708.05866, 2017.

[6] Liu Y J, Zeng Q, Tong S C, et al. Adaptive neural network control for active suspension systems with time-varying vertical displacement and speed constraints[J]. IEEE Transactions on Industrial Electronics, 2019, 66(12): 9458-9466.

[7] Wang H Q, Chen B, Liu X P, et al. Robust adaptive fuzzy tracking control for pure-feedback stochastic nonlinear systems with input constraints[J]. IEEE Transactions on Cybernetics, 2013, 43(6): 2093-2104.

[8] Gao T T, Liu Y J, Liu L, et al. Adaptive neural network-based control for a class of nonlinear pure-feedback systems with time-varying full state constraints[J]. IEEE/CAA Journal of Automatica Sinica, 2018, 5(5): 923-933.

[9] Abu-Khalaf M, Lewis F L. Nearly optimal control laws for nonlinear systems with saturating actuators using a neural network HJB approach[J]. Automatica, 2005, 41(5): 779-791.

[10] Zhang H G, Luo Y H, Liu D R. Neural-network-based near-optimal control for a class of discrete-time affine nonlinear systems with control constraints[J]. IEEE Transactions on Neural Networks, 2009, 20(9): 1490-1503.

[11] Lillo W E, Loh M H, Hui S, et al. On solving constrained optimization problems with neural networks: A penalty method approach[J]. IEEE Transactions on Neural Networks, 1993, 4(6): 931-940.

[12] Lillicrap T P, Hunt J J, Pritzel A, et al. Continuous control with deep reinforcement learning[C]. International Conference on Learning Representations, San Juan, 2016: 1-14.

[13] Wang Y D, Sun J, He H B, et al. Deterministic policy gradient with integral compensator for robust quadrotor control[J]. IEEE Transactions on Systems, Man, and Cybernetics: Systems, 2020, 50(10): 3713-3725.

[14] Zhu Y H, Zhao D B, Li X J, et al. Control-limited adaptive dynamic programming for multi-battery energy storage systems[J]. IEEE Transactions on Smart Grid, 2019, 10(4): 4235-4244.

[15] Peng L H, Shi L, Cao X H, et al. Optimal attack energy allocation against remote state estimation[J]. IEEE Transactions on Automatic Control, 2018, 63(7): 2199-2205.

[16] Johansen T A, Fossen T I, Berge S P. Constrained nonlinear control allocation with singularity avoidance using sequential quadratic programming[J]. IEEE Transactions on Control Systems Technology, 2004, 12(1): 211-216.

[17] Schweighofer M. Optimization of polynomials on compact semialgebraic sets[J]. SIAM Journal on Optimization, 2005, 15(3): 805-825.

[18] Nie J W, Schweighofer M. On the complexity of putinar's positivstellensatz[J]. Journal of Complexity, 2007, 23(1): 135-150.

[19] Putinar M. Positive polynomials on compact semi-algebraic sets[J]. Indiana University Mathematics Journal, 1993, 42(3):969-984.

[20] Zhu Y H, Zhao D B, Yang X, et al. Policy iteration for H_∞ optimal control of polynomial nonlinear systems via sum of squares programming[J]. IEEE Transactions on Cybernetics, 2018, 48(2): 500-509.

[21] Tanaka K, Tanaka M, Chen Y J, et al. A new sum-of-squares design framework for robust control of polynomial fuzzy systems with uncertainties[J]. IEEE Transactions on Fuzzy Systems, 2016, 24(1): 94-110.

[22] Zhu Y H, Zhao D B, He H B. Invariant adaptive dynamic programming for discrete-time optimal control[J]. IEEE Transactions on Systems, Man, and Cybernetics: Systems, 2020, 50(11): 3959-3971.

[23] Dierks T, Jagannathan S. Online optimal control of affine nonlinear discrete-time systems with unknown internal dynamics by using time-based policy update[J]. IEEE Transactions on Neural Networks and Learning Systems, 2012, 23(7): 1118-1129.

[24] Chen Z, Jagannathan S. Generalized Hamilton-Jacobi-Bellman formulation-based neural network control of affine nonlinear discrete-time systems[J]. IEEE Transactions on Neural Networks, 2008, 19(1): 90-106.

[25] Luo B, Liu D R, Huang T W, et al. Model-free optimal tracking control via critic-only Q-learning[J]. IEEE Transactions on Neural Networks and Learning Systems, 2016,

27(10): 2134-2144.

[26] Kiumarsi B, Lewis F L, Modares H, et al. Reinforcement Q-learning for optimal tracking control of linear discrete-time systems with unknown dynamics[J]. Automatica, 2014, 50(4): 1167-1175.

[27] Gu S X, Lillicrap T, Sutskever I, et al. Continuous deep Q-learning with model-based acceleration[C]. Proceedings of the 33rd International Conference on International Conference on Machine Learning, New York, 2016: 2829-2838.

[28] Lasserre J B. A sum of squares approximation of nonnegative polynomials[J]. SIAM Journal on Optimization, 2006, 16: 761-765.

[29] Kingma D P, Ba J, Hammad M M. Adam: A method for stochastic optimization[J]. arXiv preprint arXiv: 1412.6980, 2014.

[30] Liu D R, Wei Q L. Policy iteration adaptive dynamic programming algorithm for discrete-time nonlinear systems[J]. IEEE Transactions on Neural Networks and Learning Systems, 2014, 25(3): 621-634.

[31] Si J, Wang Y T. Online learning control by association and reinforcement[J]. IEEE Transactions on Neural Networks, 2001, 12(2): 264-276.

[32] Silver D, Lever G, Heess N, et al. Deterministic policy gradient algorithms[C]. Proceedings of the 31st International Conference on International Conference on Machine Learning, Beijing, 2014: 387-395.

[33] Dosovitskiy A, Koltun V. Learning to act by predicting the future[C]. International Conference on Learning Representations, Toulon, 2017.

[34] He W, Chen Y H, Yin Z. Adaptive neural network control of an uncertain robot with full-state constraints[J]. IEEE Transactions on Cybernetics, 2016, 46(3): 620-629.

第 4 章　状态依赖输入约束的强化学习优化控制

4.1　引　言

输入约束普遍地存在于各类实际的控制系统中。目前，大多研究成果主要集中于处理输入饱和受限的问题，而针对其他输入约束形式的问题研究相对较少。细化的控制输入约束有助于充分利用有限的控制资源，提升运行过程的安全性与可靠性。因此，研究带有一般输入约束形式的控制问题是具有实际意义的。

强化学习是一种数据驱动的机器学习方法，常用于求解 HJB 方程的最优解。其核心思想是首先通过与受控系统交互获取反映系统动态的数据，然后采用基于数据驱动的优化算法迭代地求解控制策略。此外，强化学习具有在线学习、不依赖于系统模型等特点。在实际场景中，由于系统本身的复杂性以及工况的不确定性，难以精确建立系统的机理模型。因此，不依赖于系统模型的策略优化方式使得强化学习在处理复杂非线性系统的控制问题上具有显著优势 [1,2]。

近年来，随着计算能力的提升和强化学习理论的快速发展，研究人员将神经网络强大的函数表征能力与强化学习的迭代优化机制相结合，解决了一类复杂非线性系统的输入饱和最优控制问题 [3-5]。Abu-Khalaf 等 [6] 研究了连续时间下输入饱和的仿射非线性系统最优控制问题，提出了一种基于强化学习的值迭代优化算法。该算法通过引入有关控制输入量的惩罚项，将原有的有约束的最优控制问题转换为无约束的最优控制问题。Zhang 等 [7] 进一步拓展上述研究成果，解决了离散时间下输入饱和系统的最优控制问题。Modares 等 [8] 研究了模型未知情况下的输入饱和系统最优控制问题，给出了一种新型的动作器–评价器结构，并采用策略迭代方式在线求解满足约束要求的最优控制策略。Wang 等 [9] 采用双曲正切函数作为执行网络输出层的激活函数，解决了非线性系统的输入饱和约束问题。此时，执行网络输出值通过合适的缩放就可以确保所得控制输入量在给定的约束范围内。然而，基于惩罚项的处理方式不可避免地改变了系统原有的优化目标，进而致使所得策略相对保守 [10]。同时，该类算法大多要求系统动态具有仿射非线性的形式，这也就直接限制了此类方法的应用场景。而基于激活函数的方法只能解决带有饱和约束的控制问题，并不能处理控制量加和约束 [11]、控制量速率变化约束 [12] 等输入受限情况。

本章针对带有状态依赖输入约束系统的最优控制问题展开研究，提出了一种

动作映射 (action mapping, AM) 机制，并将该机制与 DDPG 算法结合，在不改变原有优化目标的前提下，求解出满足输入约束要求的近似最优策略。该算法的核心思想是，首先将所有满足原系统输入约束的策略构成的集合描述成一个函数空间，称为真实策略空间，并将所有满足输入饱和约束的策略构成的集合也描述成一个函数空间，称为虚拟策略空间，然后尝试建立两个策略函数空间上的一一对应关系，即动作映射，最后基于该对应关系将原始的带有输入约束最优控制问题转化为便于求解的带有输入饱和约束最优控制问题，并采用确定性策略梯度算法进行求解。本章将存在于真实策略空间中的函数称为真实策略，存在于虚拟策略空间中的函数称为虚拟策略。在训练过程中，执行网络首先输出虚拟控制输入，然后该输入通过动作映射转换成满足输入约束要求的真实控制输入，之后将真实控制输入作用于真实系统来获取下一时刻的系统状态，最后虚拟控制输入将被保存在经验池中，并用于虚拟策略的提升。由于虚拟策略与真实策略间存在一一对应关系，可用虚拟策略来完成真实策略的策略评估。

本章针对一类带有状态依赖输入约束形式的最优控制问题，提出一种基于动作映射的确定性策略梯度算法。相比于传统的强化学习控制算法，该算法不仅可以在不改变原有奖励函数的前提下，求解满足输入约束要求的近似最优策略，而且可以处理状态依赖的输入约束形式。此外，针对两种常见的策略空间进一步给出构建动作映射的具体方法。在理论分析方面，本章针对带有状态依赖输入约束的非线性系统研究迭代值函数的连续性问题，给出一个确保值函数连续的充分条件。

4.2 问 题 描 述

考虑如下带有状态依赖输入约束的离散时间系统：

$$x_{k+1} = f(x_k, u_k) \tag{4.1}$$

其中，x_k 是系统状态向量；u_k 是控制输入向量；下标 k 代表当前的时间步；$f: \mathbb{R}^n \times \mathbb{R}^m \to \mathbb{R}^n$ 是系统的动态方程。

系统的状态轨迹与控制输入轨迹需满足以下约束条件：

$$x_k \in \mathbb{X} \subseteq \mathbb{R}^n, \quad u_k \in F(x_k) \subseteq \mathbb{R}^m, \quad k = 1, 2, 3, \cdots \tag{4.2}$$

其中，$\mathbb{X}$ 表示系统的状态空间；F 是一个从 $\mathbb{X}$ 到幂集 $\mathcal{P}(\mathbb{R}^m)$ 的集值映射，它描述了任一状态 $x \in \mathbb{X}$ 所对应的动作空间 $F(x)$；集值映射 F 可以由它的图像 $\mathrm{Graph}\,(F)$ 来描述，$\mathrm{Graph}\,(F)$ 是积空间 $\mathbb{R}^n \times \mathbb{R}^m$ 中的一个子集，具体形式为

$$\mathrm{Graph}\,(F) := \{(x, y) |\, x \in \mathbb{X}, y \in F(x)\} \tag{4.3}$$

Graph(F) 可以看成系统的状态–动作空间。如果集值映射 F 的图像 Graph(F) 是紧致的，则称 F 是紧致的。本章称描述输入约束的集值映射 F 为控制输入约束函数。同样，策略函数 π 也可以由它的图像 $\mathcal{G}(\pi)$ 来描述，$\mathcal{G}(\pi)$ 的具体形式为

$$\mathcal{G}(\pi) := \{(x, \pi(x)) | x \in \mathbb{X}\} \tag{4.4}$$

假设 4.1 状态空间 $\mathbb{X}$ 是欧氏空间 $\mathbb{R}^n$ 的紧致子空间。约束函数 $F : \mathbb{R}^n \to \mathcal{P}(\mathbb{R}^m)$ 是紧致的，且对于任意 $x \in \mathbb{X}$，$F(x)$ 非空。

令 $x_0 \in \mathbb{X}$ 为系统的初始状态，$(u_n)_{n\in\mathbb{N}}$ 是控制输入序列，则状态轨迹 $(x_n)_{n\in\mathbb{N}}$ 可以根据系统的动态方程 (4.1) 获得。此时，定义关于状态–控制输入轨迹 $(x_n, u_n)_{n\in\mathbb{N}}$ 的无限时域代价函数为

$$J\left(x_0, (u_n)_{n\in\mathbb{N}}\right) = \sum_{i=0}^{\infty} \gamma^i r(x_i, u_i) \tag{4.5}$$

其中，γ 是折扣因子，且满足 $0 < \gamma \leqslant 1$；$r : \mathbb{R}^n \times \mathbb{R}^m \to \mathbb{R}$ 表示奖励函数，取 r 为正定函数，即：① 对于任意给定状态–动作二元组 $(x, u) \in \mathbb{R}^n \times \mathbb{R}^m$，有 $r(x, u) \geqslant 0$；② $r(x, u) = 0$ 当且仅当 $(x, u) = (0, 0)$。

最优控制的主要目标是找到能最优化代价函数 $J(x_0, \cdot)$ 的最优控制序列 $(u_n)_{n\in\mathbb{N}}$，且 $(u_n)_{n\in\mathbb{N}}$ 满足 $u_i \in F(x_i), i = 0, 1, 2, \cdots$。由于系统 (4.1) 是具有马尔可夫性质的，因此根据贝尔曼最优方程，求解最优控制序列 $(u_n)_{n\in\mathbb{N}}$ 等价于求解最小化代价函数 $J^\pi(x_0)$ 的最优策略 π^*，其中 $J^\pi(x_0)$ 定义为

$$J^\pi(x_0) = \sum_{i=0}^{\infty} \gamma^i r(x_i, \pi(x_i)) \tag{4.6}$$

结合系统的控制输入约束条件，最优控制策略 π^* 应满足：① 对于任意给定状态 $x \in \mathbb{X}$，二元组 $(x, \pi^*(x))$ 应属于 Graph(F)；② π^* 可在状态空间 $\mathbb{X}$ 上确保系统稳定；③ 策略 π^* 可以使得以下等式成立：

$$J^{\pi^*}(x) = \min_{\pi} J^\pi(x), \quad \forall x \in \mathbb{X} \tag{4.7}$$

定义 4.1 (容许控制 [13]) 给定控制策略 $\pi : \mathbb{R}^n \to \mathbb{R}^m$，如果：① π 是连续的，且满足 $\pi(0) = 0$；② π 可在状态空间 $\mathbb{X}$ 上确保系统稳定；③ 任意给定状态 $x \in \mathbb{X}$，遵循 π 的代价函数 $J^\pi(x)$ 是适定的，则称控制策略 π 是容许控制策略。

假设 4.2 系统 (4.1) 是能控能观的，且 $(x, u) = (0, 0)$ 是系统的唯一平衡点。系统的动态方程 f 在状态–动作空间 Graph(F) 上是利普希茨连续的。至少存在一个关于系统 (4.1) 的容许控制策略。

在本章中，引入最优动作–价值函数 Q^* 来求解最优策略 π^*，其定义为

$$Q^*(x_k, u_k) = r(x_k, u_k) + \gamma J^*(x_{k+1}) \tag{4.8}$$

$$\pi^*(x) = \arg\min_{u\in F(x)} Q^*(x, u) \tag{4.9}$$

4.3 动作映射机制

动作映射机制的核心思路是建立虚拟策略 μ 与真实策略 π 的一一对应关系。真实策略 π 表示与系统直接进行交互的策略，其应满足系统给定的输入约束限制。虚拟策略 μ 是一个从状态空间 $\mathbb{X}$ 映射到虚拟动作空间 $\mathbb{A}$ 的连续函数。空间 $\mathbb{A}$ 是欧氏空间 $\mathbb{R}^m$ 的子空间，其可根据问题本身的性质进行自定义设置。举例来说，如果将 $\mathbb{A}$ 定义为 $[-1,1]^m$，则原有的输入约束最优控制问题将最终被转换为输入饱和最优控制问题。具体的转换过程在 4.4 节给出，本节主要研究动作映射存在的充分必要条件。图 4.1 给出了真实控制输入序列与虚拟控制输入序列的对应关系。图中虚线表示针对虚拟策略 μ 和真实策略 π 的约束范围，实线则表示由 μ 和 π 生成的虚拟控制序列和真实控制序列。假设存在一个函数 T，它是从真实策略空间到虚拟策略空间的一个一一映射，则任意给定一个虚拟策略 μ，都唯一存在一个真实策略 π 与之对应，反之亦然。基于这种动作映射关系，便可用虚拟策略来完成对真实策略的策略评估，进而规避掉考虑真实系统的复杂输入约束限制。

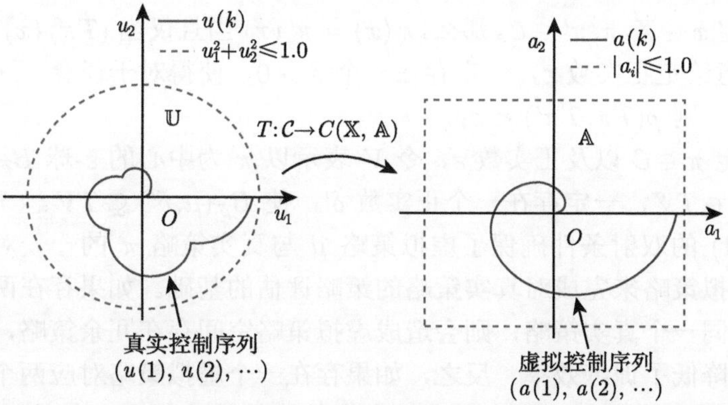

图 4.1 真实控制输入序列与虚拟控制输入序列对应关系示意图

令状态空间 $\mathbb{X}$ 和虚拟动作空间 $\mathbb{A}$ 分别为 $\mathbb{R}^n$ 和 $\mathbb{R}^m$ 空间中的紧致子空间，其中 $\mathbb{A}$ 包含原点。令 $F:\mathbb{R}^n\to\mathcal{P}(\mathbb{R}^m)$ 为一个紧致的集值映射，同时满足对于任意给定 $x\in\mathbb{X}$，$F(x)$ 不是空集。令 $C(\mathbb{X},\mathbb{A})$ 表示所有从 $\mathbb{X}$ 到 $\mathbb{A}$ 的连续函数所构成

的集合。定义 $C(\mathbb{X},\mathbb{A})$ 上的度量函数 $\bar{\rho}$ 为

$$\bar{\rho}\left(\mu,\mu'\right)=\max_{x\in\mathbb{R}^n}\rho\left(\mu\left(x\right),\mu'\left(x\right)\right) \tag{4.10}$$

其中，ρ 表示空间 $\mathbb{R}^m$ 上的一个度量；$\mu,\mu' : \mathbb{R}^n \to \mathbb{R}^m$ 表示两个连续函数。$(C(\mathbb{X},\mathbb{A}),\bar{\rho})$ 构成一个度量空间。令 $\mathcal{C}$ 表示所有满足以下两个条件的函数 $\pi:\mathbb{X}\to\bigcup_{x\in\mathbb{X}}F(x)$ 所构成的集合：① π 是连续函数；② 对于任意给定 $x\in\mathbb{X}$，有 $\pi(x)\in F(x)$。同理，$(\mathcal{C},\bar{\rho})$ 也构成一个度量空间。

假设 4.3 假定所有真实策略 $\pi\in\mathcal{C}$ 图像的并集等于状态–动作空间 Graph (F)，即

$$\bigcup_{\pi\in\mathcal{C}}\left\{\left(x,\pi\left(x\right)\right)\middle|\,x\in\mathbb{X}\right\}=\mathrm{Graph}\left(F\right) \tag{4.11}$$

令 $B_{\bar{\rho}}\left(\pi,\varepsilon\right)$ 表示空间 $(\mathcal{C},\bar{\rho})$ 中以 π 为中心的 ε-球 $(\varepsilon>0)$，即所有与 π 距离小于 ε 的点所构成的集合：

$$B_{\bar{\rho}}\left(\pi,\varepsilon\right)=\left\{\pi'\middle|\,\bar{\rho}\left(\pi,\pi'\right)<\varepsilon,\pi'\in\mathcal{C}\right\} \tag{4.12}$$

同理，可以定义空间 $(C(\mathbb{X},\mathbb{A}),\bar{\rho})$ 中以 μ 为中心的 ε-球 $B_{\bar{\rho}}(\mu,\varepsilon)$。为构建虚拟策略空间 $(C(\mathbb{X},\mathbb{A}),\bar{\rho})$ 与真实策略空间 $(\mathcal{C},\bar{\rho})$ 的对应关系，需要找到一个映射 $T:\mathcal{C}\to C(\mathbb{X},\mathbb{A})$，其满足以下条件：

(1) 映射 T 是一个从 $\mathcal{C}$ 到 $C(\mathbb{X},\mathbb{A})$ 的双射；

(2) 给定 $x\in\mathbb{X},\pi,\pi'\in\mathcal{C}$。那么，$\pi\left(x\right)=\pi'\left(x\right)$ 当且仅当 $\left(T\pi\right)\left(x\right)=\left(T\pi'\right)\left(x\right)$；

(3) 任意给定正实数 ε，一定存在一个 $\delta>0$，使得对于任意 $\pi,\pi'\in\mathcal{C}$，只要 $\overline{\rho}(\pi,\pi')<\delta$，则 $\overline{\rho}(T\pi,T\pi')<\varepsilon$；

(4) 给定 $\pi\in\mathcal{C}$ 以及正实数 ε，令 V 表示以 π 为中心的 ε-球 $B_{\overline{\rho}}\left(\pi,\varepsilon\right)$，那么对于任意 $\mu\in TV$，一定存在一个正实数 δ'，使 $B_{\overline{\rho}}\left(\mu,\delta'\right)\subseteq TV$。

条件 (1) 的双射条件确保了虚拟策略 μ 与真实策略 π 的一一对应关系，是后续采用虚拟策略来完成对真实策略的策略评估的基础。如果存在两个不同的虚拟策略对应同一个真实策略，则会造成虚拟策略空间存在冗余策略，增大了探索空间，因而降低了训练效率。反之，如果存在一个虚拟策略对应两个不同的真实策略，则将无法根据虚拟策略完成对真实策略的策略提升。条件 (2) 确保了动作映射机制根据当前状态与虚拟控制输入计算真实控制输入的可行性。假设存在 $\mu,\mu'\in C(\mathbb{X},\mathbb{A})$，使得 $\mu\left(x\right)=\mu'\left(x\right)$ 且 $\left(T^{-1}\mu\right)\left(x\right)\neq\left(T^{-1}\mu'\right)\left(x\right)$，那么仅根据状态 x 与虚拟控制输入 $a=\mu(x)$ 则无法确定真实控制输入。此时，为判断真实控制输入还需要将当前的虚拟策略 μ 作为输入，才能确定真实控制输入是 $\left(T^{-1}\mu\right)\left(x\right)$，

而不是 $(T^{-1}\mu')(x)$。而将虚拟策略 μ 作为动作映射的输入无疑会极大地增加计算的复杂性。条件 (3) 和 (4) 描述了映射 T 与 T^{-1} 的连续性，确保了相似的真实策略 (虚拟策略) 所对应的像 (原像) 依旧是相似的。需要指出的是，条件 (1)、(3) 和 (4) 实质上等价于真实策略空间 $\mathcal{C}$ 与虚拟策略空间 $C(\mathbb{X},\mathbb{A})$ 是同胚的。

定理 4.1 对于系统 (4.1)，存在满足条件 (1)~(4) 的映射 $T:\mathcal{C}\to C(\mathbb{X},\mathbb{A})$ 当且仅当存在连续映射 $h:\mathrm{Graph}\,(F)\to\mathbb{A}$，使得对于任意给定的 $x\in\mathbb{X}$，有映射 $h_x:F(x)\to\mathbb{A}$ 是 $F(x)$ 与 $\mathbb{A}$ 之间的一个同胚 [14]，其中 h_x 定义为 $h_x(u)=h(x,u)$。

证明 首先，假设存在 $h:\mathrm{Graph}\,(F)\to\mathbb{A}$，使得对于任意给定的 $x\in\mathbb{X}$，有 $h_x:F(x)\to\mathbb{A}$ 是 $F(x)$ 与 $\mathbb{A}$ 之间的一个同胚。那么根据给定的映射 h，可以构造 $T:\mathcal{C}\to C(\mathbb{X},\mathbb{A})$ 为

$$(T\pi)(x)=h(x,\pi(x)) \tag{4.13}$$

显然，对于任意 $\pi\in\mathcal{C}$，$T\pi$ 均是适定的，且满足 $T\pi$ 是从 $\mathbb{X}$ 到 $\mathbb{A}$ 的映射。现在，还需要证明 $T\pi$ 是连续的，才能确保 $T\pi\in C(\mathbb{X},\mathbb{A})$。定义 $k_\pi:\mathbb{X}\to\mathbb{X}\times F(x)$ 为

$$k_\pi(x)=(x,\pi(x)) \tag{4.14}$$

由于 π 是连续的，则 k 可以看成是从 $\mathbb{X}$ 到 $\mathbb{X}\times F(x)$ 的一个嵌入 [14]，且也是连续函数。此时，$T\pi$ 可以表述为两个连续函数 h 和 k_π 的复合，即 $T\pi=h\circ k_\pi$。进而可知，$T\pi$ 是连续函数，且 $T\pi\in C(\mathbb{X},\mathbb{A})$。

为了证明 T 满足条件 (1)，需要证明 T 既是一个单射，又是一个满射。令 $\pi,\pi'\in\mathcal{C}$，且满足 $T\pi=T\pi'$。由于 h_x 是一个同胚，则对于任意 $x\in\mathbb{X}$，有如下等式成立:

$$\pi\,(x)=h_x^{-1}\left((T\pi)\,(x)\right)=h_x^{-1}\left((T\pi')\,(x)\right)=\pi'\,(x) \tag{4.15}$$

因此，T 是一个单射。对于任意 $\mu\in C\,(\mathbb{X},\mathbb{A})$，定义 π 为

$$\pi\,(x)=h_x^{-1}\left(\mu\,(x)\right) \tag{4.16}$$

根据 h_x 的同胚性质，可知 π 是适定的，且 $\pi(x)\in F(x)$。此时，需要证明 π 的连续性，才能确保 $\pi\in\mathcal{C}$。需要注意的是，此时不能根据 π 为连续函数 h_x^{-1} 和 μ 的复合来证明 π 是连续函数。这是因为，函数 h_x^{-1} 的定义依赖于函数 π 的自变量 x。因此，通过讨论收敛序列的方式来证明 π 的连续性。π 的连续性本质上是由 $\mathrm{Graph}\,(F)$ 的紧致性以及函数 h 和 μ 的连续性所决定的。此处采用反证法进行证明。假设 π 不是连续函数，则在空间 $\mathbb{X}$ 中，存在一个收敛序列

$x_n \to x$，使得序列 $\pi(x_n)$ 不收敛于 $\pi(x)$[14]。由于 Graph(F) 是紧致的，且对于任意 $x \in \mathbb{X}$，有 $F(x)$ 非空，则序列 $(x_n, \pi(x_n)), n = 1, 2, 3, \cdots$ 一定存在收敛子列 $(x_{n_k}, \pi(x_{n_k})) \to (x, y) \neq (x, \pi(x))$。因此，可得

$$\pi(x_{n_k}) = h_{x_{n_k}}^{-1}(\mu(x_{n_k})), \quad h(x_{n_k}, \pi(x_{n_k})) = \mu(x_{n_k}) \tag{4.17}$$

根据函数 h 和 μ 的连续性质，可知

$$\lim_{k\to\infty} h(x_{n_k}, \pi(x_{n_k})) = \lim_{k\to\infty} \mu(x_{n_k}), \quad h(x, y) = \mu(x) \tag{4.18}$$

由于 h_x 是一个同胚函数，则有 $y = \pi(x)$，并且 $(x, y) = (x, \pi(x))$，由此推出矛盾。此时便证明，对于任意收敛序列 $x_n \to x$，一定有序列 $\pi(x_n)$ 收敛于 $\pi(x)$。因此，π 为连续函数，且 T 是一个满射。

现在，来证明映射 T 满足条件 (2)。令 π、π' 为空间 $\mathcal{C}$ 中的两个点，且存在点 $x \in \mathbb{X}$，使得 $\pi(x) = \pi'(x)$，则可得

$$(T\pi)(x) = h(x, \pi(x)) = h(x, \pi'(x)) = (T\pi')(x) \tag{4.19}$$

反之，假设 $(T\pi)(x) = (T\pi')(x)$，则有

$$\pi(x) = h_x^{-1}((T\pi)(x)) = h_x^{-1}((T\pi')(x)) = \pi'(x) \tag{4.20}$$

然后，验证条件 (3) 和 (4)。因为 Graph(F) 是紧致的，且函数 h 是连续的，则根据一致连续性定理 [15]，h 是一致连续的。令 ρ 表示欧氏空间 $\mathbb{R}^n \times \mathbb{R}^m$ 上的一个度量。任意给定正实数 ε，存在一个 $\delta > 0$，使得对于任意一对二元组 $(x, y), (x', y') \in \text{Graph}(F)$，只要 $\rho((x, y), (x', y')) < \delta$，便有如下不等式成立：

$$\rho(h(x, y), h(x', y')) < \varepsilon \tag{4.21}$$

进而可知，对于任意 $\pi, \pi' \in \mathcal{C}$，只要 $\overline{\rho}(\pi, \pi') < \delta$，则对于任意 $x \in \mathbb{X}$，有

$$\rho(\pi(x), \pi'(x)) < \delta \Rightarrow \rho((T\pi)(x), (T\pi')(x)) \tag{4.22}$$

$$= \rho(h(x, \pi(x)), h(x, \pi'(x))) < \varepsilon \tag{4.23}$$

由此可得结论：$\overline{\rho}(\pi, \pi') < \delta \Rightarrow \rho(T\pi, T\pi') < \varepsilon$。因此，条件 (3) 成立。为了证明 T 满足条件 (4)，定义映射 $l : \text{Graph}(F) \to \mathbb{X} \times \mathbb{A}$ 为

$$l(x, y) = (x, h(x, y)) \tag{4.24}$$

显然，映射 l 是一个从 Graph(F) 到 $\mathbb{X}\times\mathbb{A}$ 的双射，且是一个连续函数。此外，若令 $\mu=T\pi$，则有如下等式成立：

$$(T\pi)(x)=\mu(x)=h(x,\pi(x)) \tag{4.25}$$

$$l^{-1}(x,\mu(x))=(x,\pi(x))=\left(x,\left(T^{-1}\mu\right)(x)\right) \tag{4.26}$$

令 K 为空间 Graph(F) 中的一个闭子集，则 K 一定是紧致的。进而可知，K 在连续函数 l 下的像一定是紧致的 [15]。又因为 $\mathbb{X}\times\mathbb{A}$ 是一个 Hausdorff(豪斯多夫) 空间，所以 l 是一个闭映射，也是一个同胚映射。此时，令 V 表示以 π 为中心的 ε-球 $B_{\overline{\rho}}(\pi,\varepsilon)$，同时取 $\mu\in TV$。由于 T 是一个双射，因此可得

$$T^{-1}\mu\in B_{\overline{\rho}}(\pi,\varepsilon) \tag{4.27}$$

定义正实数 ε' 为

$$\varepsilon'=\varepsilon-\overline{\rho}\left(\pi,T^{-1}\mu\right) \tag{4.28}$$

由于 $\mathbb{X}\times\mathbb{A}$ 是紧致的，逆映射 l^{-1} 是一致连续的。对于任意正实数 ε'，存在一个 $\delta'>0$，使得对于任意一对二元组 $(x,a),(x',a')\in\mathbb{X}\times\mathbb{A}$，有如下命题成立：

$$\rho\left((x,a),(x',a')\right)<\delta'\Rightarrow\rho\left(l^{-1}(x,a),l^{-1}(x',a')\right)<\varepsilon' \tag{4.29}$$

此时任取 $\mu'\in B_{\overline{\rho}}(\mu,\delta')$，有

$$\rho\left(\mu(x),\mu'(x)\right)<\delta',\quad\forall x\in\mathbb{X} \tag{4.30}$$

根据上述分析可得

$$\rho\left((x,\mu(x)),(x,\mu'(x))\right)<\delta'\Rightarrow\rho\left(l^{-1}(x,\mu(x)),l^{-1}(x,\mu'(x))\right)<\varepsilon' \tag{4.31}$$

$$\rho\left((x,\mu(x)),(x,\mu'(x))\right)<\delta'\Rightarrow\rho\left(\left(x,\left(T^{-1}\mu\right)(x)\right),\left(x,\left(T^{-1}\mu'\right)(x)\right)\right)<\varepsilon' \tag{4.32}$$

需要注意的是，$\rho\left(\mu(x),\mu'(x)\right)$ 与 $\rho\left((x,\mu(x)),(x,\mu'(x))\right)$ 中的度量 ρ 实际上是不同的函数，此处均取为对应欧氏空间的 2-范数。此时可知

$$T^{-1}\left(B_{\overline{\rho}}(\mu,\delta')\right)\subseteq B_{\overline{\rho}}\left(T^{-1}\mu,\varepsilon'\right)\subseteq V \tag{4.33}$$

可得结论：$B_{\overline{\rho}}(\mu,\delta')\subseteq TV$，即条件 (4) 成立。

现在，来证明充分性。假设满足条件 (1) 到 (4) 的映射 $T:\mathcal{C}\to C(\mathbb{X},\mathbb{A})$ 是存在的。定义 $\mu_a\in C(\mathbb{X},\mathbb{A})$ 是一个常值函数 $\mu_a(x)=a$。根据条件 (1)，$T^{-1}\mu_a$ 属

于空间 $\mathcal{C}$，因此一定是一个连续函数。为了构建符合条件的映射 h，首先证明如下等式成立：

$$\bigcup_{a\in\mathbb{A}}\left\{\left(x,\left(T^{-1}\mu_a\right)(x)\right)\middle|\, x\in\mathbb{X}\right\}=\mathrm{Graph}\,(F) \tag{4.34}$$

由 $\mu_a(x)$ 的定义可知：

$$\bigcup_{a\in\mathbb{A}}\left\{\left(x,\left(T^{-1}\mu_a\right)(x)\right)\middle|\, x\in\mathbb{X}\right\}\subseteq\mathrm{Graph}\,(F) \tag{4.35}$$

根据假设 4.3，对于空间 Graph (F) 中的任意给定二元组 (x_0,y_0)，必存在一个策略 $\pi\in\mathcal{C}$，使得 $\pi(x_0)=y_0$ 成立。令 $a_0=(T\pi)(x_0)$。再根据条件 (2) 可知，$\left(T^{-1}\mu_{a_0}\right)(x_0)=y_0$，进而有如下包含关系成立：

$$\bigcup_{a\in\mathbb{A}}\left\{\left(x,\left(T^{-1}\mu_a\right)(x)\right)\middle|\, x\in\mathbb{X}\right\}\supseteq\mathrm{Graph}\,(F) \tag{4.36}$$

联合式 (4.35) 和式 (4.36)，便有等式 (4.34) 成立。基于上述结论，可以定义映射 $h:\mathrm{Graph}\,(F)\to\mathbb{A}$ 为

$$h\,(x,y)=\mu_a\,(x) \tag{4.37}$$

其中，a 是空间 $\mathbb{A}$ 中的一个点，且满足 $(x,y)\in\mathcal{G}(T^{-1}\mu_a)$。为了确保映射 h 是适定的，还需证明 a 的唯一性。此时假设存在两个点 $a,b\in\mathbb{A}$，使得 $(x,y)\in\mathcal{G}(T^{-1}\mu_a)$ 和 $(x,y)\in\mathcal{G}(T^{-1}\mu_b)$ 成立。那么，根据条件 (2) 可得

$$\left.\begin{aligned}\left(T^{-1}\mu_a\right)(x)=y\\ \left(T^{-1}\mu_b\right)(x)=y\end{aligned}\right\}\Rightarrow\mu_a\,(x)=\mu_b\,(x)\,,\quad a=b \tag{4.38}$$

因此，满足 $(x,y)\in\mathcal{G}(T^{-1}\mu_a)$ 的 a 是唯一的。

首先，来证明 h 是连续的。此处采用反证法来证明该命题。假设 h 不是连续的，则在空间 Graph (F) 中，存在一个收敛序列 $(x_n,y_n)\to(x_0,y_0)$，使得序列 $h\,(x_n,y_n)$ 不收敛于 $h\,(x_0,y_0)$。定义 $\mathbb{A}$ 中点列 $(a_n)_{n=0}^{\infty}$，其中 $a_n=h\,(x_n,y_n)$。再定义空间 $\mathcal{C}$ 中的点列 $(\pi_n)_{n=0}^{\infty}$，其中 $\pi_n=T^{-1}\mu_{a_n}$。因为空间 $\mathbb{A}$ 是紧致的，所以点列 $(a_n)_{n=0}^{\infty}$ 存在收敛子列 $(a_{n_k})_{k=1}^{\infty}$，且子列满足 $a_{n_k}\to a'\neq a_0$。定义 π' 为 $T^{-1}\mu_{a'}$ 以及 ε 为 $\rho\,(\pi'\,(x_0)\,,y_0)$。若 $\rho\,(\pi'\,(x_0)\,,y_0)=0$，则有

$$h\,(x_0,\pi'\,(x_0))=h\,(x_0,y_0)=a_0\Rightarrow\pi'=T^{-1}\mu_{a_0}\Rightarrow a_0=a' \tag{4.39}$$

由此推出矛盾，因此 $\varepsilon=\rho\left(\pi'\left(x_0\right),y_0\right)>0$。根据条件 (4) 所描述的映射 T^{-1} 的连续性，可知

$$\bar{\rho}\left(\mu_{a_{n_k}},\mu_{a'}\right)\to 0\Rightarrow\bar{\rho}\left(\pi_{n_k},\pi'\right)\to 0 \tag{4.40}$$

那么，存在正整数 N_1，使得对于任意大于 N_1 的正整数 k，有如下结论成立：

$$\bar{\rho}\left(\pi_{n_k},\pi'\right)<\frac{\varepsilon}{4}\Rightarrow\rho\left(\pi_{n_k}\left(x\right),\pi'\left(x\right)\right)<\frac{\varepsilon}{4},\quad\forall x\in\mathbb{X} \tag{4.41}$$

又因为 π' 是连续函数，可得

$$\rho\left(x_{n_k},x_0\right)\to 0\Rightarrow\rho\left(\pi'\left(x_{n_k}\right),\pi'\left(x_0\right)\right)\to 0 \tag{4.42}$$

进而，存在正整数 N_2，使得对于任意大于 N_2 的正整数 k，有如下结论成立：

$$\rho\left(\pi'\left(x_{n_k}\right),\pi'\left(x_0\right)\right)<\frac{\varepsilon}{4} \tag{4.43}$$

选取正整数 $N=\max\left\{N_1,N_2\right\}$。则对于任意大于 N 的正整数 k，有

$$\rho\left(y_{n_k},\pi'\left(x_0\right)\right)=\rho\left(\pi_{n_k}\left(x_{n_k}\right),\pi'\left(x_0\right)\right) \tag{4.44}$$

$$\rho\left(y_{n_k},\pi'\left(x_0\right)\right)\leqslant\rho\left(\pi_{n_k}\left(x_{n_k}\right),\pi'\left(x_{n_k}\right)\right)+\rho\left(\pi'\left(x_{n_k}\right),\pi'\left(x_0\right)\right)<\frac{\varepsilon}{4}+\frac{\varepsilon}{4}=\frac{\varepsilon}{2} \tag{4.45}$$

进而可得

$$\rho\left(y_{n_k},y_0\right)\geqslant\rho\left(\pi'\left(x_0\right),y_0\right)-\rho\left(y_{n_k},\pi'\left(x_0\right)\right)>\varepsilon-\frac{\varepsilon}{2}=\frac{\varepsilon}{2} \tag{4.46}$$

由此推出矛盾。则可得结论：在空间 $\mathrm{Graph}\left(F\right)$ 中，任意一个收敛序列 $\left(x_n,y_n\right)\to\left(x_0,y_0\right)$，序列 $h\left(x_n,y_n\right)$ 必收敛于 $h\left(x_0,y_0\right)$，即 h 是连续的。

最后，证明映射 h_x 是一个从 $F(x)$ 到 $\mathbb{A}$ 的同胚。给定 $x\in\mathbb{X}$，如果存在 $u_1,u_2\in F(x)$，使得 $h_x(u_1)=h_x(u_2)$，则根据条件 (2), 可知

$$T^{-1}\mu_{h_x(u_1)}=T^{-1}\mu_{h_x(u_2)}\Rightarrow u_1=\left(T^{-1}\mu_{h_x(u_1)}\right)(x)=\left(T^{-1}\mu_{h_x(u_2)}\right)(x)=u_2 \tag{4.47}$$

因此，h_x 是一个单射。根据式 (4.34)，显然 h_x 是一个满射。综上所述，h_x 是一个双射。由于 h 是一个连续函数，可知对于任意给定 $x\in\mathbb{X}$，$h(x,\cdot)$ 关于分量 u 也是连续的，即 h_x 是一个连续函数。此时，只要证明 $F(x)$ 是紧致的，且 h_x 是一个闭映射，便可得 h_x 是一个同胚 [14]。令 $P:\mathbb{R}^n\times\mathbb{R}^m\to\mathbb{R}^m$ 表示投射函数，即

$$P\left(x_1,\cdots,x_{n+1},\cdots,x_{n+m}\right)=\left(x_{n+1},\cdots,x_{n+m}\right) \tag{4.48}$$

由于 P 是连续的，且 $\mathrm{Graph}\,(F)$ 是紧致的，则 $\mathrm{Graph}\,(F)$ 关于 P 的像是紧致的。因为有以下包含关系成立：

$$\{(x,y)|\, y\in F\,(x)\}\subseteq \mathrm{Graph}\,(F) \tag{4.49}$$

则有 $F\,(x)\subseteq P\,(\mathrm{Graph}\,(F))$。对于任意 $y'\notin F(x)$，有

$$(x,y')\notin \mathrm{Graph}\,(F)\Rightarrow \exists\delta_1,\delta_2>0,\quad \mathrm{Graph}\,(F)\cap(B_\rho\,(x,\delta_1)\times B_\rho\,(y',\delta_2))=\varnothing \tag{4.50}$$

$$\Rightarrow F\,(x)\cap B_\rho\,(y',\delta_2)=\varnothing \tag{4.51}$$

由此可知，$F(x)$ 是紧致子空间 $P\,(\mathrm{Graph}\,(F))$ 中的闭集，因此 $F(x)$ 也是紧致的。任意给定 $F(x)$ 中的闭子集 K，则 K 一定是紧致的，进而 $h_x(K)$ 是紧致的。又因为 $\mathbb{A}$ 是 Hausdorff 的，则紧致集 $h_x(K)$ 一定是闭集，进而可知 h_x 是一个闭映射。综上所述，h_x 是一个同胚。 □

映射 T 描述了真实策略 $\pi\in\mathcal{C}$ 与虚拟策略 $\mu\in C(\mathbb{X},\mathbb{A})$ 之间的一一对应关系，而定理 4.1 是判断 T 存在性的准则。由定理可知，T 存在的关键是要找到满足条件的映射 $h:\mathrm{Graph}\,(F)\to\mathbb{A}$。在本章中，称 h 为动作映射，并在 4.4 节中针对动作空间的实际情况，给出构造 h 的具体方法。

4.4 基于动作映射的强化学习框架

根据定理 4.1，要构造出符合条件的动作映射 h，才能确保真实策略 $\pi\in\mathcal{C}$ 与虚拟策略 $\mu\in C(\mathbb{X},\mathbb{A})$ 的一一对应关系。为方便之后采用 DDPG 算法求解最优策略，将虚拟动作空间 $\mathbb{A}$ 设定为 $[-1,1]^m\subseteq\mathbb{R}^m$。本节将针对两种常见的输入约束情况，给出构造动作映射 h 的具体方法。一种情况是输入约束不依赖于状态，即控制输入约束函数 F 是常值集值映射；另一种情况是输入约束依赖于状态，且对于任意 $x\in\mathbb{X}$，有 $F(x)\subseteq\mathbb{R}^m$ 是凸集，同时 F 关于变量 x 是连续的。通常称第二种情况中的 F 为凸值的连续集值映射。而关于集值映射的连续性定义，则将其放在之后的情况二中进行具体讨论。

情况一：常值集值映射。

假定集值映射 F 是紧致的常值函数，即对于任意 $x\in\mathbb{X}$，有 $F(x)=\mathbb{U}$，其中 $\mathbb{U}$ 为 $\mathbb{R}^m$ 中一个固定不变的子集。假定空间 $\mathbb{U}$ 和 $\mathbb{A}$ 是同胚的。令 h' 表示从 $\mathbb{U}$ 到 $\mathbb{A}$ 的一个同胚映射。那么，可以定义动作映射 $h:\mathrm{Graph}\,(F)\to\mathbb{A}$ 和 $h_x:\mathbb{U}\to\mathbb{A}$ 为

$$h(x,u)=h'(u),\quad h_x(u)=h(x,u) \tag{4.52}$$

显然，h 是连续的，并且对于任意 $x \in \mathbb{X}$，h_x 也必然是从 $\mathbb{U}$ 到 $\mathbb{A}$ 的一个同胚映射。图 4.2 给出了带有非状态依赖输入约束系统的动作映射示意图。图中半透明的部分表示真实控制输入和虚拟控制输入的可行域边界，其中真实系统的输入约束范围不随状态的变化而变化。左图粗实线表示作用于系统的真实策略 π。右图粗实线表示真实策略在动作映射 h 下所对应的虚拟策略 μ。

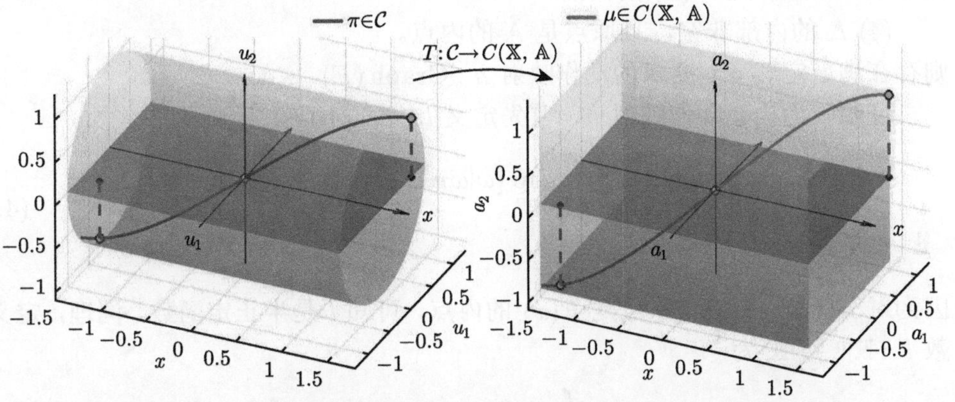

图 4.2 带有非状态依赖输入约束系统的动作映射示意图

情况二：凸值的连续集值映射。

现在，考虑另一种更为常见的情况：F 为凸值的连续集值映射。实质上，如果情况一中的输入可行域 $\mathbb{U}$ 是 $\mathbb{R}^n$ 中的一个凸集，则情况一便是情况二的一个特例。为构造符合要求的动作映射，首先给出关于集值映射半连续性和连续性的概念。

定义 4.2 (集值映射的半连续性与连续性 [16]) 令 $F: X \to \mathcal{P}(Y)$ 表示一个集值映射，令 ρ 表示空间 X 上的一个度量。

(1) 如果对于任意给定的 $x \in X$ 以及任意包含 $F(x)$ 的开集 $U \subseteq Y$，存在 $\delta > 0$，使得对于任意 $x' \in B_\rho(x, \delta)$，有如下包含关系成立：

$$F(x') \subset U \tag{4.53}$$

则称 F 是上半连续的。

(2) 如果对于任意给定的 $x \in X$，X 中任意一个收敛于 x 的序列 $(x_n)_{n=1}^{\infty}$ 以及 $F(x)$ 中任意一点 y，一定存在序列 $(y_n)_{n=1}^{\infty}$，其中 $y_n \in F(x_n), n = 1, 2, 3, \cdots$，使得 $y_n \to y$ 成立，则称 F 是下半连续的。

(3) 如果 F 既是上半连续的，又是下半连续的，则称 F 是连续的。

此时，将基于集值映射的连续性概念推导出确保动作映射存在的充分性条件，并给出构造动作映射的具体方法。

定理 4.2　令 $\mathbb{X}$ 和 $\mathbb{A}$ 分别表示欧氏空间 $\mathbb{R}^n$ 和 $\mathbb{R}^m$ 的紧致子空间。令 F 表示从 $\mathbb{X}$ 到 $\mathcal{P}(\mathbb{R}^m)$ 的一个集值映射函数。如果 F 满足以下条件：

(1) $\text{Graph}\,(F)$ 是紧致的；

(2) F 是连续的，并且对于任意 $x \in \mathbb{X}$，$F(x)$ 是凸集；

(3) 对于任意给定的 $x \in \mathbb{X}$，$F(x)$ 的内部非空，即所有包含于 $F(x)$ 的开集并非空，且原点是 $F(x)$ 的内点；

(4) $\mathbb{A}$ 的内部非空，且原点是 $\mathbb{A}$ 的内点。

则存在满足定理 4.1 要求的动作映射 $h : \text{Graph}\,(F) \to \mathbb{A}$。

证明　为构建动作映射 h，首先定义 $l : \text{Graph}\,(F) \to \mathbb{R}$ 为

$$l\,(x,u) = \begin{cases} \sup\limits_{\omega\in\mathbb{R}} \{\omega | \omega u \in F\,(x)\}, & u \neq 0 \\ 0, & u = 0 \end{cases} \tag{4.54}$$

因为对于任意 $x \in \mathbb{X}$，原点是 $F(x)$ 的内点，可知 l 是半正定函数。同理，定义函数 $l' : \mathbb{R}^m \to \mathbb{R}$ 为

$$l'\,(u) = \begin{cases} \sup\limits_{\omega\in\mathbb{R}} \{\omega | \omega u \in \mathbb{A}\}, & u \neq 0 \\ 0, & u = 0 \end{cases} \tag{4.55}$$

根据 l 和 l'，便可以构造动作映射 $h : \text{Graph}\,(F) \to \mathbb{A}$，其具体形式为

$$h\,(x,u) = \begin{cases} \dfrac{l'\,(u)}{l\,(x,u)}u, & u \neq 0 \\ 0, & u = 0 \end{cases} \tag{4.56}$$

当 $u \neq 0$ 时，有 $l(x,u) > 0$，因此可知 h 是适定的。现在，证明 h 满足定理 4.1 对动作映射的要求。首先，证明对于任意 $x \in \mathbb{X}$，$h_x : F(x) \to \mathbb{A}$ 是一个同胚。如果存在一对 $u, u' \in F(x)$，使得 $h_x(u) = h_x(u')$，证明 $u = u'$。假设 $u = 0$。此时 $h_x(u) = 0$，又因为 $h_x\,(u') = 0 \Leftrightarrow u' = 0$，则有 $u' = 0 \Rightarrow u = u'$。考虑 $u \neq 0$ 的情况。由于 $h_x(u)$ 和 $h_x(u')$ 均为 $\mathbb{R}^m$ 中的向量，一定存在一个标量 γ 使得 $u = \gamma u'$。因此，有

$$\frac{l'\,(u)}{l\,(x,u)} = \frac{l'\,(\gamma u')}{l\,(x,\gamma u')} = \frac{\gamma l'\,(u')}{\gamma l\,(x,u')} = \frac{l'\,(u')}{l\,(x,u')} \tag{4.57}$$

结合等式 $h_x(u) = h_x(u')$ 与式 (4.57) 可得，$u = u'$。综上所述，可知 h_x 是一个单射。任取 $a(a \neq 0, a \in \mathbb{A})$，显然，$l'(a) \geqslant 1$。由于 $F(x)$ 是紧致的凸集，且 0 是 $F(x)$ 的内点，因此一定存在 $u \in F(x)$，使得 $l(x,u) = l'(a)$，且 u 与 a 的向量方

向相同，即 $u/\|u\| = a/\|a\|$。由于 $l'(u)\|u\| = l'(a)\|a\|$，有

$$h_x(u) = \frac{l'(u)}{l(x,u)}u = \frac{l'(u)}{l'(a)}u = \frac{l'(u)}{l'(a)}\frac{\|u\|}{\|a\|}a = a \tag{4.58}$$

由此可知，h_x 是一个满射。

定义映射 $l_x : F(x) \to \mathbb{A}$ 为 $l_x(u) = l(x,u)$。为了验证 h_x 是连续的，首先证明 l_x 在点 $u \neq 0$ 时是连续的。通过反证法来证明该命题。令 $\mathrm{Bd}(F(x))$ 表示凸集 $F(x)$ 的边界。假设在 $F(x)$ 中存在序列 $u_n \to u_0 \neq 0$，使得 $l_x(u_n)$ 不收敛于 $l_x(u_0)$。由于闭集 $F(x)$ 具有性质 $\mathrm{Bd}(F(x)) = F(x) - \mathrm{Int}(F(x))$，则 $l_x(u_n)u_n \in \mathrm{Bd}(F(x)), n = 0,1,2,\cdots$。因为 $u_0 \neq 0$，可知如下命题成立：

$$\exists N, \forall n > N, \quad \|u_n\| > \frac{1}{2}\|u_0\| > 0 \tag{4.59}$$

进而可知，$l_x(u_n)$ 是一个有界序列。定义 $b_n = l_x(u_n)u_n, n = 1,2,3,\cdots$。此时，存在子序列 n_k 和实数 a_0，使得 $l_x(u_{n_k}) \to a_0 \neq l_x(u_0)$，$u_{n_k} \to u_0$。定义 b_0 为序列 $l_x(u_{n_k})u_{n_k}$ 的极限点，则有 $b_{n_k} \to b_0 \neq l_x(u_0)u_0$。又因为 $\mathrm{Bd}(F(x))$ 是 $F(x)$ 中闭子集，所以其也是紧致的，进而有 $b_0 \in \mathrm{Bd}(F(x))$。考虑以 0 为端点的射线 $\zeta = \{\theta b_0 | \theta \geqslant 0\}$。此时，射线 ζ 与 $\mathrm{Bd}(F(x))$ 至少相交于两点：b_0 和 $l_x(u_0)u_0$。令 $l_x(u_0)u_0 = \theta_1 b_0$。不失一般性，假设 $\theta_1 > 1$。由于 0 是 $F(x)$ 内点，则存在 $\delta > 0$，使得 $B_\rho(0,\delta) \subseteq F(x)$。此时，对于任意 $y \in B_\rho\left(b_0, \dfrac{\theta_1 - 1}{\theta_1}\delta\right)$，有以下命题成立：

$$\exists y' = \frac{\theta_1}{\theta_1 - 1}(y - b_0) \in B_\rho(0,\delta), \quad y = \frac{1}{\theta_1}\theta_1 b_0 + \frac{\theta_1 - 1}{\theta_1}y' \tag{4.60}$$

由于 $F(x)$ 是个凸集,则 $B_\rho\left(b_0, \dfrac{\theta_1 - 1}{\theta_1}\delta\right) \subseteq F(x)$。然而,这意味着 $b_0 \in \mathrm{Int}(F(x))$，与上述 $b_0 \in \mathrm{Bd}(F(x))$ 的推论相矛盾。因此，l_x 在点 $u \neq 0$ 时是连续的。

同理，可以证明 $l'(u)$ 在点 $u \neq 0$ 时是连续的。由此，h_x 在点 $u \neq 0$ 时是连续的。然后，证明 h_x 在 0 点处也是连续的。考虑集合 $D = \{l'(u)/l_x(u) | u \neq 0\}$。此时，只需证明集合 D 存在上界，即可得出 h_x 在 0 点处是连续的。由于 0 是 $F(x)$ 的内点，因此存在正实数 δ，使得 $B_\rho(0,2\delta) \subset F(x)$。定义 $\mathbb{R}^m$ 空间中闭球面 S 为

$$S = \{u | \|u\| = \delta\} \tag{4.61}$$

S 是闭的有界子集，因此是紧致的。根据极值定理 [15]，得知：

$$\exists c \in S, \forall u \in S \Rightarrow \frac{l'(u)}{l_x(u)} \leqslant \frac{l'(c)}{l_x(c)} \tag{4.62}$$

除此之外，对于任意给定 $u(u \in F(x), u \neq 0)$，存在一个 $u' = \delta u/\|u\|$，使得

$$\frac{l'(u)}{l_x(u)} = \frac{l'(\delta u/\|u\|)}{l_x(\delta u/\|u\|)} = \frac{l'(u')}{l_x(u')} \tag{4.63}$$

由此可知，集合 D 的一个上界是 $l'(c)/l_x(c)$，即

$$\forall u \neq 0, \quad \frac{l'(u)}{l(x,u)} \leqslant \frac{l'(c)}{l(x,c)} \tag{4.64}$$

此时可知，h_x 在 0 点处是连续的。综上所述，h_x 是连续函数。又因为 $F(x)$ 是紧致的，$\mathbb{A}$ 是 Hausdorff 的，所以 h_x 是一个同胚。

最后，证明 h 是连续映射。由于只有当 $\mathrm{Bd}(F(\cdot))$ 关于 x 连续变化时，h 才可能是连续函数，所以此处希望能有如下命题成立：对于任意 $\varepsilon > 0$，存在一个正实数 δ，使得对于任意 $x' \in B_\rho(x,\delta)$ 和 $u \in F(x)$，有

$$\|l(x,u)u - l(x',u)u\| < \varepsilon \tag{4.65}$$

令 S 表示 $\mathbb{R}^m$ 中的一个子集。定义 $\rho(x,S)$ 为

$$\rho(x,S) = \inf_{y \in S} \rho(x,y) \tag{4.66}$$

如果 $S = \varnothing$，则令 $\rho(x,S) = +\infty$。定义关于子集 S 的 ε-球为

$$B_\rho(S,\varepsilon) = \{x \in \mathbb{R}^m |\, \rho(x,S) < \varepsilon\} \tag{4.67}$$

显然，$B_\rho(S,\varepsilon)$ 是一个包含 S 的开集。定义 $G_\rho(S,\varepsilon)$ 为

$$G_\rho(S,\varepsilon) = \{x \in S |\, \rho(x, \mathrm{Bd}(S)) \geqslant \varepsilon\} \tag{4.68}$$

由于 F 在 x 点是上半连续的，那么可知对于任意 $\varepsilon > 0$，存在一个 $\delta > 0$，使得

$$\forall x' \in B_\rho(x,\delta), \quad F(x') \subset B_\rho(F(x),\varepsilon) \tag{4.69}$$

由此可得，对于任意 $u \in F(x)$，有

$$\|l(x',u)u\| - \|l(x,u)u\| < \varepsilon \tag{4.70}$$

然后，利用集值映射 F 的下半连续性来证明如下命题：对于任意 $\varepsilon > 0$，存在一个 $\delta > 0$，使得

$$\forall x' \in B(x,\delta), \quad G_\rho(F(x),\varepsilon) \subset F(x') \tag{4.71}$$

上述命题等价于，对于任意 $x' \in B(x,\delta)$ 和任意 $u \in F(x)$，有

$$\|l(x,u)u\| - \|l(x',u)u\| \leqslant \varepsilon \tag{4.72}$$

采用反证法证明上述命题。假设存在一个 $\varepsilon > 0$，使得

$$\forall \delta > 0, \exists x' \in B(x,\delta), \quad G_\rho(F(x),\varepsilon) \not\subset F(x') \tag{4.73}$$

那么,能找到一条收敛序列 $x_n \to x$ 以及序列 $u_n \in G_\rho(F(x),\varepsilon)$,使得 $u_n \notin F(x_n)$。由于 $G_\rho(F(x),\varepsilon)$ 是有界闭集，它也是紧致的。进而可知，序列 u_n 存在收敛子列，将其表示为 $u_{n_k} \to u_0 \in G_\rho(F(x),\varepsilon)$，其中 u_0 为收敛点。为了方便起见，记 $y_k = x_{n_k}$。现在，考虑在空间 $\mathbb{R}^m$ 中引入内积计算。根据超平面分割定理 [17]，存在一个包含 u_{n_k} 的超平面 $\left\{u \middle| a_k^{\mathrm{T}}u = b_k, \|a_k\| = 1\right\}$，使得

$$\forall u \in F(y_k), \quad a_k^{\mathrm{T}}u < b_k \tag{4.74}$$

考虑二元组序列 (a_k, b_k)。该序列同样存在收敛子序列，将其表示为 $(a_{k_j}, b_{k_j}) \to (a_0, b_0)$，其中 (a_0, b_0) 为收敛点。由于内积运算实质上也是连续的，$a_0^{\mathrm{T}}u_0 = b_0$。令 $u' = u_0 + \varepsilon a_0/2$,因为 $u_0 \in G_\rho(F(x),\varepsilon)$,有 $u' \in F(x)$,且对于任意 $u \in B(u',\varepsilon/4)$,有 $a_0^{\mathrm{T}}u - b_0 > \varepsilon/4$。又因为 $(a_{k_j}, b_{k_j}) \to (a_0, b_0)$，有

$$\exists N, \forall j > N, \quad \left|a_{k_j}^{\mathrm{T}}u - a_0^{\mathrm{T}}u\right| < \frac{\varepsilon}{8}, \quad \left|b_{k_j} - b_0\right| < \frac{\varepsilon}{8} \tag{4.75}$$

因此，对于任意 $j > N$，有如下不等式成立:

$$a_{k_j}^{\mathrm{T}}u - b_{k_j} > a_0^{\mathrm{T}}u - b_0 - \left|a_{k_j}^{\mathrm{T}}u - a_0^{\mathrm{T}}u\right| - \left|b_{k_j} - b_0\right| > \frac{\varepsilon}{4} - \frac{\varepsilon}{8} - \frac{\varepsilon}{8} > 0 \tag{4.76}$$

这意味着当 $j > N$ 时，有 $B(u',\varepsilon/4) \cap F\left(y_{k_j}\right) = \varnothing$。进而可知，对于收敛序列 $y_{k_j} \to x$，不存在序列 $u_{k_j} \in F(y_{k_j})$，满足 u_{k_j} 收敛于 u'。然而，这意味着 F 不是下半连续的，由此推出矛盾。结合式 (4.70) 和式 (4.72)，可得不等式 (4.65) 成立。

现在，证明 h 在点 $(x,u)(u \neq 0)$ 处是连续的。由于 h_x 是连续的，则对于任意 $\varepsilon > 0$，存在 $\delta' > 0$，使得对于任意 $u' \in B_\rho(u,\delta')$，有

$$\|h(x,u) - h(x,u')\| < \frac{\varepsilon}{2} \tag{4.77}$$

定义 $\delta = \min\{\|u\|/2, \delta'\}$。因为 $\mathbb{A}$ 是有界的，集合 $\{\|l'(u)u\| | u \in \mathbb{R}^m\}$ 是有上确界的，记上确界为 c。令 $\varepsilon' = \delta\varepsilon/(2c)$。根据不等式 (4.65)，可知存在一个 $\eta > 0$，使得对于任意 $x' \in B_\rho(x,\eta)$ 以及任意 $u' \in B_\rho(u,\delta)$，有

$$\|l(x,u')u' - l(x',u')u'\| < \varepsilon' \tag{4.78}$$

由于 $\|u'\| > \|u\|/2 \geqslant \delta$，可得

$$|l(x,u') - l(x',u')| < \frac{\varepsilon'}{\|u'\|} < \frac{\varepsilon}{2c} \tag{4.79}$$

又因为 $l(x,u') \geqslant 1$ 以及 $l(x',u') \geqslant 1$，可知对于任意 $(x',u') \in B_\rho(x,\eta) \times B_\rho(u,\delta)$，有

$$\|h(x,u) - h(x',u')\| \leqslant \|h(x,u) - h(x,u')\| + \|h(x,u') - h(x',u')\| \tag{4.80}$$

于是

$$\|h(x,u) - h(x',u')\| < \frac{\varepsilon}{2} + \|l'(u')u'\| \left|\frac{l(x',u') - l(x,u')}{l(x,u')\,l(x',u')}\right| < \frac{\varepsilon}{2} + c\frac{\varepsilon}{2c} = \varepsilon \tag{4.81}$$

由此可知，h 在点 $(x,u)(u \neq 0)$ 处是连续的。

然后，证明 h 在点 $(x,u)(u=0)$ 处是连续的。式 (4.64) 表明，集合 $D = \{l'(u)/l_x(u) | u \neq 0\}$ 是有上界的。因而，集合 D 有上确界，记该上确界为 d。根据式 (4.77) 和式 (4.78)，对于任意 $\varepsilon > 0$，存在一个 $\delta > 0$ 和 $\eta > 0$，使得

$$\begin{cases} \forall u' \in B_\rho(0,\delta) \Rightarrow \|h(x,u')\| < \dfrac{\varepsilon}{2} \\ \forall x' \in B_\rho(x,\eta) \Rightarrow \|l(x,u')u' - l(x',u')u'\| < \dfrac{\varepsilon}{2d} \end{cases} \tag{4.82}$$

此时，对于任意 $(x',u') \in B_\rho(x,\eta) \times B_\rho(0,\delta)\,(u' \neq 0)$，有

$$\begin{aligned} &\|h(x',u')\| \leqslant \|h(x',u') - h(x,u')\| + \|h(x,u')\| \\ &< \left|\frac{1}{l(x',u')}\right| \left|\frac{l'(u')}{l(x,u')}\right| \|l(x,u')u' - l(x',u')u'\| + \frac{\varepsilon}{2} < d\frac{\varepsilon}{2d} + \frac{\varepsilon}{2} = \varepsilon \end{aligned} \tag{4.83}$$

由此可知，h 在点 $(x,u)(u=0)$ 处是连续的。综上所述，h 在 $\mathrm{Graph}(F)$ 上是连续的，且是满足定理 4.1 要求的动作映射。 □

图 4.3 给出了带有状态依赖输入约束系统的策略对应关系。图中半透明的部分表示真实控制输入和虚拟控制输入的可行域边界，其中真实系统的输入约束范围将随状态的变化而变化。左图粗实线表示作用于系统的真实策略 π。右图粗实线表示真实策略在动作映射 h 下所对应的虚拟策略 μ。

在动作映射模块的作用下，可以采用虚拟策略来完成对真实策略的策略评估。此时，动作–价值评估函数定义为

$$Q^\mu(x_k,a_k) = r\left(x_k, h_k^{-1}(a_k)\right) + \sum_{i=1}^{\infty} \gamma^i r\left(x_{k+1}, h_k^{-1}(\mu(x_{k+i}))\right) \tag{4.84}$$

在原控制问题中，考虑状态依赖输入约束的策略更新方式为

$$\pi(x) \leftarrow \min_{u\in F(x)} Q^{\pi}(x,u) \tag{4.85}$$

而在引入动作映射模块以及新的评价函数 Q^{μ} 后，策略更新 (4.85) 可等价地转换为

$$\mu(x) \leftarrow \min_{a\in \mathbb{A}} Q^{\mu}(x,u) \tag{4.86}$$

此时，如果 $\mathbb{A}$ 选定为 $[-1,1]^m$，那么只需考虑输入饱和约束。

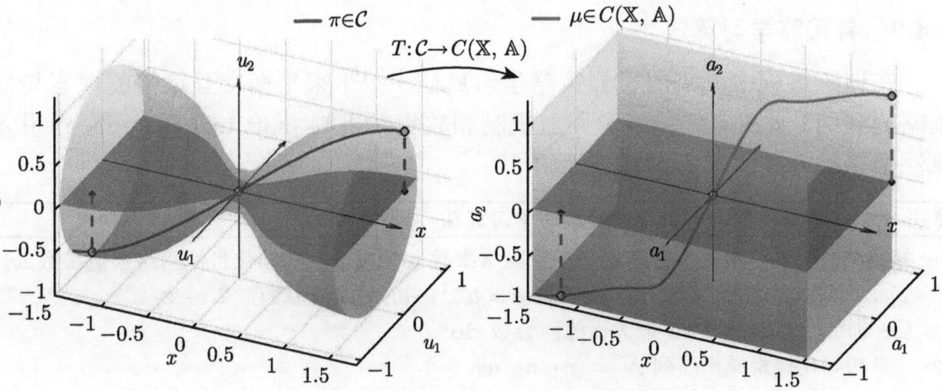

图 4.3　带有状态依赖输入约束系统的策略对应关系

4.4.1　执行器–评价器网络设计

评价网络的目的是对遵循当前策略的动作–价值函数进行评估。用 ω^C 表示评价网络的权值参数，并用 $\hat{Q}\left(x,a|\,\omega_k^C\right)$ 表示动作–价值估计函数，其中下标 k 表示更新时间步数。为了方便起见，通常将 $\hat{Q}\left(x,a|\,\omega_k^C\right)$ 简记为 $\hat{Q}_k^C(x,a)$。采用时间差分法来训练评价该网络的权值参数。首先，引入时间差分误差 e_k。e_k 是描述估计值 $\hat{Q}_k^C(x,a)$ 与目标值 y_k 差异的量，其被定义为

$$e_k = y_k - \hat{Q}_k^C(x_k,a_k) \tag{4.87}$$

其中目标值 y_k 为

$$y_k = r(x_k,a_k) + \gamma \min_{a} \hat{Q}_k^C(x_{k+1},a) \tag{4.88}$$

通过调节 ω^C 来最小化时间差分误差的平方，即 e_k^2。ω^C 的更新方式如下：

$$\omega_{k+1}^C \leftarrow \omega_k^C + \alpha_c e_k \left.\frac{\partial \hat{Q}_k^C(x,a)}{\partial \omega_k^C}\right|_{(x,a)=(x_k,a_k)} \tag{4.89}$$

其中，α_c 是评价网络的学习率。

执行网络的目的是给出最优虚拟策略 μ^*。类似地，用 ω^A 表示执行网络的权值参数。基于当前评价网络的输出 $\hat{Q}\left(x, a \middle| \omega_k^C\right)$ 采用梯度下降方法来迭代优化当前策略。ω^A 的更新方式如下：

$$\omega_{k+1}^A \leftarrow \omega_k^A - \alpha_a \frac{\partial \mu_k(x)}{\partial \omega_k^A} \frac{\partial \hat{Q}_k^C(x,a)}{\partial a} \bigg|_{\substack{x=x_k \\ a=\mu_k(x_k)}} \tag{4.90}$$

其中，α_a 是执行网络的学习率。

4.4.2 异策略学习算法

在训练过程中，采用了异策略学习算法 [18,19] 来平衡交互策略的探索与目标策略的利用。此外，还将经验回放机制和软更新机制 (soft target update) 引入到算法中来提升在线学习的鲁棒性。

算法 4.1　带有动作映射机制的异策略学习算法

初始化： 随机初始化执行网络和评价网络参数 ω_1^A、ω_1^C，初始化目标网络权值参数 $\omega_1^T \leftarrow \omega_1^C$，计算动作映射函数 h 和反函数 $g = h^{-1}$，初始化经验缓存 $\mathcal{R} \leftarrow \varnothing$
for 训练回合数 $= 1$ **to** 最大训练回合数 **do**
　　初始化探索噪声序列 $\mathcal{N} = (n_1, n_2, n_3, \cdots)$
　　随机初始化系统的状态 x_1
　　for 时间步数 $k = 1$ **to** 最大时间步数 **do**
　　　　生成虚拟控制输入 $a_k = \mu(x_k|\omega_k^A) + n_k$
　　　　计算真实控制输入 $u_k = g(x_k, a_k)$
　　　　系统执行控制输入 u_k
　　　　记录系统奖励值 r_k 和新的状态 x_{k+1}
　　　　存储数据元组 (x_k, a_k, r_k, x_{k+1}) 到经验缓存 $\mathcal{R}$ 中
　　　　在经验池 $\mathcal{R}$ 中进行训练数据采样 $\{(x_j, a_j, r_j, x_{j+1})\}_{j \in \Theta_k}$
　　　　根据式 (4.92) 更新评价网络的权值参数 ω_k^C
　　　　根据式 (4.93) 更新执行网络的权值参数 ω_k^A
　　　　根据式 (4.94) 更新目标网络的权值参数 ω_k^T
　　　　if x_{k+1} 超过安全范围 **then**
　　　　　　break
　　　　end if
　　end for
end for

本章所提出的带有动作映射机制的执行器–评价器网络结构以及训练流程如图 4.4 所示。图中粗实线表示算法的环境交互部分，细实线表示执行器–评价器网络的更新部分，虚线分别对应图 4.4 中的评价函数更新和策略更新。在训练开

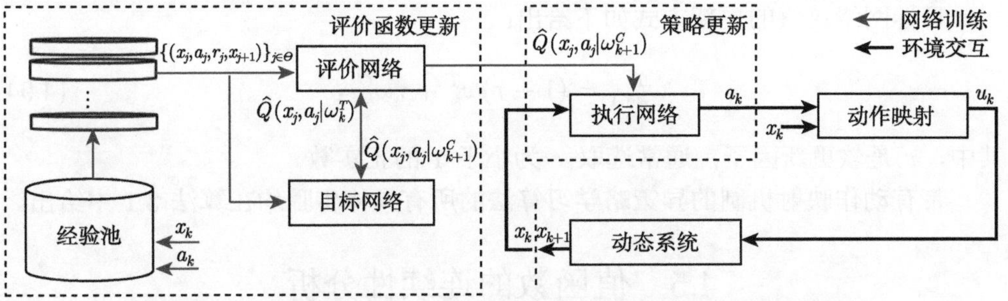

图 4.4 带有动作映射机制的执行器–评价器网络结构以及训练流程

始时，首先要随机初始化网络参数 ω^C 和 ω^A，并设定目标网络权值 $\omega^T \leftarrow \omega^C$。之后，根据系统输入约束范围 Graph (F) 的具体情况，求解动作映射 h 和逆映射 $g = h^{-1}$。在交互过程中，执行网络首先输出虚拟控制输入 a_k。之后，a_k 被传递给动作映射模块。动作映射模块经计算给出真实控制输入 u_k，并将其作用于动态系统以获取当前奖励值 r_k 和下一时刻的状态 x_{k+1}。此时，新的经验数据 $\{x_k, a_k, r_k, x_{k+1}\}$ 将被存储到经验池 $\mathcal{R}$ 中。需要注意的是，由于执行网络的训练更新是虚拟控制策略 μ，因此在经验数据中，需要存储的动作数据是虚拟控制输入 a_k。在训练过程中，首先在经验池采样用于训练的数据组 $\{x_j, a_j, r_j, x_{j+1}\}_{j\in\Theta_k}$，其中 Θ_k 是训练的指标集。然后，采用随机梯度下降的方式对执行器–评价器网络进行训练。评价网络的更新目标是最小化关于采样数据的损失函数 $\ell(\omega_k^C)$：

$$\ell(\omega_k^C) = \frac{1}{|\Theta_k|}\sum_{j\in\Theta_k}\left(y_j - \hat{Q}\left(x_j, u_j|\omega_k^C\right)\right)^2 \tag{4.91}$$

因此，评价网络参数 ω_k^C 的更新方式可以表述为

$$\omega_{k+1}^C = \omega_k^C - \alpha_c \frac{\partial \ell(\omega_k^C)}{\partial \omega_k^C} \tag{4.92}$$

其中，α_c 是评价网络的学习率。

执行网络的更新目标是最小化关于采样数据的估计值加和。因此，其权值更新的具体方式为

$$\begin{aligned} S\left(\omega_k^A\right) &= \frac{1}{|\Theta_k|}\sum_{j\in\Theta_k}\hat{Q}_k^C\left(x_j, \mu\left(x_j|\,\omega_k^A\right)\right) \\ \omega_{k+1}^A &= \omega_k^A - \alpha_a \frac{\partial S(\omega_k^A)}{\partial \omega_k^A} \end{aligned} \tag{4.93}$$

其中，α_a 是执行网络的学习率。

目标网络权值的更新方式如下给出：

$$\omega_{k+1}^T = (1-\tau)\omega_k^T + \tau\omega_{k+1}^C \tag{4.94}$$

其中，τ 是软更新因子，通常选取 τ 为小于 1 的正实数。

带有动作映射机制的异策略学习算法的所有具体步骤均在算法 3.1 中给出。

4.5 值函数的连续性分析

在本节中，定义评价函数 $Q_k^C:\mathrm{Graph}\,(F)\to\mathbb{R}$，目标函数 $Q_k^T:\mathrm{Graph}\,(F)\to\mathbb{R}$ 以及策略 $\pi_k\in\mathcal{C}$ 的更新方式为

$$Q_{k+1}^C(x,u) = r(x,u) + \gamma \min_{u'\in F(x')} Q_k^T(x',u') \tag{4.95}$$

$$Q_{k+1}^T(x,u) = (1-\tau)Q_k^T(x,u) + \tau Q_{k+1}^C(x,u) \tag{4.96}$$

$$\pi_{k+1}(x) = \arg\min_{u'\in F(x')} Q_{k+1}^C(x,u) \tag{4.97}$$

其中，$x'=f(x,u)$。

由于系统 (4.1) 的控制输入约束范围会随着状态的变化而变化，评价函数 Q_k^C 在更新过程中可能会出现不连续的情况，这也就影响神经网络对目标函数的拟合效果。因此，分析迭代 Q 函数的连续性问题，并给出一个确保连续性的充分性条件。

在迭代更新过程中，致使评价函数 Q_k^C 出现不连续情况的主要原因是，控制输入约束函数 F 不连续。此时，F 会在某些状态点 x 上存在阶跃变化，这也就导致了动作可行域 u 的变化不平滑，进而 Q_k^C 出现不连续。例如，考虑评价函数 Q_k^C 在点 x 以及 x 邻域内一点 x' 的情况。假设 F 在 x 点不连续，且 $F(x')$ 是 $F(x)$ 的真子集。此时如果对应 x 的最优控制输入 u 属于 $F(x)-F(x')$，则对应 x' 的最优控制输入 u' 会与 u 之间势必存在一个由 F 不连续带来的阶跃差异，进而导致评价函数 Q_k^C 在迭代后不连续。因此，从 F 的连续性入手，给出一个确保评价函数 Q_k^C 连续的充分条件。

定理 4.3 令 $\mathbb{X}$ 为 $\mathbb{R}^n$ 中的一个紧致子空间。令 $F:\mathbb{X}\to\mathcal{P}(\mathbb{R}^m)$ 为一个紧致的集值映射。令 $Q_1^C:\mathrm{Graph}\,(F)\to\mathbb{R}$ 初始化为一个有界的连续函数。定义函数 $Q_1^T=Q_1^C$。函数序列 Q_k^C 和 $Q_k^T(k=2,3,4,\cdots)$ 根据式 (4.95) 迭代更新获得。此时，如果 F 是连续的，则对于任意 $k\in\mathbb{N}_+$，Q_k^C 和 Q_k^T 均是连续的。

证明 采用数学归纳法来证明该命题。由于 Q_1^C 和 Q_1^T 本身就是连续的，因此对于 $k=1$ 的情况，该命题自然成立。假设命题对于 $k=i$ 成立，证明在 $k=i+1$

的时候也成立。由于系统 (4.1) 是连续的，且 Q_k^C 的连续性由 Q_k^T 的连续性所决定，因此只需证明 Q_k^T 的连续性即可。定义函数 $M:\mathbb{X}\to\mathbb{R}$ 为

$$M(x)=\min_{u\in F(x)}Q_i^T(x,u) \tag{4.98}$$

证明 M 既是上半连续也是下半连续的 (此处的上半连续和下半连续是指度量空间下定义的上半连续和下半连续，而非集值映射下的相关定义)。M 是上半连续的，等价于如下命题：对于任意 $x_0\in\mathbb{X}$ 和任意收敛序列 $x_n\to x_0$，任取实数 $\gamma>M(x_0)$，存在一个正整数 N，使得对于任意 $n>N$，有 $\gamma>M(x_n)$。根据 M 的定义，可以选取 $u_0\in F(x_0)$，使得 $Q_i^T(x_0,u_0)<\gamma$。因为 F 是下半连续的，所以存在一个序列 u_n，使得

$$u_n\in F(x_n),\quad \lim_{n\to\infty}u_n=u_0 \tag{4.99}$$

由于 Q_i^T 是连续的，有

$$\lim_{n\to\infty}Q_i^T(x_n,u_n)=Q_i^T(x_0,u_0)<\gamma \tag{4.100}$$

由此可知

$$\exists N,\forall n>N\Rightarrow Q_i^T(x_n,u_n)<\gamma \tag{4.101}$$

进而有

$$M(x_n)\leqslant Q_i^T(x_n,u_n)<\gamma \tag{4.102}$$

因此，M 是上半连续的。

M 是下半连续的等价于命题：对于任意 $x_0\in\mathbb{X}$ 和 $\varepsilon>0$，存在一个 $\delta>0$，使得对于任意 $x'\in B(x_0,\delta)$，有如下结论成立：

$$M(x')\geqslant M(x_0)-\varepsilon \tag{4.103}$$

因为 Q_i^T 是连续的，因此对于任意 $u\in F(x_0)$，存在一个 $\delta_u>0$ 和 $\eta_u>0$，使得对于任意 $(x',u')\in B(x_0,\delta_u)\times B(u,\eta_u)$，有

$$Q_i^T(x',u')>Q_i^T(x_0,u)-\varepsilon \tag{4.104}$$

定义集族 $\mathcal{B}$ 为

$$\mathcal{B}=\{B(u,\eta_u)|\,u\in F_x\} \tag{4.105}$$

集族 $\mathcal{B}$ 构成 $F(x)$ 的一个开覆盖。因此，$\mathcal{B}$ 中存在一个覆盖 $F(x)$ 的有限子族，记为

$$\mathcal{B}' = \{B(u_1, \eta_{u_1}), B(u_2, \eta_{u_2}), \cdots, B(u_m, \eta_{u_m})\} \tag{4.106}$$

此时，定义 U 为集族 $\mathcal{B}'$ 中所有元素的并集，即

$$U = \bigcup_{i=1}^{m} B(u_i, \eta_{u_i}) \tag{4.107}$$

显然，U 是一个包含 $F(x)$ 的开集。因为 F 是上半连续的，所以存在一个 $\delta' > 0$，使得对于任意 $x' \in B(x_0, \delta')$，有

$$F(x') \subset U \tag{4.108}$$

定义 $\delta = \min\{\delta', \delta_{u_i}, \delta_{u_2}, \cdots, \delta_{u_m}\}$。可知，对于任意 $x \in B(x_0, \delta)$ 以及 $u \in F(x)$，有如下不等式成立：

$$Q_i^T(x, u) > \min_{j \in \{1, \cdots, m\}} Q_i^T(x_0, u_j) - \varepsilon \geqslant M(x_0) - \varepsilon \tag{4.109}$$

$$\Rightarrow M(x) = \min_{u \in F(x)} Q_i^T(x, u) \geqslant M(x_0) - \varepsilon \tag{4.110}$$

因此，M 是下半连续的。综上所述，M 是连续的，且迭代函数 Q_{k+1}^C 和 Q_{k+1}^T 均是连续的。 □

4.6 仿真实验

本节对带有动作映射机制的确定性策略梯度 (AM-DPG) 算法进行了有效性验证，验证共包含三个数值仿真实验。实验一主要验证迭代算法的收敛性。实验二研究的是带有状态依赖输入约束系统的控制问题，其主要考虑输入的饱和约束上限随着状态的变化而变化的情况。实验三研究的是二自由度机械臂系统的控制问题，其主要考虑系统具有多种输入约束类型的情况。采用 3 层神经网络来完成对评价函数的拟合以及控制策略的实现。神经网络的隐含层均采用了线性整流单元作为激活函数。权值更新的方式采用了 Adam 优化方法 [20]。设定经验池的最大存储容量为 50000，既避免了经验数据太少而使得连续样本无法完整反映系统的动态特性，又可以使得算法对存储资源的需求处在一个易于实现的水平。算法的具体参数设置均在表 4.1 中给出。

表 4.1 参数列表

参数名称	数值
隐含层层数	64
经验池大小	50000
批处理大小	128
网络学习率	0.001
软更新因子	0.01

4.6.1 线性系统的控制仿真

考虑如下线性系统 [21]：

$$x_{k+1} = Ax_k + Bu_k \tag{4.111}$$

其中，$x_k = [x_k(1), x_k(2)]^{\mathrm{T}} \in \mathbb{X} \subseteq \mathbb{R}^2, u_k \in \mathbb{U} \subseteq \mathbb{R}$。设定状态空间 $\mathbb{X}$ 为 $[-1.5, 1.5] \times [-1.5, 1.5]$，动作空间 $\mathbb{U}$ 为 $[-5.0, 5.0]$。系统矩阵如下：

$$A = \begin{bmatrix} 0 & 0.1 \\ 0.3 & -1 \end{bmatrix}, \quad B = \begin{bmatrix} 0 \\ 0.5 \end{bmatrix}$$

奖励函数被定义为 $r(x_k, u_k) = x_k^{\mathrm{T}} Q x_k + u_k^{\mathrm{T}} R u_k$，其中 $Q = I_{2\times 2}$，$R = 0.5$。

首先随机初始化执行器–评价器网络的权值参数 ω^C 和 ω^A，使得评价函数 Q_1^C 为空间 G_F 上的连续函数，且 $(0,0)$ 点非最小值点。然后，采用离线训练的方式完成网络参数更新。之所以要采用离线方式进行训练，是因为评价函数的收敛性依赖于算法的迭代更新式 (4.95)～ 式 (4.97) 对任意的二元组 $(x, u) \in G_F$ 都成立。具体来说，只有确保训练数据能充分反映系统的动态特性，才能满足上述要求。然而，有两个原因会导致通过在线训练方式所记录的经验数据无法充分反映系统的动态特性。其一是在线训练的方式只能沿着状态轨迹记录经验数据，由于轨迹上的数据具有高度的相似性，且并不满足独立同分布要求；其二是经验池能存储的经验数据是有限的，对于具体的系统很难判断需要多大的缓存空间才能确保经验数据的充分性。为了避免上述问题给训练过程带来的影响，引入离线训练的方式。在每一次迭代中，首先从 $\mathbb{X} \times \mathbb{A}$ 中随机选取出 128 组状态–动作二元组 (x_k, a_k)。根据动作映射函数计算可得真实控制输入 u_k，然后将 u_k 作用于系统，得到下一时刻的状态 x_{k+1}。此时，如果 x_{k+1} 不在状态空间 $\mathbb{X}$ 中，则删除 (x_k, a_k)，并重新生成状态–动作二元组，直至 $x_{k+1} \in \mathbb{X}$。之后，用 $\{(x_i, a_i, r_i, x_{i+1})\}_{i=1}^{128}$ 完成对执行器–评价器网络的一次更新。

通过图 4.5 中的学习过程来看，初始的评价函数 Q_1^C 显然不具有半正定性。随着迭代次数 k 的增加，发现评价函数 Q_k^C 逐渐趋向于二次型的形式。此时，发现不同更新时刻的迭代曲面明显不具有单调性，即在状态–动作空间 G_F 中存在

点 (x,u)，其评价序列 $Q_k^C(x,u)$ 既非单增，也非单减。因此，采用基于单调收敛定理来证明迭代曲面收敛的方式必然是行不通的。这也说明了，分析空间 G_F 的紧致性以及 $Q_k(0,0)$ 的单调性也许将更接近收敛性问题的本质。图 4.5(d) 给出了第 1000~2500 次迭代曲面。图中半透明的曲面表示最优动作–价值函数 Q^*。当迭代次数达到 1000 次以后，Q_k^C 与最优动作–价值函数 Q^* 的差值趋于一个恒定值 C。

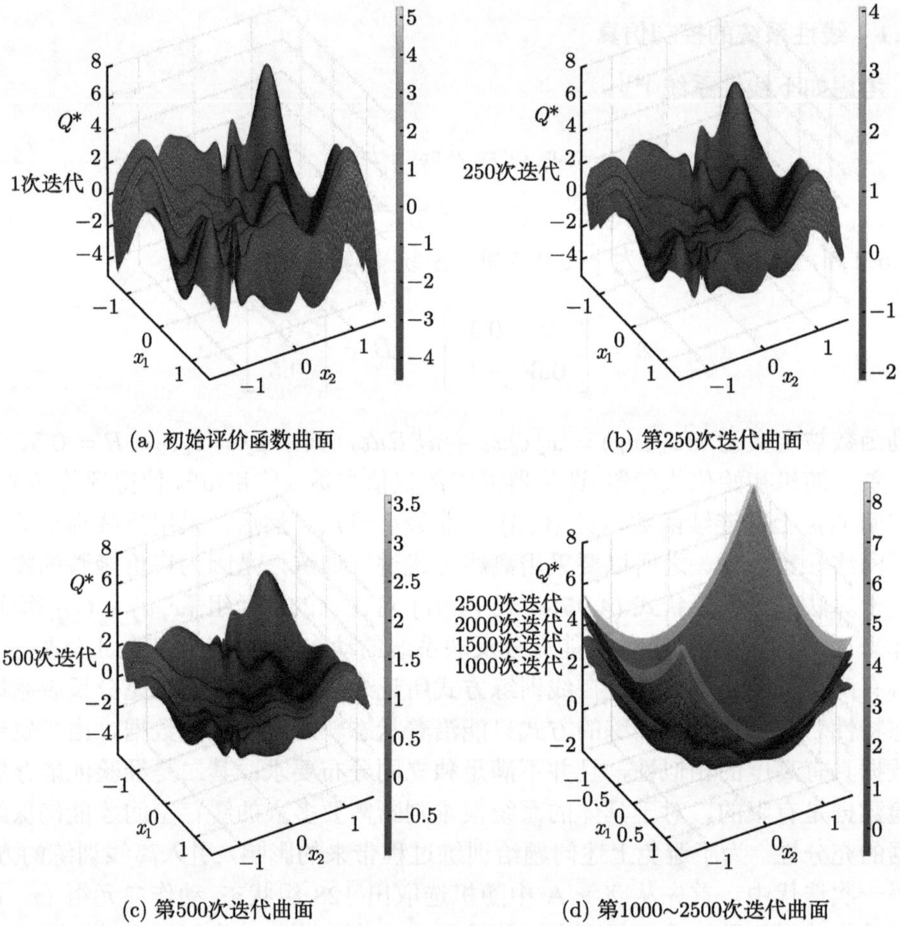

(a) 初始评价函数曲面　(b) 第250次迭代曲面

(c) 第500次迭代曲面　(d) 第1000~2500次迭代曲面

图 4.5　$\gamma=1$ 情况下的学习过程

图 4.6 给出了学习过程中特定点的变化曲线。每隔 100 次迭代便采样一次评价函数 Q_k^C 的最小值点，并用实心点标识在图 4.6(a) 中。图中实线表明采样点的先后顺序。从图中看出，即使初始评价函数的最小值点不是平衡点，随着迭代次数 k 的增加，评价函数的最小值点也将趋向于平衡点。这与理论分析所得结论 $(\bar{x}_k,\bar{u}_k)\rightarrow(0,0)$ 基本吻合。在仿真过程中，发现 $(\bar{x}_j,\bar{u}_j)\rightarrow(0,0)$ 始终存在一

个 10^{-3} 量级的误差，且无法随着迭代次数的增加而消除。这主要是因为神经网络存在拟合误差以及采用梯度下降法求解最优动作存在陷入局部极小点的可能。图 4.6(b) 给出了平衡点和最小值点 Q 值变化曲线，其中粗实线和细实线分别表示 $Q_j^T(0,0)$ 和 $Q_j^T(\bar{x}_j, \bar{u}_j)$。从图中可以看出，$Q_j^T(\bar{x}_j, \bar{u}_j)$ 单调上升，$Q_j^T(0,0)$ 单调下降，且二者最终的极值点是一样的。这与理论分析所得结论 $D_1 = D_2$ 相吻合。

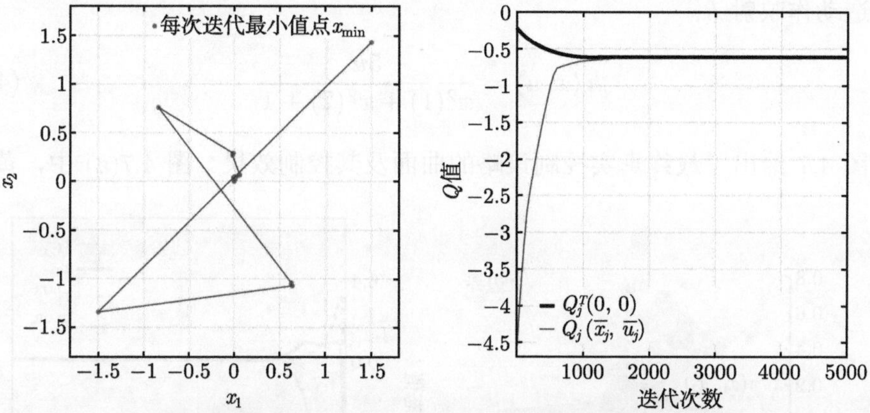

(a) 最小值点$(\overline{x}_j, \overline{u}_j)$　(b) $Q_j^T(\overline{x}_j, \overline{u}_j)$和$Q_j^T(0,0)$

图 4.6　学习过程中特定点的变化曲线

4.6.2 输入受限系统的控制仿真

考虑如下带有状态依赖输入约束的系统：

$$\begin{aligned} x_{k+1} &= Ax_k + Bu_k \\ \text{s.t.} \quad |u_k| &\leqslant \frac{x(1)^2 + x(2)^2 + 1}{5} \end{aligned} \tag{4.112}$$

其中，$x_k = [x_k(1), x_k(2)]^{\mathrm{T}} \in [-1,1]^2 \subseteq \mathbb{R}^2$。系统矩阵如下：

$$A = \begin{bmatrix} 1.0 & 0.1 \\ 0.1 & 0.4 \end{bmatrix}, \quad B = \begin{bmatrix} 0.1 \\ 0.4 \end{bmatrix} \tag{4.113}$$

奖励函数定义为 $r(x_k, u_k) = x_k^{\mathrm{T}} Q x_k + u_k^{\mathrm{T}} R u_k$，其中 $Q = I_{2\times 2}$，$R = 1.0$。折扣因子 γ 设定为 1。根据系统 (4.112)，可以将控制输入约束函数 $F: \mathbb{X} \to \mathcal{P}(\mathbb{R}^2)$ 定义为

$$F(x) = [-b(x), b(x)] \tag{4.114}$$

其中

$$b(x) = \frac{x^2(1) + x^2(2) + 1}{5} \tag{4.115}$$

显然，F 是紧致的，且是连续的。又因为对于任意 $x \in \mathbb{X}$，$F(x)$ 是 $\mathbb{R}$ 中的一个单连通闭集，则 $F(x)$ 是凸集，集值映射 F 是凸值的。此时，根据定理 4.2，可以构造动作映射 h：

$$h(x, u) = \frac{5u}{x^2(1) + x^2(2) + 1} \tag{4.116}$$

图 4.7 给出了最终真实控制策略的曲面及其控制效果。图 4.7(a) 中，黄色和

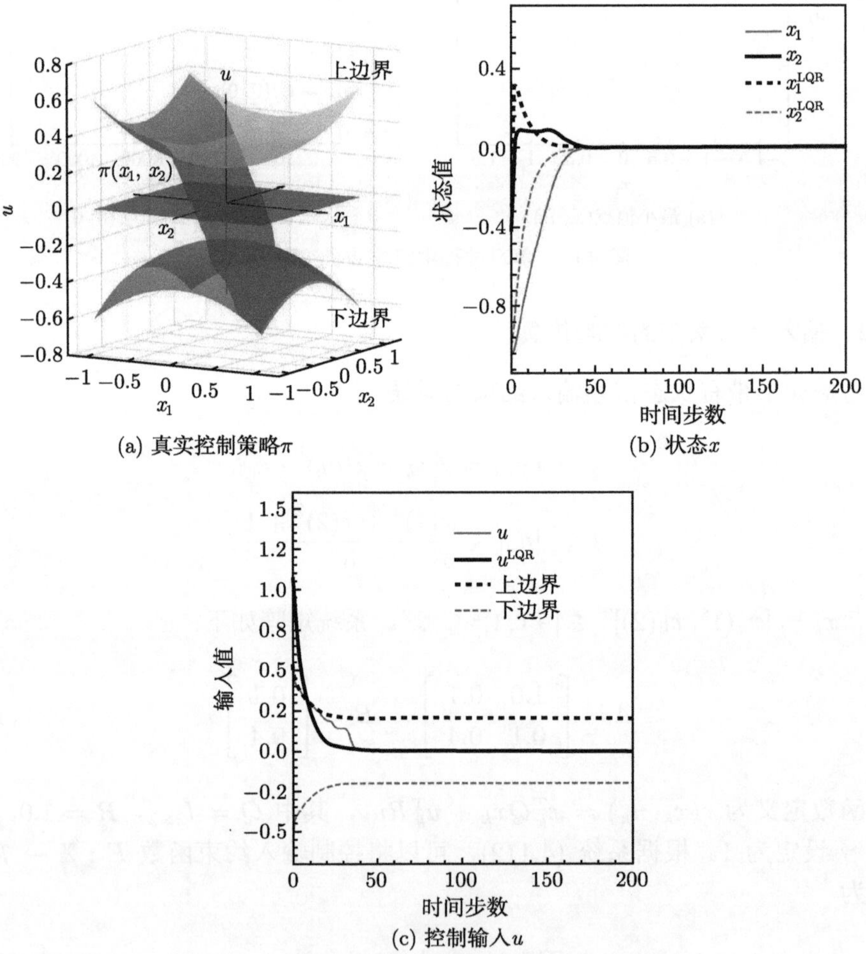

图 4.7　最终真实控制策略的曲面及控制效果

蓝色的半透明曲面分别代表了控制输入可行区间的上界与下界。红色曲面则代表了最终所得的真实控制策略。从图中可以看出，控制输入量均被严格限制在约束范围内。此外，在靠近原点附近时，控制策略与状态呈现出近似的线性关系。这也是由于，不考虑输入约束的线性系统的最优控制策略实际上就是关于状态的线性函数，且在靠近原点附近时，该最优策略的值是不会超出约束范围的，因此所学控制策略同样会呈现类似的线性关系。图 4.7(b) 给出了初始状态 x_1 为 $[-1,-1]^{\mathrm{T}}$ 时的状态轨迹，还引入了线性二次型调节器 (linear quadratic regulator, LQR) 作为对照组。图中 x 和 x^{LQR} 分别代表基于学习的控制策略 π 和最优策略 π^* 下的系统状态轨迹。相比之下，两个策略均可以使得系统状态回归到平衡点，但是由于策略 π 受限于系统给定的约束条件，因此控制效果略逊于 π^*。图 4.7(c) 给出了系统的控制输入轨迹。实线分别表示由 π 和 π^* 产生的输入轨迹，虚线表示状态依赖的控制输入约束。从图中可以看出，控制输入 u 均在合理的范围内，并且在仿真开始阶段可以达到约束范围的上限值。这说明了策略 π 可以在不改变原有系统奖励函数的情况下，最大化利用可用的控制资源。

此外，进一步测试了策略 π 在初始状态 x_1 为 $[0.35,-0.35]^{\mathrm{T}}$ 时的控制效果。图 4.8 给出了输入受限系统状态与控制输入轨迹。从图中可以看出，当初始状态选为靠近原点的点时，策略 π 与最优策略 π^* 的控制效果基本一致。这主要是因为，最优控制输入轨迹可以完全处于输入约束范围之内。此时，有输入约束的最优控制策略将等价于无输入约束的最优控制策略。因此，在图 4.8(b) 中可以发现，控制输入轨迹 u 和 u^{LQR} 基本重合。这同时也验证了所提出算法的有效性。

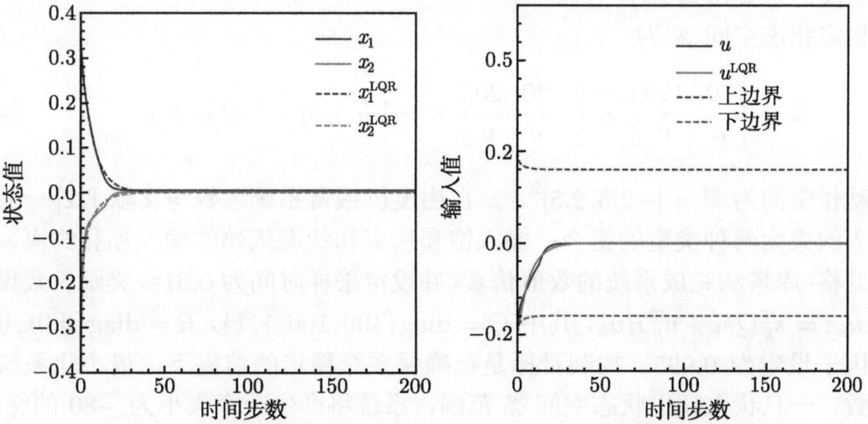

(a) 状态 x (b) 控制输入 u

图 4.8 输入受限系统状态与控制输入轨迹

4.6.3　二自由度机械臂系统的控制仿真

考虑如下带有状态依赖输入约束的二自由度机械臂系统 (图 4.9)：

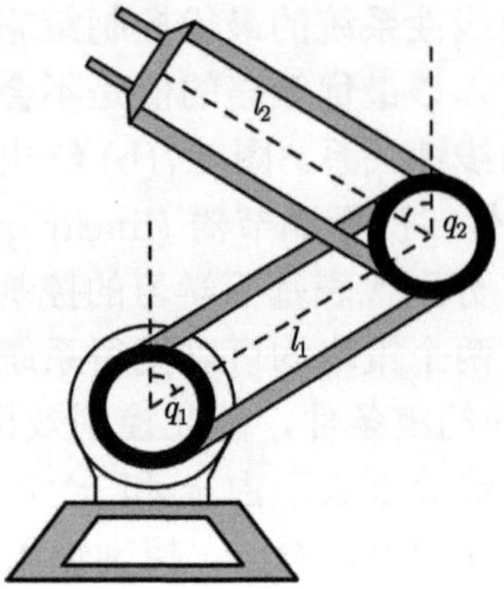

图 4.9　二自由度机械臂系统

$$\begin{aligned} & M(q)\ddot{q} + C(q,\dot{q}) + G(q) = u \\ \text{s.t.}\ \ & |u(1)| \leqslant 2.5, \quad |u(2)| \leqslant 2.5 \\ & |u(1)| + |u(2)| \leqslant \left|\frac{cx\,(1)}{20}\right|^2 + \left|\frac{cx\,(2)}{20}\right|^2 + 2.5 \end{aligned} \tag{4.117}$$

其中，$x = [\theta_1, \theta_2, \dot{\theta}_1, \dot{\theta}_2]^{\mathrm{T}}$ 为系统状态向量；$u = [u_1, u_2]^{\mathrm{T}}$ 为控制输入向量；c 为弧度与度的换算常数。

设定状态空间 $\mathbb{X}$ 为

$$\mathbb{X} = \left[\frac{70}{c}, \frac{110}{c}\right] \times \left[-\frac{20}{c}, \frac{20}{c}\right] \times [-1.5, 1.5] \times [-2.5, 2.5] \tag{4.118}$$

设定动作空间为 $\mathbb{U} = [-2.5, 2.5]^2$。二自由度机械臂系统参数与文献 [22] 一致。系统输入约束为两种类型的组合：输入饱和约束和状态依赖的输入加和约束。采用四阶龙格–库塔法完成系统的数值仿真，并设定采样时间为 0.01s。奖励函数设定为 $r(s_k, u_k) = s_k^{\mathrm{T}} Q s_k + u_k^{\mathrm{T}} R u_k$，其中 $Q = \mathrm{diag}\{100, 100, 1, 1\}$，$R = \mathrm{diag}\{0.01, 0.01\}$。折扣因子设定为 0.995。控制目标是在确保系统稳定的前提下，最小化系统的代价函数。一旦状态超出状态空间 $\mathbb{X}$ 范围，系统将产生一个大小为 -80 的惩罚值。根据定理 4.2，动作映射 h 存在，且可定义为式 (4.56)。

图 4.10 给出了初始状态 x_1 为 $[100/c, 100/c, 0, 0]^{\mathrm{T}}$ 时的控制结果。从图 4.10(a) 可以看出，策略 π 能使得系统稳定，且可以控制系统状态到达目标位置。图 4.10(b) 和 (c) 给出了由 π 产生的控制输入轨迹，其中虚线表示式 (4.117) 中的输入约束。

从图中可以看出，控制输入量 u_1 和 u_2 均未超过饱和输入约束，且控制输入加和 $|u_1|+|u_2|$ 也严格满足约束要求。仿真结果验证了算法的有效性。

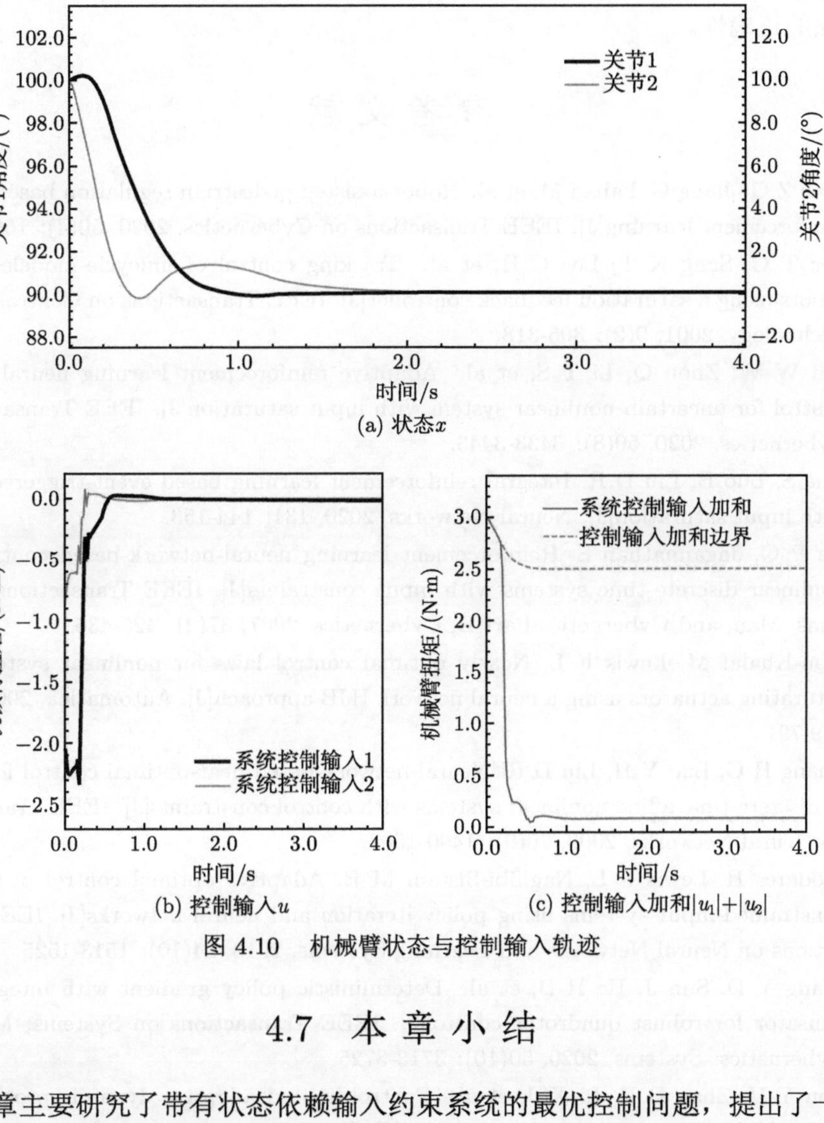

(a) 状态x

(b) 控制输入u

(c) 控制输入加和$|u_1|+|u_2|$

图 4.10 机械臂状态与控制输入轨迹

4.7 本章小结

本章主要研究了带有状态依赖输入约束系统的最优控制问题，提出了一种基于动作映射机制的强化学习算法，并成功应用于一般线性系统和二自由度机械臂系统的控制问题。该算法通过构建动作映射机制，将原始的复杂约束控制问题等价转换为便于求解的饱和约束控制问题。相比于传统的强化学习算法，该算法可以在不添加关于控制输入惩罚项的前提下，求解满足输入约束要求的近似最优控制策略，最大可能地利用可用的控制资源。更重要的是，本章所提动作映射机制本质上是一个策略空间上的同胚映射，因此该机制并不受限于具体的强化学习算法，可以与大多数主流算法相结合，这为解决带有输入约束的复杂控制问题提供了切实可行的方案。此外，本章还给出了算法的收敛性分析，确保了理论层面上该算法的正确性。

参考文献

[1] Wan Z Q, Jiang C, Fahad M, et al. Robot-assisted pedestrian regulation based on deep reinforcement learning[J]. IEEE Transactions on Cybernetics, 2020, 50(4): 1669-1682.

[2] Lee T C, Song K T, Lee C H, et al. Tracking control of unicycle-modeled mobile robots using a saturation feedback controller[J]. IEEE Transactions on Control Systems Technology, 2001, 9(2): 305-318.

[3] Bai W W, Zhou Q, Li T S, et al. Adaptive reinforcement learning neural network control for uncertain nonlinear system with input saturation[J]. IEEE Transactions on Cybernetics, 2020, 50(8): 3433-3443.

[4] Xue S, Luo B, Liu D R. Integral reinforcement learning based event-triggered control with input saturation[J]. Neural Networks, 2020, 131: 144-153.

[5] He P G, Jagannathan S. Reinforcement learning neural-network-based controller for nonlinear discrete-time systems with input constraints[J]. IEEE Transactions on Systems, Man, and Cybernetics Part B, Cybernetics, 2007, 37(2): 425-436.

[6] Abu-Khalaf M, Lewis F L. Nearly optimal control laws for nonlinear systems with saturating actuators using a neural network HJB approach[J]. Automatica, 2005, 41(5): 779-791.

[7] Zhang H G, Luo Y H, Liu D R. Neural-network-based near-optimal control for a class of discrete-time affine nonlinear systems with control constraints[J]. IEEE Transactions on Neural Networks, 2009, 20(9): 1490-1503.

[8] Modares H, Lewis F L, Naghibi-Sistani M B. Adaptive optimal control of unknown constrained-input systems using policy iteration and neural networks[J]. IEEE Transactions on Neural Networks and Learning Systems, 2013, 24(10): 1513-1525.

[9] Wang Y D, Sun J, He H B, et al. Deterministic policy gradient with integral compensator for robust quadrotor control[J]. IEEE Transactions on Systems, Man, and Cybernetics: Systems, 2020, 50(10): 3713-3725.

[10] Zhu Y H, Zhao D B, Li X J, et al. Control-limited adaptive dynamic programming for multi-battery energy storage systems[J]. IEEE Transactions on Smart Grid, 2019, 10(4): 4235-4244.

[11] Peng L H, Shi L, Cao X H, et al. Optimal attack energy allocation against remote state estimation[J]. IEEE Transactions on Automatic Control, 2018, 63(7): 2199-2205.

[12] Mesquine F, Tadeo F, Benzaouia A. Regulator problem for linear systems with constraints on control and its increment or rate[J]. Automatica, 2004, 40(8): 1387-1395.

[13] Dierks T, Jagannathan S. Online optimal control of affine nonlinear discrete-time systems with unknown internal dynamics by using time-based policy update[J]. IEEE Transactions on Neural Networks and Learning Systems, 2012, 23(7): 1118-1129.

[14] Munkres J R. Topology[M]. 2nd ed. Upper Saddle River: Prentice Hall, Inc., 2000.

[15] Kelley J L. General Topology[M]. Mineola: Courier Dover Publications, 2017.

[16] Aubin J P, Frankowska H. Set-Valued Analysis[M]. Boston: Birkhäuser, 2009.

[17] Boyd S P, Vandenberghe L. Convex Optimization[M]. Cambridge: Cambridge, 2004.

[18] Degris T, White M, Sutton R S. Off-policy actor-critic[J]. arXiv preprint arXiv:1205.4839, 2012.

[19] Precup D, Sutton R S, Dasgupta S, et al. Off-policy temporal difference learning with function approximation[C]. Proceedings of the Eighteenth International Conference on Machine Learning, Williamstown, 2001: 417-424.

[20] Kingma D P, Ba J. Adam: A method for stochastic optimization[J]. arXiv preprint arXiv:1412.6980, 2014.

[21] Liu D R, Wei Q L. Policy iteration adaptive dynamic programming algorithm for discrete-time nonlinear systems[J]. IEEE Transactions on Neural Networks and Learning Systems, 2014, 25(3): 621-634.

[22] He W, Dong Y T, Sun C Y. Adaptive neural impedance control of a robotic manipulator with input saturation[J]. IEEE Transactions on Systems, Man, and Cybernetics: Systems, 2016, 46(3): 334-344.

第 5 章　自治切换系统的强化学习优化控制

本章针对非线性自治切换系统的最优跟踪问题，提出一种数据驱动的迭代学习算法，通过调节子系统的激活顺序和切换时间，使系统状态能跟踪参考轨迹，并最小化目标性能函数。根据贝尔曼最优原理，将最优跟踪问题转化为求解关于增广状态的贝尔曼最优方程。考虑到实际系统的动态方程常无法准确获得，基于数据驱动思想，提出一种自适应动态规划算法，以迭代逐步逼近的方式，寻找最优切换控制策略。针对连续状态空间，通过选择多项式神经网络作为函数估计器，并给出了存在拟合误差情况下，算法收敛性的理论证明。进一步，考虑到收敛性证明中无限迭代条件无法实现，通过设计合理的迭代停止阈值条件，并从理论上证明了跟踪误差渐近稳定的充分条件。最后，仿真结果证明算法的有效性。

5.1　引　言

自治切换系统是一类特殊的切换系统，每个子系统都是一个自治系统，通过控制子系统的切换时间和顺序调节系统状态。很多实际控制对象都可以用自治切换系统来描述，如直流升压电路、航空飞行器、疾病治疗等。自治切换系统的最优控制器一方面需要决定切换的时间，另一方面需要选择被激活子系统的次序，从而能在稳定系统状态的同时最小化目标性能函数。绝大多数传统最优控制方法无法直接适用于切换问题。近几十年来，切换系统的最优控制问题一直是控制领域的热点问题之一。然而，基于非线性规划的算法通常假设模态激活顺序和切换次数是确定的，控制器仅仅需要优化切换时间。此外，现有方法大多针对给定初始条件，求解开环控制策略。每当初始状态发生改变时，需要重新计算切换时间序列。

近些年来，自适应动态规划算法利用神经网络作为函数估计器，将强化学习思想应用于求解最优控制问题，并体现出了很大的优势。特别地，自适应动态规划算法在最优切换控制问题中也受到了广泛关注。Heydari 等 [1] 对有限时域切换系统的最优控制问题进行了研究，将值迭代方法推广到切换系统中，并通过反向递推的方式寻找闭环最优解。在此基础上，Heydari [2] 针对存在最小保留时间限制的切换系统，通过构建状态增广系统，提出了一种自适应动态规划算法，并理论分析了存在近似误差时算法的收敛性和稳定性。为进一步降低子系统切换的频率，避免切换过程中的损耗，Heydari [3] 通过在性能函数中引入切换成本，对每次切换添加惩罚项，并提出了一种基于自适应动态规划的算法来寻找最优切换策略。此外，还对基于自适应动态规划算法的无限时域切换系统的最优跟踪控制问题进行了研究，并证明了算法的收敛性 [4]。上述文献对求解非线性自治切换系统最优控制器提供了有效的思路和方法，但以上方法均要求预先知道准确的系统动态方程。这对于复杂非线性系统是一个很严格的要求。即使通过神经网络进行系统辨识，所得模型往往存在误差。建模误差可能会降低控制器的性能，甚至导致系统的不稳定。

本章针对非线性自治切换系统的最优跟踪控制问题进行了研究，提出一种在模型未知情况下，基于数据驱动的迭代学习算法。首先，通过引入 Q 函数，构建了贝尔曼最优方程，并将其应用于切换系统。考虑到神经网络存在拟合误差，提出了一种近似 Q 学习算法，并证明了该算法的收敛性。此外，通过理论分析，给出了能保证控制器稳定的迭代终止条件。最后，仿真结果证明了所提算法的有效性。本章的主要创新点总结如下。

(1) 针对非线性自治切换系统，提出一种完全基于离线轨迹数据的自适应动态规划算法。针对系统动态未知的情况，避免对系统建模和模型误差带来的性能退化问题。

(2) 从理论上证明在神经网络存在近似误差的情况下，迭代生成的 Q 函数序列会收敛到贝尔曼方程最优解的有界邻域内。

(3) 根据李雅普诺夫方法设计能保证训练后控制器稳定的迭代终止条件。

5.2 问题描述

考虑下面一类非线性自治切换系统：

$$x_{k+1} = f_{v_k}(x_k), \quad v_k \in \mathcal{P} \tag{5.1}$$

其中，$f_v : \mathbb{R}^n \to \mathbb{R}^n, \forall v \in \mathcal{P}$ 表示子系统的动态方程；$x \in \Omega_x \subseteq \mathbb{R}^n$ 表示系统状态，其中，状态空间表示为紧集 Ω_x，动作空间 $\mathcal{P} = \{1, 2, \cdots, P\}$ 包含了有限多个离散动作。下标 k 和 v 分别表示时间步数和子系统的索引。假定各子系统动态方程利普希茨连续，且 $f_v(0) = 0$。

目标参考轨迹由以下动态系统生成：

$$s_{k+1} = F(s_k) \tag{5.2}$$

其中，$s \in \Omega_s \subset \mathbb{R}^n$ 表示目标信号，紧集 Ω_s 表示参考轨迹空间。

最优跟踪控制的目标是设计一个稳定的控制器且能最小化以下性能函数：

$$J = \sum_{k=0}^{\infty} U(x_k, s_k, v_k) \tag{5.3}$$

其中，$U:\mathbb{R}^n\rightarrow\mathbb{R}^+$ 表示正定损失函数，用于描述实际系统状态与参考目标轨迹之间的偏差。不失一般性，本章选择二次型损失函数，即：$U(x,s,v)=(x-s)^{\mathrm{T}}R(v)(x-s)$。其中 $R(v),\forall v\in\mathcal{P}$ 是一个 $n\times n$ 的正定实矩阵。

用符号 $h(x,s):\Omega_x\times\Omega_s\rightarrow\mathcal{P}$ 表示切换策略。根据性能函数(5.3)，定义关于切换策略 $h(x,s)$ 的值函数为

$$V(x_k,s_k)=U(x_k,s_k,h(x_k,s_k))+\sum_{l=k+1}^{\infty}U(x_l,s_l,v_l) \tag{5.4}$$

其中，$\{v_l\}_{l=k+1}^{\infty}$ 由策略 $h(x,s)$ 生成，而序列 $\{x_l\}_{l=k+1}^{\infty}$ 和 $\{s_l\}_{l=k+1}^{\infty}$ 分别表示生成的状态轨迹和目标轨迹。不难看出，值函数表示从当前时刻起，执行给定策略所对应的累计损失函数之和。由此，定义最优切换策略 $h^*(x,s)$ 对应的最优值函数为

$$V^*(x_k,s_k)=U(x_k,s_k,v_k^*)+\sum_{l=k+1}^{\infty}U(x_l^*,s_l,v_l^*) \tag{5.5}$$

与式(5.4)不同，$\{v_l^*\}_{l=k+1}^{\infty}$ 表示最优决策序列，而序列 $\{x_l^*\}_{l=k+1}^{\infty}$ 表示对应的最优状态轨迹。

根据贝尔曼最优原理，可以将式(5.5)重写为以下递归形式：

$$\begin{aligned}V^*(x,s)&=\min_{v\in\mathcal{P}}\Big(U(x,s,v)+V^*\big(f_v(x),F(s)\big)\Big)\\&=U(x,s,v^*)+V^*\Big(f_{v^*}(x),F(s)\Big)\end{aligned} \tag{5.6}$$

如果 $V^*(x,s)$ 已知，可以得到最优切换策略为

$$h^*(x,s)=\arg\min_{v\in\mathcal{P}}U(x,s,v)+V^*\big(f_v(x),F(s)\big) \tag{5.7}$$

在上述推导过程中，通过引入状态值函数，利用贝尔曼最优原理可以将无限时域最优决策问题转化为单步决策问题。但是，由式(5.7)可知，当前时刻最优模态的选择需要知悉下一时刻的系统状态。因此，要求系统状态方程是已知的 [4]。对于复杂非线性切换系统，一方面精确辨识系统往往难以实现，另一方面由于切换系统存在多个模态，系统辨识误差可能引起性能的下降甚至系统不稳定。为了避免切换策略对系统动态方程的要求，定义关于策略 $h(x,s)$ 的 Q 函数 $Q(x,s,v)$ 为当前时刻选择模态 v，且从下一时刻开始执行切换策略 $h(x,s)$ 产生的系统轨迹所对应的损失函数之和，其表达式为

$$Q(x_k,s_k,v_k)=U(x_k,s_k,v_k)+\sum_{l=k+1}^{\infty}U\big(x_l,s_l,v_l\big) \tag{5.8}$$

其中，$v_l = h(x_l, s_l), l = k+1, \cdots$。值得注意的是，与式(5.5)不同，$Q$ 函数中当前时刻的模态可以是允许范围内的任意值。

类似的，定义关于最优切换策略的 Q 函数 $Q^*(x_k, s_k, v_k)$ 为

$$Q^*(x_k, s_k, v_k) = U(x_k, s_k, v_k) + \sum_{l=k+1}^{\infty} U\big(x_l, s_l, v_l^*\big) \tag{5.9}$$

进一步根据贝尔曼最优原理，可以将式(5.9)写成递归形式：

$$Q^*(x_k, s_k, v_k) = U(x_k, s_k, v_k) + Q^*\big(f_{v_k}(x_k), F(s_k), v_{k+1}^*\big) \tag{5.10}$$

其中，v_{k+1}^* 表示下一时刻的最优决策信号。由此，可以得到关于 Q 函数贝尔曼最优方程：

$$Q^*(x_k, s_k, v_k) = U(x_k, s_k, v_k) + \min_{v_{k+1}\in\mathcal{P}} Q^*\Big(f_{v_k}(x_k), F(s_k), v_{k+1}\Big) \tag{5.11}$$

如果 $Q^*(x, s, v)$ 已知，最优切换策略为

$$h^*(x, s) = \arg\min_{v\in\mathcal{P}} Q^*(x, s, v) \tag{5.12}$$

与式(5.7)相比，由于 v 也是 Q 函数的自变量之一，只需要知道当前时刻的状态和目标信号就可以确定需要激活的模态。此时，系统的模型不再是寻找解的必要条件。

5.3 节提出一种基于 Q 学习的迭代算法来求解最优 Q 函数，并分析算法的相关性质。

5.3 算法设计及实现

假设 5.1 对于任意初始状态 $x_0 \in \Omega_x$ 和初始信号 $s_0 \in \Omega_s$，至少存在一个切换序列 $\{\bar{v}_k\}_{k=0}^{\infty}$，其相对应性能函数的值是有限的。

5.3.1 精确 Q 学习算法

首先，不考虑执行过程中神经网络的近似误差，针对非线性自治切换系统最优控制问题，提出一种迭代 Q 学习方法，也称为精确 Q 学习 (exact Q-learning) 算法。

令初始 Q 函数为 $Q^{(0)}(x, s, v) = 0$，切换策略可以根据式 (5.13) 确定：

$$h^{(0)}(x_k, s_k) = \arg\min_{v_k\in\mathcal{P}} Q^{(0)}(x_k, s_k, v_k) \tag{5.13}$$

然后，根据策略 $h^{(0)}(x,s)$ 更新 Q 函数：

$$Q^{(1)}(x_k,s_k,v_k)=U(x_k,s_k,v_k)+Q^{(0)}\big(f_{v_k}(x_k),F(s_k),h^{(0)}(x_{k+1},s_{k+1})\big) \tag{5.14}$$

进一步，当 $j=1,2,\cdots$ 时，轮流迭代更新控制策略

$$h^{(j)}(x_k,s_k)=\arg\min_{v_k\in\mathcal{P}} Q^{(j)}(x_k,s_k,v_k) \tag{5.15}$$

和 Q 函数

$$Q^{(j+1)}(x_k,s_k,v_k)=U(x_k,s_k,v_k)+Q^{(j)}\Big(f_{v_k}(x_k),F(s_k),h^{(j)}(x_{k+1},s_{k+1})\Big) \tag{5.16}$$

其中，上标 j 表示迭代索引。可以证明，根据式(5.15)和式(5.16)迭代生成的值函数序列 $\{Q^{(j)}\}_{j=0}^{\infty}$ 将会收敛到最优 Q 函数 $Q^{*}(x,s,v)$。详细证明过程可以参考文献 [5]。

需要注意的是，上述证明过程中假设神经网络在每次迭代时都能完全拟合式(5.16)的目标函数，在实际过程中往往难以满足。另外，从理论上来说，精确 Q 学习算法需要无限次迭代才能获得最优解。然而在实现过程中，当相邻 Q 函数满足终止条件时，迭代过程就会终止。因此，在 5.3.2 节中，考虑这两个因素带来的影响，并提出了一种近似 Q 学习算法。

5.3.2 近似 Q 学习算法

在精确 Q 学习算法的基础上，进一步提出了近似 Q 学习 (approximate Q-learning) 算法。类似的，令初始 Q 函数 $\hat{Q}^{(0)}=0$。然后，交替更新切换策略

$$h^{(j)}(x_k,s_k)=\arg\min_{v_k\in\mathcal{P}} \hat{Q}^{(j)}(x_k,s_k,v_k),\quad \forall x_k\in\Omega_x, s_k\in\Omega_s \tag{5.17}$$

和近似 Q 函数

$$\begin{aligned}\hat{Q}^{(j+1)}(x_k,s_k,v_k)=&U(x_k,s_k,v_k)+\hat{Q}^{(j)}\Big(f_{v_k}(x_k),s_{k+1},h^{(j)}(x_{k+1},s_{k+1})\Big)\\&+\epsilon^{(j)}(x_k,s_k),\quad \forall x_k\in\Omega_x, s_k\in\Omega_s, v_k\in\mathcal{P}\end{aligned} \tag{5.18}$$

其中，$\epsilon^{(j)}(x_k,s_k)$ 表示近似误差；$\hat{Q}^{(j)}(x_k,s_k,v_k)$ 表示第 j 次迭代时的近似 Q 函数。

比较式(5.18)和式(5.16)等号的右半部分，可以发现近似 Q 函数 $\hat{Q}^{(j+1)}(x_k,s_k,v_k)$ 和真实 Q 函数 $Q^{(j+1)}(x_k,s_k,v_k)$ 的误差不仅仅在于本次迭代时的拟合误差，也受到 $Q^{(j)}(x_k,s_k,v_k)$ 重构精度的影响。由此可见，近似误差精度会随着迭代次数增加而不断累加。因此，现有文献中关于 Q 函数序列的单调有界收敛的性质无法得到保证。关于近似 Q 学习算法的理论分析将在 5.3.3 节中给出。

注记 5.1 对于无限时域最优控制问题，性能函数是无穷多个正定项之和。如果控制序列 $\{v_k\}_{k=0}^{\infty}$ 满足假设 5.1, 显然 $\lim\limits_{k\to\infty} U(x_k, s_k) = 0$。因此，假设 5.1 隐含要求至少存在一个子系统能渐近跟踪目标轨迹。

5.3.3 算法执行过程

多项式神经网络包含一个隐含层，其基函数是线性无关的多项式。输出神经元的个数由子系统的数量决定，第 v 个节点输出 $Q(x,s,v)$ 的值。根据魏尔斯特拉斯定理 [6,7]，一个具有足够数量神经元的浅层神经网络在理论上可以以任意精度逼近任意连续可微函数。所以，从理论上来说，状态–动作值函数 $Q(x,s,v)$ 可以用以下形式重构：

$$Q(x,s,v) = \sum_{m=1}^{\infty} W(m,v)\phi_m(x,s), \quad \forall v \in \mathcal{P} \tag{5.19}$$

其中，$\phi_m(x,s)$ 表示多项式基函数中的第 m 个元素；$W(m,v) \in \mathbb{R}$ 表示对应多项式的权值。

需要注意的是，$Q(x,s,v)$ 是标量，表示模态 f_v 对应的 Q 函数。在实际执行过程中，通常采用有限个基函数来近似表示：

$$Q(x,s,v) = \sum_{m=1}^{M} W(m,v)\phi_m(x,s) + \epsilon(x,s) \tag{5.20}$$

其中，$\epsilon(x,s)$ 表示真实 Q 函数值与神经网络输出之间的误差。

通过比较式(5.19)和式(5.20)，可以知道近似误差是因为忽略了从 M 往后的无穷多个节点导致的。基函数的形式和个数通过试错方式获得，从而保证足够的近似精度。

评价网络的实际输出可以表示为

$$\begin{aligned}\hat{Q}(x,s,v) &= \sum_{m=1}^{M} \hat{W}_c^{\mathrm{T}}(m,v)\phi_m(x,s)\\ &= \hat{W}_c^{\mathrm{T}}(v)\boldsymbol{\phi}(x,s), \quad \forall v \in \mathcal{P}\end{aligned} \tag{5.21}$$

其中，$\hat{W}_c(v) \in \mathbb{R}^M$ 和 $\boldsymbol{\phi}(x,s) = [\phi_1(x,s), \phi_2(x,s), \cdots, \phi_M(x,s)]^{\mathrm{T}}$ 分别表示第 v 个输出节点的权值向量和基函数向量。

将式(5.21)代入式(5.17)，可得

$$h^{(j)}(x,s) = \arg\min_{v\in\mathcal{P}} \left(\hat{W}_c^{(j)}(v)\right)^{\mathrm{T}} \boldsymbol{\phi}(x,s) \tag{5.22}$$

由式(5.18)可知，神经网络的目标函数为

$$\hat{Q}_{\text{tar}}^{(j+1)}(x_k, s_k, v_k) = U(x_k, s_k, v_k) + \left(\hat{W}_c^{(j)}(v_{k+1})\right)^{\text{T}} \boldsymbol{\phi}\left(f_{v_k}(x_k), s_{k+1}\right) \tag{5.23}$$

其中，$v_{k+1} = h^{(j)}(x_{k+1}, s_{k+1})$。

根据多项式神经网络结构，利用最小平均二乘法计算神经网络权值相比于梯度下降法提升了计算效率。关于最小平均二乘法的详细推导过程，可以参考文献[1]。算法结构如图 5.1 所示，图中实线表示信号的传输，虚线表示参数调节过程。

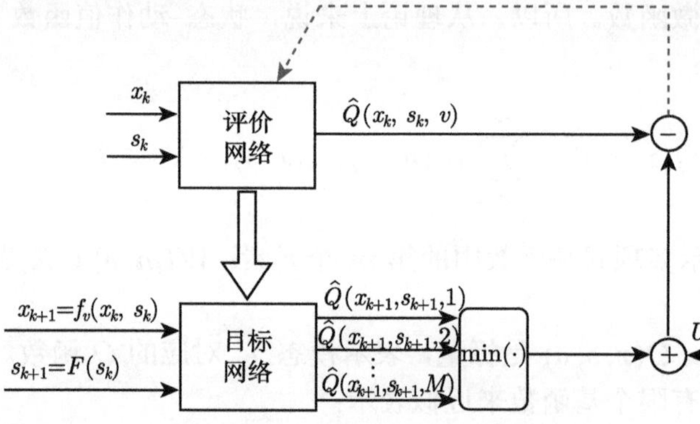

图 5.1 近似 Q 学习算法结构

算法的具体实现过程如下：首先在给定状态空间和动作空间内随机采样数据集，包括系统状态 $\{x_k^{[l]}\}_{l=1}^L$、参考信号 $\{s_k^{[l]}\}_{l=1}^L$ 和切换信号 $\{v_k^{[l]}\}_{l=1}^L$，L 表示数据集大小。然后将样本数据代入系统动态方程(5.1)和参考轨迹模型(5.2)，得到下一时刻的状态 $\{x_{k+1}^{[l]} = f_{v_k^{[l]}}(x_k^{[l]})\}_{l=1}^L$ 和参考轨迹 $\{s_{k+1}^{[l]} = F(s_k^{[l]})\}_{l=1}^L$。需要注意的是，只需要知道系统模型和参考轨迹模型的输出量，而不需要知道它们的具体表达式。然后，将 x_{k+1} 和 s_{k+1} 输入目标网络，通过比较输出节点的值就可以确定 v_{k+1}。迭代更新式(5.22)和式(5.23)，直至满足终止条件。为了保证每次迭代过程中，所有输出节点对应的权值 $\hat{W}_c(v)(\forall v \in \mathcal{P})$ 都得到更新，采样数据集需要足够大，从而使每个模式都被充分采样。此外，考虑到实际执行过程的可操作性，当 Q 函数满足下面条件时，终止训练：

$$|\hat{Q}^{(j+1)}(x, s, v) - \hat{Q}^{(j)}(x, s, v)| \leqslant \zeta(x, s), \quad \forall v \in \mathcal{P} \tag{5.24}$$

其中，$\zeta(x, s)$ 是一个正定函数。

算法 5.1 给出了针对自治切换系统的近似 Q 学习算法的主要执行过程。

5.4 算法理论分析

本节分析了近似误差和终止条件对于 Q 函数收敛性及所得最优策略稳定性的影响。推导过程部分参考了基于模型的近似值迭代算法的收敛性证明 [8]。

5.4.1 近似值函数迭代算法回顾

假设系统动态已知，采用近似值函数迭代算法首先构建了关于值函数 $V(x,s)$ 的贝尔曼方程。通过交替更新值函数和切换策略，逼近贝尔曼方程的最优解。类似的，考虑到神经网络的近似误差，网络输出表示为 $\hat{V}(x,s)$。首先，初始化值函数 $\hat{V}^{(0)}(x,s)=0$。然后，对于 $j=0,1,2,\cdots$，交替更新切换策略

$$h^{(j)}(x,s)=\arg\min_{v\in\mathcal{P}}U(x,s,v)+\hat{V}^{(j)}\big(f_v(x),F(s)\big) \tag{5.25}$$

和值函数

$$\hat{V}^{(j+1)}(x,s)=U(x,s,v)+\min_{v\in\mathcal{P}}\hat{V}^{(j)}\Big(f_v(x),F(s)\Big)+\epsilon(x,s) \tag{5.26}$$

当满足条件 $|\hat{V}^{(j+1)}-\hat{V}^{(j)}|\leqslant\zeta(x,s)$ 时，迭代过程停止。

在文献 [5] 中，给出了近似值函数迭代算法的相关性质分析过程。在此基础上，通过分析 $\hat{V}^{*}(x,s)$ 和 $\hat{Q}^{*}(x,s,v)$ 之间的关系，可以证明近似 Q 学习算法的收敛性和稳定性。

5.4.2 目标函数连续性分析

对于系统(5.1)，当切换到不同的子系统时，系统动态发生改变，因此函数 $Q(x,s,v)$ 的连续性并不能得到保证。为了确保可以使用神经网络作为函数拟合器，首先需要证明 Q 函数关于状态和参考信号连续。

引理 5.1 $\{\hat{Q}^{(j)}(x,s,v),\forall x\in\Omega_x,s\in\Omega_s,v\in\mathcal{P}\}_{j=0}^{\infty}$ 是根据算法 5.1 生成的 Q 函数序列。对于任意 j 和 $v\in\mathcal{P}$, $\hat{Q}^{(j)}(x,s,v)$ 是关于 (x,s) 的连续函数。

证明 结合式(5.17)、式(5.18)、式(5.25)和式(5.26)，可知

$$\hat{Q}^{(j)}\big(x,s,h^{(j)}(x,s)\big)=\hat{V}^{(j+1)}(x,s) \tag{5.27}$$

由文献 [9] 可知，函数 $\hat{V}^{(j)}(x,s),\forall j$ 关于 (x,s) 连续。此外，对于任意 $v\in\mathcal{P}$，函数 $U(x,s,v)$ 关于 (x,s) 连续，函数 $f_v(x)$ 关于 x 连续，且函数 $F(s)$ 关于 s 连续，由式(5.23)和式(5.27)可知目标函数 $\hat{Q}^{(j+1)}(x,s,v)$ 关于 (x,s) 连续。

证明完毕。 □

算法 5.1　近似 Q 学习算法

1: 初始化超参数：数据集大小 L，训练终止条件 ζ

2: 初始化评价网络权值，即 $\hat{W}_c^{(0)}(m,v)=0,\forall m\in\{1,2,\cdots,M\}$, $\forall v\in\mathcal{P}$

3: 随机采集样本数据：$\left\{x_k^{[l]}\in\varOmega_x, s_k^{[l]}\in\varOmega_s, v_k^{[l]}\in\mathcal{P}\right\}_{l=1}^{L}$

4: 分别根据 $x_{k+1}^{[l]}=f_{v_k^{[l]}}(x_k^{[l]})$ 和 $s_{k+1}^{[l]}=F(s_k^{[l]})$，生成 $\left\{x_k^{[l+1]}, s_{k+1}^{[l]}\right\}_{l=1}^{L}$

5: 令 $j=0$，开始训练

6: 将 x_{k+1} 和 s_{k+1} 输入评价网络，通过比较输出节点的值，确定

$$v_{k+1}^{(j),[l]}=\arg\min_{v\in\mathcal{P}}(\hat{W}_c^{(j)}(v))^{\mathrm{T}}\phi(x_{k+1}^{[l]}, s_{k+1}^{[l]})$$

7: 根据式(5.23)计算神经网络目标值。然后利用最小平均二乘方法计算神经网络权值

8: 如果满足条件(5.24)，执行下一步。否则，令 $j=j+1$，并执行第 6 步

9: 令 $W_{c,v}^{*}=\hat{W}_{c,v}^{(j)},\forall v\in\mathcal{P}$，停止训练

5.4.3 算法收敛性分析

定理 5.1　令 $\left\{Q^{(j)}(x,s,v)\right\}_{j=0}^{\infty}$ 表示由精确 Q 学习算法迭代生成的 Q 函数序列，其中 $Q^{(0)}(x,s,v)=0,\forall v\in\mathcal{P}$。如果假设 5.1 成立，那么 $\left\{Q^{(j)}(x,s,v)\right\}_{j=0}^{\infty}$ 是单调非减序列，且存在有限上界函数，最优收敛到贝尔曼方程的最优解，即

$$Q^{(j+1)}(x,s,v)\geqslant Q^{(j)}(x,s,v),\quad \forall v\in\mathcal{P},\forall j \tag{5.28}$$

$$Q^{(j)}(x,s,v)\leqslant Y(x,s),\quad \forall v\in\mathcal{P},\forall j \tag{5.29}$$

$$\lim_{j\to\infty}Q^{(j)}(x,s,v)=Q^{*}(x,s,v),\quad \forall v\in\mathcal{P} \tag{5.30}$$

证明　精确 Q 学习算法收敛性的详细证明过程可以参考文献 [5]。　□

定理 5.2　假设 $|\epsilon^{(j)}(x,s)|\leqslant \alpha U(x,s,v),\forall x\in\varOmega_x,\forall s\in\varOmega_s,\forall v\in\mathcal{P}$ 对任意迭代索引 j 成立，且 $\alpha\in[0,1)$。函数序列 $\left\{\bar{Q}^{(j)}(x,s,v)\right\}_{j=0}^{\infty}$ 和 $\left\{\underline{Q}^{(j)}(x,s,v)\right\}_{j=0}^{\infty}$ 分别由式(5.31)和式(5.32)生成。如果式(5.31)、式(5.18)和式(5.32)中初始 Q 函数满足 $\underline{Q}^{(0)}(x,s,v)\leqslant\hat{Q}^{(0)}(x,s,v)\leqslant\bar{Q}^{(0)}(x,s,v),\forall v\in\mathcal{P}$，则每次迭代中，$\bar{Q}^{(j)}(x,s,v)$ 和 $\underline{Q}^{(j)}(x,s,v)$ 分别是 $\hat{Q}^{(j)}(x,s,v)$ 的上下界函数。

证明　已知序列 $\left\{\bar{Q}^{(j)}(x,s,v)\right\}_{j=0}^{\infty}$ 和 $\left\{\underline{Q}^{(j)}(x,s,v)\right\}_{j=0}^{\infty}$ 分别由式(5.31)和式(5.32)生成

$$\bar{Q}^{(j+1)}(x_k,s_k,v_k)=U(x_k,s_k,v_k)+\alpha U(x_k,s_k,v_k)+\min_{v_{k+1}}\bar{Q}^{(j)}(x_{k+1},s_{k+1},v_{k+1}) \tag{5.31}$$

$$\underline{Q}^{(j+1)}(x_k,s_k,v_k)=U(x_k,s_k,v_k)-\alpha U(x_k,s_k,v_k)+\min_{v_{k+1}}\underline{Q}^{(j)}(x_{k+1},s_{k+1},v_{k+1}) \tag{5.32}$$

其中，$\underline{Q}^{(0)}(x,s,v) \leqslant \hat{Q}^{(0)}(x,s,v) \leqslant \bar{Q}^{(0)}(x,s,v)$。

接下来，可以用数学归纳法证明函数序列 $\left\{\hat{Q}^{(j)}(x,s,v)\right\}_{j=0}^{\infty}$ 的有界性。

当 $j=0$ 时，不等式(5.33)显然成立：

$$\underline{Q}^{(j)}(x,s,v) \leqslant \hat{Q}^{(j)}(x,s,v) \leqslant \bar{Q}^{(j)}(x,s,v) \tag{5.33}$$

假设当 $j=1,2,\cdots,l$ 时，不等式(5.33)均成立。当 $j=l+1$ 时，根据式(5.31)和式(5.18)，可知

$$\bar{Q}^{(j+1)}(x,s,v) - \hat{Q}^{(j)}(x,s,v) \geqslant \alpha U(x,s,v) - \epsilon^{(j)}(x,s) \geqslant 0 \tag{5.34}$$

另外，由式(5.18)和式(5.32)可得

$$\underline{Q}^{(j+1)}(x,s,v) - \hat{Q}^{(j)}(x,s,v) \leqslant -\alpha U(x,s,v) + \epsilon^{(j)}(x,s) \leqslant 0 \tag{5.35}$$

结合式(5.34)和(5.35)，在 $j+1$ 时，不等式(5.33)成立。因此 $\{\hat{Q}^{(j)}(x,s,v)\}_{j=0}^{\infty}$ 是存在上下界函数。

证明完毕。 □

$\left\{\bar{Q}^{(j)}(x,s,v)\right\}_{j=0}^{\infty}$ 可以视为关于 $J=\sum\limits_{k=0}^{\infty}U(x_k,s_k,v_k)+\alpha U(x_k,s_k,v_k)$ 时，根据精确 Q 学习算法迭代生成的函数序列。$\left\{\underline{Q}^{(j)}(x,s,v)\right\}_{j=0}^{\infty}$ 可以视为关于 $J=\sum\limits_{k=0}^{\infty}U(x_k,s_k,v_k)-\alpha U(x_k,s_k,v_k)$ 时，根据精确 Q 学习算法迭代生成的函数序列。当 $\alpha\to 0$ 时，根据定理 5.1，两者都将收敛到贝尔曼方程的最优解。因此，通过选择合适的神经网络结构和规模，可以控制每次迭代时的神经网络的近似误差，从而使得 Q 函数序列 $\left\{\hat{Q}^{(j)}(x,s,v)\right\}_{j=0}^{\infty}$ 收敛到贝尔曼方程的近似最优解。

5.4.4 切换策略稳定性分析

由定理 5.2 可知，经过无限次迭代后近似 Q 函数会最终收敛到最优解的有界邻域内。但是该近似最优策略的稳定性无法保证。更重要的是，在实际执行过程中，考虑到训练时间和计算符合，学习过程通常只允许有限次迭代。当相邻 Q 函数满足终止条件(5.24)时，迭代终止。考虑以上两个因素，本节根据李雅普诺夫稳定性方法，给出了能保证跟踪误差渐近稳定的充分条件。

定理 5.3 如果 $|\epsilon^{(j)}(x,s)| \leqslant \alpha U(x,s,v), \forall x\in\Omega_x, \forall s\in\Omega_s, \forall v\in\mathcal{P}, \forall j$ 成立，其中 $\alpha\in[0,1)$。当迭代终止条件满足以下不等式时：

$$\zeta(x,s) \leqslant (1-\alpha)U(x,s,v), \quad \forall x\in\Omega_x, s\in\Omega_s, \forall v\in\mathcal{P} \tag{5.36}$$

切换策略 $h^{(j)}(x,s)=\arg\min\limits_{v\in\mathcal{P}}\hat{Q}^{(j)}(x,s,v)$ 能渐近稳定跟踪误差。

证明　切换策略的稳定性可以根据李雅普诺夫方法证明 [10]。假设 $\hat{V}^{(j+1)}(x,s)$ 是一个李雅普诺夫函数，由式(5.27)可知：

$$\hat{V}^{(j+1)}(x,s)=\hat{Q}^{(j)}\big(x,s,h^{(j)}(x,s)\big) \tag{5.37}$$

根据定理 5.2，近似 Q 函数 $\hat{Q}^{(j)}\big(x,s,h^{(j)}(x,s)\big)$ 存在下界函数 $\underline{Q}^{(j)}$。此外，由式(5.32)可知，$\underline{Q}^{(j)}$ 是正定函数，所以 $\hat{V}^{(j+1)}(x,s)$ 正定性可以得到保证。接下来，根据式(5.24)，有

$$\hat{Q}^{(j+1)}(x_k,s_k,v_k)\leqslant\hat{Q}^{(j)}(x_k,s_k,v_k)+\zeta(x_k,s_k),\quad\forall v_k\in\mathcal{P} \tag{5.38}$$

将式(5.18)代入式(5.38)中，可得

$$\begin{aligned}&U(x_k,s_k,v_k)+\hat{Q}^{(j)}(x_{k+1},s_{k+1},v_{k+1}^{(j)})+\epsilon^{(j)}(x_k,s_k)\\ \leqslant&\hat{Q}^{(j)}(x_k,s_k,v_k)+\zeta(x_k,s_k),\quad\forall v_k\in\mathcal{P}\end{aligned} \tag{5.39}$$

其中,$v_{k+1}^{(j)}=h^{(j)}(x_{k+1},s_{k+1})$。因为近似误差满足 $|\epsilon^{(j)}(x,s)|\leqslant\alpha U(x,s,v),\forall v\in\mathcal{P}$，且当相邻 Q 函数满足不等式(5.36)时迭代终止，可知

$$\hat{Q}^{(j)}(x_{k+1},s_{k+1},v_{k+1}^{(j)})\leqslant\hat{Q}^{(j)}(x_k,s_k,v_k),\quad\forall v_k\in\mathcal{P} \tag{5.40}$$

将 $\hat{V}^{(j+1)}(x,s)$ 代入上述不等式，有

$$\hat{V}^{(j+1)}(x_{k+1},s_{k+1})\leqslant\hat{Q}^{(j)}(x_k,s_k,v_k),\quad\forall v_k\in\mathcal{P} \tag{5.41}$$

因为式(5.41)等号右侧中的切换信号 v_k 可以是任意选定，所以

$$\hat{V}^{(j+1)}(x_{k+1},s_{k+1})\leqslant\hat{V}^{(j+1)}(x_k,s_k) \tag{5.42}$$

其中，$x_{k+1}=f_{v_k}(x_k)$，且 $v_k=h^{(j)}(x_k,s_k)$。

将 $\hat{V}^{(j+1)}(x,s)$ 与 $\hat{V}^{(j)}(x,s)$ 作差可得

$$\Delta\hat{V}^{(j+1)}(x_k,s_k)=\hat{V}^{(j+1)}\Big(f_{v^{(j)}(x_k,s_k)}(x_k),F(s_k)\Big)-\hat{V}^{(j+1)}(x_k,s_k)\leqslant 0 \tag{5.43}$$

综上所述，通过李雅普诺夫方法可以证明当满足神经网络近似误差条件和迭代终止条件时，经过有限次迭代后的切换策略是渐近稳定的。

证明完毕。　□

5.5 仿真实验

本节通过三个仿真案例对算法有效性进行了验证。实验运行的硬件平台为：英特尔 i7 处理器 (频率 3.4GHz)，16GB 内存。软件平台为：macOS 操作系统以及 MATLAB 2018a 版本。

5.5.1 仿真实验一

首先，考虑非线性切换系统的最优调节问题，它包含两个标量子系统。调节问题可以视为跟踪问题中参考轨迹为 0 的一种特例，即参考轨迹为 0。系统动态方程表示如下 [1]：

$$\begin{aligned}\dot{x} &= f_1(x) = -x \\ \dot{x} &= f_2(x) = -x^3\end{aligned} \tag{5.44}$$

利用欧拉方法离散化系统(5.44)，选定采样时间为 $\Delta t = 0.05\text{s}$，即：$x_{k+1} = x_k + \Delta t\dot{x}$。根据系统动态方程(5.44)，不难得到，当 $x \in (-1, 1)$ 时，在模态 1 时，状态更快收敛。当 $|x| \geqslant 1$ 时，模态 2 是更好的选择。因此，该问题的最优切换策略的解析解为

$$h^*(x) = \begin{cases} 1, & x \in (-1, 1) \\ 2, & |x| \geqslant 1 \end{cases} \tag{5.45}$$

选择状态空间为 $\Omega_x = [-2, 2]$，且设定性能函数(5.9)为 $U(x) = 10x^2$。选择神经网络基函数 $\phi(x) = [x^2, x^4, x^6, x^8, x^{10}]^{\mathrm{T}}$，且包含两个输出节点。容许近似误差为 $\epsilon^{(j)}(x) = 0.01 \times U(x), \forall j$，终止条件为 $\zeta = 10^{-3}$。随机采样 500 个数据进行网络训练。神经网络权值的收敛过程如图 5.2 所示。

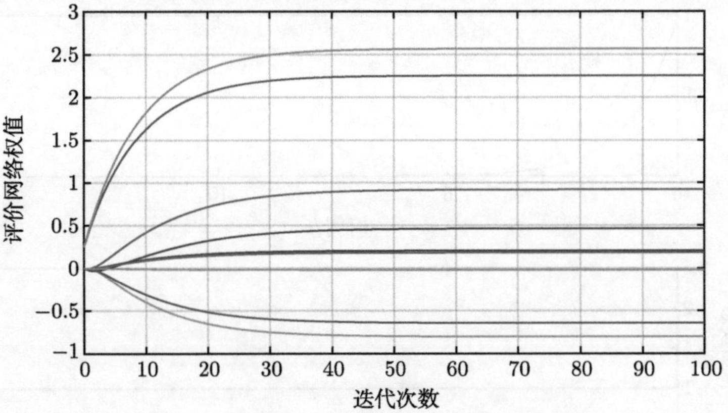

图 5.2 实验一中神经网络权值收敛过程

经过 61 次迭代后，Q 函数满足终止条件，训练耗时 0.15s。当初始状态为 $x_0 = 1.5$ 时，利用训练所得的切换策略控制系统，结果如图 5.3 所示，图中横轴表示仿真时间，纵轴分别表示系统状态和激活模态。可以看到，初始阶段，模态

2 被激活。当状态小于 1 时，控制策略选择模态 1。该结果与上述解析解(5.45)一致。

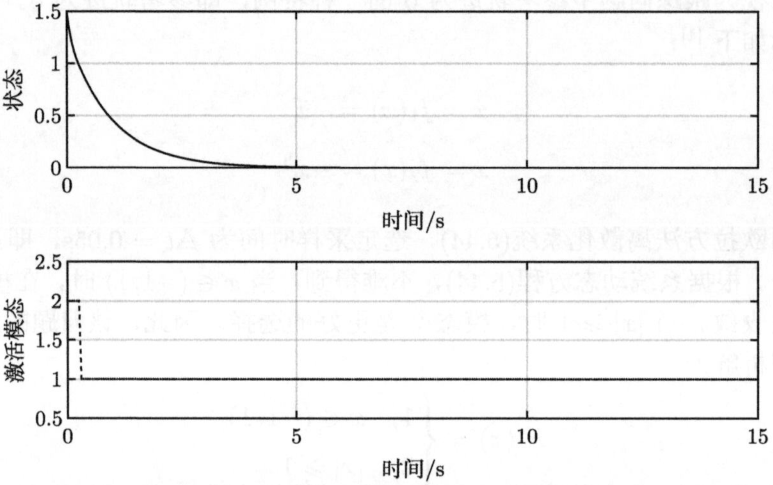

图 5.3　实验一中使用本章所提算法的状态和激活模态轨迹 (初始状态为 $x_0 = 1.5$)

随后，令系统从不同的初始状态出发，如 $x_0 = 1$ 和 $x_0 = -2$，其对应轨迹分别如图 5.4 和图 5.5 所示。可以看出，本章提出的算法适用于不同的初始条件。

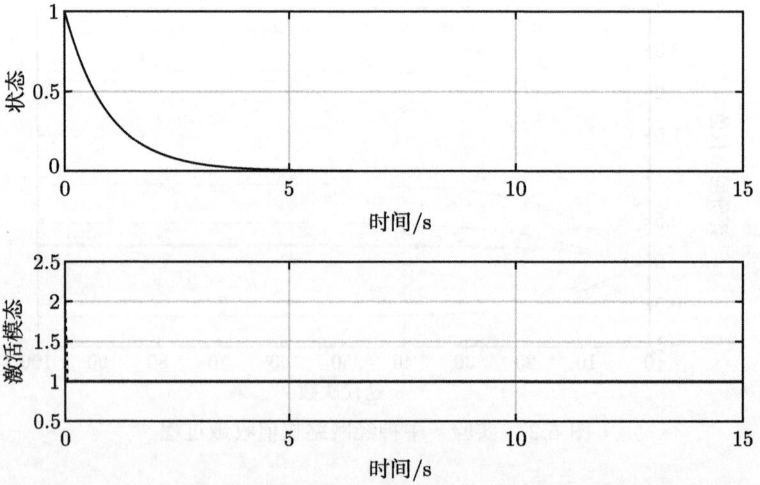

图 5.4　实验一中使用本章所提算法的状态和激活模态轨迹 (初始状态为 $x_0 = 1$)

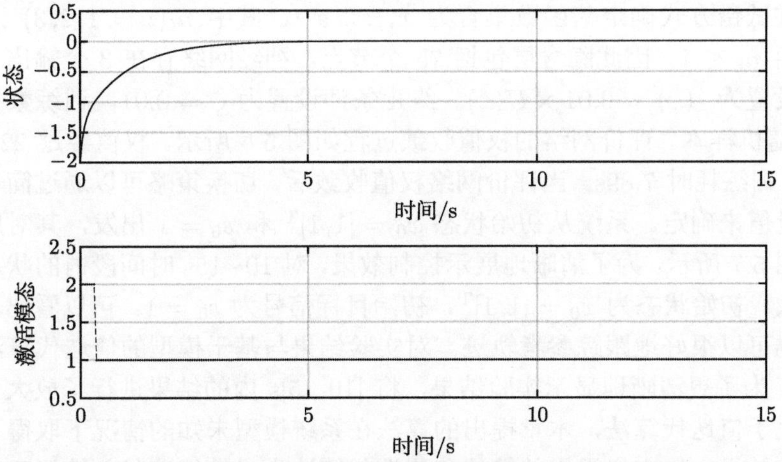

图 5.5 实验一中使用本章所提算法的状态和激活模态轨迹 (初始状态为 $x_0=-2$)

5.5.2 仿真实验二

将本章所提算法用于双层储水罐模型的水位跟踪控制。模型包含上下两层储水罐，外部水流从上层水罐流入，通过阀门流入下层水罐。水罐阀门有三个档位：全开、半开和全关，对应存在三个子系统。控制器设计的目标是使下储水罐的水位跟踪参考信号。选择装置的水位为系统状态，用 $x=[x_1,x_2]^{\mathrm{T}}$ 表示。其中 x_1 和 x_2 分别表示上下储水罐的液面高度。模型动态方程为

$$\dot{x}=f_1(x)=\begin{bmatrix}-\sqrt{x_1}\\\sqrt{x_1}-\sqrt{x_2}\end{bmatrix}$$

$$\dot{x}=f_2(x)=\begin{bmatrix}-\sqrt{x_1}+0.5\\\sqrt{x_1}-\sqrt{x_2}\end{bmatrix}\tag{5.46}$$

$$\dot{x}=f_3(x)=\begin{bmatrix}-\sqrt{x_1}+1\\\sqrt{x_1}-\sqrt{x_2}\end{bmatrix}$$

目标跟踪轨迹信号发生器的动态方程为

$$\dot{s}(t)=-s^3(t)\tag{5.47}$$

与实验一类似，采用欧拉方法分别离散化模型动态方程(5.46)和目标信号发生器动态方程(5.47)，采样时间为 $\Delta t=0.05\mathrm{s}$。选择状态空间为 $\Omega_x=\{[x_1,x_2]^{\mathrm{T}}\in\mathbb{R}^2:0\leqslant x_1,x_2\leqslant 1\}$，选择参考信号空间为 $\Omega_s=[0,1]$。定义损失函数为 $U(x,s)=50(x_2-s)^2$。

通过试错方式确定基函数集合为 $x_1^{n_1}x_2^{n_2}s^{n_3}$，其中 $n_i(i=1,2,3)$ 满足 $0 \leqslant n_1+n_2+n_3 \leqslant 4$。因此隐含层包括 75 个节点。神经网络存在 3 个输出节点。近似误差设置为 $\epsilon(x)=0.01\times U(x)$。终止条件设置为 $\zeta=0.01$。训练数据集包括 2000 个随机样本。评价网络的权值收敛过程如图 5.6 所示。权值经过 229 次迭代后收敛，训练耗时 7.89s。当评价网络权值收敛后，切换策略可以通过简单地比较三个标量值来确定。系统从初始状态 $x_0=[1,1]^{\mathrm{T}}$ 和 $s_0=1$ 出发，其对应的状态轨迹如图 5.7 所示。为了清晰地展示控制效果，对 10~15s 时间段内的状态轨迹进行了放大。初始状态为 $x_0=[1,1]^{\mathrm{T}}$，初始目标信号为 $s_0=1$。可以看出，下储水罐的水位可以很好地跟踪参考轨迹。对实验结果与基于模型的值迭代算法进行了对比 [9]。为了更清晰地显示实验结果，将 $[10,15]$s 内的结果进行了放大。不难看出，相比于值迭代算法，本章提出的算法在系统模型未知的情况下取得了相似甚至更好的效果。将本章提出的算法和值迭代算法生成的轨迹代入性能函数中，计算对应的值分别为 70.7241 和 72.7583。结果进一步验证了上述结论。为了进一步检验算法对于不同时变参考轨迹的跟踪能力，设置下储水罐的水位分别跟踪由动态方程 $F(s)=-s^2(t)$、$F(s)=-s^3(t)$ 和 $F(s)=-s^4(t)$ 生成的参考轨迹。神经网络的结构与基函数保持不变。状态轨迹如图 5.8 ~ 图 5.10 所示。实验结果验证了算法对于不同参考轨迹的跟踪效果。

将实验结果与非线性规划算法进行了比较 [11]。实验目标希望下储水罐水位能在固定的水位保持不变，这也是实际应用的常见任务。令 $s(t)=0.5$，选择损失函数为 $U(x,s,v)=10(x_2-0.5)^2$。选择基函数集合为 $x_1^{n_1}x_2^{n_2}$，其中 $n_1+n_2 \leqslant 8$，$n_1 \geqslant 0, n_2 \geqslant 0$。因此隐含层包含 45 个节点，输出层有 3 个节点。近似误差设置为 $\epsilon^{(j)}(x)=0.01\times U(x), \forall j$。终止条件设置为 $\zeta=0.01$。

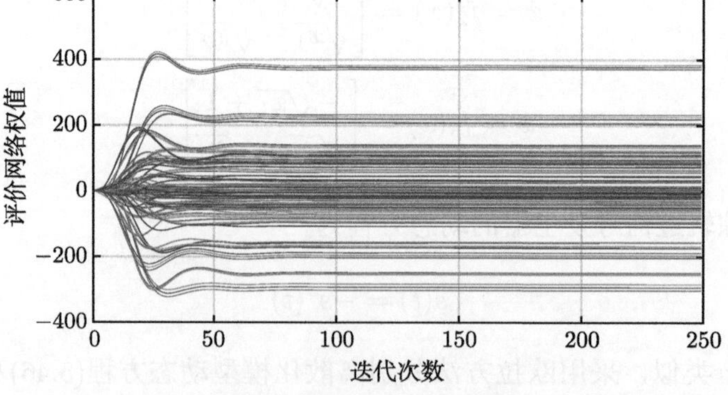

图 5.6 实验二中评价网络权值收敛过程

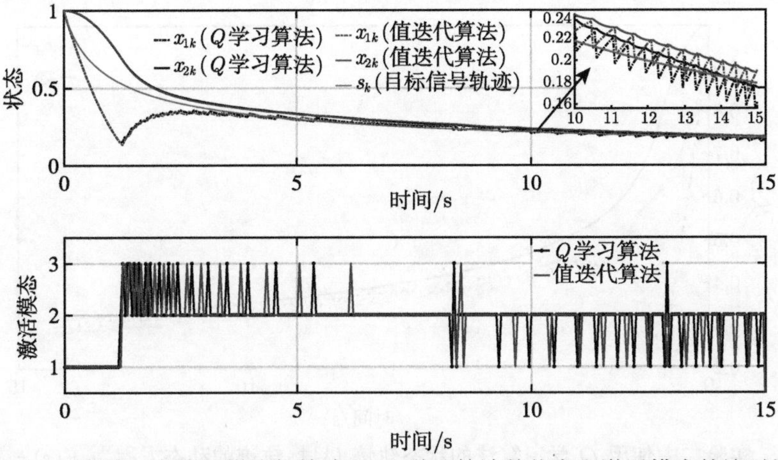

图 5.7 实验二中使用值迭代算法和 Q 学习算法的状态和激活模态轨迹对比

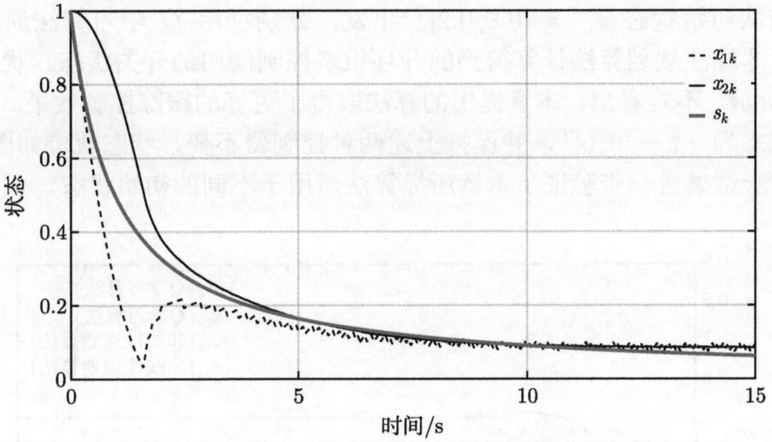

图 5.8 实验二中使用 Q 学习算法的状态轨迹 (目标轨迹的动态方程为 $F(s) = -s^2(t)$)

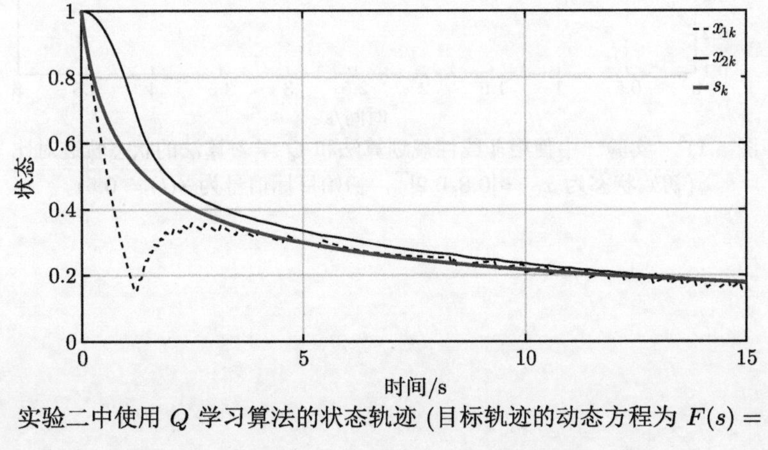

图 5.9 实验二中使用 Q 学习算法的状态轨迹 (目标轨迹的动态方程为 $F(s) = -s^3(t)$)

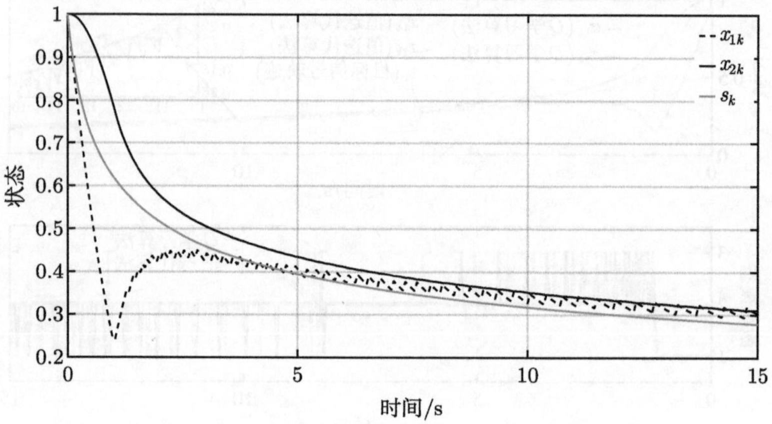

图 5.10 实验二中使用 Q 学习算法的状态轨迹 (目标轨迹的动态方程为 $F(s) = -s^4(t)$)

系统从初始状态 $x_0 = [0.8, 0.2]^{\mathrm{T}}$ 出发，分别利用 Q 学习算法训练后的切换策略和非线性规划算法计算得到的开环策略控制阀门的开关状态。状态轨迹如图 5.11 所示。不难看出，本章提出的算法取得了更好的跟踪控制效果。随后，设置初始状态为 $x_0 = [0, 0]^{\mathrm{T}}$，并保持上述两种控制器不变，状态轨迹如图 5.12 所示。该实验结果进一步验证了本章所提算法适用于不同的初始状态。

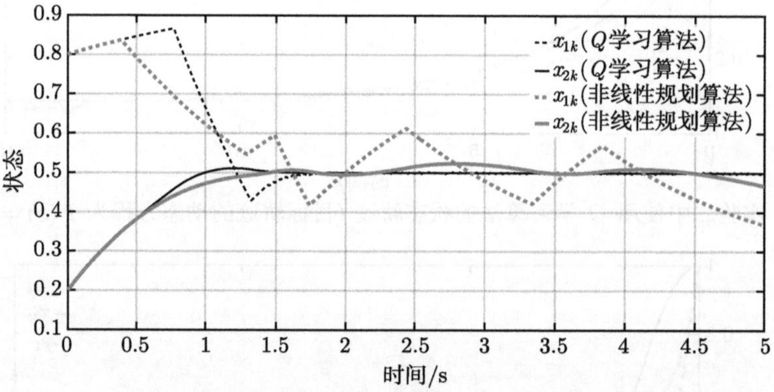

图 5.11 实验二中使用非线性规划算法和 Q 学习算法的状态轨迹对比 (初始状态为 $x_0 = [0.8, 0.2]^{\mathrm{T}}$，初始目标信号为 $s(t) = 0.5$)

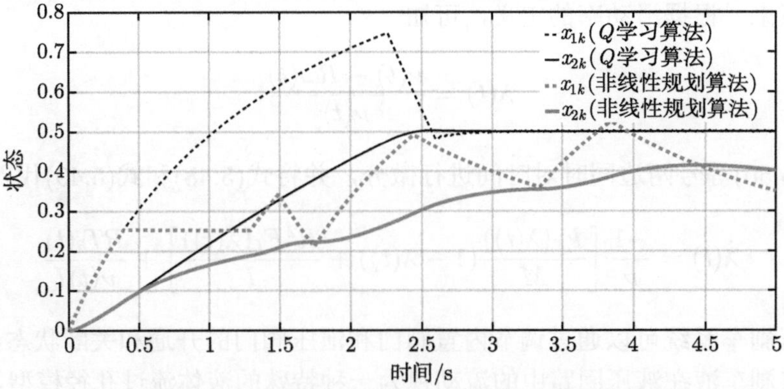

图 5.12　实验二中使用非线性规划算法和 Q 学习算法的状态轨迹对比（初始状态为 $x_0=[0,0]^{\mathrm{T}}$，初始目标信号为 $s(t)=0.5$）

5.5.3　仿真实验三

将本章提出算法应用于更为复杂的刹车防抱死系统 (anti-brake system, ABS) 来验证其在实际应用中的有效性。ABS 是一种重要的车辆主动安全装置，可以在紧急制动时避免车轮完全抱死。绝大多数传统车辆均采用配备了螺线管阀门的液压刹车系统，通过阀门的开通或者关闭，调节刹车压强。液压刹车系统包括两个阀门：内置阀门和泄压阀门。当内置阀门开通、泄压阀门关闭时，刹车压强上升。反之，当内置阀门关闭，泄压阀门开通时，刹车压强下降。当两个阀门都关闭时，刹车压强保持不变。需要注意，两个阀门不允许同时打开。因此，可以用切换系统来对 ABS 装置进行建模，模型包括增压、降压和稳压三种模态。本实验中，假设每个车轮都均匀负载四分之一的全部负荷，并且不考虑转向以及拉力对模型的影响，从而降低了模型复杂性和非线性。液压刹车系统的动态方程可以由四个主要方程描述，分别对应车辆行驶距离、车辆速度、车轮滑动率和刹车压强。根据牛顿第二定律可知：

$$\sum F_x = M\ddot{\chi}(t) \Rightarrow -F_f(\lambda(t)) = M\dot{\nu}(t) \tag{5.48}$$

其中，M 表示四分之一个车辆的重量；χ 表示车辆行驶距离；ν 表示车辆行驶速度；λ 表示滑动率；t 表示时间。

另外，选择顺时针方向作为正向，并利用牛顿第二定律建立关于转动力矩的方程：

$$\sum T = I\dot{\omega}(t) \Rightarrow -T_b(t) + R \times F_f(\lambda(t)) = I\dot{\omega}(t) \tag{5.49}$$

其中，R 表示车轮半径；I 表示车轮转动惯量。

接下来，根据滑动率的定义，可知

$$\lambda(t)=\frac{\nu(t)-R\omega(t)}{\nu(t)} \tag{5.50}$$

式(5.50)等号两边同时对时间进行微分，并将式(5.48)和式(5.49)代入，可得

$$\dot{\lambda}(t)=\frac{-1}{\nu}\left[\frac{F_f(\lambda(t))}{M}(1-\lambda(t))+\frac{R^2F_f(\lambda(t))}{I}\right]+\frac{RT_b(t)}{\nu(t)I} \tag{5.51}$$

液压刹车系统可以通过调节内置阀门和泄压阀门的开通和关断状态调节刹车压强。将刹车液在液压回路中的流动视为一种特殊的液体流过孔径模型，可得

$$\dot{P}(t)=\frac{A_1C_{d_1}}{C_f}\sqrt{\frac{2}{\rho}(P_p-P(t))}-\frac{A_2C_{d_2}}{C_f}\sqrt{\frac{2}{\rho}(P(t)-P_r)} \tag{5.52}$$

其中，$P(\cdot)$ 表示刹车压强；A_1 和 A_2 均是常数，表示孔径面积；C_{d_1} 和 C_{d_2} 分别表示内置阀门和泄压阀门的系数，可以为 0 或 1；C_f 表示刹车液流动系数；常数 P_p 表示泵压强；常数 P_r 表示储油槽压强；符号 ρ 表示刹车液体密度。

式(5.48)、式(5.49)、式(5.51)和式(5.52)共同构建了刹车模型的动态方程。接下来，构建摩擦系数、纵向力和刹车力矩之间的关系。首先，根据伯克哈特模型建立关于摩擦系数的动态方程：

$$\mu(\lambda(t))=\mu_H\left[C_1(1-\mathrm{e}^{-C_2\lambda(t)})-C_3\lambda(t)\right] \tag{5.53}$$

其中，摩擦系数 μ_H 是一个常数；系数 C_1、C_2 和 C_3 随路况发生变化。

纵向力 $F_f(\cdot)$ 的模型可以表示为

$$F_f(\lambda(t))=\mu(\lambda(t))F_Y \tag{5.54}$$

其中，F_Y 表示路面反向作用力。

最后，式(5.49)中刹车压强的动态方程为

$$T_b(t)=(A_{\mathrm{wc}}\eta_mB_fr_r)P(t)=K_bP(t) \tag{5.55}$$

其中，A_{wc} 表示轮缸面积；η_m 表示机械效率；B_f 表示刹车因子；r_r 表示刹车碟片有效半径；K_b 表示刹车力矩系数。

综上所述，选择车辆行驶距离、车辆速度、滑动率和刹车压强作为系统状态，即 $x(t)=[x_1(t),x_2(t),x_3(t),x_4(t)]^{\mathrm{T}}=[\chi(t),\nu(t),\lambda(t),P(t)]^{\mathrm{T}}$。ABS 的动态方程为 [12]

$$
\begin{aligned}
\dot{x}_1(t) &= x_2(t) \\
\dot{x}_2(t) &= \frac{-F_f(x_3(t))}{M} \\
\dot{x}_3(t) &= \frac{-1}{x_2(t)}\Big[\frac{F_f(x_3(t))}{M}\big(1-x_3(t)\big) + \frac{R^2 F_f\big(x_3(t)\big)}{I}\Big] + \frac{RK_b}{x_2(t)I}x_4(t) \\
\dot{x}_4(t) &= m_v(x(t)), \quad v\in\{1,2,3\}
\end{aligned}
\tag{5.56}
$$

值得注意的是，式(5.56)中的前三个方程均与阀门状态无关，但第四个方程中包含刹车压强。当阀门处于不同位置时，存在以下三种动态方程：

$$
m_1(x(t)) = \frac{A_1}{C_f}\sqrt{\frac{2}{\rho}(P_p - x_4(t))} \tag{5.57}
$$

$$
m_2(x(t)) = -\frac{A_2}{C_f}\sqrt{\frac{2}{\rho}(x_4(t) - P_r)} \tag{5.58}
$$

$$
m_3(x(t)) = 0 \tag{5.59}
$$

式(5.57)是系统处于增压模式的动态方程，此时 $C_{d_1}=1$，$C_{d_2}=0$。式(5.58)是系统处于减压模式的动态方程，此时 $C_{d_1}=0$，$C_{d_2}=1$。式(5.59)是系统处于保持压力模式的动态方程，此时 $C_{d_1}=0$，$C_{d_2}=0$。在任意时刻，系统只能选择其中的一种模式。进一步考虑到不同状态的变化范围不尽相同，这种尺度上的差异可能影响神经网络的训练效果。为此，先对各状态维度进行归一化处理，其动态方程可以表示为

$$
\begin{aligned}
\dot{\bar{x}}_1(t) &= \frac{\chi_2}{\chi_1}\bar{x}_2(t) \\
\dot{\bar{x}}_2(t) &= \frac{1}{\chi_2}\frac{-F_f(\bar{x}_3\chi_3)}{M} \\
\dot{\bar{x}}_3(t) &= \frac{1}{\chi_2\chi_3}\frac{-1}{\bar{x}_2(t)}\Big[\frac{F_f(\bar{x}_3(t)\chi_3)}{M}(1-\bar{x}_3(t)\chi_3) + \frac{R^2F_f(\bar{x}_3(t)\chi_3)}{I}\Big] \\
&\quad + \frac{\chi_4}{\chi_2\chi_3}\frac{RK_b}{I\bar{x}_2(t)}\bar{x}_4(t) \\
\dot{\bar{x}}_4(t) &= \bar{m}_v(\bar{x}(t)), \quad v\in\{1,2,3\}
\end{aligned}
\tag{5.60}
$$

相应的，刹车压强的动态方程归一化为

$$
\bar{m}_1(\bar{x}(t)) = \frac{1}{\chi_4}\frac{A_1}{C_f}\sqrt{\frac{2}{\rho}\Big(P_p - \bar{x}_4(t)\chi_4\Big)}
$$

$$\bar{m}_2(\bar{x}(t)) = \frac{-1}{\chi_4}\frac{A_2}{C_f}\sqrt{\frac{2}{\rho}\Big(\bar{x}_4(t)\chi_4 - P_t\Big)} \tag{5.61}$$

$$\bar{m}_3(\bar{x}(t)) = 0$$

其中，各状态变量的最大值分别设定为 $\chi_1 = 1000\text{m}$, $\chi_2 = 100\text{m/s}$, $\chi_3 = 1$, $\chi_4 = 107.15\text{kPa}$。ABS 模型中的相关参数在表 5.1 给出。此外，当车辆速度低于 10m/s 时，汽车处于安全状态，ABS 退出工作。

表 5.1　ABS 模型相关参数

参数名称	参数值
M	500kg
I	$1.6\text{kg}\cdot\text{m}^2$
R	0.3m
K_b	28
A_1	0.0316m^2
A_2	0.0633m^2
ρ	850kg/m^3
P_p	6000kPa
P_r	5kPa
C_f	$0.00158(\text{m}^{9/2}\cdot\text{s})/\text{kg}$
g	9.81m/s^2

首先，利用欧拉方法对上述 ABS 模型进行离散化，选择采样时间为 $\Delta t = 0.01\text{s}$。控制器设计的目标是在轮胎不抱死的情况下，在尽可能短的刹车距离内制动汽车。定义损失函数为 $U(x) = 1000x_1^2 + 1000x_2^2$。

神经网络包含 3 个输出节点，且基函数集合包含多项式 $x_1^{n_1}x_2^{n_2}x_3^{n_3}x_4^{n_4}$，其中 $0 \leqslant n_1 + n_2 + n_3 + n_4 \leqslant 4$。所以隐含层包含了 34 个节点。训练数据集包含随机采样的 700 个样本。设置近似误差为 $\epsilon^{(j)}(x) = 0.01 \times U(x), \forall j$。设置终止条件为 $\zeta = 0.1$。评价网络权值收敛过程如图 5.13 所示。可以看出，经过 65 次迭代后，权值收敛。训练过程耗时 0.58s。

训练结束后,利用学习到的评价网络来控制 ABS。令车辆的初始状态为 $\bar{x}(0) = [0, 0.7, 0, 0]^{\mathrm{T}}$，即初始速度为 70m/s。状态轨迹和控制信号轨迹如图 5.14 所示。车辆制动过程耗时 6.71s，制动距离为 273.6m，模态切换次数为 160 次。从图 5.14 可以看出，在制动的初始阶段，控制器持续选择模式 1，通过增加刹车压强快速降低车辆速度。随后，系统在模式 2(减小压强) 和模式 3(保持压强) 之间来回切换，从而在维持压强的同时防止轮胎抱死。本章所提算法取得了与文献 [12] 中相近的性能表现，但并不需要知道系统的模型。因此，该算法表现出了对复杂非线性系统的适用性。

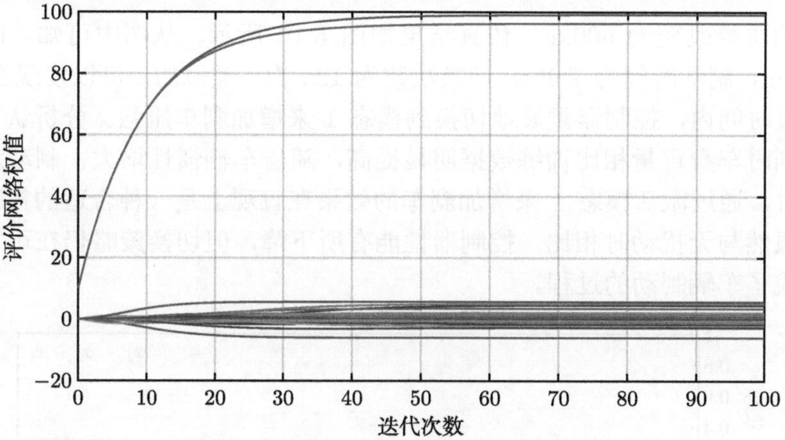

图 5.13 实验三中评价网络权值收敛过程

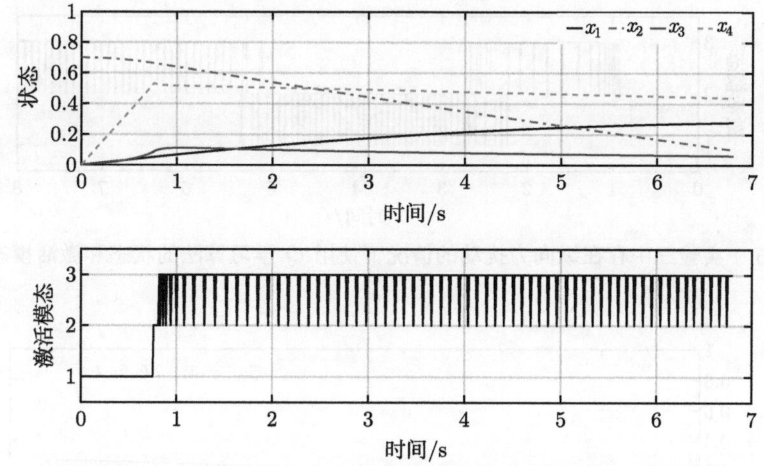

图 5.14 实验三中使用 Q 学习算法的状态和激活模态轨迹

进一步检验存在两类扰动情况时控制器的鲁棒性。首先，考虑 F_f 的随机噪声对系统的影响。在控制过程中，给 F_f 加上范围为 $[-0.1F_f(\cdot), 0.1F_f(\cdot)]$ 的随机噪声，仿真结果如图 5.15 所示。制动距离为 275.3m，制动时间为 6.76s，总切换次数为 169 次。与不加噪声时相比，制动距离增加了 0.62%，制动时间增加了 0.75%，切换次数增加了 9 次。特别的，与纵向力无扰动情况相比，图 5.15 中控制器在制动过程中会无规律地切换到模态 1。分析认为这类异常操作可能是由噪声导致的，进而引起了控制效果的下降。

接下来，考虑车身质量的不确定性带来的影响。在训练过程中，设置模型(5.60)中车辆质量为 $M = 500\text{kg}$，并利用输入输出数据来训练神经网络。当训练完成后，将车辆的质量改变为 600kg。仿真结果如图 5.16 所示。从图中可知，制动距离为 323.9m，制动时间为 7.96s，切换次数为 125 次。类似的，可以发现在 2.2s 到 5.3s 这段时间内，控制器频繁地切换到模态 1 来增加刹车压强。分析认为，由于实际控制时车身重量相比训练数据明显提高，随着车辆惯性增大，制动难度也增大。此时，通过激活模态 1 来增加刹车的效果在直观上是一种合适的策略。结果表明，虽然与无扰动时相比，控制器性能有所下降，但切换策略仍在可容许的范围内完成了车辆制动的过程。

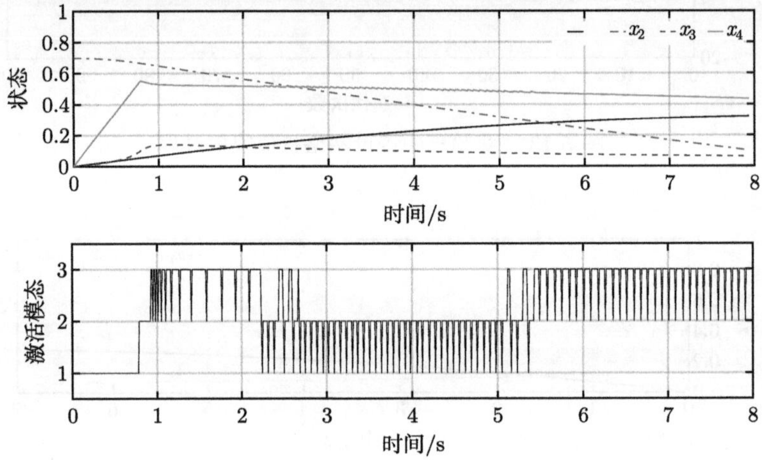

图 5.15　实验三中存在纵向力扰动的情况下使用 Q 学习算法的状态和激活模态轨迹

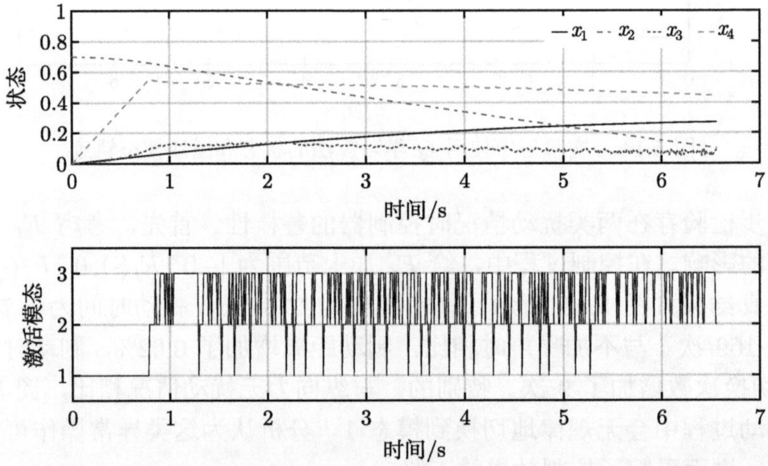

图 5.16　实验三中存在车辆质量扰动情况下使用 Q 学习算法的状态和激活模态轨迹

5.6 本章小结

本章针对非线性自治切换系统的最优跟踪问题，提出了一种迭代自适应动态规划算法。尤其针对系统动态未知的情况，该算法可以完全根据离线采样轨迹数据，通过交替更新值函数和切换策略，求解出近似最优解。此外，考虑神经网络拟合误差以及迭代终止条件对算法收敛性和稳定性的影响。从理论上证明了迭代生成的 Q 函数存在上下界函数，且能收敛到最优解的邻域。此外，根据李雅普诺夫方法，给出了迭代终止条件的设计过程。算法的有效性和优越性通过仿真实验得到了验证。

参考文献

[1] Heydari A, Balakrishnan S N. Optimal switching between autonomous subsystems[J]. Journal of the Franklin Institute, 2014, 351(5): 2675-2690.

[2] Heydari A. Optimal switching with minimum dwell time constraint[J]. Journal of the Franklin Institute, 2017, 354(11): 4498-4518.

[3] Heydari A. Feedback solution to optimal switching problems with switching cost[J]. IEEE Transactions on Neural Networks and Learning Systems, 2016, 27(10): 2009-2019.

[4] Heydari A, Balakrishnan S N. Optimal switching and control of nonlinear switching systems using approximate dynamic programming[J]. IEEE Transactions on Neural Networks and Learning Systems, 2014, 25(6): 1106-1117.

[5] Heydari A. Optimal triggering of networked control systems[J]. IEEE Transactions on Neural Networks and Learning Systems, 2018, 29(7): 3011-3021.

[6] Hornik K, Stinchcombe M, White H. Multilayer feedforward networks are universal approximators[J]. Neural Networks, 1989, 2(5): 359-366.

[7] Pinkus A. Weierstrass and approximation theory[J]. Journal of Approximation Theory, 2000, 107(1): 1-66.

[8] Heydari A. Theoretical and numerical analysis of approximate dynamic programming with approximation errors[J]. Journal of Guidance, Control, and Dynamics, 2016, 39(2): 301-311.

[9] Heydari A. Optimal scheduling for reference tracking or state regulation using reinforcement learning[J]. Journal of the Franklin Institute, 2015, 352(8): 3285-3303.

[10] Rugh W J. Nonlinear System Theory[M]. Baltimore: Johns Hopkins University Press, 1981.

[11] Axelsson H, Egerstedt M, Wardi Y, et al. Algorithm for switching-time optimization in hybrid dynamical systems[C]. Proceedings of the 2005 IEEE International Symposium on, Mediterrean Conference on Control and Automation Intelligent Control, Limassol, 2005: 256-261.

[12] Sardarmehni T, Heydari A. Sub-optimal switching in anti-lock brake systems using approximate dynamic programming[J]. IET Control Theory & Applications, 2019, 13(9): 1413-1424.

第 6 章　受控切换系统的强化学习优化控制

本章针对非线性受控切换系统的最优控制问题，基于强化学习思想提出了一种迭代学习方法。与自治切换系统不同，受控切换系统控制器需要协同控制离散的切换策略以及各子系统的连续控制策略，实现控制效果的全局最优。首先，本章分析受控切换系统的混杂动作空间的特性，在此基础上推导出了相应的 HJB 方程。在系统模型未知的情况下，通过引入关于受控切换系统的 Q 函数，设计基于执行器–评价器结构的混合 Q 学习算法。进一步通过将 Q 函数分解为状态指函数与归一化优势函数之和，引入竞争神经网络结构，提出混合归一化优势函数学习方法。通过理论分析，证明算法的收敛性和近似最优性。最后，通过仿真实验结果证明所提算法的有效性。

6.1　引　言

受控切换系统的最优控制是一个相当复杂的问题，一方面需要决定各子系统的切换顺序和时间，另一方面需要对各子系统进行控制。其中，切换策略是一个离散策略，且可选控制信号的集合对应于子系统的个数。各子系统的控制器与一般非线性系统相似，输入控制信号是连续的。需要协同设计这两类控制器才能实现真正意义上的全局性能最优。混合动力汽车的能量管理系统就是一类典型的非线性受控切换系统，受到了研究人员的广泛关注。

强化学习是一种特殊的机器学习方法，智能体通过与环境的交互收集数据，并寻找能最大化累计奖励函数的策略 [1]。1992 年，Watkins 和 Dayan 针对有限动作空间的马尔可夫决策模型，提出了 Q 学习算法来求解贝尔曼方程。利用表格存储 Q 值，并通过迭代更新 Q 表格的方式，逐渐收敛到最优解。然而，Q 学习算法要求在每次迭代中都能获取值函数最大 (或最小) 对应的动作。当动作空间连续时，这一类基于值函数的方法在计算上变得不再可行。为了解决动作空间连续的问题，通常采用执行器–评价器结构。执行网络用于拟合控制策略，将系统状态作为输入，输出控制信号。而评价网络用于拟合值函数，将系统状态 (或者状态–动作对) 作为输入，输出相应的值函数。文献 [2] 对传统 Q 学习算法进行了改进，提出一种竞争神经网络结构，使其能适用于连续控制系统。虽然该算法针对一般马尔可夫决策过程，但对本章的工作有很大的启发。我们充分利用了其网络结构可以同时输出控制信号和值函数的特性，将其进一步拓展到了非线性受控切换系统。实验结果验证了本章提出算法的有效性。本章的主要创新点总结如下：

(1) 分析非线性受控切换系统的离散–连续混合动作特性，通过引入相对应的 Q 函数，推导得到关于受控非线性切换系统的 HJB 方程。

(2) 针对非线性受控切换系统的最优控制问题，考虑各子系统模型未知的情况，分别基于执行器–评价器结构和竞争神经网络结构，提出两种数据驱动的协同控制方法，来寻找最优策略。

(3) 通过理论分析证明算法的收敛性和最优性，并证明神经网络存在近似误差时，算法仍可以收敛到最优解的有界邻域内。

6.2 问题描述

本章考虑以下一类非线性离散受控切换系统：

$$x_{k+1} = f_{v_k}(x_k, u_k), \quad v_k \in \mathcal{P} \tag{6.1}$$

其中，$x_k \in \Omega_x \subseteq \mathbb{R}^n$ 表示系统状态，Ω_x 表示状态空间，n 表示状态空间的维度；$u_k \in \Omega_u(v_k) \subseteq \mathbb{R}^m$ 表示子系统的连续控制信号，Ω_u 表示连续控制信号空间，m 表示连续控制信号空间的维度；$v_k \in \mathcal{P} = \{1, 2, \cdots, P\}$ 表示离散切换信号，P 表示子系统的个数；下标 k 表示时间步数。

与一般非线性系统不同，受控切换系统需要协同控制子系统之间的切换以及各子系统自身状态演化。本章中假定各子系统动态 $f_v : \Omega_x \times \Omega_u(v) \rightarrow \Omega_x$ 服从利普希茨连续，且 $f_v(0, 0) = 0$。

切换系统(6.1)的状态空间同时包括离散切换信号 v 和子系统连续控制信号 u。其中，离散动作空间 $\mathcal{P}$ 包含了有限个选择，并且每个离散动作 v 都对应于一个子系统的连续控制信号 $u \in \Omega_u(v)$。因此，受控切换系统的动作空间可以描述为

$$\mathcal{A} = \big\{(v, u) | v \in \mathcal{P}, u \in \Omega_u(v)\big\} \tag{6.2}$$

符号 $\pi_v(x)$ 表示离散切换策略，$\pi_u(x, v)$ 表示其对应子系统的连续控制策略，并且符号 $\pi(x)$ 表示离线–连续协同控制策略。最优受控切换系统控制问题的目标性能函数表示如下：

$$J = \sum_{k=0}^{\infty} U(x_k, v_k, u_k) \tag{6.3}$$

不失一般性，选择二次型损失函数，即 $U(x, v, u) = x^{\mathrm{T}} S(v) x + u^{\mathrm{T}} R(v) u$。其中 $S(v) \in \mathbb{R}^{n \times n}$ 和 $R(v) \in \mathbb{R}^{m \times m}$ 表示正定矩阵。

首先，对于任意给定的策略 $\pi(x)$，定义其对应的 Q 函数为

$$Q^{\pi}(x_k,v_k,u_k)=U(x_k,v_k,u_k)+\sum_{l=k+1}^{\infty}U\big(x_l,\pi_v(x_l),\pi_u(x_l,\pi_v(x_l))\big) \tag{6.4}$$

相应的，定义关于 $\pi(x)$ 的状态值函数为

$$V^{\pi}(x_k,v_k)=U(x_k,v_k,\pi_u(x_k,v_k))+\sum_{l=k+1}^{\infty}U\big(x_l,\pi_v(x_l),\pi_u(x_l,\pi_v(x_l))\big) \tag{6.5}$$

根据贝尔曼最优原理 [3]，可以推导得到如下贝尔曼最优方程：

$$Q^{*}(x_k,v_k,u_k)=U(x_k,v_k,u_k)+\min_{v'\in\mathcal{P}}\inf_{u'\in\Omega_u(v)}Q^{*}(x_{k+1},v',u') \tag{6.6}$$

其中，$x_{k+1}=f_{v_k}(x_k,u_k)$，$Q^{*}(x,v,u)$ 表示 Q 函数的最优解。相应的，$\pi^{*}(x)$ 表示最优策略。

考虑到复杂实际非线性切换系统通常难以获取精确数学模型，为了求解上述 HJB 方程，6.3 节将基于数据驱动思想，对现有强化学习方法进行改进，通过迭代逼近的方式寻找最优策略。

6.3 算法设计

本节将先改进标准值迭代算法，通过交替更新连续策略和对应的 Q 函数逐步逼近贝尔曼最优方程(6.6)的解。在此基础上，通过引入归一化优势函数的神经网络结构，设计一种针对混杂动作空间的强化学习算法，可以同时更新连续策略和 Q 函数，并收敛到最优解。

6.3.1 混合 Q 学习算法

考虑到受控切换系统特有的混杂动作空间，本节提出了一种混合 Q 学习 (hybrid Q-learning, HQL) 算法，利用执行器–评价器网络结构，轮流更新连续控制策略和离散切换策略，直至收敛到最优协同策略。

首先，初始化每个子系统的 Q 函数为 $Q^{(0)}(x,v,u)=0,\forall v\in\mathcal{P}$。已知 Q 函数 $Q^{(0)}(x,v,u)$，可以计算其对应的连续控制策略为

$$\pi_u^{(0)}(x,v)=\arg\inf_{u\in\Omega_u}Q^{(0)}(x,v,u),\quad \forall v\in\mathcal{P} \tag{6.7}$$

随后，根据式(6.6)，可以更新 Q 函数为

$$Q^{(1)}(x,v,u)=U(x,v,u)+\min_{v'\in\mathcal{P}}Q^{(0)}\big(x',v',\pi_u^{(0)}(x',v')\big),\quad \forall v\in\mathcal{P} \tag{6.8}$$

类似的，对于 $i=1,2,\cdots$，混合 Q 学习算法交替优化连续控制策略

$$\pi_u^{(i)}(x,v)=\arg\inf_{u\in\Omega_u}Q^{(i)}(x,v,u),\quad \forall v\in\mathcal{P} \tag{6.9}$$

和 Q 函数

$$Q^{(i+1)}(x,v,u)=U(x,v,u)+\min_{v'\in\mathcal{P}}Q^{(i)}\big(x',v',\pi_u^{(i)}(x',v')\big),\quad \forall v\in\mathcal{P} \tag{6.10}$$

其中，i 表示迭代次数索引。

在迭代过程中，对应于每个子系统，HQL 算法会生成一个 Q 函数序列 $\{Q^{(i)}(x,v,u)\}_{i=0}^{\infty}$，并逐步收敛到 $Q^*(x,v,u),\forall v\in\mathcal{P}$，从而得到对应的 $\pi_u^*(x,v)$。

6.3.2 混合归一化优势函数算法

在混合 Q 学习算法迭代过程中，求解子系统连续控制策略是一个 NP(non-deterministic polynomial-time) 难问题。为了解决这个问题，通过拓展标准归一化优势值函数 (normalized advantage function，NAF) 算法，利用竞争神经网络结构，提出一种可以处理混杂动作空间的强化学习方法，称为混合归一化优势函数 (hybrid NAF, HNAF) 算法。

首先，将 Q 函数分解为值函数和优势函数之和：

$$Q^{\pi}(x,v,u)=V^{\pi}(x,v)+A^{\pi}(x,v,u),\quad \forall v\in\mathcal{P} \tag{6.11}$$

特别的，约束 $A(x,v,u)$ 是关于连续控制信号 u 的正定二次型函数：

$$A(x,v,u)=\frac{1}{2}\big(u-\mu(x,v)\big)^{\mathrm{T}}P(x,v)\big(u-\mu(x,v)\big) \tag{6.12}$$

其中，$P(x,v)$ 是正定矩阵，且各元素值与 x 和 v 相关。

在这种形势下，对于给定子系统，当 $u=\mu(x,v)$ 时，Q 函数可以取得最小值，即

$$\pi_u(x,v)=\mu(x,v) \tag{6.13}$$

进一步，将式(6.11)、式(6.12)和式(6.13)代入式(6.10)，可得

$$\begin{aligned}Q^{(i+1)}(x_k,v_k,u_k)=&U(x_k,v_k,u_k)+\arg\min_{v'\in\mathcal{P}}Q^{(i)}\big(x_{k+1},v',\mu(x_{k+1},v')\big)\\=&U(x_k,v_k,u_k)+\min_{v'\in\mathcal{P}}V^{(i)}(x_{k+1},v'),\quad \forall v_k\in\mathcal{P}\end{aligned} \tag{6.14}$$

HNAF 算法结构框图如图 6.1所示，其中左侧虚线框中给出了详细的神经网络组成。每个子系统都有一个对应的神经网络，其输入包括 x 和 u。输入的状态

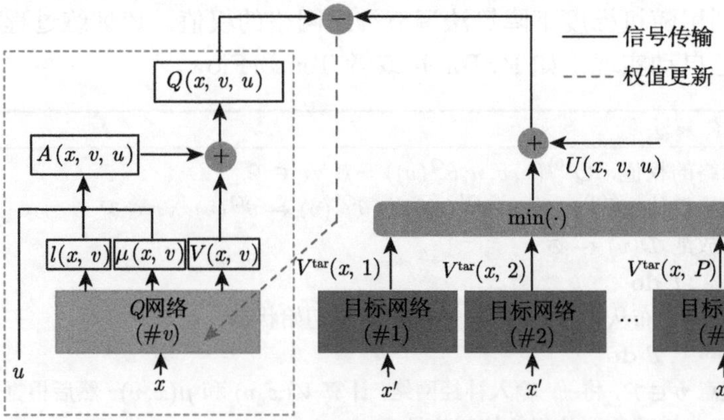

图 6.1 HNAF 算法结构框图

信息经过若干个隐含层，分别输出值函数 $V(x,v)$、期望连续控制信号 $\mu(x,v)$ 及参数向量 $l(x,v)$。基于这些输出信息，根据式(6.12)计算优势值函数，且

$$P(x,v) = L(x,v)L^{\mathrm{T}}(x,v), \quad \forall v \in \mathcal{P} \tag{6.15}$$

其中，$L(x,v)$ 是一个下三角矩阵。矩阵元素由神经网络输出的参数向量 $l(x,v)$ 决定，且对角线上各项进行了指数化运算。此外，当值函数 $V(x,v), \forall v \in \mathcal{P}$ 已知时，离散策略可以由式 (6.16) 简单确定：

$$\pi_v(x) = \arg\min_{v\in\mathcal{P}} V(x,v) \tag{6.16}$$

利用上述神经网络结构，可以通过更新 Q 函数同时对连续策略和离散策略进行提升。与 HQL 算法相比，HNAF 算法需要训练的神经网络数量减半，可以降低计算负荷并加速学习过程。

算法 6.1对 HNAF 算法的执行流程进行了总结。类似于 DQN 算法，使用目标网络来稳定神经网络的训练过程，并通过经验回放技术提高样本效率。此外，基于 ϵ-贪心策略，对动作空间进行充分探索。符号 $\theta^Q(v)$ 表示第 v 个子系统对应的神经网络的权值，符号 $\theta^V(v)$ 表示 $V(x,v)$ 对应的权值。根据神经网络结构不难发现，$\theta^V(v)$ 是 $\theta^Q(v)$ 的组成部分。与之对应的目标网络权值分别用 $\theta^{Q'}(v)$ 和 $\theta^{V'}(v)$ 表示。由式(6.14)可知，$Q^{(i+1)}(x,v,u)$ 的目标值为

$$y^{(i+1)}(x_k,v_k,u_k) = U(x_k,v_k,u_k) + \min_{v\in\mathcal{P}} V_{\mathrm{tar}}^{(i)}\left(x_{k+1},v;\theta^{V'}(v_k)\right) \tag{6.17}$$

相应的，神经网络的损失函数为

$$L(v) = \left(y^{(i+1)}(x,v,u) - Q^{(i+1)}(x,v,u;\theta^Q)\right)^2, \quad \forall v \in \mathcal{P} \tag{6.18}$$

本章中，利用随机梯度下降算法调节神经网络的权值。该训练过程可以利用深度学习训练包自动实现，如 PyTorch 或者 TensorFlow。

算法 6.1　HNAF 算法

初始化神经网络的权值，$Q^{(0)}(x,v,u;\theta^{Q}(v))=0,\forall v\in\mathcal{P}$
初始化目标网络权值 $Q'^{(0)}(x,v,u;\theta^{Q'}(v))$ 为 $\theta^{Q'}(v)\leftarrow\theta^{Q}(v),\forall v\in\mathcal{P}$
初始化经验回放池 $\mathcal{D}(v)\leftarrow\varnothing$
for $i=1,2,\cdots,I$ **do**
　根据平均概率分布从状态空间 Ω_x 中随机选择初始状态 x_0
　for $k=1,\cdots,T$ **do**
　　对于任意 $v\in\mathcal{P}$，将 x_k 输入神经网络，计算 $V(x,v)$ 和 $\mu(x,v)$。然后根据式(6.13)和式(6.16)，选择需要执行的控制信号 (v_k,u_k)
　　执行混杂控制信号 (v_k,u_k)，得到 U_k 和 x_{k+1}
　　根据离散动作 v_k，将样本数据 $(x_k,v_k,u_k,U_k,x_{k+1})$ 存储到相对应的 $\mathcal{D}(v)$ 中
　　for $v=1,2,\cdots,P$ **do**
　　　从 $\mathcal{D}(v)$ 随机选择 B 个小批量样本数据
　　　根据式(6.17)计算神经网络目标值 $y^{(i+1)}(x,v,u)$
　　　最小化损失函数(6.18)，更新网络权值 $\theta^{Q}(v)$
　　end for
　　更新目标网络权值为 $\theta^{Q'}(v)\leftarrow\theta^{Q}(v),\forall v\in\mathcal{P}$
　end for
end for

6.4 算法理论分析

从本质上来说，HQL 算法和 HNAF 算法均通过迭代的方式寻找贝尔曼最优方程的解。本章中，我们首先在不考虑神经网络拟合误差的情况下，分析 HQL 算法的收敛性和最优性。然后，进一步分析神经网络拟合误差对算法收敛性的影响，通过构建辅助函数，分析 HNAF 算法的收敛性和最优性。

6.4.1 HQL 算法特性分析

假设 6.1　对于任意初始状态 $x_0\in\Omega_x$，系统(6.1)至少存在一个可容许混杂策略。

引理 6.1　令 $\left\{Q^{(i)}(x,v,u)\right\}_{i=0}^{\infty}$ 和 $\left\{\pi_u^{(i)}(x,v)\right\}_{i=0}^{\infty}$ 分别表示由式 (6.9) 和式(6.10)迭代生成的 Q 函数序列和子系统连续控制策略序列。令 $\left\{\varPi^{(i)}(x,v,u)\right\}_{i=0}^{\infty}$ 表示根据式 (6.19) 生成的函数序列：

$$\varPi^{(i+1)}(x,v,u)=U(x,v,u)+\varPi^{(i)}\left(x',\varpi_v^{(i)}(x'),\varpi_u^{(i)}(x',\varpi_v^{(i)}(x'))\right)\tag{6.19}$$

其中，$x' = f_v(x, u)$ 表示下一时刻的状态。$(\varpi_v^{(i)}(x), \varpi_u^{(i)}(x, v))$ 表示任意选择的策略序列。

如果 $\Pi^{(0)}(x, v, u) = Q^{(0)}(x, v, u) = 0, v \in \mathcal{P}$，存在

$$\Pi^{(i)}(x, v, u) \geqslant Q^{(i)}(x, v, u), \quad \forall i \tag{6.20}$$

证明 可以用数学归纳法证明不等式(6.20)成立。首先，当 $i = 0$ 时，$\Pi^{(0)}(x, v, u) = Q^{(0)}(x, v, u)$，满足不等式(6.20)。假设当 $i \geqslant 1$ 时，对于 $l = 1, 2, \cdots, i$，下列不等式成立：

$$\Pi^{(l)}(x, v, u) \geqslant Q^{(l)}(x, v, u), \quad \forall v \in \mathcal{P} \tag{6.21}$$

当 $l = i + 1$ 时，根据式(6.9)和式(6.10)，可知

$$Q^{(i+1)}(x, v, u) = U(x, v, u) + \min_{v' \in \mathcal{P}} \inf_{u' \in \Omega_u} Q^{(i)}(x', v', u') \tag{6.22}$$

比较式(6.22)和式(6.19)，因为 $(\varpi_v^{(i)}(x), \varpi_u^{(i)}(x, v))$ 可以是任意选择的策略且 $Q^{(i)}(x, v, u) \leqslant \Pi^{(i)}(x, v, u)$，所以不等式(6.20)对任意 i 成立。

证明完毕。 □

引理 6.2 令 $\left\{Q^{(i)}(x, v, u)\right\}_{i=0}^{\infty}$ 和 $\left\{\pi_u^{(i)}(x, v)\right\}_{i=0}^{\infty}$ 分别表示根据式(6.9)和式(6.10)迭代生成的 Q 函数序列和子系统连续控制策略序列，其中 $Q^{(0)}(x, v, u) = 0, \forall v \in \mathcal{P}$。若假设 6.1成立，则存在一个有限上界函数 $\mathcal{Z}(x)$ 满足

$$Q^{(i)}(x, v, u) \leqslant \mathcal{Z}(x), \quad \forall x \in \Omega_x, \forall u \in \Omega_u, \forall v \in \mathcal{P} \tag{6.23}$$

证明 令 $(\vartheta_v(x), \vartheta_u(x, v))$ 表示容许协同控制策略，且根据式(6.24)生成函数序列 $\{\Theta^{(i)}\}_{i=0}^{\infty}$：

$$\Theta^{(i+1)}(x_k, v_k, u_k) = U(x_k, v_k, u_k) + \Theta^{(i)}\big(x_{k+1}, \vartheta_v(x_{k+1}), \vartheta_u(x_{k+1}, \vartheta_v(x_{k+1}))\big) \tag{6.24}$$

其中，$x_{k+1} = f_{v_k}(x_k, u_k)$，且 $\Theta^{(0)}(x, v, u) = Q^{(0)}(x, v, u) = 0$。

将相邻两次迭代所得的 $\Theta^{(i)}(x_k, v_k, u_k)$ 函数作差可得

$$\begin{aligned}
&\Theta^{(i+1)}(x_k, v_k, u_k) - \Theta^{(i)}(x_k, v_k, u_k) \\
&= \Theta^{(i)}(x_{k+1}, v_{k+1}, u_{k+1}) - \Theta^{(i-1)}(x_{k+1}, v_{k+1}, u_{k+1}) \\
&= \Theta^{(i-1)}(x_{k+2}, v_{k+2}, u_{k+2}) - \Theta^{(i-2)}(x_{k+3}, v_{k+3}, u_{k+3}) \\
&= \Theta^{(i-2)}(x_{k+3}, v_{k+3}, u_{k+3}) - \Theta^{(i-3)}(x_{k+4}, v_{k+4}, u_{k+4}) \\
&\quad \cdots
\end{aligned}$$

$$= \Theta^{(1)}(x_{k+i}, v_{k+i}, u_{k+i}) - \Theta^{(0)}(x_{k+i+1}, v_{k+i+1}, u_{k+i+1}) \tag{6.25}$$

因为 $\Theta^{(0)}(x, v, u) = 0, \forall v \in \mathcal{P}$，所以有

$$\begin{aligned}\Theta^{(i+1)}(x_k, v_k, u_k) &= \Theta^{(1)}(x_{k+i}, v_{k+i}, u_{k+i}) + \Theta^{(i)}(x_k, v_k, u_k) \\ &= \Theta^{(1)}(x_{k+i}, v_{k+i}, u_{k+i}) + \Theta^{(1)}(x_{k+i-1}, v_{k+i-1}, u_{k+i-1}) \\ &\quad + \Theta^{(i-1)}(x_k, v_k, u_k) \\ &= \Theta^{(1)}(x_{k+i}, v_{k+i}, u_{k+i}) + \Theta^{(1)}(x_{k+i-1}, v_{k+i-1}, u_{k+i-1}) \\ &\quad + \Theta^{(1)}(x_{k+i-2}, v_{k+i-2}, u_{k+i-2}) + \cdots + \Theta^{(1)}(x_k, v_k, u_k)\end{aligned} \tag{6.26}$$

根据式(6.26)，可以得到

$$\begin{aligned}\Theta^{(i+1)}(x_k, v_k, u_k) &= \sum_{n=0}^{i} \Theta^{(1)}(x_{k+n}, v_{k+n}, u_{k+n}) \\ &= \sum_{n=0}^{i} U(x_{k+n}) \\ &\leqslant \sum_{n=0}^{\infty} U(x_{k+n}, v_{k+n}, u_{k+n})\end{aligned} \tag{6.27}$$

根据容许混杂策略的定义，可知

$$\Theta^{(i+1)}(x, v, u) \leqslant \mathcal{Z}(x), \quad \forall x \in \Omega_x, \forall u \in \Omega_u, v \in \mathcal{P}, \forall i \tag{6.28}$$

根据引理 6.1，有

$$Q^{(i)}(x, v, u) \leqslant \Theta^{(i)}(x, v, u) \leqslant \mathcal{Z}(x), \quad \forall v \in \mathcal{P}, \forall i \tag{6.29}$$

证明完毕。 □

定理 6.1 令 $\{Q^{(i)}(x, v, u)\}_{i=0}^{\infty}$ 和 $\{\pi_u^{(i)}(x, v)\}_{i=0}^{\infty}$ 分别表示由式(6.9)和式(6.10)迭代生成的 Q 函数序列和子系统连续控制策略序列，其中 $Q^{(0)}(x, v, u) = 0, \forall v \in \mathcal{P}$。若假设 6.1成立，$Q$ 函数序列单调非减，即满足 $Q^{(i+1)}(x, v, u) \geqslant Q^{(i)}(x, v, u), \forall v \in \mathcal{P}$。

证明 令 $(\varphi_v(x), \varphi_u(x, v))$ 表示任一协同控制策略，且可以根据式(6.30)生成值函数序列 $\{\Phi^{(i)}(x, v, u)\}_{i=0}^{\infty}$：

$$\Phi^{(i+1)}(x, v, u) = U(x, v, u) + \Phi^{(i)}\big(x', \varphi_v(x'), \varphi_u(x', \varphi_v(x'))\big) \tag{6.30}$$

其中，$x'=f_v(x,u)$，且 $\varPhi^{(0)}(x,v,u)=Q^{(0)}(x,v,u)=0,\forall v\in\mathcal{P}$。

令 $\varphi_v(x)=\pi_v^{(i+1)}(x)$ 且 $\varphi_u(x,v)=\pi_u^{(i+1)}(x,v)$，有

$$\varPhi^{(i+1)}(x,v,u)=U(x,v,u)+\varPhi^{(i)}\big(x',\pi_v^{(i+1)}(x'),\varphi_u^{(i+1)}(x',\varphi_v(x'))\big) \tag{6.31}$$

接下来，通过数学归纳法证明不等式 $Q^{(i+1)}(x,v,u)\geqslant\varPhi^{(i)}(x,v,u),\forall i$ 成立。首先，当 $i=0$ 时，将 $Q^{(i+1)}(x,v,u)$ 与 $\varPhi^{(i)}(x,v,u)$ 相减可得

$$Q^{(1)}(x,v,u)-\varPhi^{(0)}(x,v,u)=U(x,v,u)\geqslant 0 \tag{6.32}$$

当 $i\geqslant 1$ 时，假设 $Q^{(l)}(x,v,u)\geqslant\varPhi^{(l-1)}(x,v,u)$ 对 $l=1,2,\cdots,i$ 均成立，则当 $l=i+1$ 时，有

$$Q^{(i+1)}(x,v,u)-\varPhi^{(i)}(x,v,u)=Q^{(i)}(x',v',u')-\varPhi^{(i-1)}(x',v',u')\geqslant 0 \tag{6.33}$$

其中，$v'=\pi_v^{(i)}(x')$ 且 $u'=\pi_u^{(i)}(x',v')$。因此，我们可知 $Q^{(i+1)}(x,v,u)\geqslant\varPhi^{(i)}(x,v,u),\forall i$ 成立。另外，根据引理 6.1, 可知

$$Q^{(i)}(x,v,u)\leqslant\varPhi^{(i)}(x,v,u),\quad \forall v\in\mathcal{P},\ \forall i \tag{6.34}$$

因此，有

$$Q^{(i)}(x,v,u)\leqslant Q^{(i+1)}(x,v,u),\quad \forall v\in\mathcal{P},\forall i \tag{6.35}$$

证明完毕。 □

定理 6.2 令 $\left\{Q^{(i)}(x,v,u)\right\}_{i=0}^{\infty}$ 和 $\left\{\pi_u^{(i)}(x,v)\right\}_{i=0}^{\infty}$ 分别表示由式(6.9)和式(6.10)迭代生成的 Q 函数序列和子系统连续控制策略序列，其中 $Q^{(0)}(x,v,u)=0,\forall v\in\mathcal{P}$。若假设 6.1成立，当 $i\to\infty$，$Q^{(i)}(x,v,u)$ 逐渐收敛到贝尔曼方程(6.6)的解，同时连续控制策略也收敛到 $\pi_u^*(x,v)$。

证明 由定理 6.1和引理 6.2可知，$\left\{Q^{(i)}(x,v,u)\right\}_{i=0}^{\infty}$ 是一个单调非减序列且存在有限上界函数。因此，我们可知迭代生成的 Q 函数序列存在极限函数 $Q^{(\infty)}(x,v,u)$:

$$\lim_{i\to\infty}Q^{(i)}(x,v,u)=Q^{(\infty)}(x,v,u),\quad \forall v\in\mathcal{P} \tag{6.36}$$

令 $\big(\omega_v(x),\omega_u(x,v)\big)$ 表示任一混杂策略。根据引理 6.1，有

$$Q^{(i+1)}(x,v,u)\leqslant U(x,v,u)+Q^{(i)}\big(x',\omega_v(x'),\omega_u(x',\omega_v(x'))\big),\quad \forall v\in\mathcal{P},\forall i \tag{6.37}$$

然后，令上述不等式右侧 $i\to\infty$，由定理 6.1可得

$$Q^{(i+1)}(x,v,u)\leqslant U(x,v,u)+Q^{(\infty)}\big(x',\omega_v(x'),\omega_u(x',\omega_v(x'))\big),\quad \forall v\in\mathcal{P},\forall i \tag{6.38}$$

进一步，令不等式(6.38)左侧 $i \to \infty$，我们有

$$Q^{(\infty)}(x,v,u) \leqslant U(x,v,u) + Q^{(\infty)}\big(x', \omega_v(x'), \omega_u(x', \omega_v(x'))\big), \quad \forall v \in \mathcal{P} \tag{6.39}$$

因为 $\big(\omega_v(x), \omega_u(x,v)\big)$ 可以是任意选择的策略，所以

$$Q^{(\infty)}(x_k, v_k, u_k) \leqslant U(x_k, v_k, u_k) + \min_{v' \in \mathcal{P}} \inf_{u' \in \Omega_u} Q^{(\infty)}(x_{k+1}, v', u'), \quad \forall v \in \mathcal{P} \tag{6.40}$$

另外，由式(6.10)可知：

$$Q^{(i)}(x,v,u) = U(x,v,u) + \min_{v' \in \mathcal{P}} \inf_{u' \in \Omega_u} Q^{(i-1)}(x', v', u'), \quad \forall v \in \mathcal{P}, \forall i \tag{6.41}$$

由定理 6.1可知：

$$Q^{(\infty)}(x,v,u) \geqslant U(x,v,u) + \min_{v' \in \mathcal{P}} \inf_{u' \in \Omega_u} Q^{(i-1)}(x', v', u'), \quad \forall i, \forall v \in \mathcal{P} \tag{6.42}$$

当 $i \to \infty$ 时，有

$$Q^{(\infty)}(x,v,u) \geqslant U(x,v,u) + \min_{v' \in \mathcal{P}} \inf_{u' \in \Omega_u} Q^{(\infty)}(x', v', u'), \quad \forall v \in \mathcal{P} \tag{6.43}$$

结合式(6.40)和式(6.43)，可得

$$Q^{(\infty)}(x,v,u) = U(x,v,u) + \min_{v' \in \mathcal{P}} \inf_{u' \in \Omega_u} Q^{(\infty)}(x', v', u'), \quad \forall v \in \mathcal{P} \tag{6.44}$$

比较式(6.44)和式(6.6)，不难发现 $Q^{(\infty)}(x,v,u)$ 是贝尔曼最优方程的解。将 $Q^*(x,v,u), \forall v \in \mathcal{P}$ 代入式(6.9)，可以得到各子系统对应的最优连续控制策略。

证明完毕。 □

6.4.2 HNAF 算法特性分析

上述证明过程论证了通过迭代更新 Q 函数和控制策略，当迭代次数趋向无穷时，算法可以收敛到贝尔曼方程的最优解。但是，忽略了神经网络近似误差对算法收敛性的影响。在实际过程中，函数估计器的拟合误差往往难以避免。特别是考虑到 HNAF 算法神经网络的特殊结构可能限制其函数拟合能力，接下来考虑神经网络拟合误差对算法收敛性的影响，通过构建辅助函数，证明了 HNAF 算法迭代生成的 Q 函数存在上下界函数，且能最终收敛到 HJB 方程最优解的有界邻域内。

首先，将式(6.14)重写为以下形式：

$$\hat{Q}^{(i+1)}(x_k, v_k, u_k) = U(x_k, v_k, u_k) + \min_{v' \in \mathcal{P}} \inf_{u' \in \Omega_u(v')} \hat{Q}^{(i)}(x_{k+1}, v', u') + \varepsilon^{(i)}(x) \tag{6.45}$$

其中，$\varepsilon^{(i)}(x)$ 表示第 i 次迭代时的近似误差。

观察式 (6.45) 不难发现，近似误差会随着迭代步长的增加而不断累积，所以定理 6.2中证明的 Q 函数序列的单调非减性和收敛性无法保证。

定理 6.3 令 $\{\overline{Q}^{(i)}(x,v,u)\}_{i=0}^{\infty}$ 和 $\{\underline{Q}^{(i)}(x,v,u)\}_{i=0}^{\infty}$ 分别表示式(6.47)和式(6.48)生成的函数序列，且 $\underline{Q}^{(0)}(x,v,u)=\hat{Q}^{(0)}(x,v,u)=\overline{Q}^{(0)}(x,v,u)$。如果 $|\varepsilon^{(i)}(x)|\leqslant \beta U(x,v,0),\forall x\in\Omega_x,\forall v\in\mathcal{P},\forall i$ 成立，且 $\beta\in[0,1)$，那么对于任意 i，以下不等式成立：

$$\underline{Q}^{(i)}(x,v,u)\leqslant \hat{Q}^{(i)}(x,v,u)\leqslant \overline{Q}^{(i)}(x,v,u),\quad \forall v\in\mathcal{P} \tag{6.46}$$

证明 令 $\{\overline{Q}^{(i)}(x,v,u)\}_{i=0}^{\infty}$ 表示由式(6.47)生成的函数序列：

$$\begin{aligned}\overline{Q}^{(i+1)}(x_k,v_k,u_k)=&\,U(x_k,v_k,u_k)+\beta U(x_k,v,0)\\&+\min_{v'\in\mathcal{P}}\inf_{u'\in\Omega_u(v)}\overline{Q}^{(i)}(x_{k+1},v',u')\end{aligned} \tag{6.47}$$

令 $\{\underline{Q}^{(i)}(x,v,u)\}_{i=0}^{\infty}$ 表示由式(6.48)生成的函数序列：

$$\begin{aligned}\underline{Q}^{(i+1)}(x_k,v_k,u_k)=&\,U(x_k,v_k,u_k)-\beta U(x_k,v,0)\\&+\min_{v'\in\mathcal{P}}\inf_{u'\in\Omega_u(v)}\underline{Q}^{(i)}(x_{k+1},v',u')\end{aligned} \tag{6.48}$$

其中，$\underline{Q}^{(0)}(x,v,u)=\hat{Q}^{(0)}(x,v,u)=\overline{Q}^{(0)}(x,v,u)$。

接下来,用数学归纳法证明 $\hat{Q}^{(i)}(x,v,u)$ 的有界性。首先,当 $i=0$ 时,式(6.46)显然成立。假设当 $i>1$ 时，对 $l=1,2,\cdots,i$，式(6.46)均成立。当 $l=i+1$ 时，根据式(6.45)和式(6.47)，存在

$$\overline{Q}^{(i+1)}(x,v,u)-\hat{Q}^{(i+1)}(x,v,u)\geqslant \beta U(x,v,0)-\varepsilon^{(i)}(x)\geqslant 0 \tag{6.49}$$

同时，根据式(6.45)和式(6.48)，可知

$$\underline{Q}^{(i+1)}(x,v,u)-\hat{Q}^{(i+1)}(x,v,u)\leqslant -\beta U(x,v,0)-\varepsilon^{(i)}(x)\leqslant 0 \tag{6.50}$$

结合式(6.49)和式(6.50)，可以推导出对于任意 i，式(6.46)均成立。

证明完毕。 □

$\{\overline{Q}^{(i)}(x,v,u)\}_{i=0}^{\infty}$ 可以视为关于 $\overline{J}=\sum\limits_{k=0}^{\infty}U(x_k,v_k,u_k)+\beta U(x_k,v_k,0)$ 且不考虑近似误差时迭代生成的函数序列。类似的，$\{\underline{Q}^{(i)}(x,v,u)\}$ 可以视为关于 $\underline{J}=$

$\sum\limits_{k=0}^{\infty} U(x_k, v_k, u_k) - \beta U(x_k, v_k, 0)$ 且不考虑近似误差时迭代生成的函数序列。当 $\beta \to 0$ 时，由定理 6.2可知，函数序列 $\{\overline{Q}^{(i)}(x,v,u)\}_{i=0}^{\infty}$ 和 $\{\underline{Q}^{(i)}(x,v,u)\}_{i=0}^{\infty}$ 将逐渐逼近贝尔曼方程(6.6)的最优解。因此，通过选择合适的 HNAF 神经网络结构，减小迭代过程中的拟合误差，近似 Q 函数序列 $\{\hat{Q}^{(i)}(x,v,u)\}_{i=0}^{\infty}$ 可以收敛到贝尔曼函数的近似最优解。

6.5　仿真实验

本节将通过仿真实验验证 HQL 算法和 HNAF 算法的有效性，将仿真结果分别与对偶启发式规划 (dual heuristic programming，DHP) 算法 [4]、全局对偶启发式规划 (global dual heuristic programming，GDHP) 算法 [5] 进行比较。仿真实验的硬件平台为：英特尔 i7 处理器 (频率 3.4GHz)，16GB 内存。软件平台为：macOS10.13.6 操作系统，PyTorch1.7.0 神经网络工具包。仿真实验相关参数设置见表 6.1。

表 6.1　仿真实验相关参数设置

参数名称	实验一	实验二	实验三
学习率	0.0001	0.0001	0.0001
数据批量大小	128	128	64
经验回放池大小	20000	20000	20000
最大迭代次数	5000	2000	2000
每回合最大时间步数	50	30	100
隐含层节点数	20	20	20

6.5.1　仿真实验一

在混合动力汽车模型上对 HNAF 算法与 HQL 算法进行对比实验。系统动态方程表示如下：

$$
\begin{aligned}
x(k+1) &= A_1 x(k) + B_1 u(k),\ v(k) = 1 \\
x(k+1) &= A_2 x(k) + B_2 u(k),\ v(k) = 2
\end{aligned}
\tag{6.51}
$$

其中，$x(k) = [x_1(k), x_2(k)]^{\mathrm{T}}$ 表示系统状态；$u(k)$ 表示连续控制输入；$v(k) = 1$ 表示汽油驱动模式，$v(k) = 2$ 表示电力驱动模式。

当 $v(k) = 1$ 时，有

$$
A_1 = \begin{bmatrix} 1 & 0.05 \\ -0.05 & 0.95 \end{bmatrix},\quad B_1 = \begin{bmatrix} 0 \\ 0.05 \end{bmatrix}
\tag{6.52}
$$

当 $v_k(k)=2$ 时，对应矩阵为

$$A_2=\begin{bmatrix}1 & 0.05\\ -0.05 & 0.975\end{bmatrix},\quad B_1=\begin{bmatrix}0\\ 0.04\end{bmatrix} \tag{6.53}$$

此外，汽油驱动模式和电力驱动模式对应的损失函数分别为

$$\begin{aligned}U(x,1,u)&=100x_1^{\mathrm{T}}x_1+200x_2^{\mathrm{T}}x_2+400u^{\mathrm{T}}u\\ U(x,2,u)&=250x_1^{\mathrm{T}}x_1+200x_2^{\mathrm{T}}x_2+50u^{\mathrm{T}}u\end{aligned} \tag{6.54}$$

同样的，我们采用了单隐含层 NAF 网络，其主要参数在表 6.1 给出。选择初始状态为 $x_0=[0.6,-0.6]^{\mathrm{T}}$，然后执行 HNAF 算法所得策略，并将实验结果与 HQL 算法进行了比较，系统状态轨迹如图 6.2 和图 6.3 所示。同时，连续控制信号轨迹和离散切换信号的轨迹分别如图 6.4 和图 6.5 所示。此外，根据性能函数(6.3)和损失函数(6.54)，可知 HNAF 算法对应的性能函数的值为 1379.94，而 HQL 算法对应的性能函数的值为 1473.88。比较两者的轨迹可以发现，HNAF 算法在初始阶段会切换到电力驱动模式，而 HQL 算法始终保持在汽油驱动模式。由损失函数(6.54)可知，对于相同的连续控制信号，电力驱动模式相比于汽油驱动模式产生的惩罚量会明显降低。因此，HNAF 算法在初始阶段切换到电力驱动模式，然后通过较大的连续控制量使得系统状态迅速逼近平衡点。当状态下降一定的幅度之后，对应的连续控制信号也随之下降。此时，模式一中对连续控制的高惩罚项的影响也随之减小。因此，系统切换回汽油驱动模式。分析认为，相比于 HQL 算法的离线采样和训练，HNAF 算法可以更加充分地探索状态空间和动作空间，因此可以寻找到更好的策略。

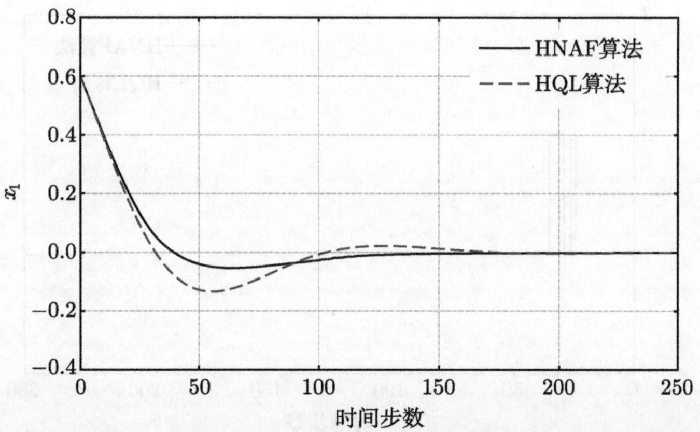

图 6.2　实验一中系统状态 x_1 的轨迹 (初始状态 $x_0=[0.6,-0.6]^{\mathrm{T}}$)

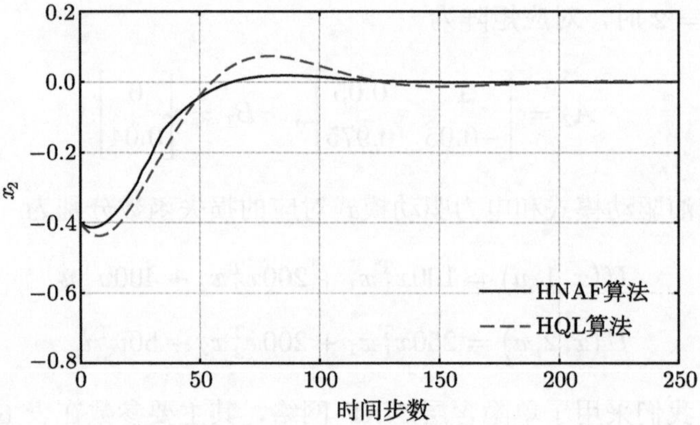

图 6.3 实验一中系统状态 x_2 的轨迹 (初始状态 $x_0 = [0.6, -0.6]^{\mathrm{T}}$)

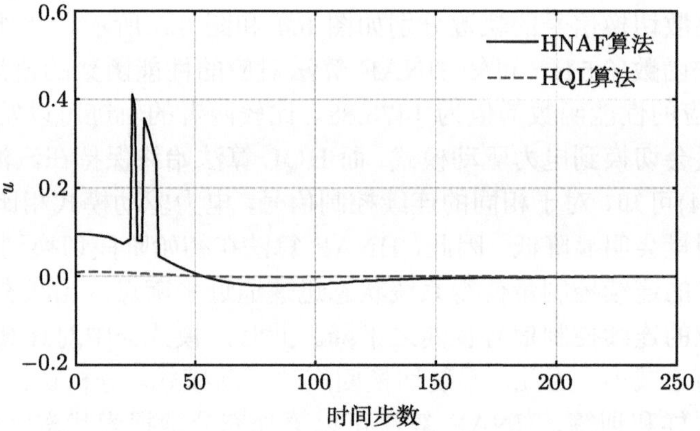

图 6.4 实验一中连续控制信号 u 的轨迹

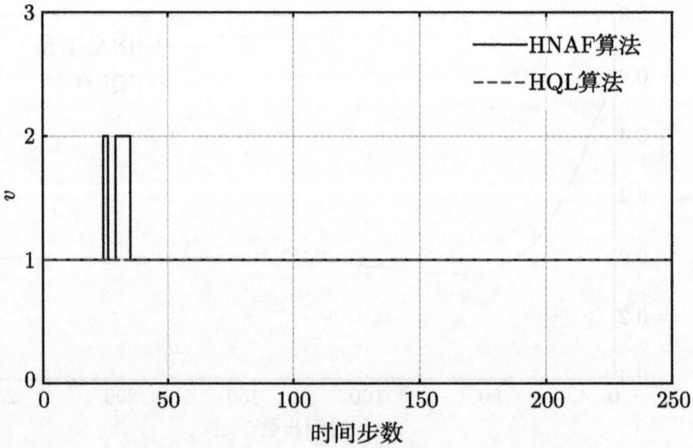

图 6.5 实验一中离散切换信号 v 的轨迹

6.5.2 仿真实验二

考虑以下切换系统 [4]：

$$
\begin{aligned}
x_{k+1} &= \begin{bmatrix} -0.8x_{2_k} \\ \sin(0.8x_{1_k} - x_{2_k}) + 1.8x_{2_k} \end{bmatrix} + \begin{bmatrix} 0 \\ -x_{2_k} \end{bmatrix} u_k, \quad v_k = 1 \\
x_{k+1} &= \begin{bmatrix} 0.5x_{1_k}^2 x_{2_k} \\ x_{1_k} + 0.8x_{2_k} \end{bmatrix} + \begin{bmatrix} 0 \\ x_{1_k} \end{bmatrix} u_k, \quad v_k = 2
\end{aligned} \tag{6.55}
$$

其中，$x_k = [x_{1_k}, x_{2_k}]^{\mathrm{T}}$ 表示系统状态；u_k 表示连续控制输入；$v_k \in \{1,2\}$ 表示子系统的索引。根据式(6.3)定义的性能函数，且令 $S(1) = S(2) = I_S$ 和 $R(1) = R(2) = I_R$。I_S 和 I_R 分别表示具有合适维度的单位矩阵。特别的，我们采用了具有单隐含层的 NAF 网络，隐含层节点激活函数为 ReLU[6]。实验参数设置参见表 6.1。

选择系统初始状态为 $x_0 = [-1.5, 0.5]^{\mathrm{T}}$，然后执行训练所得的策略，所得的系统状态轨迹如图 6.6和图 6.7所示。同时，连续控制信号轨迹和离散切换信号轨迹分别如图 6.8 和图 6.9所示。

此外，我们将仿真结果与 DHP 算法进行了对比。从相同的初始状态出发，并且执行 DHP 算法所得到的策略，给出对应的状态、连续控制信号和离散切换信号的轨迹。将生成的状态和动作信号序列代入性能函数(6.3)，可以知道 HNAF 算法对应的性能函数的值为 3.2046，而 DHP 算法对应的性能函数的值为 5.0302。显然，HNAF 算法取得了更好的控制效果。

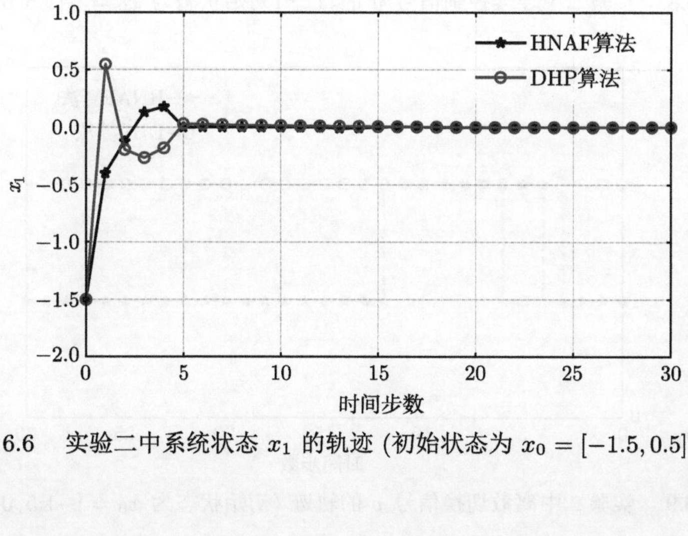

图 6.6　实验二中系统状态 x_1 的轨迹 (初始状态为 $x_0 = [-1.5, 0.5]^{\mathrm{T}}$)

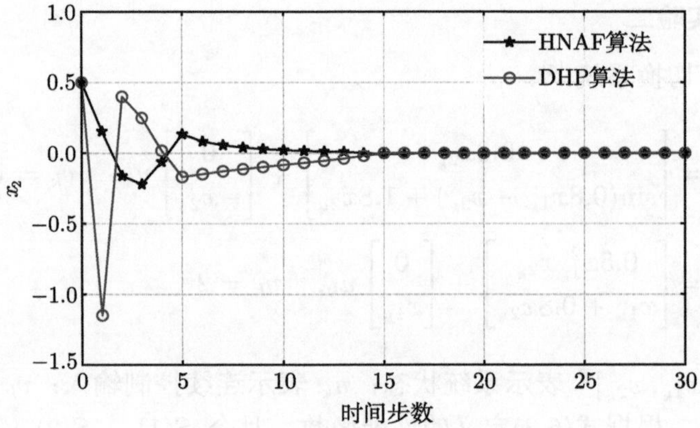

图 6.7 实验二中系统状态 x_2 的轨迹 (初始状态为 $x_0 = [-1.5, 0.5]^{\mathrm{T}}$)

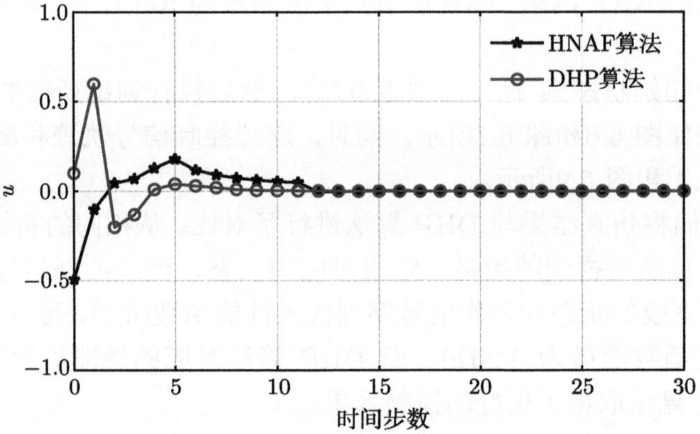

图 6.8 实验二中连续控制信号 u 的轨迹 (初始状态为 $x_0 = [-1.5, 0.5]^{\mathrm{T}}$)

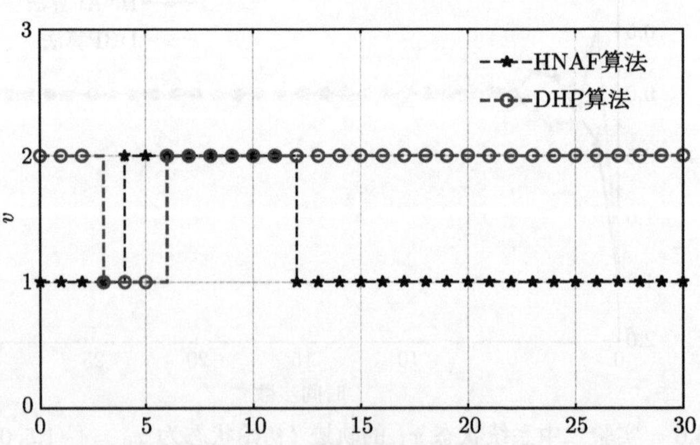

图 6.9 实验二中离散切换信号 v 的轨迹 (初始状态为 $x_0 = [-1.5, 0.5]^{\mathrm{T}}$)

6.5.3 仿真实验三

考虑以下非线性切换系统 [5]：

$$
\begin{aligned}
x_{k+1} &= \begin{bmatrix} 0.2x_{1_k}\mathrm{e}^{x_{2_k}^2} \\ 0.3x_{2_k}^3 \end{bmatrix} + \begin{bmatrix} 0 \\ x_{2_k} \end{bmatrix} u_k,\ v_k = 1 \\
x_{k+1} &= \begin{bmatrix} -\sin(0.5x_{2_k}) \\ -\cos(1.4x_{2_k})\sin(0.9x_{1_k}) \end{bmatrix} + \begin{bmatrix} 0 \\ 1 \end{bmatrix} u_k,\ v_k = 2
\end{aligned}
\tag{6.56}
$$

其中，$x_k = [x_{1_k}, x_{2_k}]^{\mathrm{T}}$ 表示系统状态；u_k 表示连续控制输入；$v_k \in \{1, 2\}$ 表示离散动作。

根据式(6.3)定义的性能函数，且 $S(1) = S(2) = I_S$ 和 $R(1) = R(2) = I_R$。I_S 和 I_R 分别表示具有合适维度的单位矩阵。特别的，我们采用了具有单隐含层的 NAF 网络来执行 HNAF 算法，激活函数为 ReLU。实验三参数的值在表 6.1中给出。

选择系统初始状态为 $x_0 = [-1.5, 0.5]^{\mathrm{T}}$，然后执行训练所得的策略，所得的系统状态轨迹如图 6.10和图 6.11所示。同时，连续控制输入信号和离散切换信号的轨迹分别如图 6.12 和图 6.13所示。

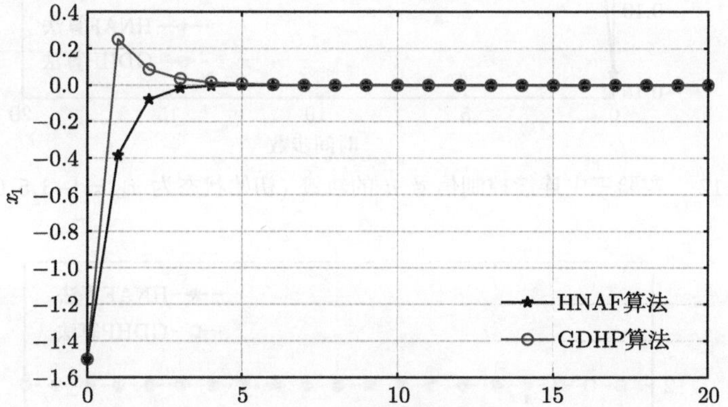

图 6.10 实验三中系统状态 x_1 的轨迹 (初始状态为 $x_0 = [-1.5, 0.5]^{\mathrm{T}}$)

将仿真结果与 GDHP 算法进行了对比。从相同的初始状态出发，并且执行 GDHP 算法所得到的策略，对应的状态、连续控制和离散切换信号的轨迹分别如图 6.10∼ 图 6.13所示。将生成的状态和动作信号序列代入性能函数(6.3)，计算得到 HNAF 算法对应的性能函数的值为 2.6753，而 GDHP 算法对应的性能函数的值为 3.1677。显然，HNAF 算法取得了更好的控制效果。

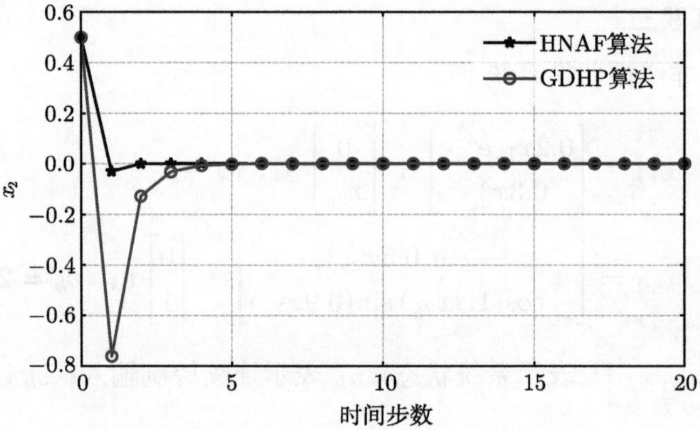

图 6.11 实验三中系统状态 x_2 的轨迹 (初始状态为 $x_0 = [-1.5, 0.5]^{\mathrm{T}}$)

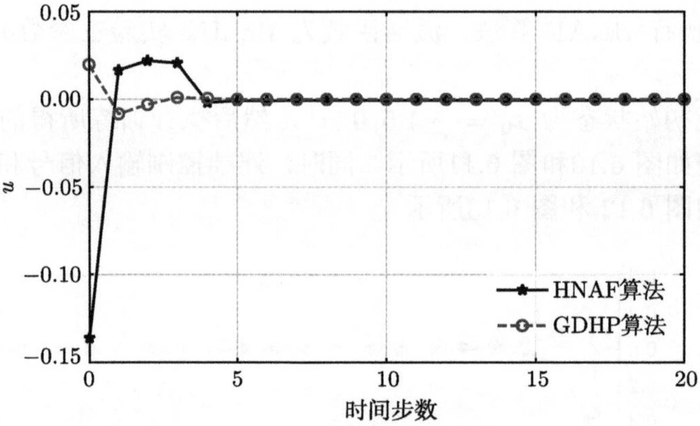

图 6.12 实验三中连续控制信号 u 的轨迹 (初始状态为 $x_0 = [-1.5, 0.5]^{\mathrm{T}}$)

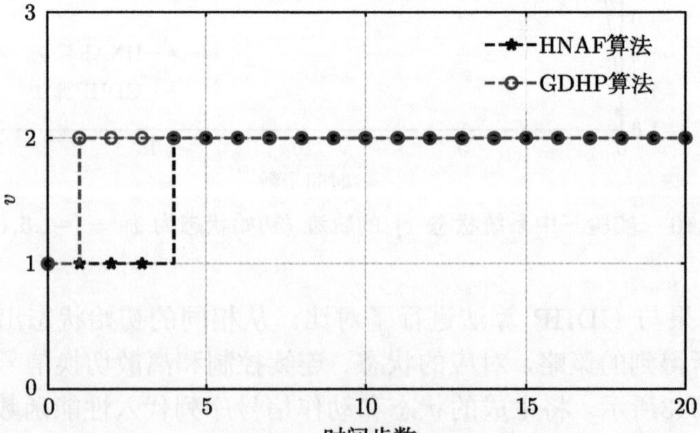

图 6.13 实验三中离散切换信号 v 的轨迹 (初始状态为 $x_0 = [-1.5, 0.5]^{\mathrm{T}}$)

6.6 本 章 小 结

本章针对非线性受控切换系统的最优控制问题，分别设计了混合 Q 学习算法和 HNAF 算法，利用数据驱动方法寻找最优策略。在理论分析方面，考虑了神经网络拟合误差对算法收敛性和最优性的影响，证明了在神经网络近似误差存在的情况下，算法将有条件收敛到近似最优解。最后通过仿真实验对算法进行了验证。

参 考 文 献

[1] Sutton R S, Barto A G. Reinforcement Learning: An Introduction[M]. Cambridge: MIT Press, 2018.

[2] Gu S X, Lillicrap T, Sutskever I, et al. Continuous deep Q-learning with model-based acceleration[C]. Proceedings of the 33rd International Conference on International Conference on Machine Learning, New York, 2016: 2829-2838.

[3] Lewis F L, Vrabie D, Syrmos V L. Optimal Control[M]. Hoboken: John Wiley and Sons, 2012.

[4] Zhang H G, Qin C B, Luo Y H. Neural-network-based constrained optimal control scheme for discrete-time switched nonlinear system using dual heuristic programming[J]. IEEE Transactions on Automation Science and Engineering, 2014, 11(3): 839-849.

[5] Mu C X, Liao K J, Ren L, et al. Approximately optimal control of discrete-time nonlinear switched systems using globalized dual heuristic programming[J]. Neural Processing Letters, 2020, 52(2): 1089-1108.

[6] Glorot X, Bordes A, Bengio Y. Deep sparse rectifier neural networks[C]. Proceedings of the 14th International Conference on Artificial Intelligence and Statistics，Fort Lauderdale, 2011: 315-323.

第 7 章　基于任务分解的多智能体强化学习协同控制

7.1 引　言

在很多实际的多智能体协作系统中，任务通常都不是单一的。一个整体任务的完成，往往包含了多个子任务的求解。子任务之间的关系可以相互独立，也可以相互依赖，无论是哪种形式，子任务的求解都是整体任务完成的前提。而大部分多智能体强化学习 (multi-agent reinforcement learning, MARL) 算法并没有考虑系统中包含的子任务，直接从整体任务出发进行探索。对于一些较为复杂的任务，模型往往难以兼顾各子任务的学习，从而影响到整体任务的性能。因此，本章主要研究在多智能体系统中，如何根据整体任务中包含的子任务信息，通过对任务的分解训练提高智能体的探索效率，从而实现系统整体性能的提升。

一般而言，强化学习的任务主要体现在奖励函数的设置上，而大部分问题中环境返回给智能体的是单值奖励，即使该系统包含了多个子任务也是如此。因此，对于多任务的学习，如果直接采用传统的强化学习算法通过单值奖励训练模型，容易使模型针对某个具体的任务陷入局部最优，从而难以获得全局最优解。在多智能体协作系统中也存在同样的情况。例如，考虑一个多目标协同导航问题，当一些智能体陷入对同一目标的导航任务时，可能会因为环境返回的局部激励导致它们无法跳出当前的局部最优策略，从而无法同时找到更多的目标。而常见的解决方案，如给智能体的动作输出或网络参数增加噪声 [1]、设计分层架构实现深度搜索 [2]、设计好奇心机制 [3] 等，均无法针对多任务目标给出明确的优化方向。

针对该问题，本章考虑将环境返回的奖励值针对每个子任务进行分解，获得多个分解奖励信号。通过对这些分解奖励信号的学习，将得到关于每个子任务的 Q 函数并作为执行网络的优化目标。根据这种方式，将原本单一目标的优化问题转化为多目标优化问题，再综合利用这些值函数为每个智能体找到最优策略。

具体地，首先将任务分解的思想应用于多智能体 Q 学习算法中，解决包含多个任务的多智能体协作问题。其中，每个智能体通过值分解方法同时学习多个 Q 函数，并通过这些 Q 函数共同提升策略的性能。在该思想的基础上，提出了基于任务分解的多智能体 Q 学习 (multi-agent Q-learning with task decomposition, MAQ-TDec) 算法，有效提升了传统多智能体独立 Q 学习的性能。最后，通过将该任务分解的思想应用在一些最新的算法上，使算法性能得到进一步的提升。

针对连续动作空间下的多智能体协作系统，本章提出基于任务分解的多智能体确定性策略梯度 (multi-agent deterministic policy gradient with task decomposition, MADPG-TDec) 算法。该算法针对每个智能体设计了一个执行网络和多个评价网络，每个评价网络均对应一个子任务，使得算法能够同时针对每个子任务进行优化，从而避免直接优化整体任务导致的局部最优问题。

在强化学习问题中，智能体的任务一般由单值奖励函数来描述。因此，针对单智能体场景，Marthi[4] 研究了奖励函数的自动重塑和分解，以加快智能体的学习过程。该方法首先学习了环境给定的原始奖励函数形式，然后根据学习到的内容对该奖励函数进行分解。van Seijen 等 [5] 针对单智能体多任务强化学习的奖励函数分解问题进行了研究，他们首先通过手动方式对环境返回的奖励值进行分解，然后根据分解后的奖励值学习包含多个 Q 值的最优策略，从而加快了学习过程并提高了准确性。针对多任务多智能体强化学习 (multi-task multi-agent reinforcement learning, MT-MARL) 问题，为了学习出一个通用的策略，Omidshafiei 等 [6] 首先分别单独学习了各个不同任务的策略，然后使用策略蒸馏技术将这些不同任务的策略组合为一个策略，该策略在一些相关的多任务系统中表现良好 (在后面的仿真实验中，均使用 Distillation 指代该算法)。

在基于集中式训练–分布式执行 (centralized training with decentralized execution，CTDE) 框架的完全协作 MARL 问题中，Sunehag 等 [7] 发现了虚假奖励问题和“惰性智能体”现象，并提出利用值分解网络 (value decomposition network，VDN) 拟合团队中每个智能体的虚拟值函数，然后利用团队整体的奖励函数来学习这些值函数的和，从而可以缓解这些问题。但是，VDN 中的值函数分解为了过于满足独立全局最大化 (independent global maxization，IGM) 条件，使得函数的整体表达能力有所下降 [8]。为了满足 IGM 条件，Rashid 等 [8] 提出了一种称为 QMIX 的单调值函数分解方法。QMIX 通过一个混合网络将每个智能体的 Q 值组合为一个整体，从而实现端到端的训练。然而，以上基于值函数分解的方法并不是针对多任务问题而设计的，因此仍然存在复杂多任务下的局部最优问题。

本章提出的算法将每个智能体的值函数根据整体任务中包含的多个任务进行分解，并针对各智能体的多个值函数学习出最优策略。因此，提出的值函数分解算法和 VDN、QMIX 中针对不同智能体的值函数分解算法有着本质的区别，其最大的优势在于可以通过多个值函数对子任务进行同时优化，从而避免策略陷入局部最优点。

7.2 问题描述

在实际应用中，MARL 协作问题中通常包含多个子任务，这些子任务的奖励信息组合成了每个智能体的单值奖励。大部分 MARL 算法直接利用该单值奖励优化其目标函数，而不考虑针对这些子任务的优化情况。然而，当任务比较复杂时，通过这种方式很难找到全局最优策略，尤其当采用深度神经网络作为函数拟合器时，优化问题变得更加具有挑战性。如果算法学到的是整体目标函数的次优解，则自然不能保证每个子目标的最优性。因此，本章通过任务分解来考虑多任务 MARL 的优化问题。

对于一个具有 M 个任务和 N 个智能体的协作任务 MARL 场景，其优化问题可以表示为

$$\max_{\theta_\pi^i} \mathcal{J}^i(\theta_\pi^i), \quad i = 1, 2, \cdots, N \tag{7.1}$$

其中，$\mathcal{J}^i(\theta_\pi^i) = [\mathcal{J}_1^i(\theta_\pi^i), \cdots, \mathcal{J}_M^i(\theta_\pi^i)]$，$\mathcal{J}_k^i(\theta_\pi^i)$ 是智能体 i 对应第 k 个任务的目标函数，$k = 1, 2, \cdots, M$。

一般地，问题 (7.1) 中同时最大化每个子目标函数，其最优解可能是不存在的 [9]，但是可以得到一组帕累托最优解 [9-12]。

定义 7.1 (帕累托支配 (Pareto dominate)) 对于式 (7.1) 中智能体 i 的优化问题，若 $\mathcal{J}_k^i(\theta_{\pi_1}^i) \geqslant \mathcal{J}_k^i(\theta_{\pi_2}^i), \forall k = 1, 2, \cdots, M$ 成立，称策略 π_1 帕累托支配策略 π_2，记作 $\pi_1 \succeq \pi_2$。

定义 7.2 (帕累托最优 (Pareto optimal)) 对于式 (7.1) 中智能体 i 的优化问题，若 $\pi^* \succeq \pi, \forall \pi \in \Pi^i$ 成立，称策略 π^* 为帕累托最优。其中，Π^i 是智能体 i 所有可行策略的集合。

一般来说，对于多目标优化问题，帕累托最优解可能不是唯一的。因此，称一个优化问题所有帕累托最优解构成的集合为帕累托集 (Pareto set)：$\mathcal{P}_\pi = \{\pi^* | \pi^* \text{为帕累托最优解}\}$，并称对应的最优目标函数值为帕累托界 (Pareto frontier)：$\mathcal{P}_\mathcal{J} = \{\mathcal{J}(\pi^*) | \pi^* \in \mathcal{P}_\pi\}$。

7.3 基于任务分解的学习算法

本节考虑具有多协作任务的多智能体系统，分别针对离散和连续控制问题提出基于任务分解的学习算法，使得学习过程更加有效。从奖励函数中包含的先验知识出发，将整体任务分解为若干个子任务 [13]。本节首先介绍值函数分解原理，然后提出两种具体的算法：MAQ-TDec 和 MADPG-TDec。最后，本节针对该算法进行相应的理论分析。

7.3.1 值函数分解

给定包含多个子任务的 MDP，所有子任务的奖励共同组成了整体奖励函数。现有的大多数算法都通过优化整体值函数来完成这些子任务。因此，本节首先研究如何将整体值函数分解为若干个子值函数，然后给出这种分解方式需要满足的条件，从而为下一步分别优化子目标函数提供基础。

定理 7.1 假设一个 MDP 的奖励函数 $R:\mathcal{S}\times\mathcal{A}\times\mathcal{S}\mapsto\mathbb{R}$ 可被分解为 M 个子奖励函数，即 $R(s,a,s')=\sum\limits_{k=1}^{M}r_k(s,a,s')$，则某个策略 π 对应的状态值函数和 Q 函数可分别被分解为 $V^\pi(s)=\sum\limits_{k=1}^{M}V_k^\pi(s)$ 和 $Q^\pi(s,a)=\sum\limits_{k=1}^{M}Q_k^\pi(s,a)$ [5]。

证明 状态值函数 $V^\pi(s)$ 定义如下:

$$V^\pi(s)=\mathbb{E}_\pi\left[\sum_{l=0}^{\infty}\gamma^l R_{t+l+1}|s_t=s\right] \tag{7.2}$$

根据奖励函数的分解形式，可将状态值函数分解为

$$\begin{aligned}
V^\pi(s)&=\mathbb{E}_\pi\left[\sum_{l=0}^{\infty}\gamma^l\sum_{k=1}^{M}r_{t+l+1,k}|s_t=s\right]\\
&=\mathbb{E}_\pi\left[\sum_{k=1}^{M}\gamma^l\sum_{l=0}^{\infty}r_{t+l+1,k}|s_t=s\right]\\
&=\sum_{k=1}^{M}\mathbb{E}_\pi\left[\gamma^l\sum_{l=0}^{\infty}r_{t+l+1,k}|s_t=s\right]\\
&=\sum_{k=1}^{M}V_k^\pi(s)
\end{aligned} \tag{7.3}$$

同理，还可得到 Q 函数的分解形式:

$$Q^\pi(s,a)=\sum_{k=1}^{M}Q_k^\pi(s,a) \tag{7.4}$$

□

由于值函数被分解为几个子函数，因此下面考虑如何优化这些子函数。实际上，即使值函数可由式 (7.3) 和式 (7.4) 分解，它们仍基于同一个策略 π，所以有

时无法针对这些子函数实现同时优化。这意味着，某些学到的策略可能只能优化这些任务中的一部分。

一般来说，最大化给定目标函数所得到的最优策略可能不唯一，尤其是针对高维状态空间的复杂任务。因此，令 Π^* 表示多任务 MDP 对应的最优策略集，而 $\Pi_k^*(k=1,2,\cdots,M)$ 表示各子任务的最优策略集，给出以下关于任务分解的假设。

假设 7.1　在一个包含 M 个任务的 MDP 中，奖励函数可被分解为$R(s,a,s')=\sum\limits_{k=1}^{M} r_k(s,a,s')$，使得 $\bigcap\limits_{k=1}^{M} \Pi_k^* \neq \varnothing$ 成立，并且任务和任务之间在时序上没有先后关系。

假设 7.1表明在策略空间中至少存在一个策略，使得该策略针对每个子任务都是最优的，因此能够保证基于任务分解的学习方法有效。这也说明，并非任意形式下的奖励函数分解，均可被应用于本章所提的基于任务分解的训练方法中。这是因为不同形式的奖励分解均对应不同的帕累托集，而本章的目标是希望该帕累托集和智能体的最优策略集等价。此外，本章只研究没有时间关系的任务，即各子任务之间在先后顺序上没有优先级的划分。下面将基于此假设提出两种算法。

7.3.2　基于任务分解的多智能体 Q 学习算法

多智能体 Q 学习 (multi-agent Q-learning，MAQ) 的目标是为每个智能体学习一个最优 Q 函数，使得各智能体利用其值函数独立地进行决策。在协作任务场景中，智能体 i 的 Q 值可被定义为 $Q^i(s,a^i,a^{-i})=\mathbb{E}\left[\sum\limits_{l=0}^{\infty}\gamma^l R_{t+l+1}^i|s_t=s,\right.$ $\left.a_t^i=a^i,a_t^{-i}=a^{-i}\right]$，通过以下迭代公式来求解 $Q^*(s,a^i,a^{-i})$：

$$Q^i(s_t,a_t^i,a_t^{-i}):=(1-\alpha)Q^i(s_t,a_t^i,a_t^{-i})+\alpha\left(r_{t+1}^i+\gamma\max_{a^{i'}\in\mathcal{A}}Q^i(s_{t+1},a^{i'},a_{t+1}^{-i})\right) \tag{7.5}$$

式 (7.5) 是协作任务中 MAQ 算法的更新公式，其中，α 是学习率，γ 是折扣因子。

为了简化问题，采用 s 代替每个智能体的观测信息，但对算法的设计不会产生影响。此外，针对其他智能体的联合动作 a^{-i}，本章参考文献 [14] 中的设定，假设其当前的动作和上一步动作保持一致且固定，单独优化智能体 i 的动作。

注记 7.1　本章提到的协作任务是指所有智能体共享相同的奖励函数，学习目标是使共同的累计折扣奖励最大化 [15,16]。对不同智能体来说，它们在同一时刻的奖励值可能因为不同的局部观测而有所不同，但是其奖励函数本身是一致的，因此目标任务也一致。

由于智能体 i 的奖励函数可被分解为 $R_t^i=\sum\limits_{k=1}^{M} r_{t,k}^i$，并且满足假设 7.1，则它的 Q 函数根据定理 7.1被分解为

$$Q^i(s,a^i,a^{-i})=\sum_{k=1}^{M} Q_k^i(s,a^i,a^{-i}) \tag{7.6}$$

其中

$$Q_k^i(s,a^i,a^{-i})=\mathbb{E}\left[\sum_{l=0}^{\infty}\gamma^l r_{t+l+1,k}^i|s_t=s,a_t^i=a^i,a_t^{-i}=a^{-i}\right] \tag{7.7}$$

是关于任务 k 的 Q 函数。

有了这些子 Q 值，则可以为智能体 i 定义 ϵ-贪心策略，用于智能体在模型训练时对环境进行探索：

$$\pi^i(s)=\begin{cases}\arg\max\limits_{a^i\in\mathcal{A}}\sum\limits_{k=1}^{M} Q_k^i(s,a^i,a^{-i}), & \text{以 } \epsilon \text{ 的概率}\\ \text{从 } \mathcal{A} \text{ 中随机采样一个动作}, & \text{以 } 1-\epsilon \text{ 的概率}\end{cases}$$

与迭代公式 (7.5) 不同的是，此处通过同步优化智能体 i 的所有子 Q 函数来得到整体 Q 函数的更新。$\forall k=1,2,\cdots,M$，子 Q 函数的更新公式为

$$Q_k^i(s_t,a_t^i,a_t^{-i}):=(1-\alpha)Q_k^i(s_t,a_t^i,a_t^{-i})+\alpha\left(r_{t+1,k}^i+\gamma\max_{a^i\in\mathcal{A}} Q_k^i(s_{t+1},a^i,a^{-i})\right) \tag{7.8}$$

定理 7.2 给定具有 M 个协作任务的多智能体系统，动作空间离散，若假设 7.1成立，则通过迭代公式 (7.8) 可以保证整体 Q 函数最终能够收敛到最优，即 Q^*，并且 Q^* 的性能比式 (7.5) 得到的结果更好。

证明 假设 Q^{i*} 是智能体 i 的最优 Q 函数，则它将满足 $Q^{i*}=\sum\limits_{k=1}^{M} Q_k^{i*}$。初始化智能体 i 的值函数为 $Q^{i,0}(s,a^i,a^{-i})=\sum\limits_{k=1}^{M} Q_k^{i,0}(s,a^i,a^{-i}),\forall s\in\mathcal{S}$ 且 $\forall a^i\in\mathcal{A}$。利用式 (7.8) 不断迭代更新其 Q 函数，直到第 N_e 步，得到此时每个任务的子 Q 函数 $Q_k^{i,N_e},k=1,2,\cdots,M$。针对 Q 函数的更新公式，$\forall k=1,2,\cdots,M$，定义函数空间中的算子 $\mathcal{T}_k$ 为

$$(\mathcal{T}_k Q_k^{i,N_e})(s,a^i,a^{-i})=(1-\alpha)Q_k^{i,N_e}(s,a^i,a^{-i})+\alpha\left(r_{t+1,k}^i+\gamma\max Q_k^{i,N_e}(s',\cdot,\cdot)\right) \tag{7.9}$$

在 $\|\cdot\|_{\sup}$ 下，$\mathcal{T}_k$ 是一个压缩映射 [17]。因此，有

$$\begin{aligned}
&\left\|Q_k^{i,N_e} - Q_k^{i*}\right\|_{\sup} = \left\|\mathcal{T}_k Q_k^{i,N_e-1} - \mathcal{T}_k Q_k^{i*}\right\|_{\sup} \\
&= \left\|(1-\alpha)(Q_k^{i,N_e-1} - Q_k^{i*}) + \alpha\gamma\left(\max Q_k^{i,N_e-1}(s',\cdot,\cdot) - \max Q_k^{i*}(s',\cdot,\cdot)\right)\right\|_{\sup} \\
&\leqslant (1-\alpha+\alpha\gamma)\left\|Q_k^{i,N_e-1} - Q_k^{i*}\right\|_{\sup} \\
&\cdots \\
&\leqslant (1-\alpha+\alpha\gamma)^{N_e}\left\|Q_k^{i,0} - Q_k^{i*}\right\|_{\sup}
\end{aligned} \tag{7.10}$$

进而得到关于整体 Q 函数的等式关系：

$$\left\|Q^{i,N_e} - Q^{i*}\right\|_{\sup} = \left\|\sum_{k=1}^{M} Q_k^{i,N_e} - \sum_{k=1}^{M} Q_k^{i*}\right\|_{\sup} = \left\|\sum_{k=1}^{M}(Q_k^{i,N_e} - Q_k^{i*})\right\|_{\sup} \tag{7.11}$$

根据范数 $\|\cdot\|_{\sup}$ 的次可加性，可以得到

$$\left\|Q^{i,N_e} - Q^{i*}\right\|_{\sup} \leqslant \sum_{k=1}^{M}\left\|Q_k^{i,N_e} - Q_k^{i*}\right\|_{\sup} \leqslant (1-\alpha+\alpha\gamma)^{N_e}\sum_{k}^{M}\left\|Q_k^{i,0} - Q_k^{i*}\right\|_{\sup} \tag{7.12}$$

考虑到 $\alpha, \gamma \in (0,1)$，可以得到

$$\lim_{N_e\to\infty}(1-\alpha+\alpha\gamma)^{N_e} = 0 \tag{7.13}$$

而 $\left\|Q_k^{i,0} - Q_k^{i*}\right\|_{\sup}$ 是一个常数，因此有

$$\lim_{N_e\to\infty}\left\|Q^{i,N_e} - Q^{i*}\right\|_{\sup} = 0 \tag{7.14}$$

进一步的，利用迭代公式 (7.8)，得到

$$\begin{aligned}
Q^{i,N_e+1}(s,a^i,a^{-i}) &= \sum_{k=1}^{M}(\mathcal{T}_k Q^{i,N_e})(s,a^i,a^{-i}) \\
&= (1-\alpha)Q^{i,N_e}(s,a^i,a^{-i}) + \alpha\left(R_{t+1}^i + \gamma\sum_{k=1}^{M}\max Q_k^{i,N_e}(s',\cdot,\cdot)\right) \\
&\geqslant (1-\alpha)Q^{i,N_e}(s,a^i,a^{-i}) + \alpha\left(R_{t+1}^i + \gamma\max\sum_{k=1}^{M} Q_k^{i,N_e}(s',\cdot,\cdot)\right)
\end{aligned}$$

$$=(1-\alpha)Q^{i,N_e}(s,a^i,a^{-i})+\alpha\left(R^i_{t+1}+\gamma\max Q^{i,N_e}(s',\cdot,\cdot)\right) \tag{7.15}$$

从式 (7.15) 中可以看到，迭代公式 (7.8) 得到的 Q 函数要比原始的迭代公式 (7.5) 更好，并且它们之间的差距将会随着训练步数的增加越来越大。这说明基于任务分解的训练方法不仅可以收敛到最优解，而且可以比传统的方法性能更好。 □

本章利用神经网络来近似智能体 i 关于子任务的 Q 函数，这需要根据迭代公式 (7.8) 设计出对应的损失函数，并通过最小化损失函数来实现 Q 函数的收敛：

$$\mathcal{L}^i_k(\theta^i_{q,k})=\mathbb{E}\left[(Q^i_k(s_t,a^i_t,a^{-i}_t;\theta^i_{q,k})-y^i_{t,k})^2\right],\quad k=1,2,\cdots,M \tag{7.16}$$

其中，$y^i_{t,k}$ 表示子 Q 函数的目标值：

$$y^i_{t,k}=r^i_{t+1,k}+\gamma\max_{a^i\in\mathcal{A}}Q^i_k(s^i_{t+1},a^i,a^{-i};\theta^{i,\mathrm{tar}}_{q,k}) \tag{7.17}$$

并且 $\theta^i_{q,k}$、$\theta^{i,\mathrm{tar}}_{q,k}$ 分别表示当前网络和目标网络的参数 [18]。$\theta^{i,\mathrm{tar}}_{q,k}$ 通过以下的方式进行周期性更新：

$$\theta^{i,\mathrm{tar}}_{q,k}\leftarrow\theta^i_{q,k} \tag{7.18}$$

MAQ-TDec 算法的伪代码见算法 7.1。这里，利用神经网络来实现状态–动作到 Q 值的映射。当然，其他函数拟合器也同样适用。

算法 7.1 MAQ-TDec 算法

初始化： 随机初始化各 Q 网络的参数, 空的经验回放池 $\mathcal{D}$

for 训练回合数 $=1$ **to** 最大训练回合数 N_e **do**
  重新设置仿真环境，并得到初始状态 $\{s^i_0\}^N_{i=1}$
  for $t=1$ **to** 最大时间步数 T **do**
    获得动作：$a^i_t=\pi^i_\epsilon(s^i_t),i=1,2,\cdots,N$
    同时执行动作:$\{a^i_t\}^N_{i=1}$,并得到 $\{s^i_{t+1}\}^N_{i=1}$,$\{R^i_{t+1}\}^N_{i=1}$,其中 $R^i_{t+1}=[r^i_{t+1,1},\cdots,r^i_{t+1,M}]$
    保存 $\{\langle s^i_t,a^i_t,s^i_{t+1}\rangle,R^i_{t+1}\}^N_{i=1}$ 至 $\mathcal{D}$ 中
    从 $\mathcal{D}$ 中采样 N_{batch} 组数据
    for $i=1$ **to** N, $k=1$ **to** M **do**
      通过最小化式 (7.16) 的平均值来更新 Q 网络
    end for
    每隔 C 步，利用式 (7.18) 更新目标网络
    $s^i_t\leftarrow s^i_{t+1},i=1,2,\cdots,N$
  end for
end for

7.3.3 基于任务分解的多智能体确定性策略梯度算法

对于具有 N 个智能体和连续动作空间的 MARL 问题，将具有执行器-评价器结构的 DPG[19] 算法扩展到多任务场景。该算法针对子任务学习了多个评价器，并针对每个智能体的多个目标函数找到一个最优策略。算法框架如图 7.1所示。

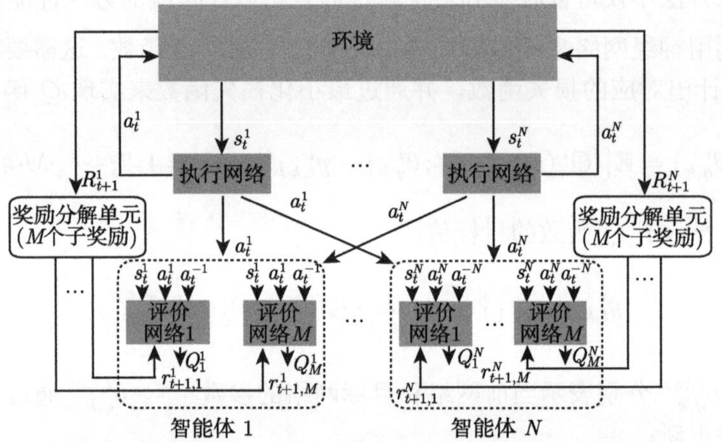

图 7.1 MADPG-TDec 算法的执行器–评价器网络框架

执行器–评价器结构中，执行器和评价器可分别通过深度神经网络进行拟合，称为执行网络 (actor network) 和评价网络 (critic network)。执行网络表示智能体参数化的策略，其输入是智能体当前时刻的状态，输出当前时刻所采取的动作值。评价网络用于评估当前策略下智能体的期望收益。评价网络将智能体的状态、动作值，以及其他智能体的联合动作值作为输入，输出当前时刻该智能体的 Q 值，并作为执行网络的优化目标。对于图 7.1中的结构，每个智能体对应一个执行网络，即一个策略，这些策略构成了系统的联合策略。评价网络用于评估当前策略在每个子任务上的性能表现。

给定策略 π_θ^i，智能体 i 的目标函数可被定义为

$$\mathcal{J}^i(\theta_\pi^i) = \mathbb{E}\left[\sum_{t=0}^{\infty} \gamma^t R_{t+1}^i | s_0, \pi_\theta^i, \pi_\theta^{-i}\right] \tag{7.19}$$

其中，π_θ^i 和 π_θ^{-i} 分别表示智能体 i 的参数化策略和其他智能体的联合参数化策略；θ_π^i 表示智能体 i 的策略参数。

这里首先将 DPG 算法 [19] 扩展到多智能体场景下，然后再通过任务分解将其应用于多任务 MARL 问题中。

引理 7.1(多智能体确定性策略梯度 (MADPG)) 考虑 N 个智能体的 MARL 问题，令 Θ_π 和 Θ_q 分别为执行器和评价器的参数空间。策略 π_θ^i 和值函数 Q^i 分别由 θ_π^i 和 θ_q^i 参数化确定，其中 $\theta_\pi^i \in \Theta_\pi$，$\theta_q^i \in \Theta_q$。$\mathcal{J}^i(\theta_\pi^i)$ 是由式 (7.19) 定义的目标函数。则 $\mathcal{J}^i(\theta_\pi^i)$ 关于 θ_π^i 的梯度计算公式为

$$\nabla_{\theta_\pi^i}\mathcal{J}^i(\theta_\pi^i) = \mathbb{E}_{s\sim d^\pi}\left[\nabla_{\theta_\pi^i}\pi_\theta^i(s)\nabla_{a^i}Q^i(s,a^i,a^{-i};\theta_q^i)|_{a^i=\pi_\theta^i(s)}\right] \tag{7.20}$$

其中，d^π 表示多智能体系统在联合策略 π 下的平稳状态分布。

证明 根据文献 [19]，对于连续动作空间的单智能体强化学习问题，目标函数关于策略参数的梯度为

$$\begin{aligned}\nabla_{\theta_\pi}\mathcal{J}(\theta_\pi) &= \int_{s\in\mathcal{S}} d^\pi(s)\nabla_{\theta_\pi}\pi_\theta(s)\nabla_a Q^\pi(s,a;\theta_q)|_{a=\pi_\theta(s)}\mathrm{d}s \\ &= \mathbb{E}_{s\sim d^\pi}\left[\nabla_{\theta_\pi}\pi_\theta(s)\nabla_a Q^\pi(s,a;\theta_q)|_{a=\pi_\theta(s)}\right]\end{aligned} \tag{7.21}$$

对于多智能体系统，在训练过程中，允许智能体之间具有一定的独立性，并且所有的智能体可以互相提供各自的动作值。这样，就可以将式 (7.21) 扩展到多智能体的场景中：

$$\begin{aligned}\nabla_{\theta_\pi^i}\mathcal{J}^i(\theta_\pi^i) &= \int_{s\in\mathcal{S}} d^\pi(s)\nabla_{\theta_\pi^i}\pi_\theta^i(s)\nabla_{a^i}Q^i(s,a^i,a^{-i};\theta_q^i)|_{a^i=\pi_\theta^i(s)}\mathrm{d}s \\ &= \mathbb{E}_{s\sim d^\pi}\left[\nabla_{\theta_\pi^i}\pi_\theta^i(s)\nabla_{a^i}Q^i(s,a^i,a^{-i};\theta_q^i)|_{a^i=\pi_\theta^i(s)}\right]\end{aligned} \tag{7.22}$$

□

引理 7.1中，智能体 i 的评价器为 $Q^i(s,a^i,a^{-i};\theta_q^i) = \mathbb{E}\left[\sum\limits_{l=0}^{\infty}\gamma^l R_{t+l+1}^i|s_t, a^i,a^{-i};\theta_q^i\right]$，相应的贝尔曼方程为

$$Q^i(s,a^i,a^{-i};\theta_q^i) = \mathbb{E}\left[R_{t+1}^i + \gamma Q^i(s',\pi_\theta^i(s'),a^{-i\prime};\theta_q^i)|s,a^i,a^{-i}\right] \tag{7.23}$$

其中，$i=1,2,\cdots,N$；$a^{-i\prime}$ 为其他智能体在下一时刻的联合动作，由其他智能体的策略根据下一步状态求出。当更新智能体 i 评价器时，假设其他智能体当前的策略是不变的。这样，式 (7.23) 的期望值就只由环境和其他智能体当前的策略确定。引理 7.1中的 θ_q^i 通过最小化如下损失函数来不断优化：

$$\mathcal{L}^i(\theta_q^i) = \mathbb{E}\left[(Q^i(s,a^i,a^{-i};\theta_q^i) - y^i)^2\right] \tag{7.24}$$

其中，y^i 表示目标 Q 值：

$$y^i = R_{t+1}^i + \gamma Q^{i,\text{tar}}(s', \pi_\theta^i(s'), a^{-i\prime}; \theta_q^{i,\text{tar}}) \tag{7.25}$$

且 $Q^{i,\text{tar}}$ 表示智能体 i 的目标 Q 网络，$\theta_q^{i,\text{tar}}$ 是该网络的参数。

针对多任务情况，根据定理 7.1中的奖励函数分解形式，式 (7.19) 可被分解为 $\mathcal{J}^i(\theta_\pi^i) = \sum\limits_{k=1}^{M} \mathcal{J}_k^i(\theta_\pi^i)$，其中，

$$\mathcal{J}_k^i(\theta_\pi^i) = \mathbb{E}\left[\sum_{t=0}^{\infty} \gamma^t r_{t+1,k}^i | s_0, \pi_\theta^i, \pi_\theta^{-i}\right], \quad k = 1, 2, \cdots, M \tag{7.26}$$

智能体 i 的状态–动作值函数可被分解为 $Q^i(s, a^i, a^{-i}) = \sum\limits_{k=1}^{M} Q_k^i(s, a^i, a^{-i})$，其中

$$\begin{aligned} Q_k^i(s, a^i, a^{-i}) &= \mathbb{E}\left[\sum_{l=t}^{\infty} \gamma^l r_{t+l+1,k}^i | s, a^i, a^{-i}\right] \\ &= \mathbb{E}\left[r_{t+1,k}^i + \gamma Q_k^{i,\text{tar}}(s', \pi_\theta^i(s'), a^{-i\prime}) | s, a^i, a^{-i}\right] \end{aligned} \tag{7.27}$$

定理 7.3 (基于任务分解的多智能体确定性策略梯度 (MADPG-TDec)) 对于具有 M 个协作任务的多智能体系统，每个智能体的奖励函数可被分解为 $R_t^i = \sum\limits_{k=1}^{M} r_{t,k}^i$。则对应的智能体 i 的策略梯度为

$$\begin{aligned} \nabla_{\theta_\pi^i} \mathcal{J}^i(\theta_\pi^i) &= \sum_{k=1}^{M} \nabla_{\theta_\pi^i} \mathcal{J}_k^i(\theta_\pi^i) \\ &= \sum_{k=1}^{M} \mathbb{E}_{s \sim d^\pi} \left[\nabla_{\theta_\pi^i} \pi_\theta^i(s) \nabla_{a^i} Q_k^i(s, a^i, a^{-i})|_{a^i = \pi_\theta^i(s)}\right] \end{aligned} \tag{7.28}$$

证明 利用梯度算子的有限可加性，定理 7.3可由引理 7.1直接得到。 □

有了式 (7.28) 给出的策略梯度，可通过梯度上升的方法更新执行网络的参数：

$$\theta_\pi^i \leftarrow \theta_\pi^i + \alpha_a \nabla_{\theta_\pi^i} \mathcal{J}^i(\theta_\pi^i) \tag{7.29}$$

其中，α_a 是执行网络的学习率。

智能体 i 的各子评价器参数通过最小化以下损失函数不断更新：

$$\mathcal{L}_k^i(\theta_{q,k}^i) = \mathbb{E}\left[(Q_k^i(s, a^i, a^{-i}) - y_{t,k}^i)^2\right], \quad k = 1, 2, \cdots, M \tag{7.30}$$

其中，$y^i_{t,k}$ 是各子 Q 函数的目标值：

$$y^i_{t,k} = r^i_{t+1,k} + \gamma Q^i_k(s', \pi^i(s'), a^{-i\prime}) \tag{7.31}$$

针对式 (7.28) 中的策略梯度，在计算的过程中，不同子 Q 值的增大或减小，可能导致式 (7.28) 中平均梯度保持不变，进而使得策略没有实质性的更新。当出现该问题并且所得策略不是全局最优时，表明得到的目标值 $\mathcal{J}^i(\theta^i_\pi)$ 无法很好地评估策略 π^i_θ 的性能。此时，如果将评价器分解为多个子评价器，并通过最小化式 (7.30) 使其针对不同任务的奖励函数分别进行优化，就可以获得更好的目标值 $\mathcal{J}^i(\theta^i_\pi)$ 和相应的策略梯度 $\nabla_{\theta^i_\pi}\mathcal{J}^i(\theta^i_\pi)$，从而更加准确地评估策略并更新执行网络的参数。因此，提出的算法可以有效地缓解该问题。

式 (7.28) 和式 (7.30) 分别用于多任务-多智能体系统中的执行器和评价器的参数迭代和更新。算法 7.2给出了整个训练过程的伪代码。为了稳定参数的训练，使用软更新因子 τ 来定期更新目标神经网络，该目标神经网络参考文献 [20]、[21] 进行设置。

算法 7.2 MADPG-TDec 算法

初始化： 网络参数、经验回放池 $\mathcal{D}$，与当前网络同样参数的目标网络

for 训练回合数 $=1$ **to** 最大训练回合数 N_e **do**
  重新设置仿真环境并得到初始状态 s_0
  for $t=1$ **to** 最大训练回合数 T **do**
    获得动作值：$a^i_t = \pi^i_\theta(s_t), i=1,2,\cdots,N$
    执行动作 $\{a^i_t\}^N_{i=1}$，得到 s_{t+1} 和 $\{R^i_{t+1}\}^N_{i=1}$
    其中，$R^i_{t+1} = [r^i_{t+1,1},\cdots,r^i_{t+1,M}]$
    保存 $\{\langle s_t, a^i_t, s_{t+1}, R^i_{t+1}\rangle\}^N_{i=1}$ 至 $\mathcal{D}$ 中
    从 $\mathcal{D}$ 中采样 N_{batch} 组数据
    for $i=1$ **to** N **do**
      for $k=1$ **to** M **do**
        利用采样数据，通过最小化式 (7.30) 更新评价网络参数
      end for
      利用采样数据，根据式 (7.28) 和式 (7.29)，通过梯度上升的方法更新执行网络参数
    end for
    更新目标网络参数：

$$\theta^{i,\text{tar}}_{q,k} \leftarrow \tau\theta^i_{q,k} + (1-\tau)\theta^{i,\text{tar}}_{q,k}$$

$$\theta^{i,\text{tar}}_\pi \leftarrow \tau\theta^i_\pi + (1-\tau)\theta^{i,\text{tar}}_\pi$$

    $s_t \leftarrow s_{t+1}$
  end for
end for

推论 7.1　考虑一个多智能体系统，包含 N 个智能体和 M 个任务。智能体 i 的奖励函数可被分解为 $R_t^i=\sum\limits_{k=1}^{M} r_{t,k}^i$，并且其目标函数可被分解为 $\mathcal{J}^i(\pi^i)=\sum\limits_{k=1}^{M}\mathcal{J}_k^i(\pi^i)$，则 $\mathcal{J}^i(\pi^i)$ 的优化问题等价于同时优化 $\mathcal{J}_k^i(\pi^i), k=1,2,\cdots,M$，当且仅当假设 7.1成立。

证明　根据式 (7.19) 中 $\mathcal{J}^i(\pi^i)$ 的定义，若 $\mathcal{J}^i(\pi^i)$ 的优化问题等价于分别优化 $\mathcal{J}_k^i(\pi^i)$，则说明 $\max\limits_{\pi}\mathcal{J}^i(\pi)\Leftrightarrow\max\limits_{\pi_k}\mathcal{J}_k^i(\pi_k), k=1,2,\cdots,M$，即

$$\max_{\pi}\sum_{k=1}^{M}\mathcal{J}_k^i(\pi)=\sum_{k=1}^{M}\max_{\pi_k}\mathcal{J}_k^i(\pi_k),\quad k=1,2,\cdots,M \tag{7.32}$$

假设 $\pi^{i*}\in\varPi^{i*}$ 且 $\pi_k^{i*}\in\varPi_k^{i*}, k=1,2,\cdots,M$，则可根据式 (7.32) 得出 $\mathcal{J}_k^i(\pi^{i*})=\mathcal{J}_k^i(\pi_k^{i*})$，因此 $\pi^{i*}\in\varPi_k^{i*},\forall k=1,2,\cdots,M$，则 $\bigcap\limits_{k=1}^{M}\varPi_k^{i*}\neq\varnothing$，假设 7.1成立。

另外，根据假设 7.1，若 $\bigcap\limits_{k=1}^{M}\varPi_k^{i*}\neq\varnothing$，则 $\forall\pi^{i*}\in\bigcap\limits_{k=1}^{M}\varPi_k^{i*}$，满足 $\mathcal{J}_k^i(\pi^{i*})=\max\limits_{\pi}\mathcal{J}_k^i(\pi)$。利用目标函数的分解，可得

$$\mathcal{J}^i(\pi^{i*})=\sum_{k=1}^{M}\mathcal{J}_k^i(\pi^{i*})=\sum_{k=1}^{M}\max_{\pi}\mathcal{J}_k^i(\pi)=\max_{\pi}\mathcal{J}^i(\pi) \tag{7.33}$$

因此，$\max\limits_{\pi}\mathcal{J}^i(\pi)\Leftrightarrow\max\limits_{\pi_k}\mathcal{J}_k^i(\pi_k), k=1,2,\cdots,M$，即优化 $\mathcal{J}^i(\pi)$ 等价于分别同时优化 $\mathcal{J}_k^i(\pi),\forall k=1,2,\cdots,M$。 □

此外，具有多协作任务的 MARL 系统旨在实现满足帕累托最优的策略。

推论 7.2　具有 M 个任务的多智能体系统中，由推论 7.1得出的等价最优策略 π^{i*} 是帕累托最优的。

证明　根据推论 7.1，由于策略 π^{i*} 是智能体 i 的最优策略，则对于智能体 i 的目标函数，有 $\mathcal{J}_k^i(\pi^{i*})=\max\limits_{\pi}\mathcal{J}_k^i(\pi)\geqslant\mathcal{J}_k^i(\pi^i),\forall\pi^i\in\varPi^i, k=1,2,\cdots,M$。根据定义 7.1，$\pi^{i*}\succeq\pi^i,\forall\pi^i\in\varPi^i$。因此，根据定义 7.2，$\pi^{i*}$ 是帕累托最优策略，即 $\pi^{i*}\in\mathcal{P}_{\pi^i}$。 □

通过以上分析可以得出结论，由 MADPG-TDec 算法找到的最优策略等同于原始的 MADPG 算法。这两种算法之间的区别是评价网络和策略更新。MADPG-TDec 算法针对具有多个子任务的奖励函数使用多个评价网络，以计算目标函数

关于策略参数的梯度，而 MADPG 算法使用单个评价网络。如果用深度神经网络来拟合执行器和评价器，则很难保证 MADPG 算法找到的策略对于所有子任务都是全局最优的。而根据以上的分析，相比于 MADPG，MADPG-TDec 算法可以更好地保证每个子任务的最优性。

注记 7.2 MAQ-TDec 算法和 MADPG-TDec 算法均假设算法已经有了关于子任务数量，以及如何从系统奖励函数中分解出各子任务奖励的知识。没有这些先验知识，就不可能将来自环境的整体奖励函数分解为特定任务的子奖励函数，并且将不知道值函数需要分解为多少个子 Q 函数和子评价网络，以及应该用哪些子奖励值来训练这些网络。因此，该先验知识的充分利用是任务分解有助于学习的关键原因。

当 MADPG-TDec 算法的子评价网络数量与子任务的数量不匹配时，这些子评价网络的总和可能无法表示整体值函数。令 K 表示子评价网络的数量，M 表示子任务的数量。若 $K < M$，则可以删除多余的评价网络，以确保子评价网络输出的总和等于整体评价网络输出的总和。若 $K > M$，则可以重新组合额外的子奖励以匹配子评价网络，从而将整体任务以这种新的组合方式分解，并用于这些子评价网络的训练。

综上所述，基于任务分解的学习方法可以应用在具有多个协作任务的多智能体系统中。

7.4 仿真实验

为了验证 7.3 节中提出的算法及相关结论，本节分别针对离散动作空间的决策问题和连续动作空间的控制问题进行了仿真。仿真实验均在安装了 Ubuntu 16.04 操作系统的英特尔 i7 处理器 (频率 4.20GHz) 台式机上运行。针对深度神经网络的实现，采用 TensorFlow 开源工具箱 [22] 对算法框架进行了搭建并完成参数训练。

7.4.1 仿真实验一

本节首先将算法 7.1(MAQ-TDec 算法) 在具有离散动作空间的多智能体迷宫寻宝问题中进行验证。如图 7.2 所示，在一个 6×6 的网格世界中有两个智能体和两个目标。这两个智能体的任务是通过协作一起找到目标点。在训练期间，随机给定这些智能体初始位置。

智能体可以观察自身以及其他智能体的位置作为其状态信息，并从离散动作集：$\mathcal{A} = \{\text{up}, \text{down}, \text{left}, \text{right}, \text{wait}\}$ 中选择动作。如果发现两个目标中的任何一个，则每个智能体将获得 +5 的奖励。如果智能体没有发现任何目标，它将获得

惩罚项 −1。如果它被墙挡住或与其他智能体碰撞，也将获得 −1 的惩罚。因此，智能体 i 的奖励函数可被设计为

$$R_t^i = r_{t,\text{target1}}^i + r_{t,\text{target2}}^i + r_{t,\text{penalty}}^i \tag{7.34}$$

其中，$r_{t,\text{target1}}^i = \{-1, +5\}$，$r_{t,\text{target2}}^i = \{-1, +5\}$，$r_{t,\text{penalty}}^i = \{-1, 0\}$。

智能体的任务可由 $r_{t,\text{target1}}^i$ 和 $r_{t,\text{target2}}^i$ 表征，设计的算法也是根据这样的形式实现对任务的分解，即智能体 i 的奖励函数可被分解为：$R_t^i = r_{t,1}^i + r_{t,2}^i$，其中 $r_{t,1}^i = r_{t,\text{target1}}^i + 0.5r_{t,\text{penalty}}^i$，$r_{t,2}^i = r_{t,\text{target2}}^i + 0.5r_{t,\text{penalty}}^i$。

图 7.2　实验一：多智能体迷宫寻宝问题

参与对比的各个算法根据表 7.1 进行参数设置。其中各个算法的 Q 函数统一采用两层多层感知机网络 (multilayer perceptron，MLP) 来近似。实验结果如图 7.3 所示，在训练过程中每隔 50 回合对算法进行一次测试，每次测试均针对 10 条不同轨迹的累计奖励进行计算，并取其平均值。对于 Distillation 算法 [6]、VDN 算法 [7] 和 QMIX 算法 [8]，使用和原论文中相同的网络结构。为了 MAQ-TDec 算法和

表 7.1　实验一的参数设定

参数名称	参数值
折扣因子	0.99
学习率	0.001
数据批量大小	64
经验回放池大小	100000
初始化贪心系数	0.1
回合数	25000
最大轨迹长度	20
隐含层节点个数 (layer 1)	16
隐含层节点个数 (layer 2)	16
智能体个数	2
任务个数	2

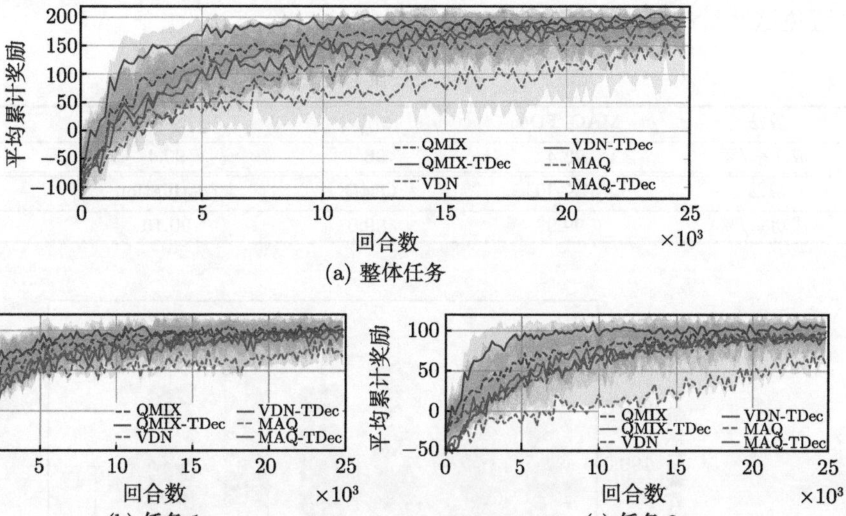

(a) 整体任务

(b) 任务 1

(c) 任务 2

图 7.3　实验一各算法性能比较

这些算法更加具有可比性，将原论文中使用的深度递归 Q 网络 (DRQN) 替换为具有两个隐含层的 MLP 网络。对于 Distillation 算法，分别在两个不同的阶段进行训练。在第一阶段，智能体根据不同任务的奖励分别学习对应的策略；在第二阶段，将这些策略采用策略蒸馏技术进行整合，得到一个可以处理多任务的策略。因此，对于 Distillation 算法，无法针对其训练过程的性能曲线和其他算法进行对比，而只比较它们在模型训练结束后的最终性能表现。

图 7.3 是经过 15 组实验后各算法的平均性能结果比较，同时将 15 组实验中各算法表现最好的一组进行单独实验对比，并分别在表 7.2 和图 7.4 中展示了它们的成功率和 1000 条轨迹上的平均累计奖励。可以发现，MAQ-TDec 算法的性能优于 MAQ 算法，并且可以与 VDN 算法和 QMIX 算法获得相近的性能。然而从表 7.2 和图 7.4 中，可以发现在某些情况下，VDN 算法和 QMIX 算法可能优于所提出的 MAQ-TDec 算法。为了更加清楚地验证任务分解对算法提升的有效性，以相同的方式分解 Q 函数，将 VDN 算法和 QMIX 算法分别扩展成 VDN-TDec 算法和 QMIX-TDec 算法，发现性能得到了显著的提高。图 7.3(b) 和 (c) 是针对每个任务的智能体整体性能表现，可以发现基于任务分解的算法 (MAQ-TDec、VDN-TDec 和 QMIX-TDec) 对各子任务以及整体任务的性能提升是显而易见的，尤其在任务 2 的表现上更为明显。此外，实验过程中发现 Distillation 算法在这种环境设置下并不能很好地执行，因为其第一阶段学习的策略针对特定的任务，是局部最优的。而在第二阶段，很难通过如策略蒸馏这样的回归方法将这些局部最优策略整合为全局最优解。然而和 Distillation 算法相比，本章所提的算法可以有

效避免这些针对特定任务的局部最优策略。

表 7.2　各算法在实验一中的成功率对比

算法	MAQ-TDec	MAQ	VDN-TDec	VDN
成功率/%	98.4	96.4	99.4	99.2
算法	QMIX-TDec	QMIX	Distillation	
成功率/%	99.9	99.0	90.10	

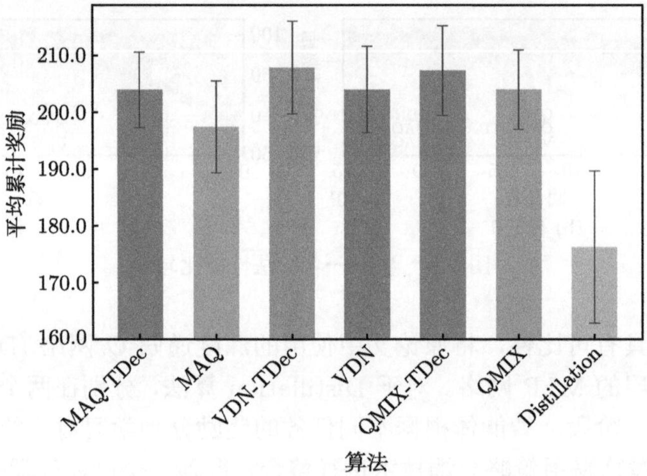

图 7.4　实验一训练过程中性能最好的模型的平均测试结果比较

7.4.2　仿真实验二

接下来利用文献 [20] 中的开源多智能体仿真环境来研究多智能体协同导航问题。假设环境中有 N 个智能体 (记为 $A_1, A_2, \cdots, A_N$) 和 M 个目标 (记为 $T_1, T_2, \cdots, T_M$)，它们的初始位置均为随机。多智能体系统的任务是让这 N 个智能体在最短的时间内达到 M 个目标，并且互相之间不发生碰撞 (如图 7.5 所示)。为了简化问题，令 $N = M$，即智能体的个数和目标的个数一样，每个智能体可被动态分配为一个目标。环境中每个智能体的观测信息包括其自身位置、速度、目标及其他智能体的相对位置信息。每个智能体的动作由水平方向和垂直方向上的力构成。在每个方向上，动作都是连续的，范围从 -1 到 1。为了避免多个智能体可能因为选择同一个目标而产生冲突，需要设计一个合理的奖励函数来引导智能体完成任务。

在图 7.5 中，有三个处于不同位置的智能体，它们的任务是通过协作导航到达三个不同的目标。对某个目标点来说，只要离它最近的智能体更加靠近它，则环境将返回更大的奖励。因此，智能体 i 的奖励函数可被设计为

$$R_t^i = r_{t,1}^i + r_{t,2}^i + r_{t,3}^i \tag{7.35}$$

其中

$$\begin{cases} r_{t,1}^i = -\min\{\text{dis}(T_1, A_1), \text{dis}(T_1, A_2), \text{dis}(T_1, A_3)\} + \rho_t^i \\ r_{t,2}^i = -\min\{\text{dis}(T_2, A_1), \text{dis}(T_2, A_2), \text{dis}(T_2, A_3)\} + \rho_t^i \\ r_{t,3}^i = -\min\{\text{dis}(T_3, A_1), \text{dis}(T_3, A_2), \text{dis}(T_3, A_3)\} + \rho_t^i \end{cases} \tag{7.36}$$

其中，$\rho_t^i = \{-1,0\}$，若智能体 i 和其他智能体发生碰撞，就会得到 -1 的惩罚，即 $\rho_t^i = -1$；否则 $\rho_t^i = 0$。在式 (7.36) 中，$\text{dis}(T_k, A_i)$ 表示从目标 T_k 到智能体 A_i 的欧氏距离。

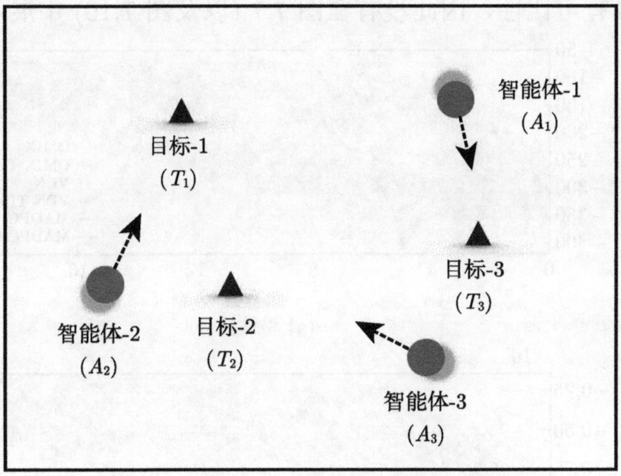

图 7.5 实验二：静态多目标导航问题

表 7.3 实验二的参数设定

参数名称	参数值
折扣因子	0.95
评价网络学习率	0.001
执行网络学习率	0.01
软更新因子	0.001
批量数据大小	64
经验回放池大小	100000
初始化探索方差	0.3
隐含层节点 (layer 1)	32
隐含层节点 (layer 2)	32
回合数	20000
最大轨迹长度	50

本实验中，执行器和评价器使用的均为包含两个隐含层的神经网络，每层的激活函数均为 ReLU[23]。根据表 7.3 中的参数设置，实验结果如图 7.6 所示。为了与 VDN 和 QMIX 的性能进行比较，将连续动作在每个维度上都做了从 $[-1,1]$ 到 $\{-1,0,1\}$ 的离散化。使用具有相同结构的神经网络来实现 VDN 和 QMIX 算法，并将各智能体的奖励之和作为系统的团队奖励以学习整体的 Q 函数。在这里，同样根据不同的子奖励值来实现 VDN-TDec 算法和 QMIX-TDec 算法 (如实验一所述)。每隔 100 回合就对模型进行一次测试，并在 10 个不同的轨迹上对测试结果取平均得到该训练时刻下的平均性能。针对每种算法均完成了 15 组实验，每组实验中均对神经网络的参数进行了随机初始化。在这 15 组实验中，针对每种算法选出表现最佳的一组，并通过 1000 次测试比较各算法的性能，如图 7.7 所示。在本实验中，Distillation 算法表现较差，由于和图中的算法性能差距太大以至于没有可比性，因此没有在图 7.7 (以及图 7.10) 中展示其性能。

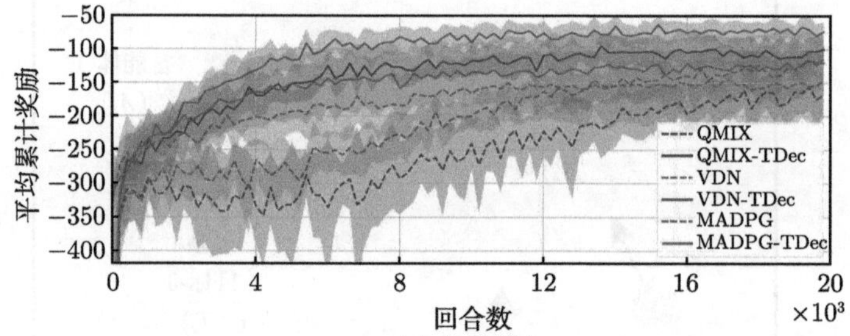

(a) 整体任务

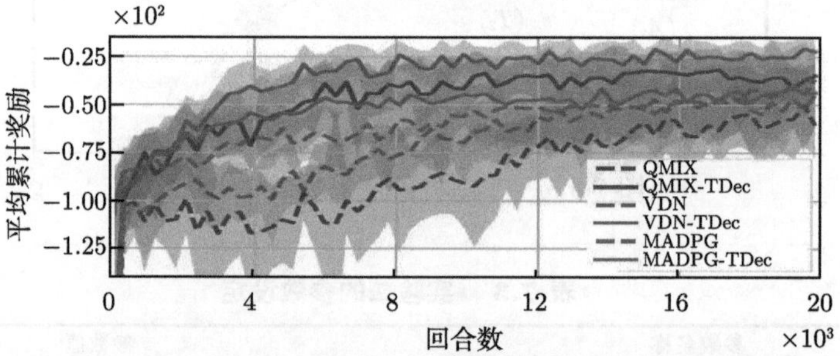

(b) 任务 1

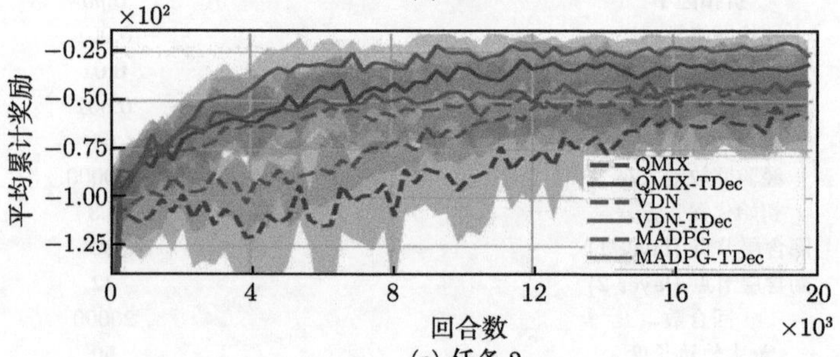

(c) 任务 2

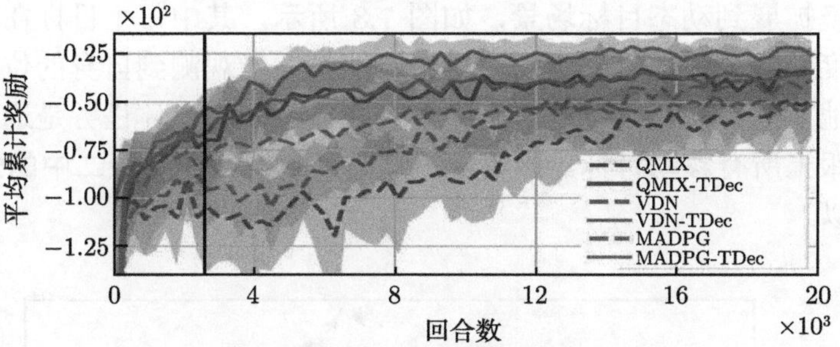

(d) 任务 3

图 7.6 实验二各算法性能比较

MADPG-TDec 算法通过三个子评价网络指导执行网络搜索最优策略。对每个智能体来说，其执行网络的更新由三个针对不同任务的评价网络确定。而 MADPG 算法通过单个评价网络，针对式 (7.35) 中的整体奖励信号直接指导执行网络搜索策略。如图 7.6 和图 7.7 所示，在同样的参数设置下 (表 7.3)，MADPG-TDec 算法优于 MADPG 算法、VDN 算法和 QMIX 算法。图 7.6(a) 和图 7.6(b)~(d) 分别展示了算法在整体任务和各子任务上的性能表现。如果将任务分解思想应用到 VDN 算法和 QMIX 算法，VDN-TDec 算法和 QMIX-TDec 算法均可实现性能的显著提高，甚至优于 MADPG-TDec 算法。因此，可以得出结论，基于任务分解的算法能够有效提升多协作任务 MARL 算法的性能。

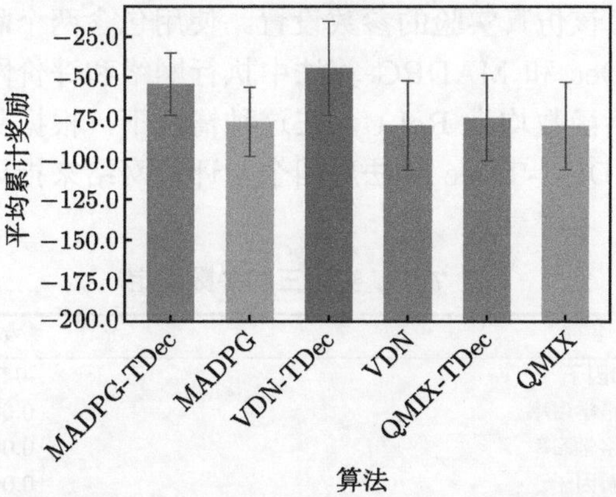

图 7.7 实验二训练过程中性能最好的模型的平均测试结果比较

7.4.3 仿真实验三

在本实验中，主要考虑包含四个智能体和四个目标的动态多目标导航问题，相比前两个实验，这将扩大探索空间并增加实验的难度。将文献 [20] 中的多智能体导航环境扩展到动态目标场景，如图 7.8 所示，其中每个目标在矩形区域中以固定的速度做完全弹性碰撞运动。每个智能体都能观测到自身的位置、速度、与目标及其他智能体的相对位置信息。多智能体系统的整体任务是通过协作，学习如何快速跟上所有移动目标。该实验的奖励函数设计和实验二中的式 (7.35) 及式 (7.36) 类似。

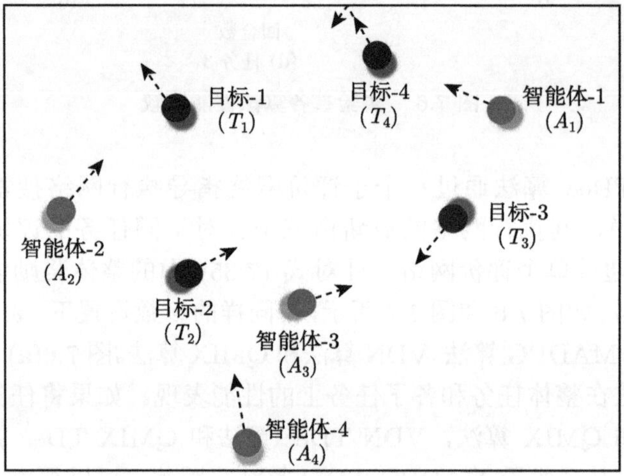

图 7.8 实验三：动态多目标导航问题

表 7.4 中列出了该仿真实验的参数设置。使用包含两个隐含层的神经网络分别实现 MADPG-TDec 和 MADPG 算法中执行网络和评价网络的拟合，每个神经网络的隐含层激活函数均为 ReLU。在这种情况下，根据奖励函数针对四个不同任务的分解，MADPG-TDec 算法用四个子评价网络来指导执行网络参数的更

表 7.4 实验三的参数设定

参数名称	参数值
折扣因子	0.95
评价网络学习率	0.001
执行网络学习率	0.001
软更新因子	0.001
批量数据大小	256
经验回放池大小	200000
初始化探索方差	0.2
隐含层节点 (layer 1)	64
隐含层节点 (layer 2)	64
回合数	35000
最大轨迹长度	50

新。作为对比的 MADPG 算法则仍然用系统的整体奖励信号来训练评价网络及执行网络。

本节采用与实验二中相同的方式测试各算法在训练过程中的性能，并在图 7.9 中展示了相应的实验曲线。实验结果显示，没有奖励分解模块的 MADPG 算法平均性能在 2000 回合训练后，上升速度较慢；而 MADPG-TDec 算法在 3000 回合训练之后，不仅性能上升的速度比 MADPG 算法快，而且算法最终的性能得到了明显的提升。MADPG-TDec 算法可以分别处理奖励函数中包含的每个子任务，并且相应的子评价网络很容易收敛。以实验二中相同的方式测试 VDN 算法和 QMIX 算法的性能，结果如图 7.9 所示。从实验结果中发现，基于任务分解的

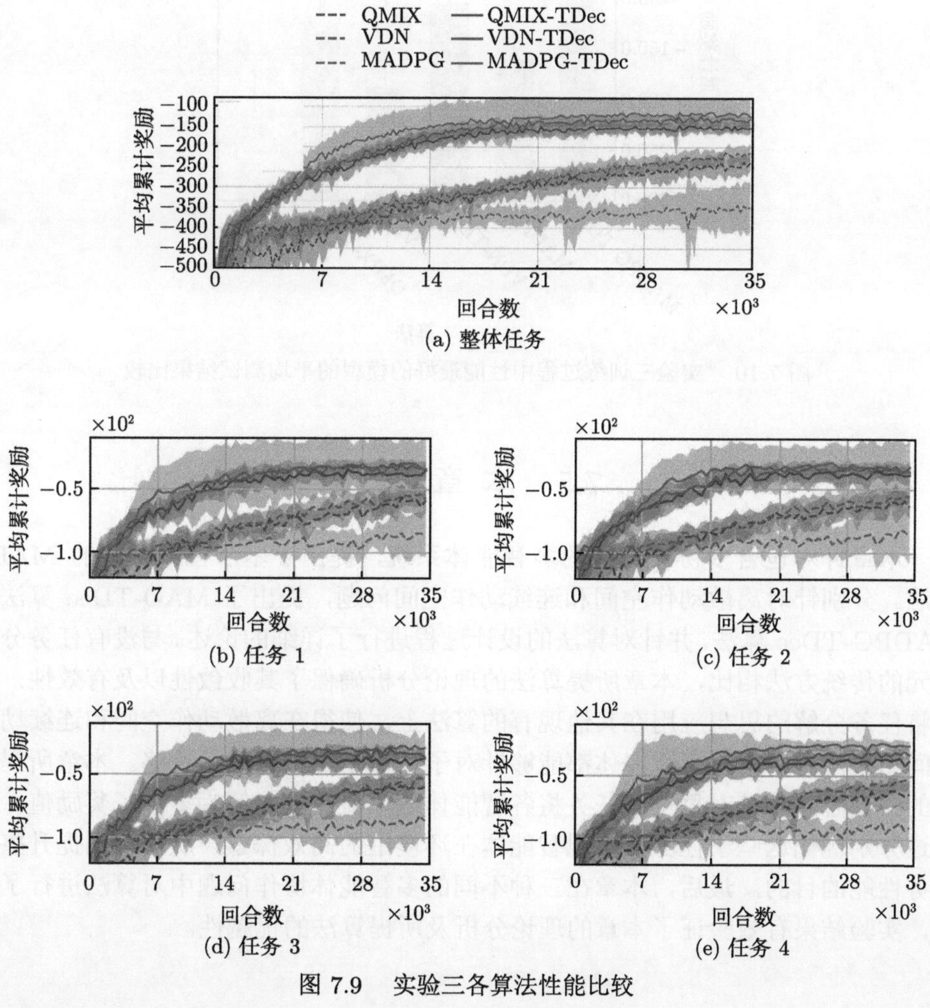

(a) 整体任务

(b) 任务 1

(c) 任务 2

(d) 任务 3

(e) 任务 4

图 7.9 实验三各算法性能比较

VDN-TDec 算法和 QMIX-TDec 算法性能，分别在 VDN 算法和 QMIX 算法的基础上得到了显著提升。经过 15 组不同初始参数的对比实验，并从中将每种算法表现最好的一组数据单独提取进行比较，图 7.10 展示了这些算法在 1000 次测试之后的平均性能比较。不难发现，MADPG-TDec 算法与其他算法相比性能最佳，说明基于任务分解的算法性能得到了明显提升。

综上所述，三个实验结果均证明了本章所提算法中任务分解思想的有效性。与最新算法 (如 VDN 算法和 QMIX 算法) 比较的结果也印证了 7.3节中关于任务分解算法的理论分析。

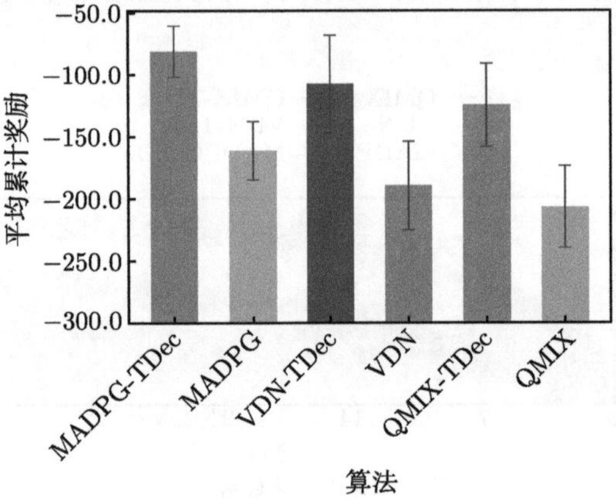

图 7.10　实验三训练过程中性能最好的模型的平均测试结果比较

7.5　本 章 小 结

本章针对包含多协作任务的多智能体系统，提出了基于任务分解的 MARL 算法。分别针对离散动作空间和连续动作空间问题，提出了 MAQ-TDec 算法和 MADPG-TDec 算法，并针对算法的设计过程进行了详细的论述。与没有任务分解单元的传统方法相比，本章所提算法的理论分析确保了其收敛性以及有效性。本章将任务分解的思想应用在其他现有的算法上，使得在离散动作空间和连续动作空间相关问题中，每个智能体都能够针对子任务学习出更好的策略。本章所提算法的关键思想是针对每个子任务将各智能体的单值奖励分解为多个子奖励值，并通过分别优化这些子任务以实现智能体在环境中的高效探索，从而达到提升整体任务性能的目的。最后，本章在三种不同的多智能体协作问题中对算法进行了测试，实验结果有效验证了本章的理论分析及所提算法的优越性。

参 考 文 献

[1] Fortunato M, Azar M G, Piot B, et al. Noisy networks dor exploration[C]. International Conference on Learning Representations, Vancouver, 2018: 1-21.

[2] Osband I, Blundell C, Pritzel A, et al. Deep exploration via bootstrapped DQN[C]. Advances in Neural Information Processing Systems, Barcelona, 2016: 4033-4041.

[3] Burda Y, Edwards H, Pathak D, et al. Large-scale study of curiosity-driven learning[C]. International Conference on Learning Representations, New Orleans, 2019.

[4] Marthi B. Automatic shaping and decomposition of reward functions[C]. Proceedings of the 24th International Conference on Machine Learning, Corvalis Oregon, 2007: 601-608.

[5] van Seijen H, Fatemi M, Romoff J, et al. Hybrid reward architecture for reinforcement learning[C]. Advances in Neural Information Processing Systems, Long Beach, 2017: 5392-5402.

[6] Omidshafiei S, Pazis J, Amato C, et al. Deep decentralized multi-task multi-agent reinforcement learning under partial observability[C]. International Conference on Machine Learning, Sydney, 2017: 2681-2690.

[7] Sunehag P, Lever G, Gruslys A, et al. Value-decomposition networks for cooperative multi-agent learning based on team reward[C]. International Conference on Autonomous Agents and MultiAgent Systems, Stockholm, 2018: 2085-2087.

[8] Rashid T, Samvelyan M, Schroeder C, et al. Qmix: Monotonic value function factorisation for deep multi-agent reinforcement learning[C]. International Conference on Machine Learning, Stockholm, 2018: 4295-4304.

[9] Lopez V G, Lewis F L. Dynamic multiobjective control for continuous-time systems using reinforcement learning[J]. IEEE Transactions on Automatic Control, 2019, 64(7): 2869-2874.

[10] van Moffaert K, Nowé A. Multi-objective reinforcement learning using sets of Pareto dominating policies[J]. The Journal of Machine Learning Research, 2014, 15(1): 3483-3512.

[11] Sener O, Koltun V. Multi-task learning as multi-objective optimization[C]. Advances in Neural Information Processing Systems, Montreal, 2018: 525-536.

[12] Liu C M, Xu X, Hu D W. Multiobjective reinforcement learning: A comprehensive overview[J]. IEEE Transactions on Systems, Man, and Cybernetics: Systems, 2015, 45(3): 385-398.

[13] Karlsson J. Task decomposition in reinforcement learning[C]. Proceedings of the AAAI Spring Symposium on Goal-Driven Learning, Palo Alto, 1994: 46-53.

[14] Zhou M, Chen Y, Wen Y, et al. Factorized Q-learning for largescale multi-agent systems[C]. Proceedings of the First International Conference on Distributed Artificial Intelligence, Beijing, 2019: 1-7.

[15] Oliehoek F A, Amato C. A Concise Introduction to Decentralized POMDPs[M]. Berlin: Springer, 2016.

[16] Busoniu L, Babuska R, De Schutter B. A comprehensive survey of multiagent reinforcement learning[J]. IEEE Transactions on Systems, Man, and Cybernetics, Part C (Applications and Reviews), 2008, 38(2): 156-172.

[17] Sutton R S, Barto A G. Reinforcement Learning: An Introduction[M]. Cambridge: MIT Press, 2018.

[18] Mnih V, Kavukcuoglu K, Silver D, et al. Human-level control through deep reinforcement learning[J]. Nature, 2015, 518(7540): 529-533.

[19] Silver D, Lever G, Heess N, et al. Deterministic policy gradient algorithms[C]. International Conference on Machine Learning, Beijing, 2014: 387-395.

[20] Lowe R, Wu Y, Tamar A, et al. Multi-agent actor-critic for mixed cooperative-competitive environments[C]. Advances in Neural Information Processing Systems, Long Beach, 2017: 6379-6390.

[21] Lillicrap T P, Hunt J J, Pritzel A, et al. Continuous control with deep reinforcement learning[C]. International Conference on Learning Representations, San Juan, 2016: 1-14.

[22] Abadi M, Barham P, Chen J M, et al. TensorFlow: A system for large-scale machine learning[C]. The 12th Symposium on Operating Systems Design and Implementation, Savannah, 2016: 265-283.

[23] Nair V, Hinton G E. Rectified linear units improve restricted Boltzmann machines[C]. International Conference on Machine Learning, Haifa, 2010: 807-814.

第 8 章 基于后继特征的多智能体迁移强化学习

8.1 引 言

本章将针对稀疏奖励函数以及非单调协作任务，从任务空间的向量化表征出发，研究如何通过跨任务知识迁移的方法提高智能体探索效率，从而提升协作任务的性能。

考虑一个多智能体系统，其联合观测空间和联合动作空间的大小都将随着智能体数量的增加而呈指数增大，智能体如何通过协作实现高效的探索，是影响系统整体性能的关键 [1]。在观测空间和动作空间都是连续的情况下，一些复杂任务的奖励通常是高度稀疏的，这极大地增加了多智能体在联合观测–动作空间中对目标任务的探索难度。智能体高效探索的关键在于如何增加对目标状态访问的概率。针对稀疏奖励，如果利用现有的探索方法，将不可避免地采集到大量和任务无关的数据，并且智能体容易陷入某些局部位置导致对相似的状态进行重复采样。因此，如何提高稀疏奖励下的探索效率，是 MARL 领域的重要挑战之一。

此外，对于一些多智能体协作任务，每个智能体获得奖励的过程可能不是独立的，而是完全依赖于同其他智能体的协作。智能体针对目标任务的单独行动或者只同少部分其他智能体的协作，都将带来系统整体性的惩罚。环境返回的奖励值并不会随着某单个智能体动作的选择以及状态的变化而单调上升或者下降，因此这种任务更加考验多智能体之间协作的能力。例如，考虑一个多智能体围捕任务：N 个智能体 (捕食者) 的任务是通过协作捕获环境中的移动目标 (被捕者)，只有当所有智能体同时抓住目标才算捕获成功，此时环境将返回较大的奖励 (奖励为正)；如果没有任何智能体抓住目标，则没有奖励 (奖励为 0)；而当单个智能体或只有一部分智能体抓住目标时，则为捕获失败，环境将返回惩罚项 (奖励为负)。该任务的奖励机制，本质上也是稀疏奖励的一种。对于单个智能体来说，只有在和其他智能体一同靠近目标时才可能得到奖励，否则不但不会得到奖励，反而会受到惩罚，因此这种任务称为非单调任务，相应的奖励函数和 Q 函数分别称为非单调奖励和非单调 Q 函数 [2]。针对非单调任务，如果直接利用单智能体 DRL 中的探索机制从环境中采集数据，即使该智能体足够靠近目标，也会因为环境中返回的惩罚项而难以在该目标附近区域持续探索。因此，多智能体高效的探索必须建立在一定的协作能力基础之上，这也是 MARL 领域近年来备受关注的研究方向。

受到迁移强化学习 (transfer reinforcement learning, TRL) 算法的启发，本章针对以上复杂任务，考虑先对简单任务的学习积累一定的知识，再通过知识迁移的方法在目标域中获得较好的初始策略，指导多智能体通过协作实现高效的探索 [3-5]。这种利用源域中的任务知识在目标域中实现跨任务知识迁移的算法和传统 DRL 算法最大的不同在于，智能体不再针对某个具体的任务进行学习，而是在任务空间中学习一个更加一般的模型，这也是元学习 (meta-learning)[6,7] 和元强化学习 (meta-reinforcement learning, MRL)[8-11] 的基本思想。然而，该算法首先要解决的问题是如何描述 DRL 中的任务空间。一种传统的算法是将源域中的不同任务通过 one-hot 向量表达，向量的长度取决于任务的个数。这种算法显然无法描述多个任务之间的相似度关系，而且无法处理连续的任务空间。另一种是基于后继表征的任务向量化描述方法，将奖励函数分解成特征函数和任务向量的线性组合 [12,13]。其中，特征函数反映了环境的动力学特性，它不随任务的不同而发生改变。因此，该方法一般假设源域和目标域中的环境具有相同的动力学特性。近年来，基于后继表征的奖励函数分解思想逐渐发展成基于后继特征 (successor feature, SF) 的 DRL 算法，被广泛用于 TRL 的跨任务学习算法中 [14-16]。

现有基于后继特征的 TRL 算法均没有针对连续状态、动作空间下多智能体系统中的稀疏奖励和非单调任务进行模型知识的跨任务迁移。在多智能体系统中，所有智能体所处的环境动力学特性是共享的，因此基于后继表征的奖励分解机制有利于不同任务从环境动力学特性中的解耦。通过源域中相同任务空间下的简单任务学习，找到源域和目标域共享的奖励特征。在目标域中，一旦有了新任务的权重信息，就能够快速实现任务知识从源域到目标域的迁移。基于该思想，本章提出基于后继特征的多智能体迁移强化学习算法。由于本章的研究对象是连续状态和连续动作空间下的多智能体协作系统，因此针对原始的 MADDPG 算法并结合后继特征，做了算法结构上的改进。具体地，通过设计一个共享的全局后继特征网络 (global successor feature network, GSFN)，输出一个共享的后继特征向量。每个智能体通过一个任务向量和该后继特征向量计算内积，得到 Q 值。通过这种结构取代了 MADDPG 算法中每个智能体的评价器。GSFN 的设计不仅有利于减少每个智能体对 Q 值的重复计算，还能提高算法在任务空间中的泛化能力，通过充分利用源域中已训练好的模型，实现跨任务知识迁移，提高智能体的探索效率。

8.2 问题描述

本节主要介绍多智能体系统中的稀疏奖励和非单调任务相关概念。用 $R^i(s,a,s')$

表示智能体 i 的奖励函数，其中 s 表示多智能体系统的全局状态, a 表示所有智能体的联合动作, s' 表示系统的下一步全局状态。针对确定性系统，可以忽略函数的输入变量中下一步全局状态，表示为 $R^i(s,a)$。下面给出多智能体系统中稀疏奖励的定义 [17,18]。

定义 8.1(稀疏奖励 (sparse reward)) 在基于 $\mathcal{M}^N$ 的多智能体系统中,智能体 i 的奖励函数为 $R^i(s,a)$。定义连续状态空间 $\mathcal{S}$ 中的距离：$d(s_1,s_2)=\|s_1-s_2\|_2$, $s_1,s_2\in\mathcal{S}$。其中, $\|\cdot\|_2$ 表示状态空间中的 l^2-范数。则针对目标状态 s_g，存在 $\epsilon>0$，使得以下关系成立：

$$R^i(s,a)=\begin{cases}\delta_{s_g}(s), & d(s,s_g)<\epsilon\\ 0, & \text{其他}\end{cases} \tag{8.1}$$

其中，$\delta_{s_g}(s)$ 是定义在目标状态 s_g 附近半径为 ϵ 区域上的奖励。称满足式 (8.1) 的奖励函数为 ϵ-稀疏奖励 (ϵ-sparse reward)。

在本章，假设式(8.1)中的 $\delta_{s_g}(s)$ 满足 $\delta_{s_g}(s)=C$，其中 C 为常数。定义 8.1表明，只有在目标状态附近智能体才能得到奖励值，而在其他区域没有奖励。因此，在智能体和环境交互的过程中，只有在该区域附近探索，才可能采集到更多对目标任务有用的数据。不难发现，ϵ 越小智能体的探索难度越大。

除了稀疏奖励，非单调奖励也是本章考虑的问题之一。根据文献 [19] 中对离散动作空间下多智能体非单调值函数的定义，针对连续动作空间下多智能体系统的非单调奖励函数，给出如下定义。

定义 8.2 (非单调奖励 (non-monotonic reward)) 针对状态 s，定义智能体 i 在其连续动作空间 $\mathcal{A}^i$ 中的全序关系：$a_1^i\preceq a_2^i$ 当且仅当 $R(s,(a_1^i,a^{-i}))\leqslant R(s,(a_2^i,a^{-i}))$。其中，$a_1^i,a_2^i\in\mathcal{A}^i$，$a^{-i}$ 为其他智能体的联合动作。则对任意可列子集 $\tau\subseteq\mathcal{A}^i$，定义该子集上的排序如下：

$$\begin{aligned}C(i,s,a^{-i})=\{(a_1^i,a_2^i,\cdots)|R(s,(a_j^i,a^{-i}))\leqslant R(s,(a_{j+1}^i,a^{-i})),\\ a_j^i\in\tau,j\neq j'\Leftrightarrow a_j^i\neq a_{j'}^i\}\end{aligned} \tag{8.2}$$

当 $\exists i\in\mathcal{I},a_1^{-i}\neq a_2^{-i}$，使得 $C(i,s,a_1^{-i})\bigcap C(i,s,a_2^{-i})=\varnothing$ 成立时，称奖励函数 $R(s,(a_2^i,a^{-i}))$ 是非单调的 (non-monotonic)。

在本章，包含非单调奖励的多智能体任务称为非单调任务。

8.3 基于后继特征的多智能体强化学习及任务迁移

本节首先将基于后继特征的 TRL 算法从单智能体离散动作空间扩展到多智能体连续动作空间中。其次，提出基于后继特征的 MARL 算法，利用任务空间的向量化描述方法和后继特征的可迁移性，实现智能体模型从源域到目标域的跨任务知识迁移。最后，针对知识迁移模型的有效性，进行了更加深入的理论分析。

8.3.1 基于后继特征的多智能体强化学习框架

MARL 算法的主要目标是对环境中的所有智能体，找到一个分布式联合策略，使得该联合策略能够获得最大的团队累计奖励。根据智能体 i 的 Q 函数定义，无法实现类似单智能体中的 ϵ-贪心策略：$\pi^i(o^i) = \arg\min\limits_{a^i} Q^i(o,a)$。这是因为：① 针对连续动作空间，无法直接利用 $\arg\min$ 算子对空间中的所有动作进行比较并取最大值；② 在分布式执行的设定下，智能体 i 无法获取其他智能体的观测信息；③ 若所有智能体都采用该方式选择动作，由于动作需要同步执行，其他智能体的动作信息在同步执行之前无法获取。因此，基于以上三个问题，考虑使用执行–评价网络结构来实现连续动作空间中的 MARL 算法设计 [20]。执行–评价网络结构由于将值函数和策略的学习分开进行，因此各智能体的参数化策略有利于实现分布式执行。本章分别设计两个深度神经网络作为执行器和评价器的基础模型，其用于拟合各智能体的策略和 Q 函数。对于智能体 i，用 $\pi^i(o^i;\theta^i_\pi)$ 表示其参数化策略，其中 θ^i_π 表示执行网络的参数。策略 π^i 的目标函数定义如下：

$$\mathcal{J}^i(\theta^i_\pi) = \mathbb{E}\left[\sum_{t=t_0}^{\infty}\gamma^t r^i_t | o_{t_0},\pi\right] \tag{8.3}$$

根据 MADDPG 算法原理 [21]，智能体 i 的策略梯度可通过如下公式计算：

$$\nabla_{\theta^i_\pi}\mathcal{J}^i(\theta^i_\pi) = \mathbb{E}\left[\nabla_{\theta^i_\pi}\pi^i(o^i)\nabla_{a^i}Q^{i,\pi}(o,a)|_{a^i=\pi^i(o^i)}\right] \tag{8.4}$$

在式 (8.4) 中，$Q^{i,\pi}(o,a)$ 由评价网络拟合。

注记 8.1 针对多智能体系统中的完全协作任务 (即 $r^1_t = \cdots = r^N_t$)[22]，式 (8.3) 和式 (8.4) 中的期望和上标 i 无关。在智能体是同质的情况下，算法收敛后每个智能体学到的策略可能是一样的 [22]。然而，本章并没有在训练阶段赋予各智能体相同的策略参数，因为那样会限制智能体的协同探索能力。因此，仍然在期望函数中保持上标 i，并在每次训练开始时赋予各智能体不同的随机初始化参数。

在式 (8.4) 的基础上，本节利用后继特征思想，针对传统 MADDPG 算法中 Q 函数的计算做出改进。根据多智能体马尔可夫决策过程中的状态转移概率模型，每个智能体的下一步状态分布不仅和自身的观测、动作有关，还和其他智能体的联合观测、联合动作紧密相关。因此，不能直接将值函数分解按照各智能体的局部观测和局部动作进行分解。为了将后继特征思想引入 MARL 算法中，现提出针对多智能体系统的奖励函数后继表征假设。

假设 8.1 考虑包含 N 个成员的多智能体系统，$\langle o,a,o'\rangle$ 表示多智能体在联合观测 $o=(o_t^1,\cdots,o_t^N)$ 下执行联合动作 $a=(a_t^1,\cdots,a_t^N)$ 后，转移至联合观测 $o'=(o_{t+1}^1,\cdots,o_{t+1}^N)$ 的过程。定义 $r_{t+1}^i=R^i(o,a,o')$ 为智能体 i 在 $t+1$ 时刻的奖励，R^i 为其奖励函数。则 R^i 可通过以下的线性组合方式求解:

$$R^i(o,a,o')=\phi^{\mathrm{T}}(o,a,o')w^i \tag{8.5}$$

其中，$\phi(o,a,o')\in\mathbb{R}^d$ 是转移过程 $\langle o,a,o'\rangle$ 的奖励特征函数；$w^i\in\mathbb{R}^d$ 表示智能体 i 的任务权值向量。

在假设 8.1中，奖励特征 ϕ 的输入包含了所有智能体的局部观测和动作。相同环境中的不同任务均共享同一个奖励特征 ϕ，每个任务仅在权值参数 w 上有所不同。因此，称 w 为任务权值。假设 8.1表明环境的动力学特性保持不变，通过不同的任务权值来描述该环境中的不同任务，从而找到各任务之间的关联性。例如8.1节中提到的多智能体协同推箱任务，智能体在不同惩罚项下的奖励函数，就可通过设计合适的特征 ϕ 使其符合该假设中的条件。在本章实验部分，将针对该问题进行详细的介绍。在下面的分析中，为了简化符号，统一使用 ϕ_t 来表示 t 时刻的奖励特征值。式 (8.5) 中的奖励特征 ϕ 和任务权值 w^i 的维度均为 d。此处需要注意的是，维度 d 和智能体的个数 N 无关。由于任务权值 w^i 表示的是任务空间 $\mathbb{R}^d$ 中的某个具体任务，因此 d 的大小取决于任务空间中所有线性无关的基任务个数。

在多智能体和环境的交互过程中，将环境返回的原始奖励存入经验回放池中。通过最小化以下损失函数，来求解式 (8.5) 中的任务权值：

$$\mathcal{L}_w^i=\frac{1}{|\mathcal{D}|}\sum_{r_t^i\in\mathcal{D}}(r_t^i-\phi_t^{\mathrm{T}}w^i)^2 \tag{8.6}$$

其中，$\mathcal{D}$ 表示经验回放池；$|\mathcal{D}|$ 表示 $\mathcal{D}$ 中包含的数据个数。可以发现，一旦奖励特征函数 $\phi(o,a,o')$ 给定，就能够以监督学习的方式通过拟合式 (8.6) 中的奖励函数，学习出权值 w^i 的信息。

由于智能体 i 的奖励函数被线性分解为式 (8.5) 中的形式，可进一步将其 Q 函数分解如下：

$$\begin{aligned}Q^{i,\pi}(o,a)&=\mathbb{E}^{\pi}\left[\sum_{k=0}^{\infty}\gamma^k\phi_{t+k}^{\mathrm{T}}w^i|o_t=o,a_t=a\right]\\&=\mathbb{E}^{\pi}\left[\sum_{k=0}^{\infty}\gamma^k\phi_{t+k}|o_t=o,a_t=a\right]^{\mathrm{T}}w^i\end{aligned} \tag{8.7}$$

在式 (8.7) 中，定义 $\psi^{\pi}(o,a)=\mathbb{E}^{\pi}\left[\sum_{k=0}^{\infty}\gamma^{k}\phi_{t+k}|o_t=o,a_t=a\right]$ 为多智能体后继特征 (multi-agent successor feature, MASF)，则智能体 i 的 Q 函数可写成如下形式:

$$Q^{i,\pi}(o,a)=(\psi^{\pi}(o,a))^{\mathrm{T}}w^{i} \tag{8.8}$$

从式 (8.8) 中可以发现，环境中所有智能体共享同一个 MASF，而权值参数 w^i 是区分不同值函数的重要因素。因此，为了学习不同智能体的值函数，在这种情况下并不需要像 MADDPG 算法中那样为每个智能体都设计一个评价网络 [21]。这里通过设计一个 GSFN 和多个权值参数 $w^i(i=1,2,\cdots,N)$，来替代 MADDPG 算法中的所有评价网络，并提出 MADDPG-SF 算法框架，如图 8.1所示。

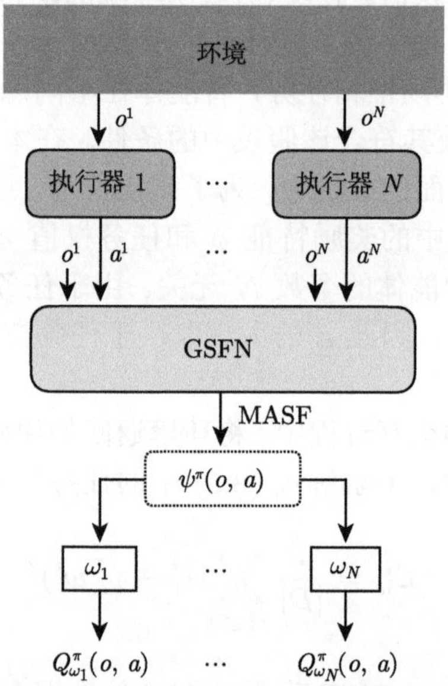

图 8.1 MADDPG-SF 算法框架示意图

图 8.1 中 Q 值通过 MASF 和任务权值的线性组合计算得出。MASF 由 GSFN 输出。根据 MASF 的定义，$\psi^{\pi}(o,a)$ 和 Q 函数类似，满足以下的贝尔曼方程:

$$\psi^{\pi}(o,a)=\phi_{t+1}+\gamma\mathbb{E}^{\pi}[\psi^{\pi}(o',a')|o_t=o,a_t=a] \tag{8.9}$$

用 θ_{ψ} 表示 GSFN 的网络参数，相应地 $\psi^{\pi}(o,a;\theta_{\psi})$ 表示由 θ_{ψ} 参数化表示的 MASF。利用单智能体 DRL 中的 TD 学习技术，可通过最小化以下损失函数来学习 MASF:

$$\mathcal{L}_{\psi}=\mathbb{E}_{(o,a,o',\phi)\sim\mathcal{D}}\left[\|\psi^{\pi}(o,a;\theta_{\psi})-\varPsi\|_2^2\right] \tag{8.10}$$

其中，$\varPsi$ 表示目标 MASF：

$$\varPsi = \phi_{t+1} + \gamma \psi_{\text{tar}}^{\pi_{\text{tar}}}(o', \pi_{\text{tar}}(o')) \tag{8.11}$$

其中，π_{tar} 和 $\psi_{\text{tar}}^{\pi_{\text{tar}}}$ 分别表示目标网络 (由 $\left\{\theta_{\pi,\text{tar}}^{i}\right\}_{i=1}^{N}$ 参数化表示) 和目标 GSFN(由 $\theta_{\psi,\text{tar}}$ 参数化表示)。

同 DDPG 算法 [23] 中使用的方法类似，将每个网络与其对应的目标网络初始化参数保持相同，并利用参数为 τ 的软更新机制更新目标网络，其中 τ 称为软更新因子。

根据以上的介绍，通过计算式 (8.4) 中的策略梯度，并利用梯度上升来实现策略参数的更新。Q 函数可由式 (8.8) 来计算，其中 ψ^{π} 和 w^{i} 分别通过最小化式 (8.10) 和式 (8.6) 训练得出。由于该计算过程是在 MADDPG 算法的基础上，结合 GSFN 做出的改进，因此称该算法为 MADDPG-SF，其伪代码如算法 8.1所示。算法 8.1中的参数更新参考了文献 [14]、[15]、[24] 中的方法，保证了参数的收敛。MADDPG-SF 算法和 MADDPG 算法的不同主要体现在两方面。一方面是，MADDPG-SF 中各智能体的值函数通过一个共享的 MASF 和多个不同的权值参数计算得到，而不是通过 N 个不同的评价网络分别计算得出。因此，Q 函数的计算分为两部分：$\psi^{\pi}(o, a; \theta_{\psi})$ 和 $w^{i}, i = 1, 2, \cdots, N$。基于 MADDPG 的多个评价网络由于各智能体任务的相似性，存在大量的重复计算，而基于 MADDPG-SF 则可以很好地避免这种现象的发生，具有更高的效率。另一方面是，由于 Q 函数的计算是线性的，因此 MADDPG-SF 算法中对执行器的目标函数可以实现快速计算，并且仅改变权值参数 $w^{i} \in \mathbb{R}^{d}$ 就可以修改各执行网络的优化目标。这对于估计当前策略在 $\mathcal{R}^{d}$ 中不同任务上的性能提供了很大的便利，因此有利于实现跨任务迁移。而原始的 MADDPG 算法无法实现该功能。

算法 8.1 MADDPG-SF 算法

初始化： 网络参数

for 训练回合数 $= 1$ **to** 最大训练回合数 N_e **do**
  重置环境：$\{o_0^i\}_{i=1}^{N} \leftarrow$ 初始观测值
  for $t = 1$ **to** 最大时间步数 T **do**
    $a_t^i \leftarrow \pi^i(o_t^i), i = 1, 2, \cdots, N$
    执行联合动作 a_t，并得到 $\left\{o_{t+1}^i\right\}_{i=1}^{N}$ 和 $\left\{r_{t+1}^i\right\}_{i=1}^{N}$
    计算奖励特征 $\phi_{t+1} \leftarrow \phi(o_t, a_t, o_{t+1})$
    将数据 $\langle \left\{o_t^i, a_t^i, o_{t+1}^i, r_{t+1}^i\right\}_{i=1}^{N}, \phi_{t+1} \rangle$ 存入 $\mathcal{D}$
    从 $\mathcal{D}$ 中随机采样 N_{batch} 组数据
    $\theta_{\psi} \leftarrow \theta_{\psi} - \alpha_{\psi} \nabla \mathcal{L}_{\psi}$
    $\theta_{\psi,\text{tar}} \leftarrow \tau \theta_{\psi} + (1 - \tau) \theta_{\psi,\text{tar}}$
    for $i = 1$ **to** N **do**

$w^i \leftarrow w^i - \alpha_w \nabla \mathcal{L}_w^i$

$\theta_\pi^i \leftarrow \theta_\pi^i + \alpha_a \nabla_{\theta_\pi^i} \mathcal{J}^i(\theta_\pi^i)$

$\theta_{\pi,\mathrm{tar}}^i \leftarrow \tau\theta_\pi^i + (1-\tau)\theta_{\pi,\mathrm{tar}}^i$

end for

$o_t^i \leftarrow o_{t+1}^i, \forall i = 1, 2, \cdots, N$

end for

end for

此外，和现有的 MARL 算法一样，MADDPG-SF 同样利用集中式训练和分布式执行的方式采集数据并训练模型。在集中式训练阶段，算法主要针对后继特征 $\psi^*(o,a)$ 进行学习，而不是单值的 Q 函数 $Q^*(o,a)$。而在分布式执行阶段，每个智能体仅根据自己的局部观测作为策略函数的输入，并输出动作，实现多智能体在环境中的联合探索。需要注意的是，图 8.1中的任务权值 w^i 并不总是和智能体编号相关。当环境中是完全协作任务时，所有智能体的目标相同，因此共享同一个权值用于联合策略的优化。

8.3.2　基于后继特征的目标任务知识迁移方法

现在针对多智能体系统中的协作任务，介绍如何利用 MASF 在目标域中完成目标任务的学习。按照文献 [22] 中对协作任务的定义，环境中的智能体共享同一个奖励函数。在本章的假设条件下，就是指所有的智能体具有相同的目标和任务权值 w。

对于某 Dec-POMDP 中的奖励特征函数 $\phi(o,a,o')$，定义

$$\Omega_\phi = \left\{R(o,a,o') = \phi^{\mathrm{T}}(o,a,o')w | w \in \mathbb{R}^d\right\} \tag{8.12}$$

为 $\phi \in \mathbb{R}^d$ 诱导的任务空间。定义源域中已训练好的任务集为 Ω^S，目标域中的新任务集 (或称目标任务集) 为 Ω^T。根据源域和目标域中环境动力学特性保持不变的假设，有 $\Omega^S \subseteq \Omega_\phi$ 且 $\Omega^T \subseteq \Omega_\phi$，即 ϕ 诱导的任务空间包含了源域和目标域中的所有任务。因此，$\phi(o,a,o')$ 作为源任务和目标任务的共享模块，是跨任务知识迁移的关键。只要奖励特征函数 $\phi(o,a,o')$ 确定了，就可以通过最小化以下的损失函数来学习目标任务的权值参数：

$$\mathcal{L}_{w'} = \frac{1}{|\mathcal{D}'|} \sum_{r_t' \in \mathcal{D}'} (r_t' - \phi_t^{\mathrm{T}} w')^2 \tag{8.13}$$

其中，r_t' 和 w' 分别表示 t 时刻的奖励和目标任务权重；$\mathcal{D}'$ 表示针对目标任务的经验回放池。

假设利用 MADDPG-SF 算法已经在源域中分别学到了 M 个不同的任务模型，就可以建立基础知识库 $\{\pi_j^*, w_j, \psi^{\pi_j^*}(o,a)\}_{j=1}^M$，其中 $\pi_j^* = (\pi_j^{1*}, \cdots, \pi_j^{N*})$ 是

针对任务 j 的最优联合策略。为了在目标域中利用这些源域知识，最简单的方法就是选择和目标任务最相似的源域任务，将其对应的最优策略作为目标域的初始化策略用于探索。然而，传统的 MARL 算法很难从 $\{\pi_j^*\}_{j=1}^M$ 中选择出针对目标任务表现最好的策略。这是因为无法直接评估这些源域最优策略在新任务上的性能，并且某些源域策略可能在目标任务上表现更差，导致“负迁移”现象的发生。

由于式 (8.8) 中通过线性组合的方式对 Q 函数进行求解，因此可以通过如下公式估计源任务最优策略在目标任务上的性能：

$$Q_{w'}^{\pi_j^*}(o,a)=(\psi^{\pi_j^*}(o,a))^{\mathrm{T}}w' \tag{8.14}$$

在式 (8.14) 中，$\psi^{\pi_j^*}(o,a)$ 作为源域中的知识被重复利用。一旦智能体学到目标任务权值 w' 的信息，就可以快速地计算出源域中各任务的最优策略在目标任务上的 Q 函数。基于该方法，就可以比较不同源域最优策略计算出的动作好坏，并选择出最好的动作用于目标域的探索。该联合探索策略计算公式如下：

$$\pi'=\arg\min_{\pi\in\{\pi_1^*,\cdots,\pi_M^*\}} Q_{w'}^{\pi}(o_t,\pi(o_t)) \tag{8.15}$$

式 (8.15) 中的策略是 SF&GPI(successor feature and general policy improvement) 算法 [14] 从单智能体离散动作空间到多智能体连续动作空间的推广。$\pi'=\{\pi'^1,\cdots,\pi'^N\}$ 由 N 个执行网络拟合，并通过最小化以下的 MSE 损失函数实现参数优化：

$$\mathcal{L}_{\pi'}^i=\mathbb{E}\left[\left\|\hat{\pi}'^i(o_t^i;\theta_{\pi'}^i)-\pi'^i(o_t^i)\right\|_2^2\right],\quad i=1,2,\cdots,N \tag{8.16}$$

其中，$\theta_{\pi'}^i$ 是智能体 i 的执行网络参数；$\hat{\pi}'^i$ 表示拟合得到的探索策略。

为了估计式 (8.15) 中的新策略 π'，同样通过最小化以下的损失函数来学习其对应的 MASF：

$$\mathcal{L}_{\psi}'=\mathbb{E}_{(o,a,o',\phi)\sim\mathcal{D}'}\left[\left\|\psi^{\pi'}(o,a;\theta_{\psi}')-\Psi'\right\|_2^2\right] \tag{8.17}$$

其中，$\Psi'=\phi_{t+1}+\gamma\psi_{\mathrm{tar}}^{\pi_{\mathrm{tar}}'}(o',\pi_{\mathrm{tar}}'(o')),\pi_{\mathrm{tar}}'$ 和 $\psi_{\mathrm{tar}}^{\pi_{\mathrm{tar}}'}$ 分别表示对应的目标网络 (由 $\left\{\theta_{\pi',\mathrm{tar}}^i\right\}_{i=1}^N$ 参数化表示) 和目标 GSFN(由 $\theta_{\psi,\mathrm{tar}}'$ 参数化表示)。

接下来，任务权值为 w' 的 Q 函数可通过式 (8.18) 计算：

$$Q_{w'}^{\pi'}(o,a)=(\psi^{\pi'}(o,a))^{\mathrm{T}}w' \tag{8.18}$$

以上关于 w'、π' 和 $\psi_{w'}^{\pi'}$ 的学习算法，由于是在 MADDPG-SF 的基础上实现了任务知识从源域到目标域中的迁移，因此称为基于知识迁移 (knowledge transfer,

KT) 的 MADDPG-SF 算法，简称为 MADDPG-SFKT。关于 MADDPG-SFKT 的伪代码详见算法 8.2。

算法 8.2　MADDPG-SFKT 算法

初始化： 网络参数

for 训练回合数 = 1 **to** 最大训练回合数 N_e **do**
　重置环境：$\{o_0^i\}_{i=1}^N \leftarrow$ 初始化观测值
　for $t=1$ **to** 最大时间步数 T **do**
　　$a_t=(a_t^1,\cdots,a_t^N)\leftarrow\pi'(o_t)$
　　执行联合动作 a_t，并得到 $\{o_{t+1}^i\}_{i=1}^N$ 和 r'_{t+1}
　　计算奖励特征 $\phi_{t+1}\leftarrow\phi(o_t,a_t,o_{t+1})$
　　将数据 $\langle\{o_t^i,a_t^i,o_{t+1}^i\}_{i=1}^N,r'_{t+1},\phi_{t+1}\rangle$ 存入 $\mathcal{D}'$ 中
　　从 $\mathcal{D}'$ 中随机采样 N_{batch} 组数据
　　$w'\leftarrow w'-\alpha_w\nabla\mathcal{L}_{w'}$
　　$\theta'_\psi\leftarrow\theta'_\psi-\alpha_\psi\nabla\mathcal{L}'_\psi$
　　$\theta'_{\psi,\text{tar}}\leftarrow\tau\theta'_\psi+(1-\tau)\theta'_{\psi,\text{tar}}$
　　for $i=1$ **to** N **do**
　　　$\theta_{\pi'}^i\leftarrow\theta_{\pi'}^i-\alpha_a\nabla\mathcal{L}_{\pi'}^i$
　　end for
　　$o_t^i\leftarrow o_{t+1}^i,\forall i=1,2,\cdots,N$
　end for
end for

式 (8.15) 是 MADDPG-SFKT 中实现知识迁移的关键步骤。虽然 π' 针对目标任务权值 w' 并不是最优的，但是如果将该新策略作为目标域中的快速启动策略，在目标模型训练的初期能够有效提升智能体在环境中的探索效率。通过在新策略 π' 和对应的后继特征 $\psi^{\pi'}$ 的基础上进行微调，将很快得到目标任务的最优策略和最优值函数。关于目标任务最优策略和最优值函数的学习过程，如图 8.2所示，左边部分表示源域，包含了针对 M 个基础任务提前训练好的模型。右边部分表示目标域中针对更加复杂任务的学习过程。

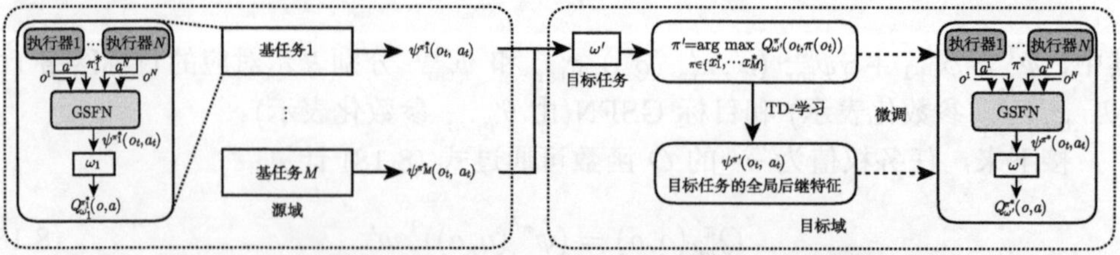

图 8.2　目标任务最优策略 π^* 和最优值函数 $Q_{w'}^{\pi^*}$ 的学习框架图

接下来，本章通过相应的理论分析，论证新策略 π' 为什么比源域中最优策略

$\{\pi_j^*\}_{j=1}^M$ 性能更好；同时通过比较新策略 π' 和目标任务权值 w' 对应的最优策略 π^* 在性能上的差距，研究跨任务知识迁移的内在原理。

8.3.3 关于目标任务快速启动策略的理论分析

由于源域和目标域中的任务共享奖励特征函数 ϕ，因此式 (8.15) 中的新策略 π' 包含了大量关于目标任务有用的信息。为了解释新策略 π' 相比于源域中单个任务最优策略的优越性，接下来参考文献 [14] 中的 GPI(general policy iteration) 理论，提出关于 MADDPG-SFKT 算法的相关结论。

定理 8.1 在一个多智能体系统中考虑 M 个不同任务，$\pi_1^*,\cdots,\pi_M^*$ 表示这 M 个任务对应的最优策略，并且 $\psi^{\pi_1^*}(o,a),\cdots,\psi^{\pi_M^*}(o,a)$ 表示每个最优策略对应的 MASF。用 $\hat{\psi}^{\pi_1^*}(o,a),\cdots,\hat{\psi}^{\pi_M^*}(o,a)$ 表示针对这些 MASF 的估计值，并且对任意 $j=1,2,\cdots,M$，满足

$$\left\|\psi^{\pi_j^*}(o,a)-\hat{\psi}^{\pi_j^*}(o,a)\right\|_2 \leqslant \epsilon_\psi, \quad \forall o,a\in\mathcal{O}\times\mathcal{A} \tag{8.19}$$

其中，$\|\cdot\|_2$ 表示 l^2-范数。

令 w' 表示目标任务的权值向量，且 $\|w'\|_2=C_{w'}$。则根据式 (8.15) 中定义的探索策略，有

$$Q_{w'}^{\pi'}(o,a)\geqslant \max_j Q_{w'}^{\pi_j^*}(o,a)-\frac{2\epsilon_\psi C_{w'}}{1-\gamma}, \quad \forall o\in\mathcal{O},a\in\mathcal{A} \tag{8.20}$$

证明 根据式 (8.19)，容易得到

$$\begin{aligned}
&\left|\max_j\,(\psi^{\pi_j^*}(o,a))^{\mathrm{T}}w'-\max_j\,(\hat{\psi}^{\pi_j^*}(o,a))^{\mathrm{T}}w'\right| \\
&\leqslant \max_j\left|(\psi^{\pi_j^*}(o,a))^{\mathrm{T}}w'-(\hat{\psi}^{\pi_j^*}(o,a))^{\mathrm{T}}w'\right| \\
&\leqslant \max_j\left\|\psi^{\pi_j^*}(o,a)-\hat{\psi}^{\pi_j^*}(o,a)\right\|_2\cdot\|w'\|_2 \\
&\leqslant \epsilon_\psi C_{w'}
\end{aligned} \tag{8.21}$$

对所有联合观测–动作对, $o,a\in\mathcal{O}\times\mathcal{A}$ 和任意 $j=1,2,\cdots,M$ 都成立。

定义 $Q_{w'}^{\max}(o,a)=\max\limits_j Q_{w'}^{\pi_j^*}(o,a)$，$\hat{Q}_{w'}^{\max}(o,a)=\max\limits_j \hat{Q}_{w'}^{\pi_j^*}(o,a)$，则根据式 (8.14) 和式 (8.21)，可以得到

$$\left|Q_{w'}^{\max}(o,a)-\hat{Q}_{w'}^{\max}(o,a)\right|\leqslant\epsilon_\psi C_{w'} \tag{8.22}$$

定义 $\mathcal{T}^{\pi}$ 为多智能体系统的一个 Q 学习算子，满足

$$\mathcal{T}^{\pi}(Q^{\pi}(o,a)) = r(o,a,o') + \gamma Q^{\pi}(o',\pi(o')) \tag{8.23}$$

则 $\forall o,a \in \mathcal{O}\times\mathcal{A}, j=1,2,\cdots,M$，得到

$$\begin{aligned}
\mathcal{T}^{\pi'}(\hat{Q}_{w'}^{\max}(o,a)) &= r(o,a,o') + \gamma \hat{Q}_{w'}^{\max}(o',\pi'(o')) \\
&\geqslant r(o,a,o') + \gamma Q_{w'}^{\max}(o',\pi'(o')) - \gamma\epsilon_{\psi}C_{w'} \\
&\geqslant r(o,a,o') + \gamma Q_{w'}^{\pi_j^*}(o',\pi_j^*(o')) - \gamma\epsilon_{\psi}C_{w'} \\
&= \mathcal{T}^{\pi_j^*}(Q_{w'}^{\pi_j^*}(o,a)) - \gamma\epsilon_{\psi}C_{w'} \\
&= Q_{w'}^{\pi_j^*}(o,a) - \gamma\epsilon_{\psi}C_{w'}
\end{aligned} \tag{8.24}$$

由于不等式 (8.24) 对任意 $j=1,2,\cdots,M$ 都成立，因此，有

$$\begin{aligned}
\mathcal{T}^{\pi'}(\hat{Q}_{w'}^{\max}(o,a)) &\geqslant \max_j Q_{w'}^{\pi_j^*}(o,a) - \gamma\epsilon_{\psi}C_{w'} \\
&= Q_{w'}^{\max}(o,a) - \gamma\epsilon_{\psi}C_{w'} \\
&\geqslant \hat{Q}_{w'}^{\max}(o,a) - \epsilon_{\psi}C_{w'} - \gamma\epsilon_{\psi}C_{w'}
\end{aligned} \tag{8.25}$$

根据式 (8.23) 中关于 $\mathcal{T}^{\pi}$ 的定义，有

$$\begin{aligned}
(\mathcal{T}^{\pi'})^2(\hat{Q}_{w'}^{\max}(o,a)) &= r(o,a,o') + \gamma\mathcal{T}^{\pi'}(\hat{Q}_{w'}^{\max}(o',\pi'(o'))) \\
&\geqslant r(o,a,o') + \gamma[\hat{Q}_{w'}^{\max}(o',\pi'(o')) - (1+\gamma)\epsilon_{\psi}C_{w'}] \\
&= \mathcal{T}^{\pi'}(\hat{Q}_{w'}^{\max}(o,a)) - \gamma(1+\gamma)\epsilon_{\psi}C_{w'} \\
&\geqslant \hat{Q}_{w'}^{\max}(o,a) - (1+\gamma)\epsilon_{\psi}C_{w'} - \gamma(1+\gamma)\epsilon_{\psi}C_{w'}
\end{aligned} \tag{8.26}$$

重复式 (8.26) 中的不等式推导，将会得到

$$\begin{aligned}
(\mathcal{T}^{\pi'})^n(\hat{Q}_{w'}^{\max}(o,a)) &\geqslant \hat{Q}_{w'}^{\max}(o,a) - (1+\gamma)\epsilon_{\psi}C_{w'}(1+\gamma+\cdots+\gamma^{n-1}) \\
&= \hat{Q}_{w'}^{\max}(o,a) - \frac{1-\gamma^n}{1-\gamma}(1+\gamma)\epsilon_{\psi}C_{w'}
\end{aligned} \tag{8.27}$$

因此，可以得到

$$Q_{w'}^{\pi'}(o,a) = \lim_{n\to+\infty}(\mathcal{T}^{\pi'})^n(\hat{Q}_{w'}^{\max}(o,a))$$

$$\begin{aligned}&\geqslant \hat{Q}_{w'}^{\max}(o,a)-\frac{1+\gamma}{1-\gamma}\epsilon_\psi C_{w'}\\&\geqslant Q_{w'}^{\max}(o,a)-\epsilon_\psi C_{w'}-\frac{1+\gamma}{1-\gamma}\epsilon_\psi C_{w'}\end{aligned}\tag{8.28}$$

最后，得出结论：$Q_{w'}^{\pi'}(o,a)\geqslant \max\limits_j Q_{w'}^{\pi_j^*}(o,a)-\dfrac{2\epsilon_\psi C_{w'}}{1-\gamma}$。 □

从定理 8.1中可以发现，当 $\epsilon_\psi\to 0$ 时，式 (8.15) 中定义的新策略对应的 Q 函数存在下界 $\max\limits_j Q_{w'}^{\pi_j^*}(o,a)$。因此，和源域中的最优策略 $\pi_j^*,\forall j=1,2,\cdots,M$ 相比，针对目标任务权值 w' 的新策略 π' 具有更好的快速启动性能。

在下一阶段，将在 π' 和 $\psi^{\pi'}$ 的基础上，通过微调分别学习出联合最优策略 π^* 和联合最优 MASF ψ^{π^*}。微调过程和算法 8.1中的步骤一样。关于 π^* 和 ψ^{π^*} 的学习过程如图 8.2所示。由于 π' 是根据 M 个源域任务最优模型计算得出的，因此，其对应的目标任务 Q 函数 $Q_{w'}^{\pi'}$ 和目标任务最优 Q 函数 $Q_{w'}^{\pi^*}$ 之间的差距，应该和任务空间中目标任务权值 w' 到源任务权值集合 $\{w_j\}_{j=1}^M$ 的距离有关。接下来针对该猜想，给出相应的结论。

定理 8.2 设 $w_1,\cdots,w_M$ 为 M 个不同任务的权值向量，并用 $\psi^{\pi_1^*}(o,a),\cdots,\psi^{\pi_M^*}(o,a)$ 表示其对应的 MASF，其中 $\pi_1^*,\cdots,\pi_M^*$ 为这些任务对应的最优联合策略。关于这些 MASF 对应的估计值，分别用 $\hat{\psi}^{\pi_1^*}(o,a),\cdots,\hat{\psi}^{\pi_M^*}(o,a)$ 表示，并且对任意 $j=1,2,\cdots,M$，它们满足

$$\left\|\psi^{\pi_j^*}(o,a)-\hat{\psi}^{\pi_j^*}(o,a)\right\|_2\leqslant\epsilon_\psi,\quad\forall o,a\in\mathcal{O}\times\mathcal{A}\tag{8.29}$$

目标任务对应的权值 w' 满足：$\|w'\|_2=C_{w'}$。用 π^* 表示目标任务权值 w' 对应的最优联合策略。定义 $\varPhi_{\max}=\max\limits_{o,a,o'}\|\phi(o,a,o')\|_2$，且 $\delta_{w'}=\min\limits_j\|w_j-w'\|_2$。则根据式 (8.15) 中定义的联合探索策略，有

$$Q_{w'}^{\pi^*}(o,a)-Q_{w'}^{\pi'}(o,a)\leqslant\frac{2}{1-\gamma}(\varPhi_{\max}\delta_{w'}+\epsilon_\psi C_{w'})\tag{8.30}$$

其中，$Q_{w'}^{\pi^*}$ 和 $Q_{w'}^{\pi'}$ 分别为联合策略 π^* 和 π' 在目标任务 w' 上对应的 Q 函数。

证明 为了简化符号，用 Q_w^π 表示 $Q_w^\pi(o,a)$，则 $Q_{w'}^{\pi^*}(o,a)$ 和 $Q_{w'}^{\pi'}(o,a)$ 之间的差距可被表示为

$$\begin{aligned}Q_{w'}^{\pi^*}-Q_{w'}^{\pi'}&=Q_{w'}^{\pi^*}-Q_{w_j}^{\pi_j^*}+Q_{w_j}^{\pi_j^*}-Q_{w'}^{\pi_j^*}+Q_{w'}^{\pi_j^*}-Q_{w'}^{\pi'}\\&\leqslant\left\|Q_{w'}^{\pi^*}-Q_{w_j}^{\pi_j^*}\right\|_\infty+\left\|Q_{w_j}^{\pi_j^*}-Q_{w'}^{\pi_j^*}\right\|_\infty+Q_{w'}^{\pi_j^*}-Q_{w'}^{\pi'}\end{aligned}\tag{8.31}$$

其中，$\|\cdot\|_\infty$ 是 L_∞-范数，即

$$\|Q_w^\pi\|_\infty = \inf\{C \geqslant 0 : |Q_w^\pi(o,a)| \leqslant C, \forall o,a\} \tag{8.32}$$

根据 Q 函数的贝尔曼方程形式，以及假设 8.1中的相关条件，有

$$\begin{aligned}
&\left\|Q_{w'}^{\pi^*} - Q_{w_j}^{\pi_j^*}\right\|_\infty \\
&= \left\|\phi^{\mathrm{T}}(o,a,o')w' + \gamma Q_{w'}^{\pi^*}(o',\pi^*(o')) - \phi^{\mathrm{T}}(o,a,o')w_j - \gamma Q_{w_j}^{\pi_j^*}(o',\pi_j^*(o'))\right\|_\infty \\
&\leqslant \left\|\phi^{\mathrm{T}}(o,a,o')(w'-w_j)\right\|_\infty + \gamma\left\|Q_{w'}^{\pi^*} - Q_{w_j}^{\pi_j^*}\right\|_\infty
\end{aligned} \tag{8.33}$$

因此，得到下列关系：

$$\left\|Q_{w'}^{\pi^*} - Q_{w_j}^{\pi_j^*}\right\|_\infty \leqslant \frac{1}{1-\gamma}\left\|\phi^{\mathrm{T}}(o,a,o')(w'-w_j)\right\|_\infty \tag{8.34}$$

并且类似地，将得到

$$\left\|Q_{w_j}^{\pi_j^*} - Q_{w'}^{\pi_j^*}\right\|_\infty \leqslant \frac{1}{1-\gamma}\left\|\phi^{\mathrm{T}}(o,a,o')(w_j-w')\right\|_\infty \tag{8.35}$$

进一步地，根据定理 8.1中得到的边界，有

$$\begin{aligned}
Q_{w'}^{\pi'}(o,a) &\geqslant \max_j Q_{w'}^{\pi_j^*}(o,a) - \frac{2\epsilon_\psi C_{w'}}{1-\gamma} \\
&\geqslant Q_{w'}^{\pi_j^*}(o,a) - \frac{2\epsilon_\psi C_{w'}}{1-\gamma}
\end{aligned} \tag{8.36}$$

对任意 $o \in \mathcal{O}, a \in \mathcal{A}$ 和任意 $j = 1,2,\cdots,M$ 均成立。因此，可以得到

$$Q_{w'}^{\pi_j^*} - Q_{w'}^{\pi'} \leqslant \frac{2\epsilon_\psi C_{w'}}{1-\gamma} \tag{8.37}$$

结合不等式 (8.31)、式 (8.34)、式 (8.35) 以及式 (8.37)，有

$$Q_{w'}^{\pi^*} - Q_{w'}^{\pi'} \leqslant \frac{2}{1-\gamma}\left(\left\|\phi^{\mathrm{T}}(o,a,o')(w_j-w')\right\|_\infty + \epsilon_\psi C_{w'}\right) \tag{8.38}$$

对任意 $o \in \mathcal{O}$, $a \in \mathcal{A}$ 和任意 $j = 1,2,\cdots,M$ 均成立。

由于不等式 (8.38) 对所有 $j = 1,2,\cdots,M$ 均成立，因此得出结论：

$$Q_{w'}^{\pi^*} - Q_{w'}^{\pi'} \leqslant \frac{2}{1-\gamma}\left(\varPhi_{\max}\delta_{w'} + \epsilon_\psi C_{w'}\right) \tag{8.39}$$

其中，$\varPhi_{\max} = \max\limits_{o,a,o'}\|\phi(o,a,o')\|_2$, $\delta_{w'} = \min\limits_j\|w_j - w'\|_2$。 □

定理 8.2 表明，当 $\epsilon_\psi \to 0$ 时，值函数 $Q_{w'}^{\pi^*}$ 和 $Q_{w'}^{\pi'}$ 之间距离的上界为 $\Phi_{\max}\delta_{w'}$。而 $\Phi_{\max}$ 是 $\|\phi(o,a,o')\|_2$ 的上界，其大小根据奖励特征函数 ϕ 的设计而定。$\delta_{w'}$ 可被视为目标任务和源任务在任务空间中的最短距离。因此，目标任务和源任务距离越近，即 $\delta_{w'}$ 越小，值函数 $Q_{w'}^{\pi'}$ 和 $Q_{w'}^{\pi^*}$ 的距离就越近。这就在理论上解释了，为什么目标任务和源任务越相似，在目标域中的学习就越容易。

在定理 8.1 和定理 8.2 的结论中，均存在常数 $C_{w'} = \|w'\|_2$。当 $C_{w'} = \|w'\|_2$ 比较大时，似乎不等式 (8.20) 和式 (8.30) 中的误差边界会随之变得很大，以至于 π' 无法表现出较好的探索性能。然而，根据式 (8.14) 中 Q 函数的计算方法，当 $\|w'\|_2$ 较大时，$|Q_{w'}^{\pi_j^*}|$ 的数量级也会随之提高。一旦目标任务确定，$C_{w'}$ 将是一个常数。因此，只要算法在源域中对源任务模型 $\{\psi^{\pi_j^*}\}_{j=1}^M$ 拟合得足够好 (即 ϵ_ψ 足够小)，则定理 8.1 和定理 8.2 中的误差边界相比于对应的值函数就会足够小。另外，如果 $\|w'\|_2$ 相比于 $\|w_j\|_2\,(j=1,2,\cdots,M)$ 较大，说明目标域和源域中的任务存在较大的距离。因此，在这种情况下，通过知识迁移计算 π' 时，式 (8.30) 中的误差边界就是可接受的，这也正是定理 8.2 中的重要结论。

综上所述，定理 8.1 和定理 8.2 从值函数的比较出发，解释了新策略 π' 在执行目标任务权值 w' 时相比于源域最优策略的优越性。需要注意，新策略 π' 并不是目标任务权值 w' 的最优联合策略，然而它可以作为快速启动策略在目标任务中提高多智能体的探索性能。尤其是针对一些稀疏奖励和非单调任务，通过源域中相对简单的任务学习，并在目标域中实现知识迁移，就可以针对更复杂的目标任务进行更有效的探索。下面通过仿真实验来验证所提算法的性能。

8.4 仿真实验

本节对算法进行测试，并利用 TensorFlow 深度学习开源工具来实现各算法中的深度神经网络和参数优化 [25]。

8.4.1 仿真实验环境介绍

1. 实验一：稀疏奖励下的多智能体协作推箱

在多智能体协作推箱环境中，包含两个智能体，其目标是将环境中的箱子通过协作推至目标位置。如图 8.3(a) 所示，目标点位于环境中靠右侧的位置，而箱子的起始点在环境中靠左侧的位置。在箱子起始点和目标点中间，有两处障碍，且箱子不能碰到该障碍，因此无法直接将箱子从左侧沿直线推至右侧的目标点。只有当两个智能体同时朝一个方向推动该箱子，箱子的位置才会移动。因此，如何推动该箱子在环境中探索目标位置，非常考验两个智能体对目标状态的协作探索能力。每个智能体的局部观测空间都是连续的，观测信息包括环境中所有物体的坐标，以及智能体和箱子的速度。其动作空间为二维连续向量空间，分别表示水平方向和垂直方向上的力，每个维度动作的取值范围为 $[-1, 1]$。为了引导智能体到箱子附近，针对每个智能体的状态设置奖励：当该智能体碰到箱子时，就会得到 $+1$ 的奖励。对于智能体团队来说，当箱子覆盖目标点附近区域时，将得到 $+5$ 的奖励。然而，当箱子碰到了环境中的任何障碍时，智能体都会收到 r_p 的惩罚项。在接下来的实验环节中，将讨论各算法在不同的 $r_p \in \{0, -0.5, -2.5, -5\}$ 下，智能体完成目标任务的情况。此外，为了避免发生碰撞，当智能体和其他智能体或墙壁发生碰撞，或箱子同墙壁发生碰撞时，智能体将收到 -1 的惩罚。可以发现，针对目标任务的 $+5$ 奖励，对该多智能体系统来说是非常稀疏的，并且满足定义 8.1中对稀疏奖励的定义。因此，该任务对多智能体在环境中的协同探索能力具有更高的要求。

2. 实验二：非单调奖励下的多智能体协同围捕

在该实验中，将文献 [1] 中非单调奖励下的多智能体协同围捕环境从离散状态空间和离散动作空间，扩展到连续状态空间和连续动作空间；并从文献 [21]、[26] 中的单调奖励扩展到非单调奖励。如图 8.3(b) 所示，环境中一共有四个智能体，其中三个智能体作为捕食者，其目标是通过协作捕获另一个智能体 (猎物)。其中，猎物的运动速度上限比捕食者更大。因此，捕食者必须通过协作才能捕获猎物。环境中每个智能体的观测空间和动作空间都是连续的。每个智能体都能观测到自身的位置和速度信息，以及其他智能体的位置信息；其动作由两个方向上的力组成，每个方向上的力取值范围为 $[-1, 1]$，这一点和实验一相同。在传统的围捕任务中，捕食者中的任何一个成员碰到猎物时环境都会返回一定的奖励，这样可以引导更多的捕食者参与对同一目标的围捕 [21,26]。在本实验中，将这种奖励设置修改为：只有当环境中所有的智能体同时碰到猎物，才算猎捕成功，环境返回较大的奖励；而单个智能体或只有少部分智能体协作抓捕，算猎捕失败，环境返回惩罚项。这极大地增加了智能体在环境中探索并完成围捕的难度。这种奖励机制符合定义 8.2中对奖励函数的描述，因此称之为非单调奖励下的多智能体协同围捕任务。这里，所有的捕食者共享同一个奖励值：$r_t \in \{0, r_{p_1}, r_{p_2}, 10\}$，其中 r_{p_1} 表示团队中只有一个成员抓到猎物时，环境返回的惩罚；r_{p_2} 表示团队中两个成员通过协作同时抓到猎物时，环境返回的惩罚。当团队中的所有捕食者同时抓到猎物时，将获得 $+10$ 的奖励。此外，针对猎物的策略有两种设置：① 随机策略，即智能体在一个高斯分布中随机采样动作；② 利用单智能体 DRL 中的 DDPG 算法 [23]，预训练出一个逃跑策略。在预训练过程中，捕食者的策略均为传统的比例-积分-微分 (proportional-integral-derivative, PID) 控制器。

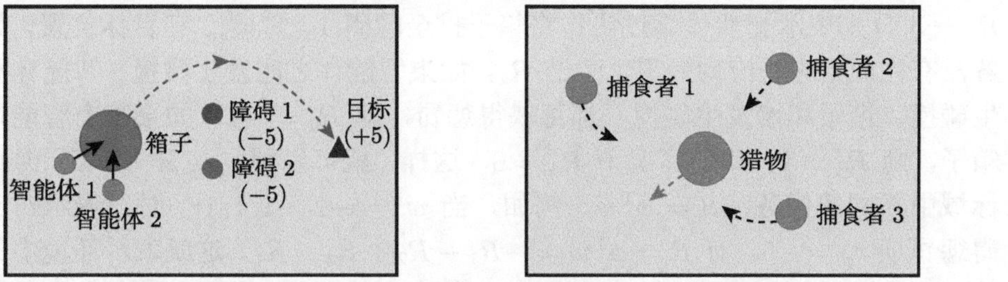

(a) 实验一　　(b) 实验二

图 8.3　仿真环境示意图

8.4.2 奖励特征函数的设计

正如 8.3节中所介绍的，构建源域到目标域之间的跨任务知识迁移，其关键在于奖励特征 $\phi(o,a,o')$ 的设计。而 $\phi(o,a,o')$ 在源任务模型和目标任务模型中，是共享的特征函数。为了在以上两个仿真环境中基于 MASF 训练各智能体的模型，需要首先为每个多智能体系统构建奖励特征函数 $\phi(o,a,o')$。根据文献 [14] 和 [15] 中的介绍，目前有三种构建奖励特征的方式。

(1) 利用混合高斯模型，重塑环境中的奖励函数，手动设计出奖励特征和相应的任务空间 [14,27]。这种方法的缺陷是存在较大的奖励重塑误差，从而影响智能体的学习性能。

(2) 利用自编码网络，通过对源域中多个任务的学习，拟合出稳定的隐含层特征作为任务空间中的奖励特征 ϕ[14,28]。然而，一旦目标域中的新任务和源域在任务空间中不服从相同的分布，则先前得到的 $\hat{\phi}$ 将不再适用。

(3) 通过设计基任务 (basic task)，在源域中直接对基任务进行训练，并将基任务的奖励函数作为奖励特征 $\phi(o,a,o')$ 中的元素 [15]。例如：

$$\phi(o,a,o') = [r_1(o,a,o'),\cdots,r_M(o,a,o')]^{\mathrm{T}} \tag{8.40}$$

其中，r_j 表示第 j 个基任务的奖励函数。

在以上三种方式中，第三种方式只要确定了任务空间中的基任务，就可以通过 $\phi(o,a,o')$ 和 w' 线性组合的形式实现对相同空间下的任意目标任务进行描述，因此更加高效。在本节的两个仿真环境中，均选择第三种方案设计奖励特征 ϕ。

1. 实验一中奖励特征 ϕ 的设计

在多智能体协作推箱环境中，将图 8.3(a) 中的两个障碍和目标三处坐标位置分别定义为源域中的三个基本任务。即在源域中，智能体需要学会分别将箱子推至这三个位置。此外，再定义第四个基任务：智能体必须通过协作同时推动箱子，并且避免发生碰撞。因此，有 $\phi=[R_1,R_2,R_3,R_4]^{\mathrm{T}}$。其中，$R_1=5$、$R_2=5$ 和

$R_3=5$ 分别表示智能体通过协作将箱子推至障碍 1、障碍 2 和目标位置，如果任务没有完成，这些值均为零。对于 R_4，如果智能体之间发生碰撞、智能体和墙发生碰撞、箱子和墙发生碰撞，都将获得惩罚，即 $R_4=-1$；如果某个智能体碰到箱子，则 $R_4=1$；其他情况下 $R_4=0$。这样，就可以用 $w\in\mathbb{R}^4$ 来表示源域和目标域中不同的任务：$R=\phi^{\mathrm{T}}w$。例如，当 $w=[-1,-1,1,1]^{\mathrm{T}}$ 时，表示对应的障碍惩罚项 $r_p=-5$，有 $R=\phi^{\mathrm{T}}w=-R_1-R_2+R_3+R_4$。这就表示环境中的智能体必须通过协作，将箱子推至目标点，同时避开两个障碍以及避免发生碰撞。如果箱子碰到了其中任何一个障碍，都将得到负的奖励 -5。

2. 实验二中奖励特征 ϕ 的设计

对于图 8.3(b) 中的多智能体协同围捕环境，定义 N_{catch} 为同时抓住猎物的智能体个数，则 $N_{\text{catch}}\in\{0,1,2,3\}$。因此，可以定义奖励特征：$\phi=[R_1',R_2',R_3']^{\mathrm{T}}$，其中

$$R_n'=\begin{cases}10, & n\text{个智能体同时抓住猎物}\\0, & \text{其他}\end{cases}\tag{8.41}$$

对所有 $n=1,2,3$ 均成立。

在该仿真环境中，没有考虑碰撞惩罚，即允许智能体之间以及智能体和墙壁之间发生碰撞。因此，可以用 $w\in\mathbb{R}^3$ 来表示不同的任务。例如，当 $w=[-0.2,-0.1,1.0]^{\mathrm{T}}$ 时，有

$$R=\phi^{\mathrm{T}}w=\begin{cases}-2, & 1\text{个智能体抓住猎物}\\-1, & 2\text{个智能体同时抓住猎物}\\10, & 3\text{个智能体同时抓住猎物}\\0, & \text{其他}\end{cases}\tag{8.42}$$

在这种情况下，就表示惩罚项的设置为 $r_{p_1}=-2$ 并且 $r_{p_2}=-1$。

8.4.3　实验结果分析与讨论

在本章的两组实验中，分别使用双隐含层和三隐含层的深度神经网络来实现所提算法中的智能体执行网络和 GSFN 模块。每个网络均通过 leaky ReLU 函数激活 [29]。执行网络的输出层均通过双曲正切 (tanh) 函数激活，以保证连续动作的输出范围为 $[-1,1]$。GSFN 模块的最后一层包含 d 个节点，不需要激活 (或线性激活)，d 表示奖励特征 ϕ 的维度。关于本章两个实验的详细参数设置，均在表 8.1中列出。在接下来的实验中，MADDPG-SFKT 算法的训练过程包含了图 8.2中的微调环节。由于本章两个实验中的动作空间都是连续的，因此将所提算法和以下基于策略的 MARL 算法进行对比。

(1) MADDPG 算法 [21]：由于本章所提算法是在 MADDPG 算法的基础上，通过将所有智能体的评价网络替换为共享的 GSFN 模块和任务权值模块，因此和该算法的比较有利于分析改进的模块在两种不同环境下对性能的提升效果。

(2) 基于自注意力机制的 MADDPG(attention multi-agent DDPG, ATT-MADDPG)[30]：该算法提出利用自注意力机制来提升智能体的探索能力，由于同样是在 MADDPG 算法的基础上对评价网络的结构做出改进，因此和本章所提算法的性能进行比较，具有一定的参考价值。

(3) 基于后继表征选项的多智能体选项策略迁移 (multi-agent option-based policy transfer with successor representation option, MAOPT-SRO)[31]：一种基于策略迁移的 MARL 算法，结合了后继表征思想学习如何对知识进行迁移以及何时迁移。文献 [31] 的算法利用 PPO(proximal policy optimization) 算法实现策略梯度的计算。为了保证实验结果的可比性，将其策略梯度的计算改为 MADDPG 算法，而算法的其他设置和文献 [31] 保持相同。

表 8.1　实验参数设置

参数名称	实验一	实验二
折扣因子	0.95	0.95
学习率 (基于后继特征的评价器)	0.0001	0.001
学习率 (执行器)	0.0001	0.001
学习率 (奖励特征)	0.001	0.001
软更新因子	0.001	0.001
数据批量大小	512	512
经验回放池大小	200,000	200,000
初始化探索方差	0.2	0.2
隐含层节点 (执行器)	[256, 256]	[256, 256]
隐含层节点 (基于后继特征的评价器)	[256, 256, 256]	[256, 256, 256]
回合数	6,000	10,000
知识迁移阶段回合数	1,000	1,000
最大轨迹长度	60	30

1. 实验一结果分析

针对实验一，首先在源域中定义 4 个基任务，并利用 MADDPG-SF 算法进行训练，得到：$w_1=[0,0,0,1]^{\mathrm{T}}$，$w_2=[1,0,0,1]^{\mathrm{T}}$，$w_3=[0,1,0,1]^{\mathrm{T}}$，$w_4=[0,0,1,1]^{\mathrm{T}}$。然后，采用 MADDPG-SFKT 算法分别对不同惩罚项 $r_p\in\{-0.5,-2.5,-5\}$ 下的目标任务权值 $w'=[r_p,r_p,1,1]$ 进行学习，并学习出其对应的快速启动策略 (即通过式 (8.15) 计算得到的新策略) 和 MASF。对于其他参与比较的算法，则直接针对目标任务权值 $R=\phi^{\mathrm{T}}w'$ 从头学习 (learning from scratch)。在训练过程中，每隔 20 回合即对各算法的累计奖励进行测试，每次测试均完成 5 回合并取平均值。各算法针对每个任务的学习性能曲线如图 8.4所示，每组实验均以不同的初始化参数重复进行 10 次。此外，将各算法在 10 次实验中性能最好的一组单独取出，并比较它们的性能，如图 8.5所示。最后，为了验证算法高效的探索能力，图 8.6中展示了各算法在训练过程中，箱子访问过的位置分布，其中 $r_p=-5$，图中蓝色的部分为箱子到过的位置。

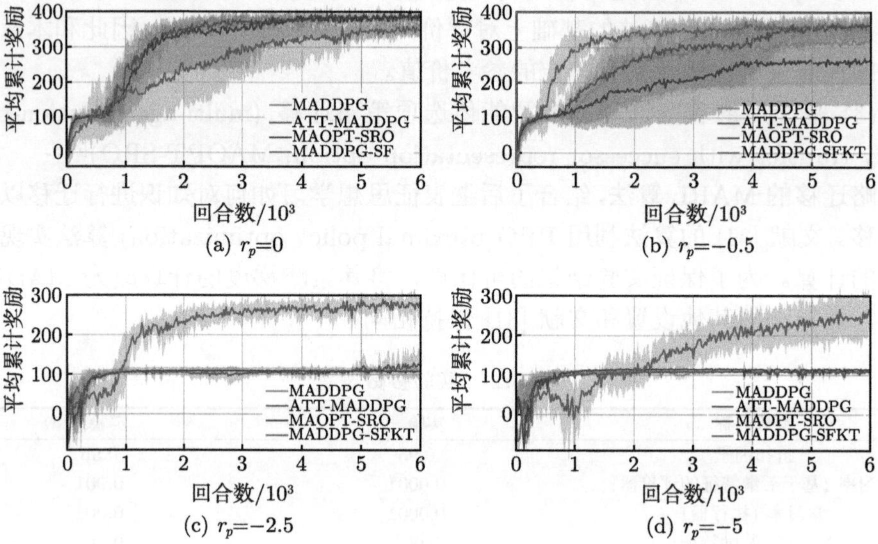

图 8.4　实验一中各算法在不同惩罚项下的性能曲线

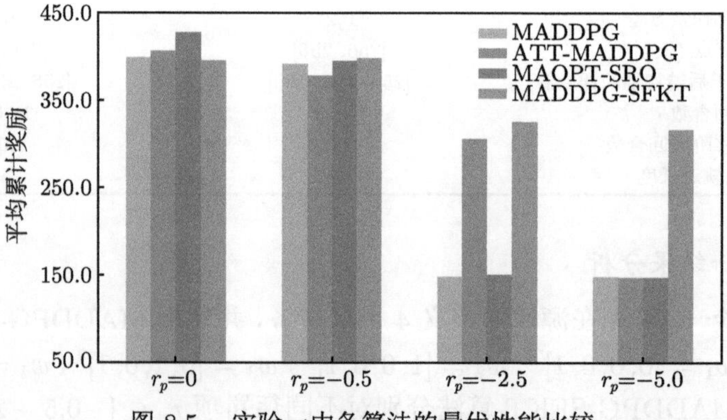

图 8.5　实验一中各算法的最优性能比较

当 $r_p=0$，即 $w'=w_2=[0,0,1,1]^{\mathrm{T}}$ 时，将 MADDPG-SF 算法同其他算法进行比较，结果如图 8.4(a) 所示。由于 MADDPG-SF 算法在本章中主要用于源域模型的训练从而收集源域中的知识，因此其学习过程并没有利用知识迁移，而是针对源任务从头开始学习。所以，该算法的性能没有超过其他算法。然

而，MADDPG-SF 算法最终仍然能收敛至近似最优，因此可以用于源域中的知识收集与积累。当加大对障碍碰撞的惩罚时，如 $r_p = -0.5$，可以发现其他算法的性能均出现明显的下降。如图 8.4(b) 所示，MADDPG-SFKT 算法仅在 1000 回合之后，就取得了接近最优的性能，而其他算法直到 4000 回合才开始逐渐收敛。在图 8.4(c) 和图 8.4(d) 中，当 $|r_p|$ 不断增加时，其他算法均在平均奖励约 100 处陷入局部最优。虽然 MADDPG-SFKT 算法在训练开始阶段存在性能下降的情况，然而很快就能摆脱当前局面且性能开始稳步上升，并在最终学习出最优策略。如图 8.5所示，当 $r_p \leqslant -0.5$ 时，MADDPG-SFKT 的最优性能均高于其他算法。当 $r_p = 0, -0.5, -2.5$ 时，可以发现 ATT-MADDPG 算法偶尔能取得较好的性能，实现有效的探索，然而其性能随着 r_p 的变化并不稳定。

为了分析智能体的探索效率，根据各算法在六个不同训练阶段的探索情况，画出箱子在环境中访问过的位置分布，如图 8.6 所示。图中，$r_p = -5$，即当箱子碰到环境中的任意障碍时，两个智能体都会得到 -5 的惩罚。因此，环境中的两个障碍封锁了智能体将箱子从左侧起始位置推至右侧目标位置的最短路径。从图中可以发现，其他基于 MADDPG 的算法均难以将箱子推至环境中的右侧区域进行探索。而对于 MADDPG-SFKT 算法，由于智能体使用式 (8.15) 计算得到的新策略 π' 对环境进行探索，因此具有快速启动性能，在训练开始阶段算法能够采集到对目标任务有用的数据。例如，当图 8.6 中训练回合数分别达到 1000、2000 和 3000

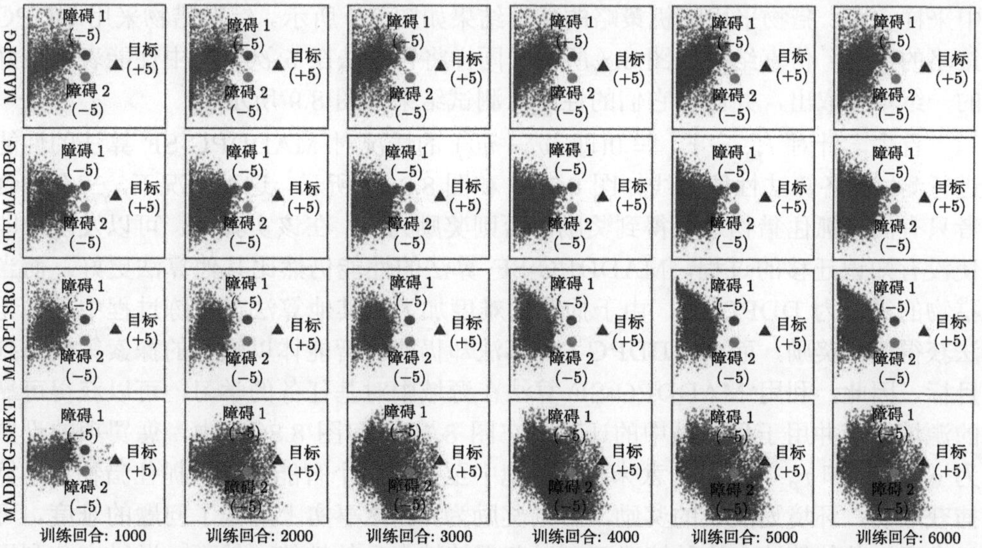

图 8.6 实验一中各算法不同训练阶段下在状态空间中的探索效果示意图

时，MADDPG-SFKT 算法中的智能体能够逐渐频繁地将箱子推至目标区域附近进行探索。即使箱子可能会碰到障碍并收到环境的惩罚项 $r_p = -5$。然而由于算法在源域中学习到关于任务空间中的知识，智能体学会暂时忽略该惩罚而去获取更高的奖励。因此，为了在目标点附近获得更多的正向奖励，MADDPG-SFKT 算法就会持续激励智能体将箱子推至环境右侧区域进行探索，并试图避开两个障碍。这就是为什么图 8.4(c) 和图 8.4(d) 中，MADDPG-SFKT 算法的性能分别在前 1000 和前 2000 训练回合性能较差，而后期性能持续上升的原因。因此得出结论，针对稀疏奖励下的协作任务，基于知识迁移的跨任务学习算法 MADDPG-SFKT 通过充分利用源域中的知识，相比于其他算法具有更高效的探索性能。

2. 实验二结果分析

在多智能体协同围捕实验中，源域中的基任务权值为: $w_1 = [1,0,0]^{\mathrm{T}}$，$w_2 = [0,1,0]^{\mathrm{T}}$，$w_3 = [0,0.5,1]^{\mathrm{T}}$，$w_4 = [0,0,1]^{\mathrm{T}}$。首先利用 MADDPG-SF 算法对这些基任务进行训练，然后通过基于知识迁移的 MADDPG-SFKT 方法分别对不同惩罚项 r_{p_1} 和 r_{p_2} 下的目标任务权值 $w' = [r_{p_1}, r_{p_2}, 1]$ 进行学习。其他算法的学习没有知识迁移的过程，即针对目标任务均从头开始学习。在各算法的训练过程中，每隔 50 回合对算法的累计奖励进行测试，每次测试均完成 5 回合并取平均值。针对所有算法在各场景下的实验，均以不同的初始化参数重复进行 5 次。针对猎物的随机策略，通过在均值为 $[0,0]$，协方差为 $[[1.5,0]^{\mathrm{T}},[0,1.5]^{\mathrm{T}}]$ 的二维高斯分布中采样实现。猎物采用随机策略的仿真结果如图 8.7 所示。针对猎物采用 DDPG 策略的情况，仿真结果如图 8.8 所示。同样将各算法在 5 次实验中性能表现最好的一组单独取出，并比较它们的性能，测试结果如图 8.9 所示。

首先，针对 $r_{p_1} = r_{p_2} = 0$(即 $w = w_4$) 的情况对 MADDPG-SF 算法的性能进行测试，各算法性能曲线如图 8.7(a) 和图 8.8(a) 所示。这种情况下，三个捕食者只有同时抓住猎物才能得到奖励，否则奖励为 0。在该实验中，可以发现，即使没有知识迁移的过程，MADDPG-SF 算法的性能仍然比其他算法更好。而当猎物的策略为 DDPG 时，由于捕获的难度加大，其他算法在训练过程中几乎无法获得任何奖励，而 MADDPG-SF 算法却仍能使智能体以较好的探索策略找到目标。因此，利用 MADDPG-SF 算法在源域中对基任务的学习，可以获得可靠的源域知识并用于目标域中的迁移。在图 8.7(b) 和图 8.8(b) 中，惩罚项的设置为 $r_{p_1} = 0$ 和 $r_{p_2} = 1$。这意味着，环境中至少有两个智能体同时抓住猎物，才算捕获成功，环境返回正的奖励，否则奖励为 0。这事实上降低了问题的难度。可以发现，其他算法在这种情况下可以获得持续上升的性能。然而，通过充分利用源域中学到的知识，MADDPG-SFKT 算法在图 8.7(b) 和图 8.8(b) 中均表现最佳。虽然 MAOPT-SRO 算法也利用了后继表征的思想实现智能体之间的策略迁移，在图 8.7(b) 中具有较好的性能。然而该算法由于没有在任务空间中对任务知识进行迁移，难以在更复杂的任务中表现出较好的性能，因此其综合性能受到较大的限制。进一步地，在图 8.7 和图 8.8 中，当惩罚项 r_{p_1} 和 r_{p_2} 均为负时，表明只有三个捕食者同时抓住猎物才会得到环境返回的正值奖励，否则不但没有奖励，还会受到惩罚。可以发现，基于知识迁移的 MADDPG-SFKT 算法在学习过程中仍能获得持续上升的性能，而其他算法均无法完成围捕任务 (如图 8.7(d)~(f) 和图 8.8(d)~(f) 所示)。在实验二中，如图 8.7(e) 和图 8.7(f) 所示，同样可以发现 MADDPG-SFKT 算法分别在前 2000 回合和前 3000 回合的学习性能较差 (均为负值)。然而，在 3000 回合之后，算法就会通过不断学习获得持续上升且奖励为正的性能。这再次说明，针对非单调奖励下的多智能体协作，MADDPG-SFKT 算法具有较好的探索性能。即使智能体在训练开始阶段不断收到环境返回的惩罚项，它们仍能通过知识迁移，探索到未来潜在的更大的奖励。从图 8.9 中可以看出，MADDPG-SFKT 算法在不同组合的 r_{p_1} 和 r_{p_2} 下，和其他算法相比均表现出更好且更鲁棒的性能。

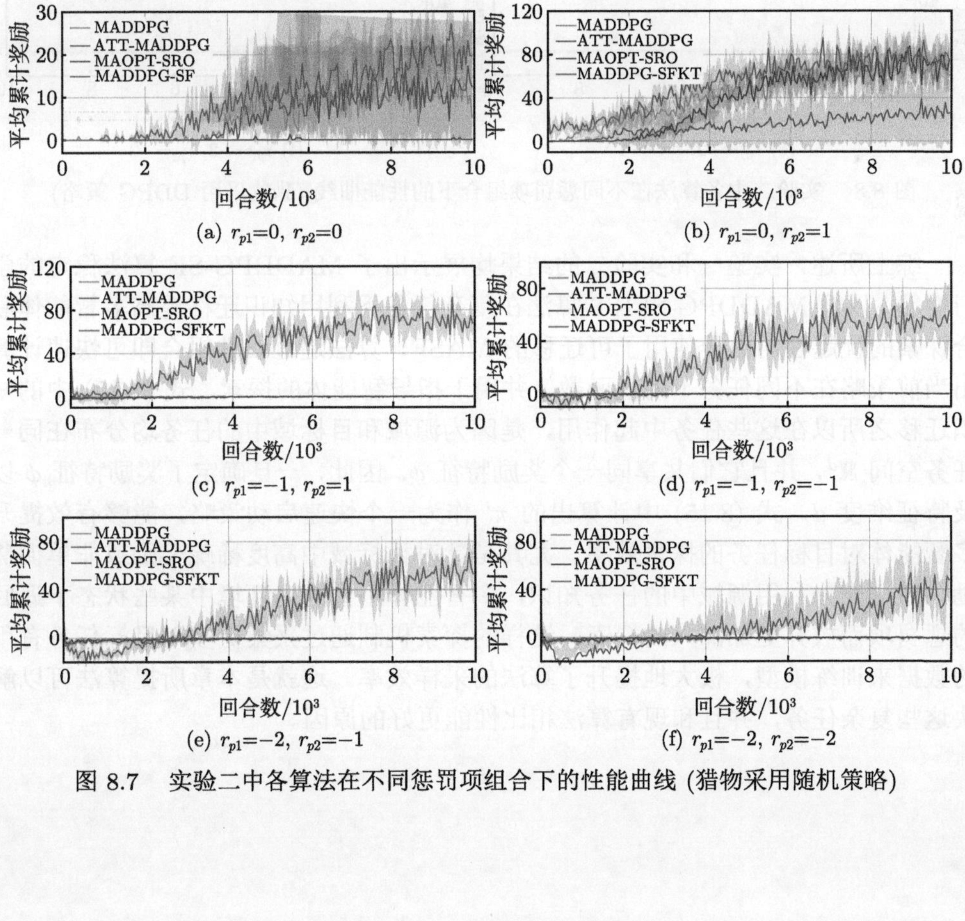

(a) $r_{p1}=0$, $r_{p2}=0$　(b) $r_{p1}=0$, $r_{p2}=1$

(c) $r_{p1}=-1$, $r_{p2}=1$　(d) $r_{p1}=-1$, $r_{p2}=-1$

(e) $r_{p1}=-2$, $r_{p2}=-1$　(f) $r_{p1}=-2$, $r_{p2}=-2$

图 8.7　实验二中各算法在不同惩罚项组合下的性能曲线 (猎物采用随机策略)

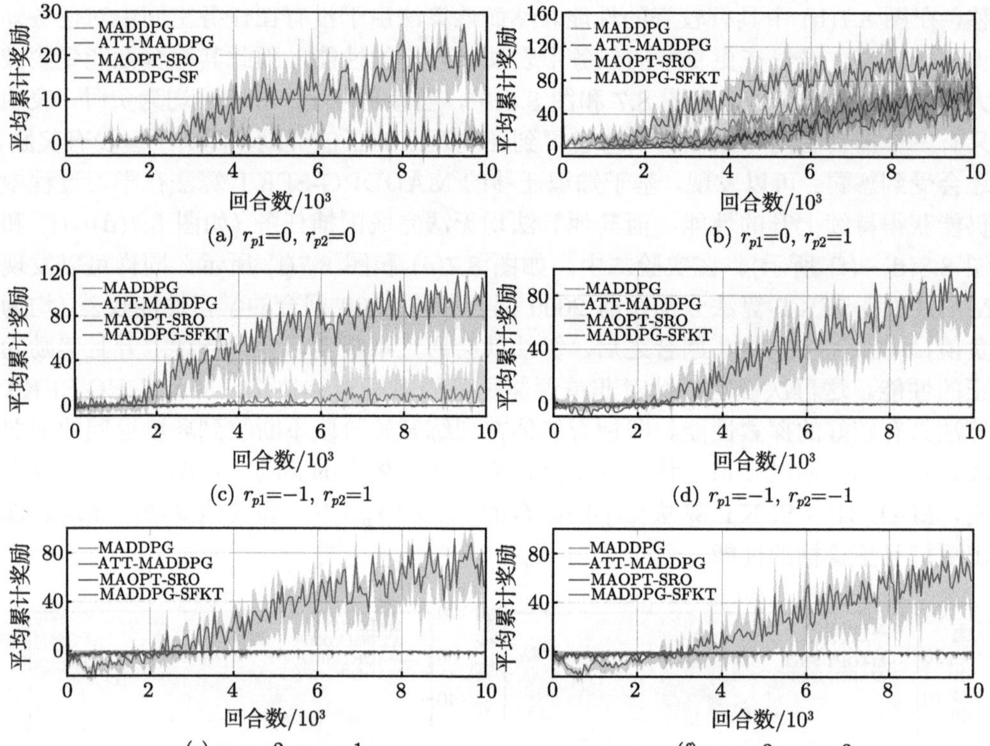

(a) r_{p1}=0, r_{p2}=0　　(b) r_{p1}=0, r_{p2}=1

(c) r_{p1}=−1, r_{p2}=1　　(d) r_{p1}=−1, r_{p2}=−1

(e) r_{p1}=−2, r_{p2}=−1　　(f) r_{p1}=−2, r_{p2}=−2

图 8.8　实验二中各算法在不同惩罚项组合下的性能曲线 (猎物采用 DDPG 策略)

综上所述，实验一和实验二的结果均展示出了 MADDPG-SF 算法稳定的学习性能，以及 MADDPG-SFKT 算法在复杂任务下利用知识迁移提高多智能体联合探索的优越性。由于使用了可迁移的 MASF，算法通过线性组合即可快速计算出当前策略在不同任务下的值函数，并用于指导智能体的探索。式 (8.15) 中的知识迁移之所以在这些任务中起作用，是因为源域和目标域中的任务均分布在同一任务空间 $\mathbb{R}^d$，并且它们共享同一个奖励特征 ϕ。因此，一旦确定了奖励特征 ϕ 以及特征维度 d，式 (8.15) 中计算出的 π' 作为一个快速启动策略，能够有效提升多智能体对目标任务的探索效率。尤其是针对目标域中高度稀疏奖励或非单调奖励，通过充分利用源域中的任务知识，多智能体不会因为环境中某些状态下返回的惩罚项而放弃更加深入的探索。这样的探索机制通过采集更多对目标任务有用的数据来训练模型，极大地提升了算法的采样效率。这就是本章所提算法可以解决这些复杂任务，并且和现有算法相比性能更好的原因。

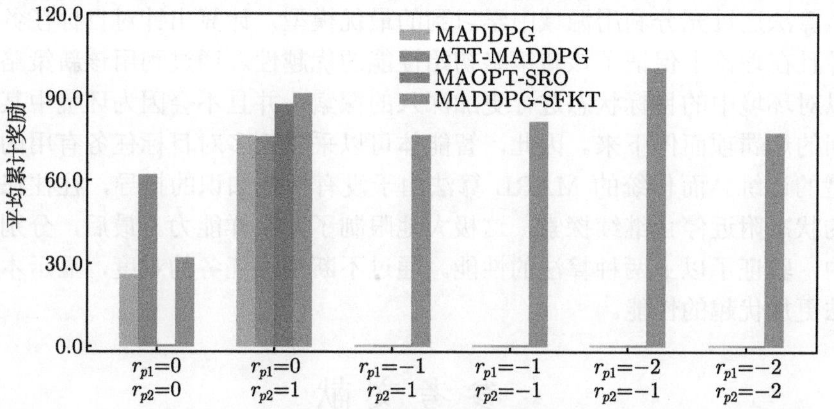

(a) 猎物采用随机策略

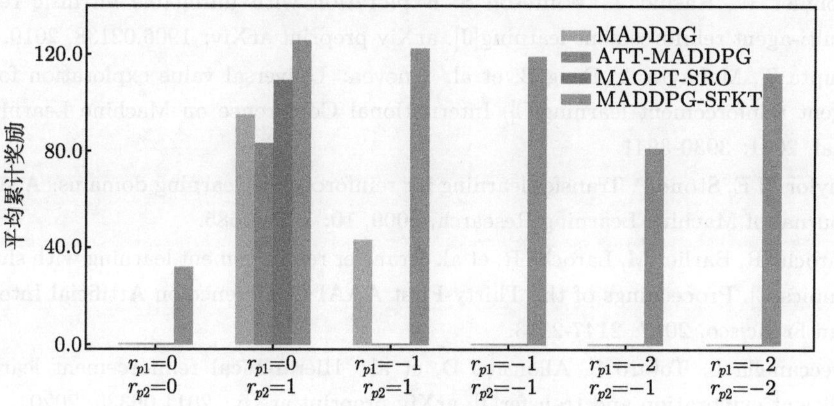

(b) 猎物采用DDPG策略

图 8.9 实验二中各算法的最优性能比较

8.5 本章小结

本章结合单智能体 TRL 中的后继特征思想，针对稀疏奖励和非单调奖励下的多智能体协作任务，提出了一种基于跨任务知识迁移的方法，通过提高智能体的协同探索能力实现算法学习性能的提升。本章将基于后继特征的 TRL 算法从单智能体、离散动作空间扩展到多智能体、连续动作空间中。通过设计一个共享的全局后继特征网络，来拟合 MASF，结合不同的任务权值向量，代替了传统 MADDPG 算法中的评价网络，提出 MADDPG-SF 算法。该算法不仅能学到各智能体分布式最优策略，还能在源域中学到各任务的 MASF。针对目标域中更加复杂的任务，如稀疏奖励或非单调奖励下的多智能体协作任务，本章提出 MADDPG-SFKT 算法。该算法通过充分利用源域中学习到的最优模型，计算出针对目标任务的新策略，并且在理论上保证了该新策略初始性能的优越性。通过利用该新策略，智能体可以对环境中的目标状态进行更加深入的探索，并且不会因为环境中某些状态下返回的惩罚项而停下来。因此，智能体可以采集更多对目标任务有用的数据用于模型的训练。而传统的 MARL 算法由于没有源域知识的指导，往往在具有惩罚项的状态附近停止继续探索，这极大地限制了其采样能力。最后，分别在两个实验中，验证了以上两种算法的性能。通过不断增加任务的难度，显示本章所提的算法更加优越的性能。

参考文献

[1] Böhmer W, Rashid T, Whiteson S. Exploration with unreliable intrinsic reward in multi-agent reinforcement learning[J]. arXiv preprint arXiv: 1906.02138, 2019.

[2] Gupta T, Mahajan A, Peng B, et al. Uneven: Universal value exploration for multi-agent reinforcement learning[C]. International Conference on Machine Learning, Virtual, 2021: 3930-3941.

[3] Taylor M E, Stone P. Transfer learning for reinforcement learning domains: A survey[J]. Journal of Machine Learning Research, 2009, 10: 1633-1685.

[4] Laroche R, Barlier M, Laroche R, et al. Transfer reinforcement learning with shared dynamics[C]. Proceedings of the Thirty-First AAAI Conference on Artificial Intelligence, San Francisco, 2017: 2147-2153.

[5] Steccanella L, Totaro S, Allonsius D, et al. Hierarchical reinforcement learning for efficient exploration and transfer[J]. arXiv preprint arXiv: 2011.06335, 2020.

[6] Schmidhuber J. Evolutionary principles in self-referential learning[D]. München: Technische Universität München, 1987.

[7] Schaul T, Schmidhuber J. Metalearning[J]. Scholarpedia, 2010, 5(6): 4650.

[8] Wang J X, Kurth-Nelson Z, Kumaran D, et al. Prefrontal cortex as a meta-reinforcement learning system[J]. Nature Neuroscience, 2018, 21(6): 860-868.

[9] Gupta A, Mendonca R, Liu Y X, et al. Meta-reinforcement learning of structured exploration strategies[C]. Proceedings of the 32nd International Conference on Neural Information Processing Systems, Montréal, 2018: 5307-5316.

[10] Botvinick M, Ritter S, Wang J X, et al. Reinforcement learning, fast and slow[J]. Trends in Cognitive Sciences, 2019, 23(5): 408-422.

[11] Yu T H, Quillen D, He Z P, et al. Meta-world: A benchmark and evaluation for multi-task and meta reinforcement learning[C]. Conference on Robot Learning, Qsaka, 2020: 1094-1100.

[12] Dayan P. Improving generalization for temporal difference learning: The successor representation[J]. Neural Computation, 1993, 5(4): 613-624.

[13] Momennejad I, Russek E M, Cheong J H, et al. The successor representation in human reinforcement learning[J]. Nature Human Behaviour, 2017, 1(9): 680-692.

[14] Barreto A, Dabney W, Munos R, et al. Successor features for transfer in reinforcement learning[C]. Proceedings of the 31st International Conference on Neural Information Processing Systems, Long Beach, 2017: 4058-4068.

[15] Barreto A, Borsa D, Quan J, et al. Transfer in deep reinforcement learning using successor features and generalised policy improvement[C]. International Conference on Machine Learning, Stockholm, 2018: 501-510.

[16] Borsa D, Barreto A, Quan J, et al. Universal successor features approximators[C]. International Conference on Learning Representations, New Orleans, 2019.

[17] Dimitrakakis C. Sparse reward processes[J]. arXiv preprint arXiv: 1201.2555, 2012.

[18] Riedmiller M, Hafner R, Lampe T, et al. Learning by playing solving sparse reward tasks from scratch[C]. International Conference on Machine Learning, Stockholm, 2018: 4344-4353.

[19] Mahajan A, Rashid T, Samvelyan M, et al. MAVEN: Multi-agent variational exploration[C]. arXiv preprint arXiv: 1910.07483, 2019.

[20] Konda V R, Tsitsiklis J N. Actor-critic algorithms[C]. Annual Conference on Neural Information Processing Systems, Denver, 1999: 1008-1014.

[21] Lowe R, Wu Y, Tamar A, et al. Multi-agent actor-critic for mixed cooperative-competitive environments[C]. Proceedings of the 31st International Conference on Neural Information Processing Systems, Long Beach, 2017: 6382-6393.

[22] Busoniu L, Babuska R, De Schutter B. A comprehensive survey of multiagent reinforcement learning[J]. IEEE Transactions on Systems, Man, and Cybernetics, Part C (Applications and Reviews), 2008, 38(2): 156-172.

[23] Lillicrap T P, Hunt J J, Pritzel A, et al. Continuous control with deep reinforcement learning[C]. International Conference on Learning Representations, San Juan, 2016: 1-14.

[24] Barreto A, Hou S B, Borsa D, et al. Fast reinforcement learning with generalized policy updates[J]. Proceedings of the National Academy of Sciences of the United States of America, 2020, 117(48): 30079-30087.

[25] Abadi M, Barham P, Chen J M, et al. TensorFlow: A system for large-scale machine learning[C]. The 12th Symposium on Operating Systems Design and Implementation, Savannah, 2016: 265-283.

[26] Wang Y D, Dong L, Sun C Y. Cooperative control for multi-player pursuit-evasion games with reinforcement learning[J]. Neurocomputing, 2020, 412: 101-114.

[27] Madarasz T J. Better transfer learning with inferred successor maps[J]. arXiv preprint arXiv: 1906.07663, 2020.

[28] Kulkarni T D, Saeedi A, Gautam S, et al. Deep successor reinforcement learning[J]. arXiv preprint arXiv: 1606.02396, 2016.

[29] Nair V, Hinton G E, Nair V, et al. Rectified linear units improve restricted Boltz-

mann machines[C]. Proceedings of the 27th International Conference on International Conference on Machine Learning, Haifa, 2010: 807-814.

[30] Mao H Y, Zhang Z C, Xiao Z, et al. Modelling the dynamic joint policy of teammates with attention multi-agent DDPG[C]. Proceedings of the 18th International Conference on Autonomous Agents and MultiAgent Systems, Montreal, 2019: 1108-1116.

[31] Yang T P, Wang W X, Tang H Y, et al. Transfer among agents: An efficient multiagent transfer learning framework[J]. arXiv preprint arXiv: 2002.08030, 2020.

第 9 章　基于邻居动作值函数的多智能体一致性控制

本章主要研究离散多智能体系统的一致性控制问题，提出基于邻居动作值函数的多智能体一致性控制算法。为了实现所提出的算法，对每个智能体都采用一种新的执行–评价网络。每个智能体的评价网络用于逼近相应的动作值函数，执行网络根据最小化动作值函数给出相应的控制信号。考虑到系统的分布式特性，将每个智能体所有邻居的动作值函数的平均值应用到评价网络的更新过程中，可以使得学习过程稳定并避免过估计问题。本章给出一致性控制算法的收敛性和稳定性分析，针对不同拓扑结构下的折扣因子进行讨论。最后，采用三个包含不同折扣因子的仿真算例验证一致性控制算法的有效性。

9.1　引　言

多智能体系统协同控制一直都在不同的领域有着广泛的应用，如无人机、分布式电力系统、传感器网络、交通灯控制等领域。分布式协同控制问题可分为一致性控制、分布式编队控制、包容控制、任务分配、分布式优化问题等，其中最基本的问题是分布式一致性问题，各智能体通过分布式通信并以达到相同状态为目标，如共同的位置、速度及角速度等。其中，一致性最优控制问题就是最小化相应的性能指标函数。根据智能体动态性能的不同，多智能体系统可以分为线性系统、仿射非线性系统、时滞系统和异质系统 [1]。

强化学习是一种典型的机器学习方法，它侧重于智能体在不确定环境中的感知和行动。强化学习作为一种智能算法，可以通过学习来提供动态规划的近似解。在智能控制研究方面，强化学习在电力系统、无人机、智能交通等领域有着广泛的应用。强化学习的重要问题是探索与利用之间的权衡，其解决方法可以分为策略同步算法和策略异步算法。智能体所执行的策略与学习过程中的评估策略一致则为策略同步算法，如 SARSA [2]、蒙特卡罗算法等。智能体所执行的策略与学习过程中的评估策略不一致则为策略异步算法，如 Q 学习算法 [3]、自适应动态规划算法 [4-6]。自适应动态规划算法的目标是求解 HJB 方程并获得近似解。强化学习算法可应用于非线性系统的控制 [7]。考虑到强化学习的自学习特性，可以用于处理分布式网络系统的最优控制，如多智能体系统的最优控制问题 [8]。

分布式多智能体强化学习算法大多来源于对经典算法的改进。Wei 等 [9] 利用策略迭代算法解决了连续非线性多智能体系统的最优控制问题。Zhang 等 [10] 研究了一种模糊自适应动态规划算法用于实现多智能体系统的一致性。同样，Zhang 等 [11] 将策略迭代算法应用于多智能体系统的一致性最优控制。Wen 等 [12] 研究了离散线性系统的最优跟踪问题，提出了一种策略异步算法。为了实现非线性连续多智能体系统的一致性控制，Wang 等 [13] 提出了一种无模型的策略异步算法。Yang 等 [14] 采用策略梯度算法解决了离散时间系统的一致性问题。在 Su 等 [15] 的工作中，将一种改进的值迭代方法应用于仿射非线性连续时间系统。Long 等 [16] 将 Q 学习算法应用于离散时间系统的一致性控制。在以上研究，大多数分布式多智能体强化学习算法都是通过改进基础算法提出的，如 Q 学习算法，这些算法没有利用多智能体系统固有的分布特性，而是为了适应控制系统进行了一定的调整。

在强化学习领域，解决多智能体的连续控制问题的经典算法是多智能体深度确定性策略梯度算法 [17]。在该算法的训练过程中，每个智能体的评价网络都能获得全局信息，以更新其执行–评价网络的参数，即集中式训练。同时，在测试过程中，每个智能体的执行网络只能获得局部信息，即分布式执行。评价网络的更新是基于 Q 学习的基本思想，因此，如果用最大值来逼近 Q 值，网络可能会遭受很大的性能损失。双 Q 学习算法 [18] 通过引入双估计器，避免了取极值造成的过估计问题。基于双 Q 学习算法，本章给出一种邻居动作值函数的算法来实现多智能体的一致性控制，为每个智能体设计用于逼近控制信号的分布式执行网络和用于逼近 Q 函数的分布式评价网络，每个评价网络只能采用智能体及其邻居的状态值和估计 Q 函数等局部信息，因此，该算法可以避免过估计问题，保证离线学习过程的稳定性。此外，该算法不需要系统模型辨识，相对经典的一致性方法具有鲁棒性。根据 Yuan 等 [19] 的工作，本章给出该算法的收敛性和稳定性分析。

本章主要贡献归纳如下。

(1) 针对多智能体的最优控制问题，提出一种基于邻居动作值函数的多智能体一致性控制算法。该算法的结构是分布式执行–评价网络，保证充分利用多智能体系统的分布式特性。此外，通过引入邻居的动作值函数用于更新评价网络，可以避免过估计的问题，保证离线训练过程的鲁棒性。

(2) 给出算法的收敛性和稳定性分析。证明对于每个智能体而言，评价网络所估计的动作值函数都能收敛到最优值，从执行网络输出的策略也能够收敛到相应的最优值，并且多智能体系统可以渐近稳定。

本章将给出基于的邻居动作值函数的多智能体一致性控制算法的实现，并给出算法的收敛性和稳定性分析，最后给出三个包含不同折扣因子的仿真示例。

9.2 问题描述

在带领导者的多智能体系统中，跟随者智能体的通信拓扑可以用有向拓扑图 $G(\mathcal{A})=(V,E,\mathcal{A})$ 来表示,其中 N 个跟随者智能体可以用集合 $V=\{v_1,v_2,\cdots,v_N\}$ 来表示，智能体之间是否存在通信可以用边的集合 $E=\{e_{ij}=(v_i,v_j)\}\subset V\times V$ 来表示,非负矩阵 $\mathcal{A}=[a_{ij}]$ 为邻接矩阵,矩阵内元素 $a_{ij}>0$ 当且仅当 $(v_i,v_j)\in E$，这表示智能体 i 和 j 之间有信息交互；反之，若是没有信息交互，矩阵 $\mathcal{A}$ 中的元素 $a_{ij}=0$。对于 $\forall i=1,2,\cdots,N$，邻接矩阵中的元素 $a_{ii}=0$。与智能体 v_i 有信息交互的所有邻居智能体的集合定义为 $\mathcal{N}_i=\{v_j:(v_j,v_i)\in E\}$ 且所有邻居智能体的总个数为 $|\mathcal{N}_i|$。图 $G(\mathcal{A})$ 的入度矩阵定义为对角阵 $D=[d_{ij}]_{N\times N}$，其中 $d_{ii}=\sum\limits_{j\in\mathcal{N}_i}a_{ij}$。图 $G(\mathcal{A})$ 的拉普拉斯矩阵定义为 $L=D-\mathcal{A}$。领导者智能体和跟随者智能体的信息交互可以用对角阵 $\mathcal{B}=[b_{ii}]_{N\times N}$ 来表示，其中 $b_{ii}>0$ 表示领导者与第 i 个跟随者有信息交互；相反，若没有信息交互则 $b_{ii}=0$。若有向图内存在有向生成树，则表示从领导者智能体有信息通道到达任何跟随者智能体。特别的，若智能体之间的通信没有方向上的区别，则通信拓扑可以用无向拓扑图 $G(\mathcal{A})$ 来表示，若无向拓扑图中任何两个节点都是可达的，则称 $G(\mathcal{A})$ 是连通图。

9.2.1 多智能体系统

考虑离散多智能体系统：

$$x_i(k+1)=Ax_i(k)+Bu_i(k),\quad i=1,2,\cdots,N \tag{9.1}$$

其中，$x_i(k)\in\Omega_x\subseteq\mathbb{R}^n$ 是智能体 i 的状态值；$u_i(k)\in\Omega_u\subseteq\mathbb{R}^m$ 是智能体 i 的控制信号值，其中 Ω_x 和 Ω_u 是状态量和控制信号值的可行集。系统矩阵参数为 $A\in\mathbb{R}^{n\times n}$ 和 $B\in\mathbb{R}^{n\times m}$，在本章中的系统模型参数视作未知。

定义 9.1 离散多智能体系统(9.1)达到一致意味着对任意初始状态,有 $\forall i,j\in\{1,2,\cdots,N\}$，$\lim\limits_{k\to\infty}\|x_i(k)-x_j(k)\|=0$。

若系统有领导者:

$$x_0(k+1)=Ax_0(k) \tag{9.2}$$

其中，$x_0(k)\in\mathbb{R}^n$ 为多智能体系统的参考信号值。

定义 9.2 带领导者的离散多智能体系统(9.1)和(9.2)达到一致意味着对任意初始状态，有 $\forall i$，$\lim\limits_{k\to\infty}\|x_i(k)-x_0(k)\|=0$。

由于多智能体系统信息交互的分布式特性，每个智能体都可以获得局部信息，因此智能体 i 的局部跟踪误差为

$$e_i(k) = \sum_{j\in\mathcal{N}_i} a_{ij}(x_i(k) - x_j(k)) + b_{ii}(x_i(k) - x_0(k)) \tag{9.3}$$

根据式(9.3)，全局跟踪误差 $e(k) = [e_1^{\mathrm{T}}(k), e_2^{\mathrm{T}}(k), \cdots, e_N^{\mathrm{T}}(k)]^{\mathrm{T}} \in \mathbb{R}^{Nn}$ 定义为

$$e(k) = ((L + \mathcal{B}) \otimes I_n)(X(k) - X_0(k)) \tag{9.4}$$

其中,$\otimes$ 为克罗内克积;智能体的状态向量为 $X(k) = [x_1^{\mathrm{T}}(k), x_2^{\mathrm{T}}(k), \cdots, x_N^{\mathrm{T}}(k)]^{\mathrm{T}} \in \mathbb{R}^{Nn}$；相应的领导者状态向量可视为 $X_0(k) = [x_0^{\mathrm{T}}(k), x_0^{\mathrm{T}}(k), \cdots, x_0^{\mathrm{T}}(k)]^{\mathrm{T}} \in \mathbb{R}^{Nn}$；$I_n$ 是 n 维单位矩阵。若系统没有领导者，则元素 b_{ii} 和矩阵 $\mathcal{B}$ 为零。

对于带领导者的多智能体系统，为了设计一致性控制算法，定义整个系统的全局一致性误差为

$$\epsilon(k) = X(k) - X_0(k) \tag{9.5}$$

引理 9.1[20] 若矩阵 $L+\mathcal{B}$ 非奇异，则全局一致性误差与全局跟踪误差满足不等式 $\|\epsilon(k)\| \leqslant \|e(k)\|/\lambda_{\min}(L+\mathcal{B})$，其中 $\lambda_{\min}(L+\mathcal{B})$ 是矩阵 $L+\mathcal{B}$ 的最小奇异值。

引理 9.1表明如果全局跟踪误差足够小，则全局一致性误差可以任意小，为保证引理中的不等式成立，给出假设 9.1。

假设 9.1 多智能体系统的拓扑图 $G(\mathcal{A})$ 存在有向生成树。

9.2.2 最优控制

每个智能体 i 的性能指标函数定义为

$$\begin{aligned} J_i(e_i(k), \underline{u}_i(k)) &= \sum_{t=k}^{\infty} \gamma^{t-k} r_i(e_i(k), u_i(k)) \\ &= r_i(e_i(k), u_i(k)) + \gamma J_i(e_i(k+1), u_i(k+1)) \end{aligned} \tag{9.6}$$

其中,$\underline{u}_i(k) = (u_i(k), u_i(k+1), \cdots, u_i(\infty))$ 是智能体 i 从当前时刻向后所有的控制量所构成的控制序列,$0 < \gamma \leqslant 1$ 是折扣因子。实时的奖励函数为 $r_i(e_i(k), u_i(k)) = e_i^{\mathrm{T}}(k)Q_ie_i(k) + u_i^{\mathrm{T}}(k)P_iu_i(k)$，其中 $Q_i(k) > 0$ 和 $P_i(k) > 0$ 都是正定矩阵。$u_i(k)$ 是控制信号值，且对于任意的 $x_i(k) \in \Omega_x$，有相应的 $u_i(k) \in \Omega_u$。在某些情况下，奖励不仅可以用二次型形式，也可以用平方根和绝对值形式来定义 [21]。与传统的方法不同，如 Zhang 等 [22] 的工作，智能体 i 所对应的邻居智能体的控制值 u_j 隐式包含在性能指标函数中的 $e_i^{\mathrm{T}}(k)Q_ie_i(k)$ 项，而没有显式表达为 $u_j^{\mathrm{T}}(k)R_ju_j(k)$。因此，可以降低性能指标的计算复杂度，简化后续评价网络的设计。

一致性最优控制的目标是找到使性能指标函数(9.6)最小化的最优控制值，并且确保系统能够稳定, 也就是最优控制值需要满足如下容许控制的条件。

定义 9.3 (容许控制 [23]) 每个智能体的控制策略 $u_i(k)$ 满足：① 在状态可行集 Ω_x 上是连续的；② 使得系统(9.1)、(9.2)在 Ω_x 上是稳定的；③ 对于任意给定的 $x \in \Omega_x$，保证性能指标(9.6)适定，则称控制策略 $u_i(k)$ 是容许控制的。

性能指标最优值 $J_i^*(e_i(k))$ 可以定义为 $J_i^*(e_i(k)) = \min\limits_{\underline{u}_i(k)} J_i(e_i(k), \underline{u}_i(k))$，根据贝尔曼原理，$J_i^*(e_i(k))$ 满足以下方程:

$$J_i^*(e_i(k)) = \min_{u_i(k)}\{r_i(e_i(k), u_i(k)) + \gamma J_i^*(e_i(k+1))\} \tag{9.7}$$

因此，离散时间 HJB 方程可以表示为

$$J_i^*(e_i(k)) = r_i(e_i(k), u_i^*(k)) + \gamma J_i^*(e_i(k+1)) \tag{9.8}$$

那么，优化问题可以表示为

$$\min_{\underline{u}(k)} J(e(k), \underline{u}(k)) \tag{9.9}$$

其中，$J(e(k), \underline{u}(k)) = [J_1(e_1(k), \underline{u}_1(k)), \cdots, J_N(e_N(k), \underline{u}_N(k))]^{\mathrm{T}}$ 是系统优化目标。优化问题(9.9)有 N 个控制目标，可以得到一组帕累托最优解。帕累托支配和帕累托最优的概念定义如下。

定义 9.4 (帕累托支配 [24]) 对于式(9.9)中智能体 i 的优化问题，若 $J_i^1(e_i(k), \underline{u}_i(k)) \leqslant J_i^2(e_i(k), \underline{u}_i(k))$，称控制策略 $\underline{u}_i^1(k)$ 帕累托支配 $\underline{u}_i^2(k)$，记作 $\underline{u}_i^1(k) \preceq \underline{u}_i^2(k)$。

定义 9.5 若 $J_i^1(e_i(k), \underline{u}_i(k)) \leqslant J_i^2(e_i(k), \underline{u}_i(k)), i = 1, 2, \cdots, N$，则 $J^1(e(k), \underline{u}(k)) \leqslant J^2(e(k), \underline{u}(k))$。

根据上述定义，帕累托最优的概念可以定义如下。

定义 9.6 (帕累托最优 [24]) 对于优化问题(9.9)，若对于所有 $\underline{u}(k)$，有 $J(e(k), \underline{u}^*(k)) \leqslant J(e(k), \underline{u}(k))$，称控制策略 $\underline{u}^*(k)$ 为帕累托最优。

因此，多智能体系统的 DTHJB 方程可以定义为

$$J^*(e(k)) = R(e(k), u^*(k)) + \gamma J^*(e(k+1)) \tag{9.10}$$

下面引入动作值函数 Q 和最优动作值函数 Q^*，定义智能体 i 的最优动作值函数为 $Q_i^*(e_i(k), u_i(k))$，也就是 $\min\limits_{u_i(k)} Q_i^*(e_i(k), u_i(k)) = J_i^*(e_i(k))$，因此，基于式(9.7)，最优动作值函数计算如下:

$$Q_i^*(e_i(k), u_i(k)) = r_i(e_i(k), u_i(k)) + \min_{u_i(k+1)} \gamma Q_i^*(e_i(k+1), u_i(k+1)) \tag{9.11}$$

从式(9.11)可以看出，Q 函数是依赖于控制信号的。因此，通过最小化 Q 函数，可以直接得到最优控制值：

$$u_i^*(e_i(k)) = \arg\min_{u_i(k)} Q_i^*(e_i(k), u_i(k)) \tag{9.12}$$

由式(9.12)可知，求解智能体 i 的最优控制值的难点是如何逼近最优动作值函数，本章提出基于邻居动作值函数的执行–评价网络框架，并对所提算法的收敛性和策略的最优性进行了理论分析。

9.3 算法设计

已有的用于多智能体系统连续控制的算法有 DDPG，相对于传统的执行–评价网络，该算法引入了目标网络，从而保证训练过程的稳定。基于 DDPG 算法使用目标网络的想法，以及双 Q 学习算法对于处理传统 Q 学习容易产生过估计问题的有效性，本节提出并实现了基于邻居动作值函数的多智能体一致性控制算法，为每个智能体设计了用于逼近控制信号的分布式执行网络和用于逼近 Q 函数的分布式评价网络，每个评价网络只能利用智能体自身及其邻居智能体的局部信息进行更新。

9.3.1 基于邻居动作值函数的多智能体一致性算法

为了获得每个智能体的最优控制值(9.12)，基于邻居动作值函数的多智能体一致性控制算法的总体结构如图 9.1 所示，每个智能体 i 都可以获取自己的局部观测信息 e_i^m 和邻居智能体的 Q 函数 $Q_{\mathcal{N}_i}^m$，智能体 i 的 Q 函数为 Q_i^m。因此，对智能体 i 及其邻居 $j, j \in \mathcal{N}_i$，Q 函数初始值定义为 $Q_i^0(e_i(k), u_i(k))$ 和 $Q_j^0(e_i(k), u_i(k))$，相应的控制值为

$$u_i^0(e_i(k)) = \arg\min_{u_i(k)} Q_i^0(e_i(k), u_i(k)) \tag{9.13}$$

多智能体系统一致性控制的目标是使每个智能体的状态趋于一致，而每个智能体 i 的目标可以简化为使得局部跟踪误差 e_i 趋于零，因此，可以将每个智能体 i 的 Q 函数的学习目标改为趋于它的邻居智能体的 Q 函数，这样不仅可以增加对局部信息的利用程度，并能够避免由于取极小值而存在的过估计问题。基于式(9.13)，智能体 i 的 Q 函数可以计算为

$$Q_i^1(e_i(k),u_i(k)) = r_i(e_i(k), u_i(k)) + \min_{u_i(k+1)} \gamma Q_i^0(e_i(k+1), u_i(k+1)) \tag{9.14}$$

其中，$Q_i^0(e_i(k+1), u_i(k+1)) = \sum\limits_{j\in\mathcal{N}_i} \dfrac{1}{|\mathcal{N}_i|} Q_j^0(e_j(k+1), u_j(k+1))$，则式 (9.14)

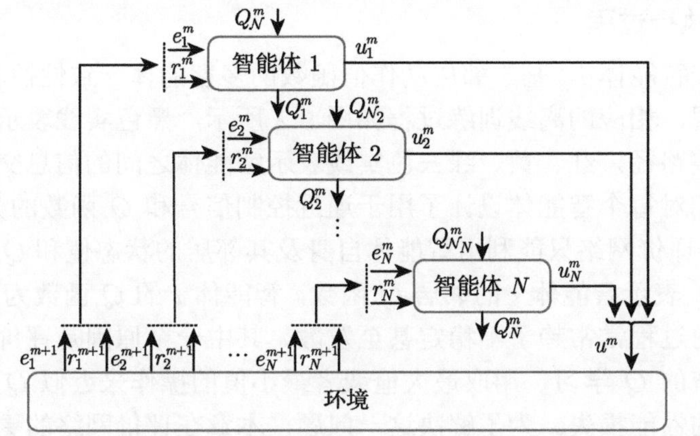

图 9.1 基于邻居动作值函数的多智能体一致性控制算法的总体结构

可以写为

$$Q_i^1(e_i(k),u_i(k)) = r_i(e_i(k),u_i(k)) + \min_{u_j(k+1)} \gamma \sum_{j\in\mathcal{N}_i} \frac{1}{|\mathcal{N}_i|} Q_j^0(e_j(k+1),u_j(k+1)) \tag{9.15}$$

同样的，第 m 次迭代后，智能体 i 的控制值以及相应的 Q 函数为

$$u_i^m(e_i(k)) = \arg\min_{u_i(k)} Q_i^m(e_i(k),u_i(k)) \tag{9.16}$$

$$Q_i^{m+1}(e_i(k),u_i(k)) = r_i(e_i(k),u_i(k)) + \min_{u_j(k+1)} \gamma \sum_{j\in\mathcal{N}_i} \frac{1}{|\mathcal{N}_i|} Q_j^m(e_j(k+1),u_j(k+1)) \tag{9.17}$$

其中，$m=1,2,\cdots$ 为迭代次数；$Q_j(\cdot)$ 是智能体 i 的邻居 Q 函数。

该算法基于贝尔曼最优原理，采用迭代的方法求解最优问题。针对每个智能体 i，通过迭代更新式(9.16)和式(9.17)，可以得到该智能体最优的 Q 函数和相应的控制值。本章所提出的迭代算法可以同时处理带有领导者和没有领导者两种多智能体系统的一致性问题。然而，仍有一些问题需要解决。其中一个问题是上述算法的收敛性分析，考虑到不同网络拓扑对应不同的折扣因子，算法的收敛性也需要根据不同的折扣因子进行分析，同时，邻居 Q 函数的引入对于收敛性的分析也有一定的难度。另一个问题是如何求出最优解，使每个智能体的 Q 函数最小化并获得相应的控制值，为此，提出一种新的多智能体强化学习框架，该结构能够有效地找到多智能体系统的最优控制值。

9.3.2 算法执行过程

对于每个智能体 i，基于邻居动作值函数的多智能体一致性控制算法由执行–评价网络实现，相应的离线训练过程如图 9.2 所示，黑色实线表示信号流，虚线表示参数调整路径，红、黄、绿三色实线表示智能体之间的信息交换。从图中可以看出，我们对每个智能体设计了用于逼近控制信号和 Q 函数的分布式执行–评价网络，每个评价网络只能利用智能体自身及其邻居的状态值和 Q 函数等局部信息，其中 $Q_{\mathcal{N}_i}$ 表示智能体 i 的邻居 Q 函数，智能体 i 的 Q 函数为 Q_i。传统的评价网络的学习过程常常趋于不稳定甚至发散，其中一个原因是评价网络的学习过程是基于传统的 Q 学习，用取最大值或者最小值的操作来近似 Q 值，这样可能会遭受很大的性能损失。为了解决这一问题，本章在评价网络的更新过程中引入了邻居的 Q 函数。对于每个智能体的执行网络，其输入为局部跟踪误差 $e_i(k)$，输出为控制值 $u_i(k)$，根据式(9.16)，评价网络的输出值通过最小化 $Q_i(e_i(k), u_i(k))$ 获得。所有智能体的执行–评价网络参数的更新均是基于梯度的链式反传法则。

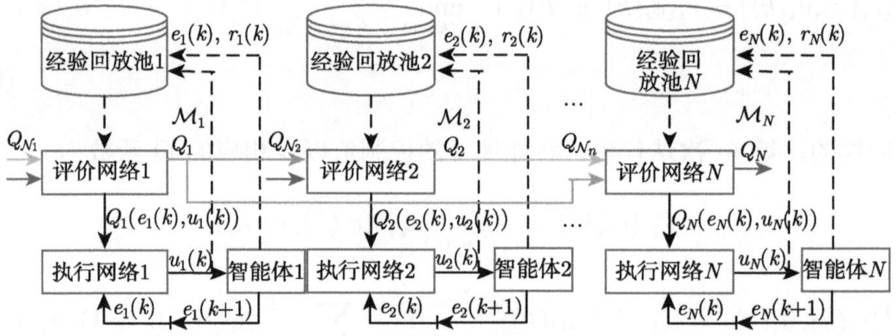

图 9.2 训练过程和原理图

基于邻居动作值函数的多智能体一致性控制算法在训练过程中采用经验回放技术，这样可以提高历史数据的利用率，经验回放池可以看成有限的数据存储容器，当数据容量满时，新数据会替换原有数据。对于每个智能体 i，数据元组 $(e_i(k), u_i(k), r_i(k), e_i(k+1))$ 在时间步 k 时被放入经验回放池。在训练评价网络时，元组 $(e_i(k), u_i(k))$ 被用作评价网络的输入，通过训练其权值，使得网络输出逼近 $Q_i(e_i(k), u_i(k))$。根据式(9.17)，将时序差分误差定义为

$$\mathrm{td}_i = -Q_i(e_i(k), u_i(k)) + r_i(e_i(k), u_i(k)) + \gamma \sum_{j\in\mathcal{N}_i} \frac{1}{|\mathcal{N}_i|} Q_j(e_j(k+1), u_j(k+1)) \tag{9.18}$$

为了进一步提高历史数据的利用率，将批处理技术应用于评价网络的参数更新中，从经验回放池中随机采样，提取一批数据元组 $(e_i(k), u_i(k), r_i(k), e_i(k+1))$，

评价网络的更新方式转变为最小化一批时序差分误差，定义如下:

$$\mathrm{TD}_i = \frac{1}{\mathcal{M}}\sum_{n}(\mathrm{td}_i(n))^2 \tag{9.19}$$

其中，$n = 1, 2, \cdots, \mathcal{M}$。$\mathcal{M}$ 是从经验回放池中取出的数据元组 $(e_i(k), u_i(k), r_i(k), e_i(k+1))$ 的数量。使用批处理技术进行参数调节的原因主要有以下两方面：其一，随机从经验回放池中提取数据，降低了训练数据的相关性，使训练过程更加稳定；其二，对历史数据的利用能够避免神经网络的过估计问题。

基于邻居动作值函数的多智能体一致性控制算法的具体实现如算法 9.1 所示。值得注意的是，在训练过程中应用传统的二次奖励信号 $r_i(e_i(k), u_i(k)) = e_i^{\mathrm{T}}(k)Q_ie_i(k) + u_i^{\mathrm{T}}(k)P_iu_i(k)$，在某些情况下，多智能体系统可能会面临明显的稳态误差。为了解决这个问题，本章使用了非二次奖励函数 [21]，即绝对值函数或者平方根函数形式。

算法 9.1 基于邻居动作值函数的多智能体一致性控制算法

初始化:
随机初始化智能体 i 的评价网络 Q_i 的权值 λ^{Q_i}
随机初始化智能体邻居 j 的评价网络 Q_j 的权值 λ^{Q_j}
随机初始化智能体 i 的执行网络 u_i 的权值 λ^{u_i}
初始化经验回放池 $\mathcal{D}$ 的大小为 $\mathcal{M}$
学习过程:
for 当前训练回合数 episode= 1 **to** 最大训练回合数 **do**
    初始化探索噪声序列
    随机初始化系统状态
    获得局部跟踪误差 $e_i(1)$
    for 当前时间步数 $k = 1$ **to** 最大时间步数 T **do**
        基于噪声计算控制输入 $u_i(k)$
        执行控制输入 $u_i(k)$ 并观测新的状态 $r_i(k)$ 和 $e_i(k+1)$
        存储数据元组 $(e_i(k), u_i(k), r_i(k), e_i(k+1))$ 到经验回放池 $\mathcal{D}$ 中
        在经验回放池 $\mathcal{D}$ 中进行 $\mathcal{M}$ 组训练数据采样
        根据式(9.17)和式(9.19)更新评价网络的权值参数 λ^{Q_i}
        根据式(9.16)更新执行网络的权值参数 λ^{u_i}
    end for
end for

9.4 收敛性分析

多智能体系统的拓扑结构不同，基于邻居动作值函数的多智能体一致性控制算法中相应的折扣因子也会不同，根据 Yuan 等 [19,25] 的工作，本节给出了不同

折扣因子下算法的收敛性分析。

9.4.1 带领导者的多智能体系统：折扣因子 $\gamma \in [0,1)$

考虑算法中的折扣因子为 $\gamma \in [0,1)$，为了收敛性分析，执行–评价网络的更新可以表示为

$$Q_i^{m+1}(e_i(k),u_i(k)) = r_i(e_i(k),u_i(k)) + \min_{u_j(k+1)} \gamma \sum_{j\in\mathcal{N}_i} \frac{1}{|\mathcal{N}_i|} Q_j^m(e_j(k+1),u_j(k+1)) \tag{9.20}$$

$$u_i^{m+1}(e_i(k)) = \arg\min_{u_i(k)} Q_i^{m+1}(e_i(k),u_i(k)) \tag{9.21}$$

考虑到整个多智能体系统，将控制值定义为 $u(k)=[u_1(k),u_2(k),\cdots,u_N(k)]^{\mathrm{T}}$，系统总体的动作值函数为 $Q(e(k),u(k)) = [Q_1(e_1(k),u_1(k)),\cdots,Q_N(e_N(k), u_N(k))]^{\mathrm{T}}$。为了表达的简单性，我们用 u 表示 $u(k)$，用 Q 表示 $Q(e(k),u(k))$。当多智能体系统达到一致时，最优性能指标为 Q^*，最优控制信号为 u^*。

引理 9.2 (巴拿赫不动点定理 [26]) 定义完备度量空间 (Y,d)，连续映射 $W: Y\to Y$。对任意的 $a,b\in Y$，如果存在一个数 $p\in[0,1)$ 使得 $d(W(a),W(b)) \leqslant pd(a,b)$ 总是成立，则映射 W 是压缩映射。定义压缩映射 $W:Y\to Y$ 的完备度量空间为 (Y,d)，则映射 Y 有唯一的不动点 $y^*\in Y$，满足 $W(y^*)=y^*$。

定理 9.1 令 Q^0 表示随机初始化的 N 个评价网络，并且每个函数均为有界连续函数。则根据式(9.20)所产生的动作值函数序列 Q^m 和式(9.21)所产生的控制序列 u^m，若折扣因子满足 $\gamma\in[0,1)$，当迭代次数 $m\to\infty$，有 $Q^m\to Q^*$ 和 $u^m\to u^*$。

对于整个多智能体系统，全局跟踪误差为 $e(k)=[e_1^{\mathrm{T}}(k),e_2^{\mathrm{T}}(k),\cdots,e_N^{\mathrm{T}}(k)]^{\mathrm{T}}$，入度矩阵为 D，邻接矩阵为 $\mathcal{A}$。定义两个映射 S_q 和 T_q：

$$\begin{aligned} S_qQ(e',u') &= \gamma D^{-1}\mathcal{A}Q(e',u') \\ T_qQ(e,u) &= R(e,u) + \min_u S_qQ(e',u') \end{aligned} \tag{9.22}$$

其中，$R(e,u)=[r_1(k),r_2(k),\cdots,r_N(k)]^{\mathrm{T}}$，需要注意的是，当矩阵 D 的逆不存在时，折扣因子可以设为 0。基于上述两个映射，动作值函数(9.20)和控制值(9.21)的迭代过程可以简化为

$$Q^{m+1}(e,u) = T_qQ^m(e,u) \tag{9.23}$$

若多智能体系统可以达到一致，最优值 Q^* 一定是映射 S_q 和 T_q 的不动点，也就是有 $Q^*=S_qQ^*$ 和 $Q^*=T_qQ^*$。为了证明映射 S_q 存在唯一不动点，用 $\|\cdot\|$

简化表示 $\|\cdot\|_{\sup}$，定义两个有界连续函数 f 和 g，以及 $I_N=[1,1,\cdots,1]^{\mathrm{T}}$，可以得到

$$\begin{aligned}S_qg-S_qf&=\gamma D^{-1}\mathcal{A}f-\gamma D^{-1}\mathcal{A}g\\&=\gamma D^{-1}\mathcal{A}(f-g)\\&\leqslant\gamma D^{-1}\mathcal{A}I_N\parallel f-g\parallel\\&\leqslant\gamma I_N\parallel f-g\parallel\end{aligned}\tag{9.24}$$

同样地，我们可以得到

$$S_qf-S_qg\leqslant\gamma I_N\parallel g-f\parallel\tag{9.25}$$

根据定义 9.6，可以获得

$$\parallel S_qf-S_qg\parallel\leqslant\gamma\parallel g-f\parallel\tag{9.26}$$

因此，式 (9.26) 满足巴拿赫不动点定理，即映射 S_q 存在唯一不动点 Q^*。

下面需要分析映射 T_q 是否为压缩映射，同样地，给出两个有界连续函数 f 和 g，根据上述对映射 S_q 的分析，可以得到

$$\begin{aligned}T_qf&=R(e,u)+\min S_qf\\&\leqslant R(e,u)+\min(S_qg+\gamma I_N\parallel f-g\parallel)\\&=R(e,u)+\min S_qg+\gamma I_N\parallel f-g\parallel\\&=T_qg+\gamma I_N\parallel f-g\parallel\end{aligned}\tag{9.27}$$

同理可得

$$T_qg\leqslant T_qf+\gamma I_N\parallel f-g\parallel\tag{9.28}$$

结合式(9.27)和式(9.28)，可以得到

$$\parallel T_qg-T_qf\parallel\leqslant\gamma\parallel f-g\parallel\tag{9.29}$$

因此，压缩映射 T_q 存在唯一不动点 Q^*。

基于上述分析，下面证明当 $m\to\infty$，有 $Q^m\to Q^*$。

$$\parallel Q^{m+1}-Q^*\parallel=\parallel T_qQ^m-T_qQ^*\parallel$$

$$
\begin{aligned}
&\leqslant \gamma \parallel Q^m - Q^* \parallel \\
&= \gamma \parallel Q^m - Q^{m+1} + Q^{m+1} - Q^* \parallel \\
&\leqslant \gamma \parallel Q^m - Q^{m+1} \parallel + \gamma \parallel Q^{m+1} - Q^* \parallel
\end{aligned} \tag{9.30}
$$

进而可知：

$$
\begin{aligned}
\parallel Q^{m+1} - Q^* \parallel &\leqslant \frac{\gamma}{1-\gamma} \parallel Q^m - Q^{m+1} \parallel \\
&\leqslant \frac{\gamma^{m+1}}{1-\gamma} \parallel Q^1 - Q^0 \parallel
\end{aligned} \tag{9.31}
$$

根据上述分析，当 $m \to \infty$，有 $Q^m \to Q^*$。当折扣因子 $\gamma \in [0, 1)$，动作值函数 Q^m 和控制值 u^m 可以达到最优值，即 $Q^m \to Q^*$ 和 $u^m \to u^*$。

9.4.2 带领导者的多智能体系统：折扣因子 $\gamma = 1$

本节给出了折扣因子 $\gamma = 1$ 的收敛性分析。为了收敛性分析，执行–评价网络的更新可以表示为

$$
Q_i^{m+1}(e_i(k), u_i(k)) = r_i(e_i(k), u_i(k)) + \min_{u_j(k+1)} \sum_{j \in \mathcal{N}_i} \frac{1}{|\mathcal{N}_i|} Q_j^m(e_j(k+1), u_j(k+1)) \tag{9.32}
$$

$$
u_i^{m+1}(e_i(k)) = \arg\min_{u_i(k)} Q_i^{m+1}(e_i(k), u_i(k)) \tag{9.33}
$$

定理 9.2　令 Q^0 表示随机初始化的 N 个评价网络，并且每个函数均为有界连续函数。则根据式(9.32)产生的动作值函数序列 Q^m 和式(9.33)产生的控制序列 u^m，若折扣因子满足 $\gamma = 1$，初始化 $Q^0 = I_N Z$，$Z \in \mathbb{R}$，当迭代次数 $m \to \infty$ 时，有 $Q^m \to Q^* + I_N Z$ 和 $u^m \to u^*$。

对于整个多智能体系统，定义两个映射 S_q 和 T_q 如下：

$$
\begin{aligned}
S_q Q(e', u') &= D^{-1} \mathcal{A} Q(e', u') \\
T_q Q(e, u) &= R(e, u) + \min_u S_q Q(e', u')
\end{aligned} \tag{9.34}
$$

定义另一迭代过程：

$$
\begin{aligned}
S_q Q_M(e', u') &= D^{-1} \mathcal{A} Q_M(e', u') \\
T_q Q_M(e, u) &= R(e, u) + \min_u S_q Q_M(e', u')
\end{aligned} \tag{9.35}
$$

式(9.32)和式(9.33)的更新过程可以表示为

$$Q^{m+1}(e,u)=T_qQ^m(e,u) \tag{9.36}$$

首先，可以用数学归纳法证明迭代序列 $Q(e,u)$ 和 $Q_M(e,u)$ 是单调不减的。定义初始值 $Q^0(e,u)=Q_M^0(e,u)=I_NZ$，$Z\in\mathbb{R}$，可以得到

$$Q_M^1(e,u)=R(e,u)+I_NZ\geqslant Q_M^0(e,u)=I_NZ \tag{9.37}$$

同样地，我们可以得到 $Q^1(e,u)\geqslant Q^0(e,u)$ 以及可以获得两个映射间的不等式为 $Q_M^1(e,u)\geqslant Q^1(e,u)$，也就是当 $k=1$ 上述不等式成立。下面当 $k=m$ 时，有 $Q^m(e,u)\geqslant Q^{m-1}(e,u)$，$Q_M^m(e,u)\geqslant Q_M^{m-1}(e,u)$ 以及 $Q_M^m(e,u)\geqslant Q^m(e,u)$ 都成立。最后当 $k=m+1$ 时，根据式(9.29)，不等式 $Q^{m+1}(e,u)\geqslant Q^m(e,u)$ 和 $Q_M^{m+1}(e,u)\geqslant Q_M^m(e,u)$ 成立，两者之间的关系如下：

$$Q_M^{m+1}(e,u)=T_qQ_M^m(e,u)\geqslant T_qQ^m(e,u)=Q^{m+1}(e,u) \tag{9.38}$$

因此，序列 $Q_M^m(e,u)$ 和 $Q^m(e,u)$ 是单调不减的，且对所有 m，有 $Q_M^m(e,u)\geqslant Q^m(e,u)$。

下面分析序列 $Q_M^m(e,u)$ 和 $Q^m(e,u)$ 是否均存在一个上界。对所有 $m\in N$ 以及任意元组 (e,u)：

$$\begin{aligned}Q_M^m(e(k),u(k))&=R(e(k),u(k))+I_NZ+\min_u\sum_{t=1}^{m}R(e(k+t),u(k+t))\\&\leqslant R(e(k),u(k))+I_NZ+\sum_{t=1}^{m}R(e(k+t),u^*(k+t))\\&=I_NZ+Q^*(e(k),u(k))\end{aligned} \tag{9.39}$$

因此可以获得序列 $Q_M^m(e,u)$ 和 $Q^m(e,u)$ 的上界为 $Z+Q^*(e_k,u_k)$。由于所有元组是一个紧集且 $Q_M^m(e,u)$ 和 $Q^m(e,u)$ 是单调不减的，则当 $m\to\infty$ 时，序列 $Q_M^m(e,u)$ 和 $Q^m(e,u)$ 一致收敛。因此，我们用 $Q_M^\infty(e,u)$ 和 $Q^\infty(e,u)$ 分别代表 $\lim\limits_{m\to\infty}Q_M^m(e,u)$ 和 $\lim\limits_{m\to\infty}Q^m(e,u)$。根据参数更新机制和上面的分析，我们可以得到

$$\begin{aligned}Q_M^\infty(e(k),u(k))&=R(e(k),u(k))+I_NZ+\min_u\sum_{t=1}^{\infty}R(e(k+t),u(k+t))\\&=I_NZ+Q^*(e(k),u(k))\\&=Q^\infty(e(k),u(k))\end{aligned} \tag{9.40}$$

在此基础上，可获得如下控制信号:

$$
\begin{aligned}
u^{\infty}(e) &= \arg\min Q^{\infty}(e,u) \\
&= \arg\min I_N Z + Q^{*}(e,u) \\
&= \arg\min Q^{*}(e,u) \\
&= u^{*}(e)
\end{aligned}
\tag{9.41}
$$

因此，当 $m \to \infty$ 时，有 $Q^m \to Q^* + I_N Z$。当折扣因子 $\gamma = 1$ 时，性能指标函数 Q^m 和控制策略 u^m 可以达到最优值，即 $Q^m \to Q^* + I_N Z$ 和 $u^m \to u^*$。

9.4.3 无领导者的多智能体系统：折扣因子 $\gamma \in [0,1]$

对于无领导者的多智能体系统，X_0 可以视为零。在此基础上，可以对局部跟踪误差(9.3)重写为

$$
e_i(k) = \sum_{j\in\mathcal{N}_i} a_{ij}(x_i(k) - x_j(k)) \tag{9.42}
$$

根据式(9.42)，全局跟踪误差定义为

$$
e(k) = (L(k) \otimes I_n)X(k) \tag{9.43}
$$

定理 9.3 针对多智能体系统(9.1)，令 Q^0 表示随机初始化的 N 个评价网络，并且每个函数均为有界连续函数。① 根据式(9.20)所产生的动作值函数序列 Q^m 和式(9.21)所产生的控制序列 u^m，若折扣因子满足 $\gamma \in [0,1)$，当迭代次数 $m \to \infty$ 时，有 $Q^m \to Q^*$ 和 $u^m \to u^*$; ② 根据式(9.32)产生的动作值函数序列 Q^m 和式(9.33)所产生的控制序列 u^m，若折扣因子满足 $\gamma = 1$，初始化 $Q^0 = I_N Z$，$Z \in \mathbb{R}$，当迭代次数 $m \to \infty$ 时，有 $Q^m \to Q^* + I_N Z$ 和 $u^m \to u^*$。

证明过程与定理 9.1和定理 9.2相同，故省略。

9.4.4 稳定性分析

定理 9.4 假设 9.1成立, 则基于邻居动作值函数的多智能体一致性控制算法能够使多智能体系统(9.1)和(9.2)的全局跟踪误差 $e(k)$ 渐近稳定，并且所有智能体的状态能达到一致。

基于邻居动作值函数的多智能体一致性控制算法，考虑整个多智能体系统 DTHJB 方程如下：

$$
J^*(e(k)) = R(e(k), u^*(k)) + \gamma D^{-1}\mathcal{A}J^*(e(k+1)) \tag{9.44}
$$

两边乘上 $\gamma^k I_N^{\mathrm{T}}$ 可以获得

$$\gamma^k I_N^{\mathrm{T}} J^*(e(k)) - \gamma^{k+1} I_N^{\mathrm{T}} D^{-1} \mathcal{A} J^*(e(k+1)) = \gamma^k I_N^{\mathrm{T}} R(e(k), u^*(k)) \tag{9.45}$$

为了证明系统的稳定性，将李雅普诺夫函数的一阶差分定义为

$$\Delta(\gamma^k I_N^{\mathrm{T}} J^*(e(k))) = \gamma^{k+1} I_N^{\mathrm{T}} J^*(e(k+1)) - \gamma^k I_N^{\mathrm{T}} J^*(e(k)) \tag{9.46}$$

基于式(9.45)，可以得到

$$\begin{aligned}\Delta(\gamma^k I_N^{\mathrm{T}} J^*(e(k))) = &- \gamma^k I_N^{\mathrm{T}} R(e(k), u^*(k)) \\ &+ \gamma^{k+1} I_N^{\mathrm{T}} J^*(e(k+1)) - \gamma^{k+1} I_N^{\mathrm{T}} D^{-1} \mathcal{A} J^*(e(k+1))\end{aligned} \tag{9.47}$$

根据 9.4.1节和 9.4.2节中的算法收敛性分析，动作值函数 Q 能够达到最优值，即性能指标函数 J 可以达到最优值，则有 $J^*(e(k+1) = D^{-1} \mathcal{A} J^*(e(k+1))$，则李雅普诺夫函数的一阶差分有

$$\Delta(\gamma^k I_N^{\mathrm{T}} J^*(e(k))) = -\gamma^k I_N^{\mathrm{T}} R(e(k), u^*(k)) \leqslant 0 \tag{9.48}$$

由于奖励函数 R 是关于全局跟踪误差的二次型或者绝对值形式，所以当且仅当 $e(k) = 0$ 时，有 $\Delta(\gamma^k I_N^{\mathrm{T}} J^*(e(k))) = 0$。因此，多智能体系统的全局跟踪误差 $e(k)$ 是渐近稳定的。整个多智能体系统的状态可以达成一致。

9.5 仿真实验

本节给出了三个仿真示例，验证了基于邻居动作值函数的多智能体一致性控制算法在不同折扣因子下的多智能体一致性控制中的有效性。在实际训练中，针对每个智能体，采用两个误差反向传播的三层神经网络来实现该算法。每个智能体的隐含层包含 30 个线性整流单元并与输入层全连接。每个智能体的输出层为全连接的线性层，所有网络的权值根据算法 9.1 更新，权值更新的方法采用 Adam 优化方法。为了保证算法的实现和一致性控制效果，神经网络的超参数在表 9.1 给出。

表 9.1 实验中参数设定

参数名称	参数值
评价网络学习率	0.001
执行网络学习率	0.001
经验回放池大小	30000
单次训练的采样元组数	128
评价网络隐含层节点数	30
执行网络隐含层节点数	30

9.5.1 带领导者的多智能体系统控制仿真

实验一：考虑多智能体系统拓扑结构 (图 9.3)，系统中包含四个跟随者智能体和一个领导者智能体，从图中可以看出拓扑结构包含有向生成树，多智能体系统定义如下：

$$x_0(k+1) = Ax_0(k), \quad x_i(k+1) = Ax_i(k) + Bu_i(k) \tag{9.49}$$

其中，系统矩阵为 $A = \begin{bmatrix} 0.995 & 0.08983 \\ -0.08983 & 0.995 \end{bmatrix}$，$B = \begin{bmatrix} 0.2 \\ 0.1 \end{bmatrix}$，系统初始值随机选择为 $[-1,1]$，系统状态的安全值设为 ± 1.5。奖励函数定义为绝对值形式，Q 取为单位阵，$R = 0.1$。为验证定理 9.1，设定 $\gamma = 0.995$，对 1 号智能体设定 $\gamma = 0$，使用离线训练方法，即算法 9.1 的离线实现，利用经验回放池，极大限度地加大对历史数据的使用。图 9.4 展示了算法的控制效果，由图可见，在随机给定的初始状态下并且在 100 个时间步时，所有跟随者智能体能够与领导者智能体保持一致，所有智能体的状态轨迹能够同步。

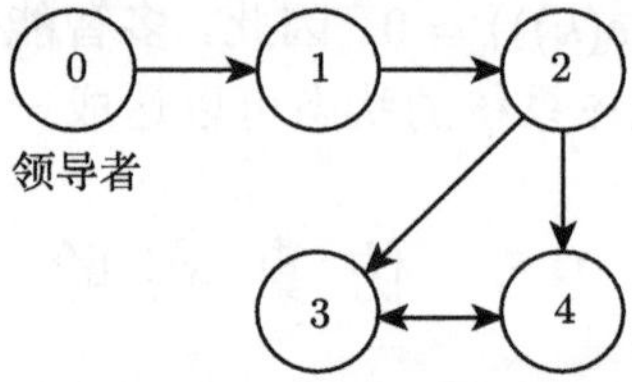

图 9.3 实验一中多智能体系统拓扑结构

实验二：考虑多智能体系统的拓扑结构 (图 9.5)，从图中可以看出该拓扑结构包含有向生成树，多智能体系统参数设定为 $A = \begin{bmatrix} 0.995 & 0.09983 \\ -0.09983 & 0.995 \end{bmatrix}$，$B = \begin{bmatrix} 0.2 \\ 0.1 \end{bmatrix}$，系统初始值随机选择的范围为 $[-1,1]$，系统状态的安全值设为 ± 2，奖励函数定义为平方根形式，Q 取为单位阵，$R = 0.5$。为验证定理 9.1，设定 $\gamma = 0.999$，同样使用离线训练方法，图 9.6 展示了算法的控制效果，在 100 个时间步后，所有跟随者智能体与领导者的状态保持一致，验证了本章所提基于邻居动作值函数的多智能体一致性控制算法的有效性。

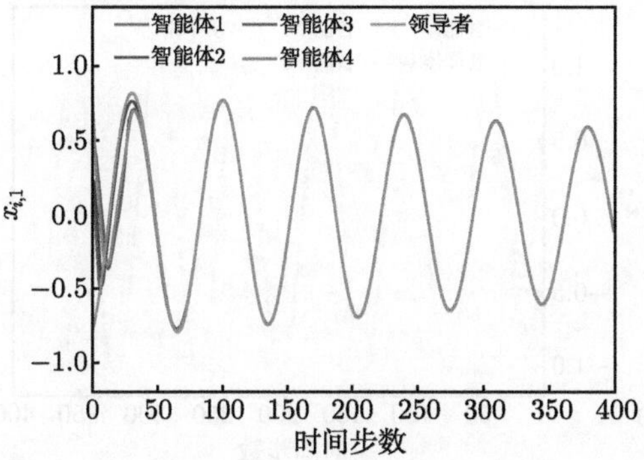

(a) $x_{i,1}$

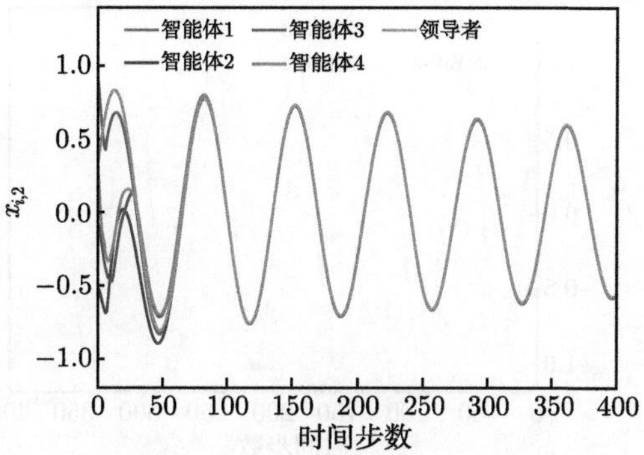

(b) $x_{i,2}$

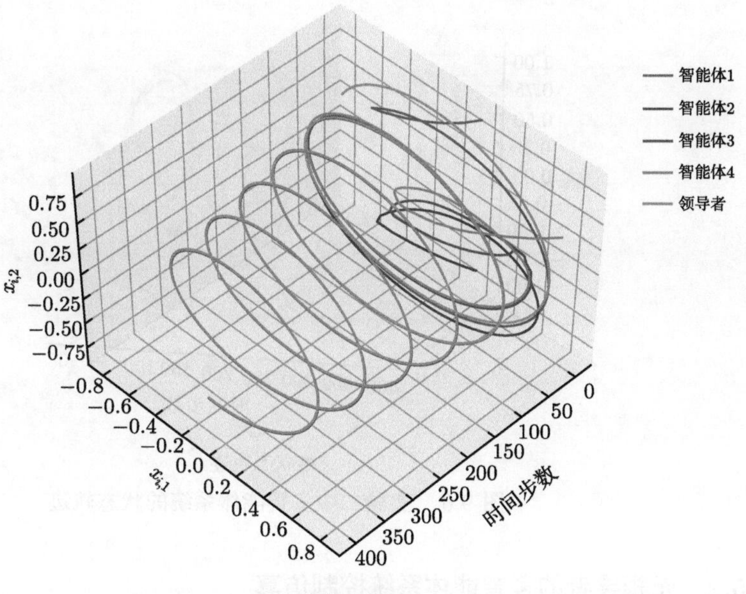

(c) 三维状态轨迹

图 9.4 实验一中多智能体系统的状态轨迹

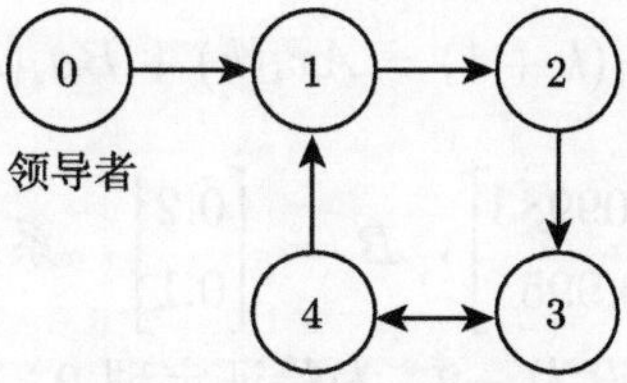

图 9.5 实验二中多智能体系统拓扑结构

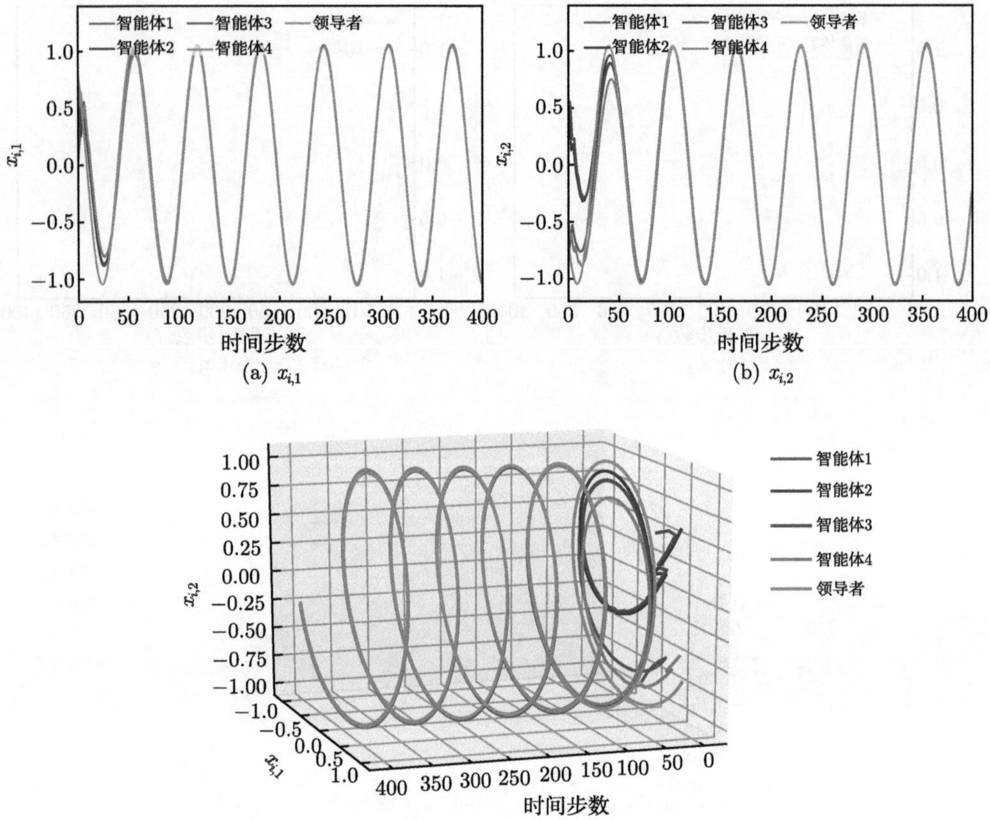

(a) $x_{i,1}$　　　　(b) $x_{i,2}$

(c) 三维状态轨迹

图 9.6　实验二中多智能体系统的状态轨迹

9.5.2　无领导者的多智能体系统控制仿真

实验三：考虑多智能体系统的拓扑结构 (图 9.7)，从图中可以看出拓扑结构包含有向生成树，多智能体系统定义如下：

$$x_i(k+1) = Ax_i(k) + Bu_i(k)$$

其中，$A = \begin{bmatrix} 0.995 & 0.09983 \\ -0.09983 & 0.995 \end{bmatrix}$，$B = \begin{bmatrix} 0.2 \\ 0.1 \end{bmatrix}$，系统初始值随机选择的范围为 $[-1,1]$，系统状态的安全值设为 ± 2。为验证定理 9.3，设定 $\gamma = 0.999$，使用离线训练方法，图 9.8 展示了算法的控制效果。在 100 个时间步后，所有智能体的状态趋于一致。

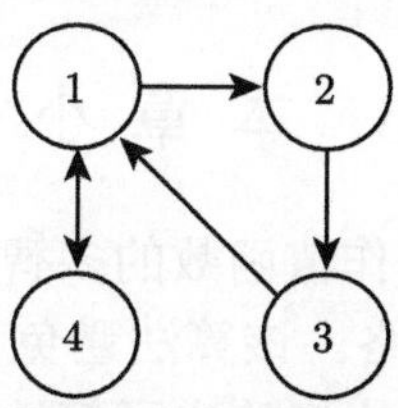

图 9.7 实验三中多智能体系统拓扑结构

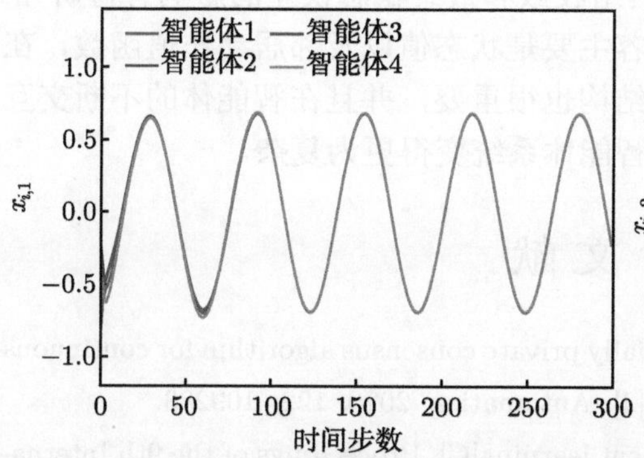

(a) $x_{i,1}$

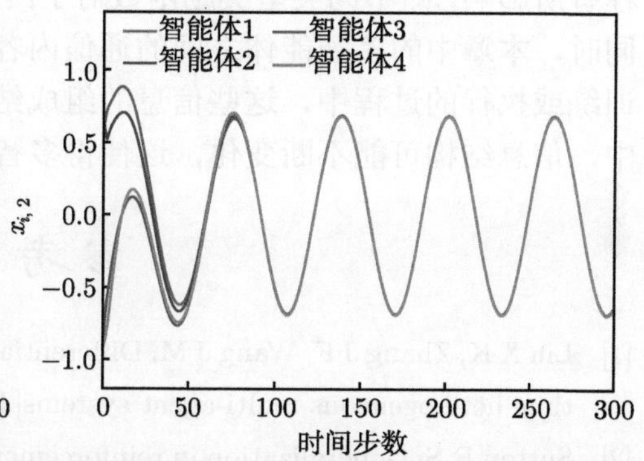

(b) $x_{i,2}$

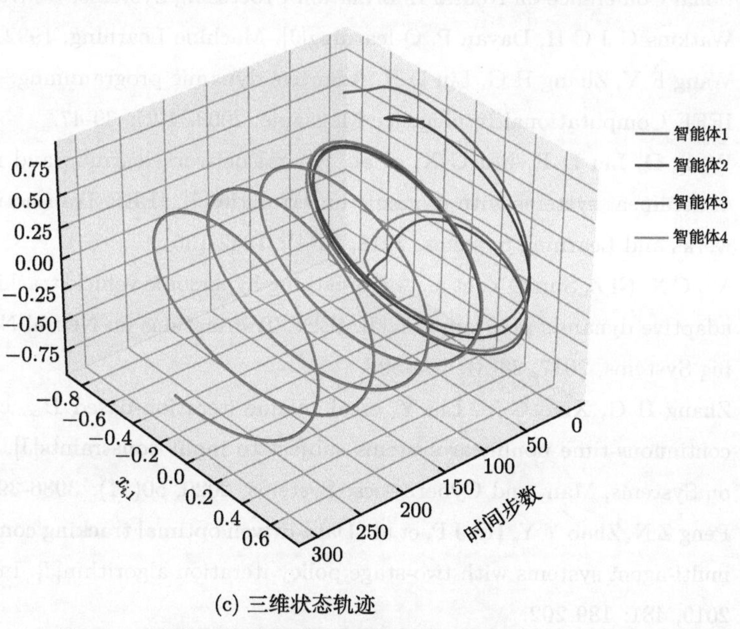

(c) 三维状态轨迹

图 9.8 实验三中多智能体系统的状态轨迹

9.6 本章小结

本章提出了一种基于邻居动作值函数的多智能体一致性控制算法，为每个智能体设计了分布式执行–评价网络。该算法避免了训练过程容易出现的过估计问题，保证了训练过程的稳定性。本章给出了算法的收敛性和稳定性分析并通过三个实例说明了算法的有效性。此外，本章中提到的不同形式的奖励函数对训练过程有所影响，即不同类型奖励函数对于网络收敛和最终稳态误差的影响有待研究。同时，本章中的多智能体之间的通信内容主要是状态值以及邻居动作值函数，在训练或执行的过程中，这些信息的组成结构也很重要，并且在智能体的不断交互中，信息结构可能不断变化，这使得多智能体系统变得更为复杂。

参考文献

[1] Liu X K, Zhang J F, Wang J M. Differentially private consensus algorithm for continuous-time heterogeneous multi-agent systems[J]. Automatica, 2020, 122: 109283.

[2] Sutton R S. Generalization in reinforcement learning[C]. Proceedings of the 9th International Conference on Neural Information Processing Systems, Denver, 1995: 1038-1044.

[3] Watkins C J C H, Dayan P. Q-learning[J]. Machine Learning, 1992, 8(3): 279-292.

[4] Wang F Y, Zhang H G, Liu D R. Adaptive dynamic programming: An introduction[J]. IEEE Computational Intelligence Magazine, 2009, 4(2): 39-47.

[5] Wang D, Liu D R, Mu C X, et al. Neural network learning and robust stabilization of nonlinear systems with dynamic uncertainties[J]. IEEE Transactions on Neural Networks and Learning Systems, 2018, 29(4): 1342-1351.

[6] Mu C X, Ni Z, Sun C Y, et al. Air-breathing hypersonic vehicle tracking control based on adaptive dynamic programming[J]. IEEE Transactions on Neural Networks and Learning Systems, 2017, 28(3): 584-598.

[7] Zhang H G, Xiao G Y, Liu Y, et al. Value iteration-based H_∞ controller design for continuous-time nonlinear systems subject to input constraints[J]. IEEE Transactions on Systems, Man, and Cybernetics: Systems, 2020, 50(11): 3986-3995.

[8] Peng Z N, Zhao Y Y, Hu J P, et al. Data-driven optimal tracking control of discrete-time multi-agent systems with two-stage policy iteration algorithm[J]. Information Sciences, 2019, 481: 189-202.

[9] Wei Q L, Liu D R, Lewis F L. Optimal distributed synchronization control for continuous-time heterogeneous multi-agent differential graphical games[J]. Information Sciences, 2015, 317: 96-113.

[10] Zhang H G, Zhang J L, Yang G H, et al. Leader-based optimal coordination control for the consensus problem of multiagent differential games via fuzzy adaptive dynamic programming[J]. IEEE Transactions on Fuzzy Systems, 2015, 23(1): 152-163.

[11] Zhang H G, Jiang H, Luo Y H, et al. Data-driven optimal consensus control for discrete-time multi-agent systems with unknown dynamics using reinforcement learning method[J]. IEEE Transactions on Industrial Electronics, 2017, 64(5): 4091-4100.

[12] Wen Y L, Zhang H G, Su H G, et al. Optimal tracking control for non-zero-sum games of linear discrete-time systems via off-policy reinforcement learning[J]. Optimal Control Applications and Methods, 2020, 41(4): 1233-1250.

[13] Wang H, Li M. Model-free reinforcement learning for fully cooperative consensus problem of nonlinear multiagent systems[J]. IEEE Transactions on Neural Networks and Learning Systems, 2022, 33(4): 1482-1491.

[14] Yang X D, Zhang H, Wang Z P. Data-based optimal consensus control for multiagent systems with policy gradient reinforcement learning[J]. IEEE Transactions on Neural Networks and Learning Systems, 2022, 33(8): 3872-3883.

[15] Su H G, Zhang H G, Zhang K, et al. Online reinforcement learning for a class of partially unknown continuous-time nonlinear systems via value iteration[J]. Optimal Control Applications and Methods, 2018, 39(2): 1011-1028.

[16] Long M K, Su H S, Zeng Z G. Output-feedback global consensus of discrete-time multi-agent systems subject to input saturation via Q-learning method[J]. IEEE Transactions on Cybernetics, 2022, 52(3): 1661-1670.

[17] Lowe R, Wu Y, Tamar A, et al. Multi-agent actor-critic for mixed cooperative-competitive environments[C]. Proceedings of the 31st International Conference on Neural Information Processing Systems, Long Beach, 2017: 6382-6393.

[18] van Hasselt H. Double Q-learning[C]. International Conference on Neural Information Processing Systems, Vancouver, 2010: 2613-2621.

[19] Yuan X, Dong L, Sun C Y. Solver-critic: A reinforcement learning method for discrete-time-constrained-input systems[J]. IEEE Transactions on Cybernetics, 2021, 51(11): 5619-5630.

[20] Abouheaf M I, Lewis F L, Vamvoudakis K G, et al. Multi-agent discrete-time graphical games and reinforcement learning solutions[J]. Automatica, 2014, 50(12): 3038-3053.

[21] Engel J M, Babuška R. On-line reinforcement learning for nonlinear motion control: Quadratic and non-quadratic reward functions[J]. IFAC Proceedings Volumes, 2014, 47(3): 7043-7048.

[22] Zhang H P, Park J H, Yue D, et al. Finite-horizon optimal consensus control for

unknown multiagent state-delay systems[J]. IEEE Transactions on Cybernetics, 2020, 50(2): 402-413.

[23] Dierks T, Jagannathan S. Online optimal control of affine nonlinear discrete-time systems with unknown internal dynamics by using time-based policy update[J]. IEEE Transactions on Neural Networks and Learning Systems, 2012, 23(7): 1118-1129.

[24] Lopez V G, Lewis F L. Dynamic multiobjective control for continuous-time systems using reinforcement learning[J]. IEEE Transactions on Automatic Control, 2019, 64(7): 2869-2874.

[25] 袁心. 基于强化学习的输入受限系统控制方法研究 [D]. 南京: 东南大学, 2021.

[26] Ciarlet P G. Linear and Nonlinear Functional Analysis with Applications[M]. Philadelphia: Society for Industrial and Applied Mathematics, 2013.

第 10 章 基于自学习通信多智能体强化学习的合作追捕

10.1 引 言

追逃博弈是自然界和人类社会中普遍存在的行为。多年来，研究人员从博弈理论、最优控制、行为科学等多方面对追逃博弈问题进行了深入的研究，其研究成果也在工业、军事、娱乐等多方面得到了应用，如导弹拦截 [1]、战机格斗 [2]、计算机游戏 [3] 等。在连续时间和状态域的追逃博弈是微分博弈理论中的一个典型问题，源于 1966 年美国数学家 Isaacs 在微分博弈专著中提出的“杀人司机 (homicidal chauffeur)”问题。追逃博弈问题最初在微分博弈和图博弈的框架下展开研究 [4-6]，其研究成果主要是从理论角度给出用特定微分方程模型或者图模型描述的追逃双方分别获胜的条件及其策略。然而其结果往往建立在比较理想的环境下，如果应用在现实环境下具有很大的局限性。首先，实际的追捕问题中系统的动态模型相对复杂，例如，在导弹拦截、战斗机空中格斗等问题中，导弹弹体、战斗机的动态模型都是高阶非线性模型，不仅其模型难以准确获得，对于复杂的动态模型也没有相应的微分博弈理论支持。另外，对于多参与者的追逃问题，随着参与者数量的增加，问题的复杂度大大增加，从理论层面求取有效的合作追捕或者逃跑策略也会非常困难。近年来，随着强化学习理论和技术的蓬勃发展，大量从训练结构、通信结构等方面入手的多智能体强化学习理论和算法的优秀成果涌现出来 [7,8]，给追逃博弈问题带来了新的解决思路。

利用强化学习算法研究微分追逃博弈问题，可以避免对追逃双方复杂的系统动态进行分析，而是直接通过与追逃环境交互的方式进行在线学习，直接对追捕策略进行优化。文献 [9] 使用了 Watkins 提出的 $Q(\lambda)$ 学习算法解决了网络环境下的一个追捕者追捕一个逃跑者的问题。文献 [10] 研究了基于深度强化学习的用于无人机空战的追捕问题，追捕策略的训练使用了 A3C 算法和深度神经网络。文献 [11] 提出了一种用于单追捕者–单逃跑者追捕问题的模糊强化学习算法。该算法使用卡尔曼滤波器对逃跑者的位置进行预测，并使用模糊逻辑控制器对追捕者进行控制。现有的基于强化学习算法的追逃博弈研究基本局限于单追捕者–单逃跑者的形式，而对于多追捕者的情形研究较少。

多智能体强化学习算法是研究多追捕者情形的基础。独立式学习算法和集中式学习算法是将单智能体强化学习算法用于多智能体环境的两种最简单的实现算法 [12,13]。然而独立式学习算法忽略了强化学习中环境静态性的假设，因此常常无法获得较好的策略。集中式学习算法将所有智能体的状态和动作集中在一起构成一个扩张的状态和动作空间 [14,15]，并直接使用单智能体的强化学习算法。但是智能体数量的增加，会导致扩张的状态和动作空间过大，以至于无法进行有效的探索和训练。MADDPG 算法 [13] 是一种基于集中式训练–分布式执行结构的新型多智能体强化学习算法，每个智能体均配有一个执行网络和一个评价网络，以及单独的奖励函数，该算法在典型的追逃博弈问题上能够取得一定的效果。然而在该算法的实施中，每个智能体均可以获得其他所有智能体的位置信息，并且使用了额外的网络用于预测其他所有智能体的策略，结构十分复杂并且计算负担很大。

针对这些问题，研究人员提出采用“自学习通信 (learning to communicate)”的方法使智能体学习相互之间的通信策略，而不是简单地分享自身的状态或策略 [16]。这种通信策略可以有效地使智能体之间共享与任务相关的状态和合作信息，在减少通信数据的同时促进智能体之间的合作，并且在状态和动作空间不同的异质智能体之间也能够有效使用。现有的带有通信机制的多智能体强化学习算法一般使用广播形式进行信息共享 [13,17,18]，每个智能体需要先接收到其他所有智能体发送的信息，然后才能进行训练迭代或者动作的选择。这种通信结构在实际情况下，尤其是当智能体数量较大时，是难以实现的，因而直接采用该类算法解决多追捕者情形时仍然存在一定困难。

基于对以上研究现状的分析，本章针对具有未知动态的多追捕者–单逃跑者在二维环境中的追逃博弈问题，给出了一种基于自学习通信的方法，对多追捕者合作策略进行优化。所提出的方法在单智能体 DDPG 算法 [19] 的基础上，引入了基于学习的通信机制和集中式训练–分布式执行的算法结构 [20]，实现了追捕者在有限观测环境下的信息共享，完成了对单个逃跑者的合作追捕。不同于现有的基于追逃双方系统动力学模型进行分析的微分博弈解决方法，使用多智能体强化学习算法通过与追逃环境和逃跑者交互的方式进行在线学习，可以在外界环境和追逃双方系统动力学模型均未知的情况下解决多追捕者合作追捕问题。通过在合作追捕策略中引入通信机制，不同于常规多智能体协同控制方法中确定的通信协议，使用了基于学习的通信策略，并给出了相应的训练算法，可以使追捕者根据任务目标，通过学习算法自主定义通信协议，从而实现环境信息和合作信息的分享。在通信网络的结构设计上，采用了环形拓扑和主从式线形拓扑两种较为简单的通信拓扑结构，相比于其他基于通信的多智能体强化学习算法中常用的广播式通信结构，降低了网络结构的复杂度，同时也减小了数据通信和计算的负担。

10.2 合作追捕学习算法

本章主要考虑了封闭环境下的多追捕者-单逃跑者追逃博弈中的合作追捕问题。与传统的追捕问题中不考虑追逃双方相互影响的假设不同，本研究将追逃双方建模成弹性物体，同时引入了物体之间力的交互，并且逃跑者具有更加灵活的动态性能。任务的目标是在追捕者团队中建立一个分布式协同控制策略，使追捕者可以通过对环境的局部观测和一定通信能力，将逃跑者合力控制在一定范围之内使之无法逃逸。关于该环境的详细描述在 10.3 节给出。为完成上述任务，本章基于单智能体 DDPG 算法进行扩展。针对合作追捕任务中的协同控制和通信问题，进行两方面的改进。在算法结构方面，将执行器-评价器结构改进成了分布式执行-集中式评价结构，并采用神经网络表示执行和评价函数。由于每个追捕者只能获取环境的局部信息，因此无法从其自身角度评价其策略在整体任务层面上的优劣，所以引入了集中式评价结构，使用全局环境信息对每个追捕者的策略进行评价和训练。需要说明的是，全局评价网络仅在训练时使用，在实际执行中，通过每个追捕者的执行网络即可完成分布式的控制。在通信结构方面，在分布式执行结构的基础上加入了通信策略，并采用了基于学习的通信策略。与控制策略相同，通信策略也根据评价网络提供的梯度信息进行优化，最终能够完成智能体之间合作信息的有效共享。在通信拓扑结构上，使用了简单的环形拓扑网络结构和主从式线形拓扑网络结构，每个追捕者仅需与其两个邻居进行通信即可完成追捕任务。下面分别对两种通信拓扑结构下的学习算法进行介绍。

10.2.1 环形拓扑网络结构下合作追捕学习算法

本节考虑了追捕者之间的通信网络为有向环形拓扑的情况，即所有追捕者在通信网络中首尾相连，每个追捕者只可以从上一个相连的追捕者处接收信息，并将信息发送给下一个相连的追捕者。具体来讲，假设有 N 个追捕者通过有向环型拓扑通信网络构成一个追捕团队。其中追捕者 i 可以接收追捕者 $i-1$ 发送的信息，并可以发送信息给追捕者 $i+1$，特别的，追捕者 1 接收到的是追捕者 N 发送的信息。定义追捕者 i 在时间步 t 接收到的信息为 m_i^t，对环境的观测为 o_i^t，观测的内容包括追捕者自身的位置坐标和逃跑者的位置坐标。

追捕者 i 根据当前观测 o_i^t 和接收到的信息 m_i^t，通过以下控制策略产生动作:

$$a_i^t = A^{\mu_i}(o_i^t, m_i^t) \tag{10.1}$$

其中，A^{μ_i} 为追捕者 i 用神经网络表示的控制策略；μ_i 为神经网络权值；a_i^t 为本步执行的动作。

类似地，追捕者 i 发送的信息通过如下通信策略产生:

$$m_{i+1}^t = C^{\theta_i}(o_i^t) \tag{10.2}$$

其中，C^{θ_i} 为神经网络表示追捕者 i 的通信策略，θ_i 为神经网络权值；m_{i+1}^t 为追捕者 i 产生的信息，同时也是追捕者 $i+1$ 接收到的信息。

对于追捕者 1 和追捕者 N 之间的通信，特别地定义为 $m_1^t = C^{\theta_N}(o_N^t)$。将在 t 时刻所有追捕者的观测集合和动作集合分别定义为 $O_t = \{o_1^t, o_2^t, \cdots, o_N^t\}$ 和 $A_t = \{a_1^t, a_2^t, \cdots, a_N^t\}$。将所有追捕者的控制策略参数集合定义为 $\mu = \{\mu_1, \mu_2, \cdots, \mu_N\}$，将所有追捕者的通信参数集合定义为 $\theta = \{\theta_1, \cdots, \theta_N\}$。然后，引入参数为 w 的全局评价网络 $Q^w(O_t, A_t)$，用于拟合全局状态–动作值函数 $Q^{\mu,\theta}(O_t, A_t)$，从而使用分布式执行–集中式评价的学习结构对每个追捕者的控制策略和通信策略进行优化。

多追捕者在环形拓扑通信网络下的数据流结构如图 10.1 所示，其中观测信息用黑色实线表示，动作信息用红色实线表示，信息传递用蓝色虚线表示。从图中可以看出，每个追捕者从环境中得到观测量并产生动作作用于环境，同时通过通信策略进行内部信息交互。所有观测和动作均输入到全局评价网络进行状态–动作值函数的评价。下面给出对该带有通信网络的多追捕者结构下的控制策略和通信策略的具体学习过程。

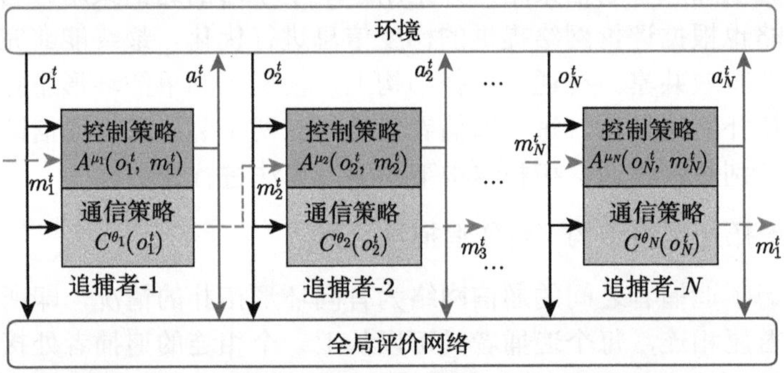

图 10.1 多追捕者在环形拓扑通信网络下的数据流结构

为提高算法的样本利用率和训练的稳定性，同样采用经验回放和目标网络两种训练技术。首先设置经验回放池 $\mathcal{D}$，用于存储每个时间步所有智能体的状态转移经验。在每次训练迭代中，首先从经验池中选出一批 K 组经验 $\{e_1, \cdots, e_K\}$，每组经验可以表示为 $e_j = (O_j, A_j, r_j, O_j')$，$j = 1, 2, \cdots, K$，注意这里的下标 j 表示的是该组经验在选出的一批经验中的序号，而不是时间步。另外，每组经验中的 O_j' 代表观测集 O_j 相应的下一个时间步的观测集。通过最小化如下损失函数对全局评价网络 Q^w 进行更新：

$$\mathcal{L}(w) = \mathbb{E}_{e\sim\mathcal{D}}\left[\left(y_j - Q^w(O_j, A_j)\right)^2\right] \tag{10.3}$$

其中，$y_j = r_j + \gamma Q^{w'}(O'_j, A'_j)$ 为使用参数为 w' 的目标网络 $Q^{w'}(O_t, A_t)$ 计算出的目标状态–动作值。目标网络的参数 w' 在训练开始之前与评价网络权值 w 相同。在每个训练迭代，目标网络以一个较小的更新步长 $\eta \ll 1$ 向评价网络的参数靠近。其更新公式为

$$w' \leftarrow \eta w + (1-\eta)w' \tag{10.4}$$

通过目标网络计算值函数的目标值，可以减慢评价网络的更新速度，从而有效地提高训练的稳定性 [21]。在式 (10.3) 中，$A'_j = [a'_{j1}, \cdots, a'_{jN}]$ 是所有追捕者通过当前策略给出的预测动作集，具体可以表示为

$$A'_j = [A^{\mu_1}(o'_{j1}, m'_{j1}), \cdots, A^{\mu_N}(o'_{jN}, m'_{jN})] \tag{10.5}$$

其中，每个智能体的观测值 $o'_{j1}, \cdots, o'_{jN}$ 为下一个时间步的观测，来自经验 e_j 中的 O'_j。m'_{ji} 是追捕者 i 得到的预测信息，由追捕者 $i-1$ 根据其通信策略和下一步的观测计算得到，即

$$m'_{ji} = C^{\theta_{(i-1)}}(o'_{j(i-1)}) \tag{10.6}$$

其中，$i = 2, 3, \cdots, N$。对于 $i = 1$ 的情况，定义 $m'_{j1} = C^{\theta_N}(o'_{jN})$。然后，可以通过梯度下降的方法最小化损失函数 $\mathcal{L}(w)$ 调整全局评价网络的权值。在实际计算中可以从经验回放池中选择一批数据对梯度进行近似，并对参数进行更新，即

$$\nabla_w \mathcal{L}(w) \approx \frac{1}{K} \sum_{j=1}^{K} \Big[(y_j - Q^w(O_j, A_j)) \nabla_w Q^w(O_j, A_j) \Big] \tag{10.7}$$

$$w \leftarrow w - \alpha_c \nabla_w \mathcal{L}(w) \tag{10.8}$$

其中，α_c 为评价网络训练的学习率。

针对评价网络 $Q^w(O_t, A_t)$ 使用异策略更新方法基于历史交互经验对实际状态–动作值函数 $Q^{\mu,\theta}(O_t, A_t)$ 进行拟合。然后将评价网络代入确定性梯度策略的计算中，分别得到提高控制和通信性能的参数调整方向。采用一批状态转移经验对每个追捕者的策略梯度进行近似计算：

$$\nabla_{\mu_i} J(\mu, \theta) \approx \frac{1}{K} \sum_{j=1}^{K} \Big[\nabla_{\mu_i} A^{\mu_i}(o_{ji}, m_i) \nabla_{a_i} Q^w(O_j, \bar{A}_j) \Big] \tag{10.9}$$

其中，$J(\mu, \theta) = \mathbb{E}_{a\sim A^\mu, m\sim C^\theta}[R_1]$ 为依照当前控制策略和通信策略所得到的回报值的期望，也就是评价当前整体控制和通信策略的性能函数；m_i 为追捕者 i 接收到的信息，由追捕者 $i-1$ 通过其通信策略产生，表示为 $m_i = C^{\theta_{(i-1)}}(o_{j(i-1)})$，$m_1 = C^{\theta_N}(o_{jN})$；$\bar{A}_j = [a_{j1}, \cdots, a_i, \cdots, a_{jN}]$，在这些动作中，只有追捕者 i 相应

的动作 a_i 由其当前控制策略 $A^{\mu_i}(o_{ji}, m_i)$ 计算得到，而其他动作则从经验 e_j 中获得。然后可以使用该梯度对每个追捕者的策略网络参数进行更新：

$$\mu_i \leftarrow \mu_i + \alpha_a \nabla_{\mu_i} J(\mu, \theta) \tag{10.10}$$

其中，α_a 为执行网络的学习率。

通信策略是构成追捕者之间信息交互从而达成合作动作的关键，然而通信策略是追捕者之间的内部交互，对外部环境没有直接影响，因此每个追捕者的通信策略需要通过接收其信息的追捕者的控制策略体现对环境的影响。为方便描述策略梯度，定义接收追捕者 i 信息的为追捕者 ρ，在本环形通信拓扑中，对于 $i = 1, 2, \cdots, N-1$，有 $\rho = i+1$，对于 $i = N$，有 $\rho = 1$。下面给出用一批状态转移经验近似的通信策略梯度：

$$\begin{aligned} &\nabla_{\theta_i} J(\mu, \theta) \\ &\approx \frac{1}{K} \sum_{j=1}^{K} \left[\nabla_{\theta_i} C^{\theta_i}(o_{ji}) \nabla_{m_\rho} A^{\mu_\rho}(o_{j\rho}, m_\rho) \nabla_{a_\rho} Q^w(O_j, \bar{A}_j) \right] \end{aligned} \tag{10.11}$$

其中，$\bar{A}_j = [a_{j1}, \cdots, a_\rho, \cdots, a_{jN}]$，在这些动作中，只有 a_ρ 通过追捕者 ρ 的控制策略 $A^{\mu_\rho}(o_{j\rho}, m_\rho)$ 得到，而其他动作均从采样经验中取得。

然后可以按照式 (10.12) 更新追捕者 i 的通信策略的神经网络参数：

$$\theta_i \leftarrow \theta_i + \alpha_\theta \nabla_{\theta_i} J(\mu, \theta) \tag{10.12}$$

其中，α_θ 为通信网络的学习率。

由于每个追捕者使用的都是确定性策略，为了使其在庞大的状态–动作空间上进行有效的探索，必须额外设计探索策略。由于使用了离策略的学习方法，当执行不同于控制策略产生的动作时，不会影响策略学习的结果。所以在学到的控制策略上叠加高斯噪声 $\mathcal{N}(0, \sigma^2)$，从而构建出每个追捕者在训练中的探索策略。本节给出的环形拓扑网络结构下合作追捕学习算法。在该算法中，首先初始化各个网络和训练环境，然后进入分情节的训练循环。在一个情节中的每个时间步，追捕者首先与邻居通信，然后计算出控制量。由于通信策略产生通信信息并不依赖于接收到的信息，因此每个追捕者可以独立执行接收和发送的过程。在动作执行之后，获得相应的奖励和下一步的观测，将该步的状态转换经验存入经验回放池，开始训练迭代。

算法 10.1　环形拓扑网络结构下合作追捕学习算法

1: 随机初始化全局评价网络 Q^w
2: 复制参数 $w' \leftarrow w$ 得到初始目标网络 $Q^{w'}$
3: 初始化经验回放池 $\mathcal{D}$

随机初始化控制策略 A^{μ_i}, $i=1,2,\cdots,N$
随机初始化通信策略 C^{θ_i}, $i=1,2,\cdots,N$
载入多追捕者追逃博弈环境
for 训练回合数 $=1$ **to** 最大训练回合数 **do**
  随机初始化/重置环境
  得到初次观测 $O_1=\{o_1^1,\cdots,o_N^1\}$
  for 时间步数 $t=1$ **to** 最大时间步数 $T_{\max}$ **do**
    for 追捕者 $i=1$ **to** N **do**
      (每个追捕者独立执行)
      计算信息 $m_\rho^t=C^{\theta_i}(o_i^t)$
      发送信息 m_ρ^t 并接收信息 m_i^t
      计算动作 $a_i^t=A^{\mu_i}(o_i^t,m_i^t)+\mathcal{N}(0,\sigma^2)$
    end for
    执行所有动作 $A_t=\{a_1^t,\cdots,a_N^t\}$
    得到奖励 r_t 和下一步观测 O_t'
    存储经验 (O_t,A_t,r_t,O_t') 到经验回放池 $\mathcal{D}$
    从经验回放池 $\mathcal{D}$ 中随机采用一组 K 条经验
    根据式 (10.7) 和式 (10.8) 更新全局评价网络权值 w
    根据式 (10.4) 更新目标网络参数 w'
    根据式 (10.9) 和式 (10.10) 更新每个追捕者的执行网络参数 $\{\mu_1,\cdots,\mu_N\}$
    根据式 (10.11) 和式 (10.12) 更新每个追捕者的通信网络参数 $\{\theta_1,\cdots,\theta_N\}$
  end for
end for

10.2.2 主从式线形拓扑网络结构下合作追捕学习算法

本节考虑了追捕者之间的通信网络为一个主从线形拓扑的情况，本结构中存在一个不接收信息的领导追捕者和一个不发送信息的断后追捕者。具体来讲，假设 N 个追捕者在主从式线形通信网络中相互连接，令领导追捕者编号为 1，断后追捕者编号为 N。从领导追捕者 1 开始，每个追捕者 i 向连接的下一个追捕者 $i+1$ 发送信息，直到追捕者 N。断后追捕者 N 只接收信息不发送信息。在这种情况下，追捕者的观测是异质的：只有领导追捕者可以获得逃跑者的位置坐标，其他追捕者只能获得自身的位置坐标。

主从式线形拓扑网络相比环形拓扑网络结构更加简洁。首先，其通信网络不必构成一个闭环。其次，只有领导追捕者一个节点能够获得逃跑者的位置信息。这就意味着在本结构的实施过程中，仅需要在领导追捕者上配备逃跑者定位设备即可完成任务，也是一种更加经济的解决方案。本节给出的线形拓扑网络结构下的合作追捕学习算法是基于环形结构算法发展而来的，因此在下面的叙述中，将重点介绍其不同之处。

在本结构中，由于领导追捕者的观测与其他追捕者不同，故特别定义领导追捕者的控制策略为 $a_1^t = A^{\mu_1}(o_1^t)$，通信策略为 $m_2^t = C^{\theta_1}(o_1^t)$。对于其他追捕者，其控制策略与环形拓扑中式 (10.1) 所示形式相同，但是通信策略有所不同。由于只有领导追捕者可以得到逃跑者的位置坐标，因此需要将接收到的信息也作为通信策略的输入，从而使得该重要信息通过通信网络进行传播，故在本结构中的通信策略为

$$m_{i+1}^t = C^{\theta_i}(o_i^t, m_i^t) \tag{10.13}$$

其中，$i = 2, \cdots, N-1$，断后追捕者 N 没有通信策略。

主从式线形拓扑网络结构下的学习算法数据流结构如图 10.2 所示。该结果与图 10.1 的一个主要不同在于追捕者接收到的信息同时输入了执行网络和通信网络 (领导追捕者和断后追捕者除外)。

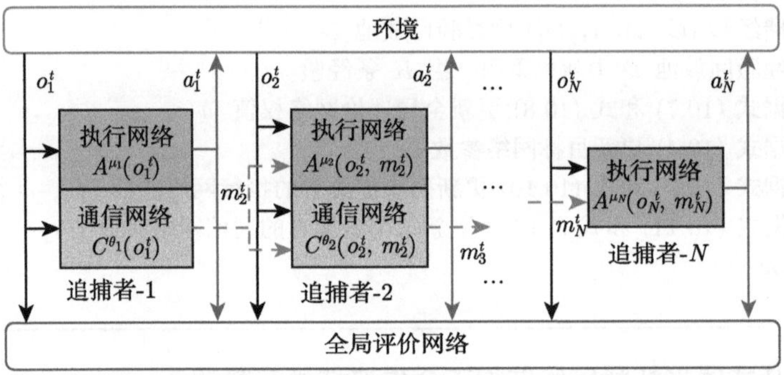

图 10.2 多追捕者主从式线形拓扑网络结构下学习算法数据流结构

由于上述数据流结构上的不同，对应的训练算法也进行了相应的调整。对于全局评价网络的训练，其损失函数与式 (10.3) 相同，然而其中的更新目标 y_j 则重新定义为

$$y_j = r_j + \gamma Q^{w'}(O'_j, \hat{A}'_j) \tag{10.14}$$

其中，$\hat{A}'_j = [a'_{j1}, \cdots, a'_{jN}]$ 是所有追捕者通过当前策略给出的预测动作集，具体可以表示为

$$\hat{A}'_j = [A^{\mu_1}(o'_{j1}), \cdots, A^{\mu_N}(o'_{jN}, m'_{jN})] \tag{10.15}$$

追捕者的观测 $o'_{j1}, \cdots, o'_{jN}$ 可以通过经验 $\{e_1, \cdots, e_K\}$ 中的 O'_j 获取；而其中的预测接收信息 m'_{ji} 可以通过如下递推公式得到

$$m'_{ji} = C^{\theta_{i-1}}(o'_{j(i-1)}, m'_{j(i-1)}) \tag{10.16}$$

其中，$i=3,4,\cdots,N$。当 $i=2$ 时，$m'_{j2}=C^{\theta_1}(o'_{j1})$，然后就可以递推得到其他预测接收信息 $m'_{j3},\cdots,m'_{jN}$。在得到这些具体的数值之后，便可以根据式 (10.7) 和式 (10.8) 对全局评价网络进行更新。

对于控制策略的更新同样采用一批从经验回放池中随机采样的经验对追捕者的策略梯度进行近似计算，由于领导追捕者和其他追捕者的控制策略输入不同，所以将其单独列出，其策略梯度可以近似表示为

$$\nabla_{\mu_1}J(\mu,\theta)\approx\frac{1}{K}\sum_{j=1}^{K}\left[\nabla_{\mu_1}A^{\mu_1}(o_{j1})\nabla_{a_1}Q^w(O_j,\hat{A}_j)\right] \tag{10.17}$$

其中，$\hat{A}_j=[a_1,a_{j2},\cdots,a_{jN}]$，$a_1=A^{\mu_1}(o_{j1})$ 是由当前领导追捕者的控制策略计算得到的，而其他动作 $a_{j2},\cdots,a_{jN}$ 则是从采样经验中获取。对于其他追捕者 $(2,3,\cdots,N)$，其策略梯度可以近似为

$$\nabla_{\mu_i}J(\mu,\theta)\approx\frac{1}{K}\sum_{j=1}^{K}\left[\nabla_{\mu_i}A^{\mu_i}(o_{ji},m_i)\nabla_{a_i}Q^w(O_j,\hat{A}_j)\right] \tag{10.18}$$

其中，$\hat{A}_j=[a_{j1},\cdots,a_i,\cdots,a_{jN}]$，其中 $a_i=A^{\mu_i}(o_{ji},m_i)$ 由当前追捕者的控制策略计算得到，而其他动作均从采样经验中获取。式中表示追捕者 i 接收到的信息 m_i 通过如下递推公式得到

$$m_i=C^{\theta_{i-1}}(o_{j(i-1)},m_{i-1}) \tag{10.19}$$

其中，$i=3,4,\cdots,N$，领导追捕者发出的信息 $m_2=C^{\theta_1}(o_{j1})$；观测 o_{ji} 从采样经验中获取。由此得到控制策略梯度之后，便可以通过式 (10.10) 对控制策略参数进行更新。

对于通信策略，也是用类似的方法对策略梯度进行计算，同样因为领导追捕者的通信策略输入不同于其他追捕者，所以单独给出其近似的策略梯度：

$$\nabla_{\theta_1}J(\mu,\theta)\approx\frac{1}{K}\sum_{j=1}^{K}\left[\nabla_{\theta_1}C^{\theta_1}(o_{j1})\nabla_{m_2}A^{\mu_2}(o_{j2},m_2)\nabla_{a_2}Q^w(O_j,\hat{A}_j)\right] \tag{10.20}$$

其中，$\hat{A}_j=[a_{j1},a_2,a_{j3},\cdots,a_{jN}]$，$a_2=A^{\mu_2}(o_{j2},m_2)$，其他动作从采样经验中获取。领导追捕者发出的信息为 $m_2=C^{\theta_1}(o_{j1})$。对于其他追捕者 $(2,3,\cdots,N-1)$，其通信策略梯度可以近似为

$$\nabla_{\theta_i}J(\mu,\theta)\approx\frac{1}{K}\sum_{j=1}^{K}\left[\nabla_{\theta_i}C^{\theta_i}(o_{ji},m_i)\nabla_{m_{i+1}}A^{\mu_{i+1}}(o_{j(i+1)},m_{i+1})\nabla_{a_{i+1}}Q^w(O_j,\hat{A}_j)\right] \tag{10.21}$$

其中，$\hat{A}_j=[a_{j1},\cdots,a_{i+1},\cdots,a_{jN}]$，同样，除了 $a_{i+1}=A^{\mu_{i+1}}(o_{j(i+1)},m'_{i+1})$，其他动作来自采样经验。在该梯度的计算过程中，需要先通过递推公式 (10.19)，根据经验中的 o_{ji} 计算出根据当前通信策略接收到的信息 m_i，然后根据 $m_{i+1}=C^{\theta_i}(o_{ji},m_i)$，将当前的通信策略与接收其信息的邻居的控制策略关联，进而对通信策略的策略梯度进行计算。更加形象地讲，按照该梯度对通信策略进行调节的直观意义为：使其调节后的通信策略产生的信息在被邻居追捕者接收到之后，产生新的动作值，进而能够使评价网络对当前的情况有更高的状态–动作估计值。在得到每个追捕者的通信策略梯度后，可以通过式 (10.12) 对通信网络参数进行调整。

本节给出的主从式线形拓扑网络结构下的合作追捕学习算法。与算法 10.1 相比，其主要不同在于追捕者之间的通信部分。由于线形拓扑的通信策略依赖于接收到的信息，必须首先计算出领导追捕者的信息，然后按照拓扑顺序依次发送和接收，最终到达断后追捕者。显然，追捕者之间的通信不能像环形拓扑一样同步收发，而必须顺序收发。

算法 10.2 主从式线形拓扑网络结构下的合作追捕学习算法

随机初始化全局评价网络 Q^w
复制参数 $w'\leftarrow w$ 得到初始目标网络 $Q^{w'}$
初始化经验回放池 $\mathcal{D}$
随机初始化控制策略 A^{μ_i}, $i=1,2,\cdots,N$
随机初始化通信策略 C^{θ_i}, $i=1,2,\cdots,N-1$
载入多追捕者追逃博弈环境
for 训练回合数 = 1 **to** 最大训练回合数 **do**
  随机初始化/重置环境
  得到初次观测 $O_1=\{o_1^1,\cdots,o_N^1\}$
  for 时间步数 $t=1$ **to** 最大时间步数 $T_{\max}$ **do**
    领导追捕者 1 计算动作 $a_1^t=A^{\mu_1}(o_1^t)$ 和信息 $m_2^t=C^{\theta_1}(o_1^t)$
    领导追捕者 1 发送信息 m_2^t 给追捕者 2
    for 追捕者 $i=2$ **to** $N-1$ **do**
      追捕者 i 接收信息 m_i^t
      计算动作 $a_i^t=A^{\mu_i}(o_i^t,m_i^t)+\mathcal{N}(0,\sigma^2)$
      计算信息 $m_{i+1}^t=C^{\theta_i}(o_i^t,m_i^t)$ 并发送给追捕者 $i+1$
    end for
    断后追捕者 N 接收信息 m_N^t 并计算动作 a_N^t
    执行所有动作 $A_t=\{a_1^t,\cdots,a_N^t\}$
    得到奖励 r_t 和下一步观测 O'_t
    存储经验 (O_t,A_t,r_t,O'_t) 到经验回放池 $\mathcal{D}$
    从经验回放池 $\mathcal{D}$ 中随机抽取一组 K 条经验
    根据式 (10.14)、式 (10.7)、式 (10.8) 更新全局评价网络参数 w
    根据式 (10.4) 更新目标网络参数 w'

根据式 (10.17)、式 (10.18)、式 (10.10) 更新每个追捕者的执行网络参数 $\{\mu_1, \mu_2, \cdots, \mu_N\}$
根据式 (10.20)、式 (10.21)、式 (10.12) 更新每个追捕者的通信网络参数 $\{\theta_1, \theta_2, \cdots, \theta_N\}$
end for
end for

10.3 仿真实验

本节对提出的两种基于深度强化学习的合作追捕算法在二维追逃博弈环境中进行训练和测试。下面首先介绍二维追逃博弈环境的物理特性、追捕者和逃跑者的运动学特性以及逃跑策略，然后给出两种算法实施过程中的具体细节，包括训练参数、网络结构、学习过程曲线等。同时还将提出的算法与独立式强化学习算法、集中式强化学习算法和 MADDPG 算法进行对比，并对其追捕性能从统计结果和具体行为两个方面进行分析和讨论。

10.3.1 仿真环境描述

用于验证本章提出合作追捕方法的二维追逃博弈物理仿真环境如图 10.3 所示。该环境是以围墙为边界的方形环境，其中设置了三个追捕者和一个逃跑者。四个移动物体均建模成具有弹性的圆盘状物体，物体之间接触可以产生弹性形变以及相应的弹力。墙壁是刚性的，但是移动物体撞上墙壁也会产生弹力。每个追捕者或者逃跑者的位置由二维坐标 $[P_{xi}, P_{yi}]$ 表示，其中下标 $i = 1, 2, 3$ 表示追捕者，下标 $i = 0$ 表示逃跑者。每个追捕者或者逃跑者均由一个二维坐标下的连续控制力 $[F_{xi}, F_{yi}]$ 控制 (图 10.3 中在追捕者 1 处用灰色箭头标出)。在本环境中，追捕者和逃跑者的移动均由环境力和控制力的合力驱动。环境力包括物体与地面的摩擦力以及物体与墙壁和其他物体之间的弹力；控制力是由控制动作给出的驱动力。另外，追逃双方的移动速度都受环境定义的最大移动速度限制。环境的具体参数在表 10.1 中给出。在表中可以看出，虽然追捕者和逃跑者的最大速度是相同的，但是逃跑者的质量却是追捕者的一半，这就意味着在相同控制力的作用下，逃跑者能够产生更大的加速度，也就是说逃跑者具有更加灵活的操纵性，因此给追捕任务带来了更大的困难。

本章研究的多追捕者合作追捕任务不同于其他基于追踪控制的追捕问题，其目标仅为接近或者包围逃跑者，进一步考虑了更实际的应用需求，即通过多个追捕者的物理接触将逃跑者捕获，通过示意图 10.4 可以进一步说明捕获的意义。在图 10.4(a) 中，三个追捕者将逃跑者包围，并且同时向追捕者方向施加作用力，由于双方建模为弹性物体，因此在作用力下产生弹性形变，在图上显示为图形的部分重叠。在图 10.4(b) 中，三个追捕者包围逃跑者并向墙壁 (图中黑粗线) 和逃跑者施加作用力使其抵住墙壁。在这两种情况下，逃跑者均被追捕者围困在一个很小的范围之内，并且在接下来的时间内无法通过任何逃跑策略逃离该范围，该情况即定义为逃跑者被捕获。任务的目标便是在最短时间内将逃跑者捕获。

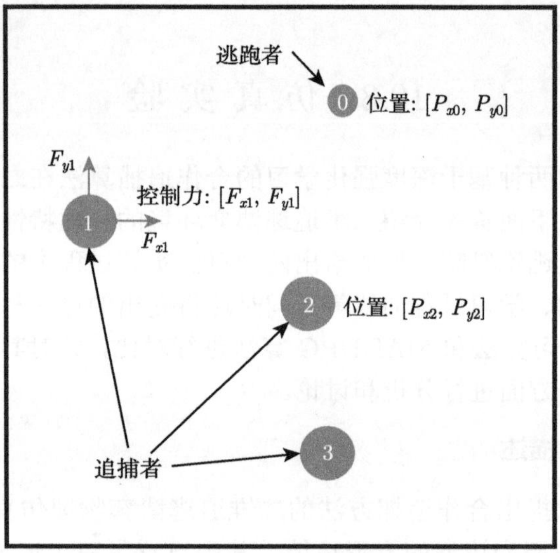

图 10.3　二维追逃博弈物理仿真环境

表 10.1　二维追逃博弈物理仿真环境参数

参数名称	参数值	参数名称	参数值
环境尺寸	5m×5m	采样时间	0.05s
逃跑者半径	0.15m	追捕者半径	0.25m
逃跑者质量	0.8kg	追捕者质量	1.6kg
逃跑者最大速度	1.0m/s	追捕者最大速度	1.0m/s
最大控制力	1N	摩擦系数	0.2

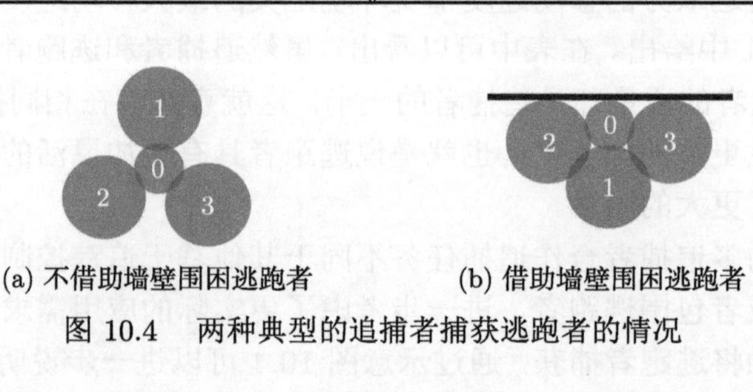

图 10.4　两种典型的追捕者捕获逃跑者的情况

在环境的设计中，预先设计了三种基本逃跑和追捕策略用于环境的测试以及追捕策略的训练和评估。三种策略包括一种追捕策略和两种逃跑策略，分别介绍如下。

(1) 比例控制追捕策略：每个追捕者分别独立地由一个高增益比例跟踪控制器控制，跟踪控制器的跟踪目标为逃跑者的实时位置。

(2) 随机逃跑策略 (random escape policy)：逃跑者以最大控制力向一个随机位置运动，该随机位置每 20 个时间步更新一次。

(3) 学习逃跑策略 (learned escape policy)：该逃跑策略是在该环境中经过标准 DDPG 算法 [19] 训练得到的，逃跑者的状态输入为所有追捕者以及其自身的位置坐标。在训练中，三个追捕者均使用上述比例控制追捕策略进行追捕。考虑到追捕任务需要通过物理接触才能捕获逃跑者，在学习逃跑策略时设计逃跑者与追捕者发生碰撞时给予惩罚，因此逃跑者可以通过避免与追捕者发生碰撞的方法进行逃跑。在通过充分的训练之后，最终获得了能够完全避免与比例控制策略驱动的追捕者发生碰撞的逃跑策略。另外需要说明的是，尽管本逃跑策略是基于 DDPG 深度强化学习的，在接下来的测试中仅执行其学到的静态策略，并不在线执行策略更新。

本仿真环境平台搭建在配有 3.6GHz 主频的英特尔 i7 处理器和 8GB 内存、运行 Ubuntu 16.04 操作系统的台式计算机上。二维追逃博弈环境由 Python 语言编写。神经网络模型使用 TensorFlow [22] 工具包搭建。神经网络的训练采用了 TensorFlow 内置的 Adam 优化器 [23]。

10.3.2 训练实施方式

本章提出的多追捕者合作追捕强化学习算法所采用的执行网络、通信网络和全局评价网络结构如图 10.5 所示。在环形拓扑网络下，追捕者 i 的执行网络的实际输入为 $[o_i, m_i]$，其中观测 $o_i = [P_{xi}, P_{yi}, P_{x0}, P_{y0}]$，信息 m_i 为一个实数三维向量，追捕者 i 的通信网络输入为 o_i。在线形拓扑网络下，其执行网络和通信网络的输入与图 10.5 所给出的略有不同：领导追捕者 1 的两个网络的输入均为 o_1，其他追捕者的网络输入均为 $[o_i, m_i]$。两种算法所用的网络其他部分均相同：执行网络和通信网络均使用了双隐含层全连接结构，每个隐含层带有 32 个隐节点，并使用 ReLU 激活函数，最终使用双曲正弦函数分别映射到动作 $a_i = [F_{xi}, F_{yi}]$ 和信息 m_i，其值均限制在 $[-1, 1]$ 范围之内。全局评价网络规模相对较大，同样采用了双隐含层全连接的结构，每层有 64 个隐节点，同样使用 ReLU 激活函数，最终使用线性激活函数拟合状态–动作值函数。

在信息维度的设计上，一方面更高维度的信息可以传递更加丰富的信息，从而有利于追捕者之间更好的合作；另一方面过高维度的信息会使得网络的输入输出维度过高而导致训练速度太慢，通过一些先期的实验，又考虑到本环境中状态维度相对较低，追捕者数量较少，不必采用太高维度的信息向量，所以最终选择信息维度为 3。

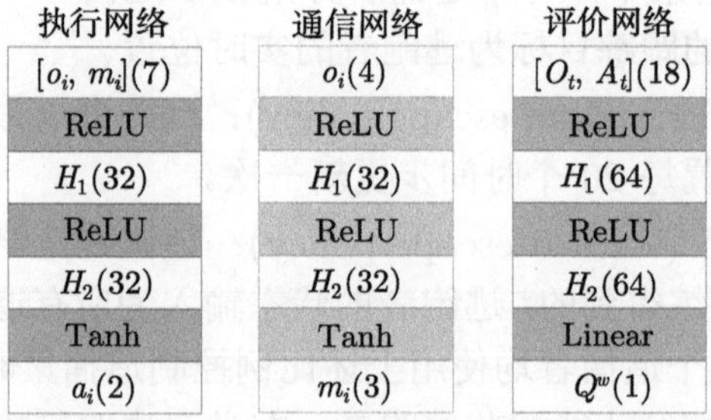

图 10.5　多追捕者合作追捕强化学习算法中的执行网络、通信网络和全局评价网络结构

训练所使用的参数为：折扣因子 $\gamma = 0.99$，目标网络软更新因子 $\tau = 0.001$，经验回放池大小为 50000，一组采样经验的个数 $K = 64$。合作追捕任务中奖励函数的设计是多个追捕者构成合作并完成任务的关键。在该任务中，追捕者需要靠近逃跑者，通过物理接触碰撞，并将逃跑者控制在特定范围之内或者使其停止运动。考虑上述几点，最终将奖励函数设计为

$$r = \sum_{i=1}^{3} \big(\text{colli}(0,i) - \text{dist}(0,i)\big) - v_0 \tag{10.22}$$

其中，$\text{dist}(0,i)$ 为追捕者 i 同逃跑者之间的距离；$\text{colli}(0,i)$ 为追捕者 i 与逃跑者之间的接触碰撞，当存在接触时，$\text{colli}(0,i) = 1$，否则为 0；v_0 为逃跑者的速度。

在训练中，本章提出的环形拓扑网络结构下的合作追捕学习算法 (以下简称为 MARL-ring) 和主从式线形拓扑网络结构下的合作追捕学习算法 (以下简称为 MARL-line) 分别遵循上述算法 10.1 和算法 10.2 的步骤进行。另外，为了更加全面地对本章提出的算法进行评价，还引入了两种基于 DDPG 算法发展而来的多智能体的强化学习算法用于本追逃博弈任务进行对比。两种多智能体强化学习算法分别介绍如下。

(1) 独立式学习 (independent learning, IL)：每个追捕者的控制策略采用标准单智能体 DDPG 算法独立训练得到，使用与本章所提出算法相同的训练参数和奖励函数。追捕者之间没有相互通信和其他关联。每个追捕者都有独立的一套执行网络和评价网络，其网络结构在图 10.6(a) 中给出。

(2) 集中式学习 (centralized learning, CL)：所有追捕者的控制策略均由一个全局的标准单智能体 DDPG 算法训练得到，使用与本章所提出算法相同的训练参数和奖励函数。所有追捕者的观测均输入到一个执行网络中，并且由该执行网络给出所有追捕者的动作。其全局执行网络和评价网络结构在图 10.6(b) 中给出。

(3) MADDPG 算法：追捕者的控制策略由 MADDPG 算法训练得到，每个追捕者具有一个全局评价网络和一个局部执行网络，使用与本章所提出算法相同的训练参数和奖励函数。参照文献 [13] 中将 MADDPG 用于 “Predator-Prey” 环境的例子来训练本章的追逃博弈任务。在该文献的实施例中，每个全局评价网络通过训练可以得到全局数据。每个追捕者在局部观测的基础上同时也可以获得与其他追捕者的相对位置，而这些相对位置信息在环境中需要额外通信才能取得，因此在 MADDPG 算法的实施中也设置了合理的直接通信策略。其评价网络和执行网络结构在图 10.6(c) 中给出。

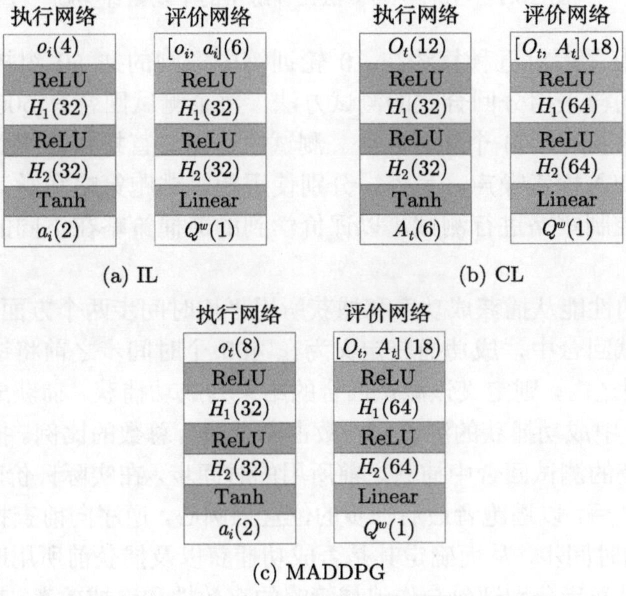

图 10.6 三种对比学习算法的执行网络和评价网络结构

10.3.3 实验结果与分析

五种算法均使用相同的分回合训练方法，每个训练回合有 500 个时间步。追捕者和逃跑者在每回合的初始位置均随机给定。逃跑者在训练中使用上述随机逃跑策略。为减少随机初始化网络参数带来的偶然性，对五种算法分别进行了 10 轮训练，每轮训练均采用重新随机初始化的网络参数。10 轮训练的学习过程如图 10.7 所示，图中实线代表每回合的累计奖励值在 10 轮训练中的平均值，阴影部分代表 10 轮训练中的标准差。从图中可以看出，本章提出的两种学习算法表现出较为相似的学习过程，最终取得了较高的累计奖励。CL 学习速度相对较慢，但是最终取得了与本章算法相似的累计奖励。IL 在训练的初始阶段学习速度最快，然而最终收敛于较低的累计奖励值。

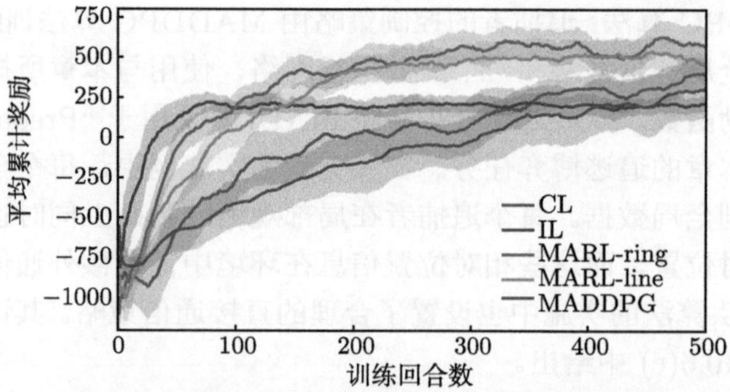

图 10.7 五种学习算法在训练中的平均累计奖励

在训练结束之后对五种算法在 10 轮训练中学到的共 50 组控制策略分别进行测试。测试同样采用分回合式的测试方法，每个测试回合有 500 个时间步，对每种学到的策略执行 100 个测试回合。测试中追捕者直接执行学到的控制策略产生的动作，不加入探索噪声。另外，分别使用随机逃跑策略和学习逃跑策略分别对各种学到的控制策略进行测试，以评价学到的追捕策略在不同的逃跑策略下的泛化能力。

追捕策略的性能从捕获成功率和捕获所用平均时间步两个方面来评价。在 500 个时间步的测试回合中，成功捕获定义为在 450 个时间步之前将逃跑者控制在半径为 0.5m 范围之内，则定义该测试回合的结果为成功捕获。捕获成功率定义为在 100 个测试回合中成功捕获的测试回合数占测试回合总数的比例。捕获前平均时间步为在成功捕获的测试回合中捕获之前所用的时间步。在实际评价时，可以在每个测试回合结束之后，以逃跑者最后一步的位置为圆心，逆序向前查找其首次超出半径 0.5m 范围的时间步，从而确定其是否成功捕获以及捕获前所用时间步。用捕获成功率和所用时间步分别评价合作追捕策略的有效性和追捕效率，其结果分别在图 10.8 和图 10.9 中给出，图中五种算法追捕的结果分别取其在 10 轮训练中得到的最佳策略。

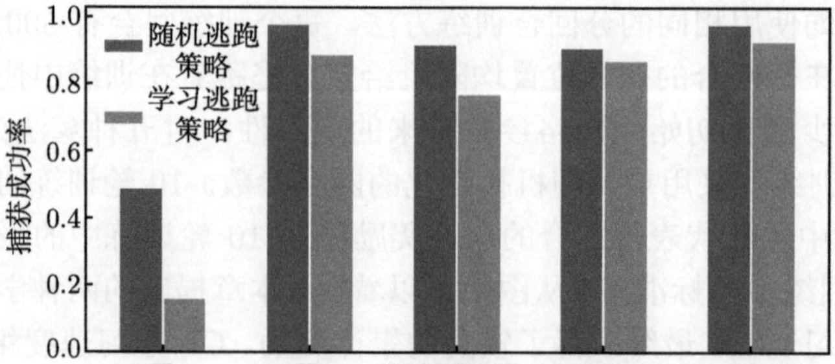

图 10.8 五种算法的捕获成功率

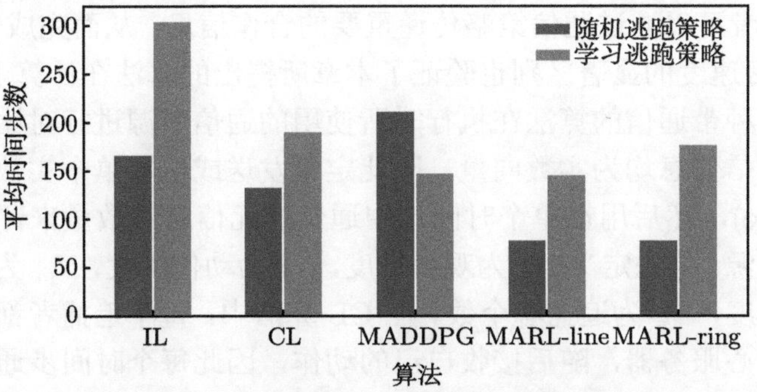

图 10.9 五种算法捕获所用平均时间步数

从图 10.8 中的捕获成功率可以看出，IL 算法没有在追捕者之间构建信息交流，因而无法建立起有效的合作，其最终基本不能学到有效的追捕策略。其对采用随机逃跑策略的逃跑者的捕获成功率较低，为 50%。然而面对学习逃跑策略，都达不到 20% 的效果。与之相比，另外四种算法在应对随机逃跑策略和学习逃跑策略上都取得了很好的效果，基本都取得了 90% 以上的捕获成功率，从图 10.9 中同样可看出捕获所用平均时间步数也比较少。这四种算法在应对学习逃跑策略上大多表现出了较低的捕获成功率和更多的平均时间步数，这是因为学习逃跑策略能够得到所有追捕者的位置，并且经过强化学习，能够主动躲避追捕者的碰撞接触。尽管如此，本章所提出的算法仍然能够在应对学习逃跑策略上取得较好的效果，表明了本章所提出算法具有良好的泛化性能。

尽管 CL 算法、MADDPG 算法和本章提出的 MARL-line 算法、MARL-ring 算法都取得了良好的追捕效果，然而其执行方式和意义却有很大的差别。从网络复杂度和训练所耗费的计算量方面来讲，虽然效果接近的四种算法全部使用了集中式训练方法，并且将全局观测输入到了全局评价网络当中，但是其中 MADDPG 算法在每个追捕者的策略训练中都需要单独设置一个全局评价网络，因此网络复杂度和训练所耗费的计算量比其他三种算法都要大。但是从执行网络角度来看，本章所提出的算法相比 CL 和 MADDPG 算法额外引入了通信网络，相比而言更加复杂一些。总体来讲，CL 算法从结构和计算上都较为简单，其通过将一个分布式部分可观测的问题转化为一个集中式的全部可观测的问题，从理论上来讲这种问题是可以通过常规的单智能体强化学习算法直接解决的。但是在实际实施中，随着问题规模的扩大，即追捕者数量的扩大，其状态–动作空间呈指数增长，给策略探索问题带来巨大的困难，同等算力下学习时间会大大延长。在仅有 3 个追捕者的问题上，从图 10.7 中就可以看出，CL 算法学习速度明显更慢。相比而言，MARL-ring 算法和 MARL-line 算法则采用了分布式执行方法，每个追捕者仅通过自身观测和接收到的信息给出动作。通过基于学习的通信策略和集中式训练方法，追捕者可以通过通信策略传递重要的合作信息，从而完成合作追捕任务。图 10.7 中学习速度的显著区别也验证了本章所提出的算法在计算上的高效性。

下面对四种带通信的算法在执行时所使用的通信资源进行对比分析。在这几种算法中，通信信息均为实数向量，因此定义发送或接收单个实数为一个元信息 (meta-message)，然后用在单个时间步中通信的元信息的数量来评价各种算法所占用的通信资源。首先定义 N_o 为观测维度，N_a 为动作维度，N_m 为信息维度，N_p 为位置向量维度，N_g 为追捕者个数。在 CL 算法中，每个追捕者都需要将自己的观测发送到中心服务器，随后接收自己的动作，因此每个时间步通信的元信息个数为 $N_gN_o+N_gN_a$。在 MADDPG 算法的实施中，每个追捕者需要广播自己的位置，接收其他追捕者的位置，然后计算相对位置，因此每个时间步需要通信的元信息个数为 $N_gN_p+N_g(N_g-1)N_p$。本章提出的 MARL-ring 算法和 MARL-line 算法所对应的元信息个数分别为 $2N_gN_m$ 和 $2(N_g-1)N_m$。图 10.10 分别给出了四种带有通信的追捕算法在单位时间收发元信息的数量对比。在 3 个追捕者的情况下，MARL-line 算法所需要的通信量最少。但是随着追捕者数量的增加，CL 算法和 MADDPG 算法所需通信量快速增加，而本章提出的算法仅需要相对较少的通信量。

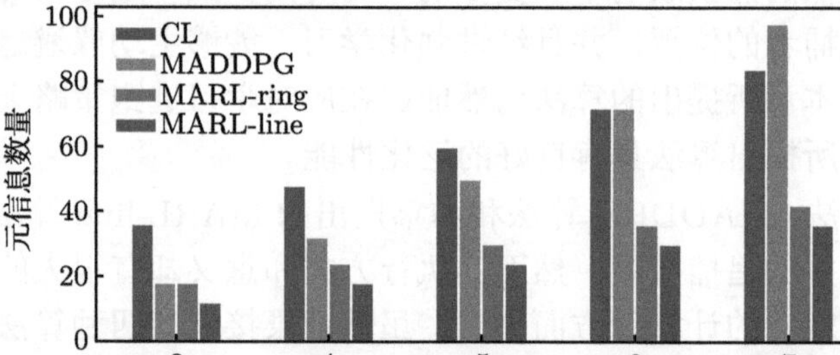

图 10.10　四种带有通信的追捕算法在单位时间收发元信息的数量对比

为了更加清楚地展示合作追捕者与逃跑者的追逃博弈过程，本节选择了四个典型的例子并将追捕者和逃跑者的运动轨迹展示在图 10.11 ~ 图 10.14 中。每个图的左半部分给出了追捕者 (蓝色圆点) 和逃跑者 (红色圆点) 在环境中的实际位置的轨迹。时间顺序信息用颜色的深浅给出：浅色的表示较早的位置点，深色表示较晚的位置点。为了保证轨迹的整洁，图中仅仅展示了关键时间范围的轨迹。另外，图中画出的圆点尺寸要小于实际尺寸。每个图的右半部分给出了整个测试回合双方的坐标变化。四个例子分别介绍如下。

例 1：IL vs. 学习逃跑策略 (图 10.11)。本例为一个追捕者未能捕获逃跑者的例子。由于 IL 算法的追捕策略在追捕者之间没有通信，因此无法构成合作动作。

在这种情况下，每个追捕者独立最大化奖励函数的方法便是持续追踪逃跑者。逃跑者通过学习能够有效躲避这种简单的追踪策略。由于其自身质量较小，动态响应更灵敏，可以使用规律性绕大圈的运动模式轻易地躲避追捕者。

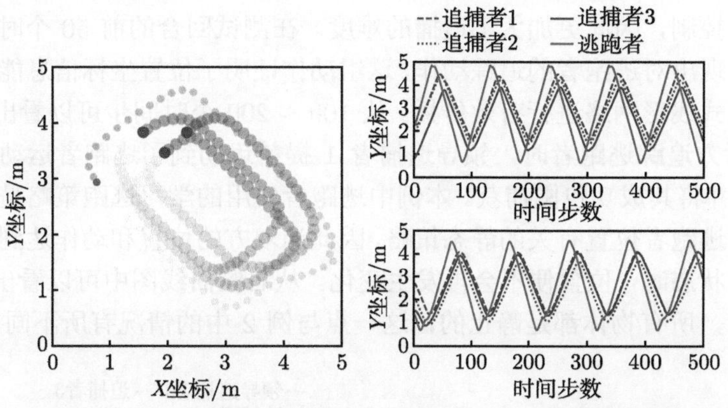

图 10.11 IL vs. 学习逃跑策略 (400 ~ 500 个时间步轨迹)

例 2：MARL-ring vs. 随机逃跑策略 (图 10.12)。本例为一个追捕者通过有效合作最终成功捕获逃跑者的例子。在测试回合开始时，三个追捕者从其初始位置向逃跑者方向移动并将其包围。然后追捕者 1 和 3 从左右两个方向合力限制住逃跑者在 X 轴方向上的移动，同时追捕者 2 将其推向墙壁，最终将逃跑者限制在特定范围之内并完成捕获。由于本例中逃跑者由随机逃跑策略控制，其控制力的施加方向是随机的，可以从 X 轴位置曲线图中看出，在其被包围并抵住墙壁之后，仍然能够推动追捕者在小范围内移动。但是此时追捕者通过追捕策略，可以根据其位置变化调整动作力，使其不能逃脱该范围。

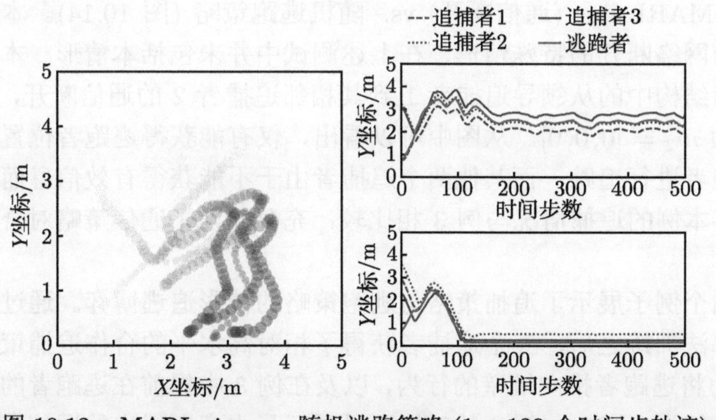

图 10.12 MARL-ring vs. 随机逃跑策略 (1 ~ 120 个时间步轨迹)

例 3：MARL-line vs. 学习逃跑策略 (图 10.13)。在本例中，三个追捕者在经过 200 个时间步之后，在不借助墙壁的情况下，最终将逃跑者包围并且捕获。在 MARL-line 中，仅有领导追捕者 1 能够获得逃跑者的实时位置，其他追捕者做出的合作追捕动作几乎完全依赖于接收到的信息。逃跑者是由相对逃跑技能更高的学习逃跑策略控制，因此更加大了追捕的难度。在测试回合的前 50 个时间步，所有追捕者均表现出对逃跑者的追踪动作，这组动作证明了位置坐标信息能够通过通信策略和主从式线形网络进行有效传播。从 100 ∼ 200 个时间步可以看出，当追捕者 2 和 3 在后方追踪逃跑者时，领导追捕者 1 提前运动到了逃跑者运动路线的前方进行堵截，并将其成功包围捕获。本例中逃跑者使用的学习逃跑策略是仅与观测到的追捕者和逃跑者位置有关的静态策略，因此当双方的位置和动作达到一个特定的受力平衡点状态时，位置便不会再发生变化。从右侧曲线图中可以看出，在约 200 个时间步后，所有物体都是静止的，这一点与例 2 中的情况有所不同。

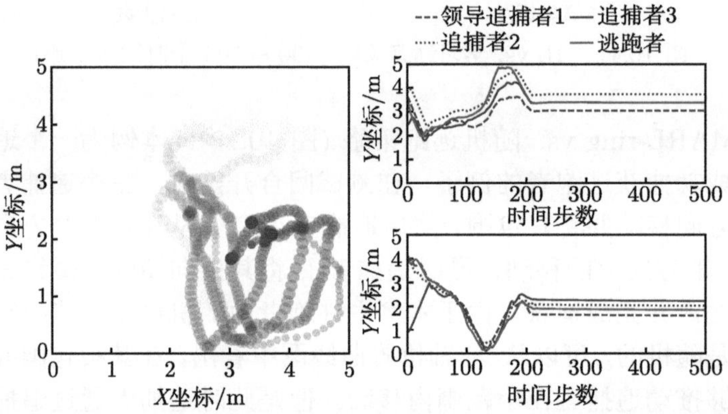

图 10.13　MARL-line vs. 学习逃跑策略 (1 ∼ 220 个时间步轨迹)

例 4：MARL-line (通信断开) vs. 随机逃跑策略 (图 10.14)。本例考察了一种线性通信网络断开的特殊情形，在上述测试中并未包括本情形。本例中，将线性拓扑通信结构中的从领导追捕者 1 到其相邻追捕者 2 的通信断开，令其接收到的信息恒为 $m_2 = [0,0,0]$。从图中可以看出，仅有能获得逃跑者位置的领导追捕者在对逃跑者进行追踪，而其他两个追捕者由于不能获得有效信息而未能加入追踪。在此将本例的追捕情况与例 3 相比较，充分验证了通信策略对合作追捕任务的重要性。

以上四个例子展示了追捕策略与逃跑策略的精彩追逃博弈。通过本章提出的两种学习算法训练之后，三个追捕者获得了相对高水平的合作追捕策略，比如在例 2 中合力将逃跑者推向墙壁的行为，以及在例 3 中提前在逃跑者的运动方向上进行堵截的行为。例 3 与例 4 的对比更是显示了本章所提出的通信策略在追捕任务中的重要性。值得一提的是，在例 4 中，在测试回合初始的 100 个时间步可以看出，另外两个追捕者确实对 [0,0,0] 信息作出了回应，并运动到了环境中心处附近的一个特定位置并保持静止。但是由于环境向量是通过学习得到通信网络产生的，难以对其具体含义进行直接解释。总而言之，上述测试回合的指标统计结果以及具体的追逃博弈案例分析，充分验证了本章提出的两种通信网络结构的合作追捕学习算法在追逃博弈任务中的有效性以及相较于另外三种多智能体强化学习算法的优势。

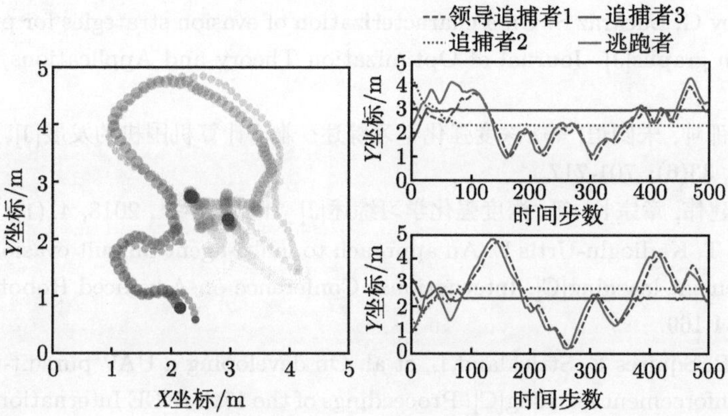

图 10.14 MARL-line (通信断开) vs. 随机逃跑策略 (1 ~ 250 个时间步轨迹)

10.4 本章小结

本章提出了一种基于深度强化学习的多参与者追逃博弈问题中的合作追捕学习算法。从降低系统的复杂度和减少通信与计算负担两方面出发，设计了环形拓扑和主从式线形拓扑网络结构下的两种合作追捕学习算法，使多个追捕者通过简单的网络连接就可以进行信息的共享，并有效完成合作追捕任务。仿真环境下的实验展示了本章提出的算法在训练后能够发展出高效的控制和通信策略，能够以较高的捕获成功率和在较少的平均时间步数之内对动态性能更好的逃跑者进行捕获，充分验证了本章提出的基于两种通信网络结构的合作追捕学习算法在追逃博弈任务中的有效性。

参考文献

[1] Turetsky V, Shinar J. Missile guidance laws based on pursuit-evasion game formulations[J]. Automatica, 2003, 39(4): 607-618.

[2] Eklund J M, Sprinkle J, Sastry S S. Switched and symmetric pursuit/evasion games using online model predictive control with application to autonomous aircraft[J]. IEEE Transactions on Control Systems Technology, 2012, 20(3): 604-620.

[3] Xu M L, Pan Z G, Lu H X, et al. Moving-target pursuit algorithm using improved tracking strategy[J]. IEEE Transactions on Computational Intelligence and AI in Games, 2010, 2(1): 27-39.

[4] Wishart D. Differential games. A mathematical theory with applications to warfare and pursuit, control and optimization[J]. Physics Bulletin, 1966, 17(2): 60.

[5] Parsons T D. Theory and Applications of Graphs[M]. Berlin: Springer, 1978.

[6] Ibragimov G, Luckraz S. On a characterization of evasion strategies for pursuit-evasion games on graphs[J]. Journal of Optimization Theory and Applications, 2017, 175(2): 590-596.

[7] 赵冬斌, 邵坤, 朱圆恒, 等. 深度强化学习综述: 兼论计算机围棋的发展[J]. 控制理论与应用, 2016, 33(6): 701-717.

[8] 刘全, 翟建伟, 章宗长, 等. 深度强化学习综述[J]. 计算机学报, 2018, 41(1): 1-27.

[9] Bilgin A T, Kadioglu-Urtis E. An approach to multi-agent pursuit evasion games using reinforcement learning[C]. International Conference on Advanced Robotics , Istanbul, 2015: 164-169.

[10] Vlahov B, Squires E, Strickland L, et al. On developing a UAV pursuit-evasion policy using reinforcement learning[C]. Proceedings of the 17th IEEE International Conference on Machine Learning and Applications, Orlando, 2018: 859-864.

[11] Awheda M D, Schwartz H M. A fuzzy reinforcement learning algorithm using a predictor for pursuit-evasion games[C]. Proceedings of the Annual IEEE Systems Conference, Orlando, 2016: 1-8.

[12] Matignon L, Laurent G J, Le Fort-Piat N. Independent reinforcement learners in cooperative Markov games: A survey regarding coordination problems[J]. The Knowledge Engineering Review, 2012, 27(1): 1-31.

[13] Lowe R, Wu Y, Tamar A, et al. Multi-agent actor-critic for mixed cooperative-competitive environments[C]. Proceedings of the 31st International Conference on Neural Information Processing Systems, Long Beach, 2017: 6382-6393.

[14] Hausknecht M J. Cooperation and communication in multiagent deep reinforcement learning[D]. Austin: University of Texas at Austin, 2016.

[15] Usunier N, Synnaeve G, Lin Z M, et al. Episodic exploration for deep deterministic policies: An application to starcraft micromanagement tasks[J]. arXiv preprint arXiv: 1609.02993, 2016.

[16] Mordatch I, Abbeel P. Emergence of grounded compositional language in multi-agent populations[J]. arXiv preprint arXiv: 1703.04908, 2017.

[17] Sukhbaatar S, Szlam A, Fergus R, et al. Learning multiagent communication with backpropagation[C]. Proceedings of the 30th International Conference on Neural Information Processing Systems, Barcelona, 2016: 2252-2260.

[18] Foerster J N, Assael Y M, de Freitas N, et al. Learning to communicate to solve riddles with deep distributed recurrent Q-networks[J]. arXiv preprint arXiv: 1602.02672, 2016.

[19] Lillicrap T P, Hunt J J, Pritzel A, et al. Continuous control with deep reinforcement learning[C]. International Conference on Learning Representations, San Juan, 2016: 1-14.

[20] Foerster J, Farquhar G, Afouras T, et al. Counterfactual multi-agent policy gradients[J]. Proceedings of the AAAI Conference on Artificial Intelligence, 2018, 32(1): 2974-2982.

[21] Mnih V, Kavukcuoglu K, Silver D, et al. Human-level control through deep reinforcement learning[J]. Nature, 2015, 518(7540): 529-533.

[22] Abadi M, Barham P, Chen J M, et al. TensorFlow: A system for large-scale machine learning[C]. The 12th Symposium on Operating Systems Design and Implementation, Savannah, 2016: 265-283.

[23] Kingma D P, Ba J, Hammad M M. Adam: A method for stochastic optimization[J]. arXiv preprint arXiv: 1412.6980, 2014.

第 11 章　强化学习在飞行器控制中的应用

11.1　引　　言

无人机作为一种空中飞行机器人一直是近几十年来的研究热点。早期无人机的形式主要以固定翼飞行器为主，通常应用于军事领域，代替人类士兵完成危险的侦察和打击任务。近年来，随着导航技术、控制技术、微电子和材料等行业的不断进步，无人机正向着小型化和低成本化的方向发展，小型四旋翼无人机以其机械结构简单、成本低廉等优势，成为目前最常见的一种民用无人机，并且在社会各个领域都发挥了巨大的作用，如航空摄影、农业植保、社会治安、电力巡检、灾后评估和人员搜救等方面。针对四旋翼无人机控制方面的研究也受到了科研人员的广泛关注。

四旋翼无人机高效稳定的运动控制是其完成各类飞行任务的关键。四旋翼无人机是一个不稳定的系统，具有欠驱动、非线性、强耦合等特性，该系统模型的分析与控制具有较大的难度。另外，四旋翼无人机的转动惯量、空气阻力系数等建模的关键参数在实际中难以准确测量。四旋翼无人机在飞行中还可能面临各种外部干扰，如阵风干扰、任务配载变化、执行器故障失效等。考虑上述种种实际情况，建立高效稳定的四旋翼运动控制器具有较大的挑战。

在四旋翼无人机控制领域，比例–积分–微分 (proportion integration differentiation，PID) 控制作为一种基础的经典控制方法，一直是现有的四旋翼无人机商用产品中最常用的控制方法。在四旋翼控制算法的研究中，也常使用 PID 控制器作为控制效果的标准基线同其他控制算法进行对比 [1]。但是，在实际应用中，PID 控制器的实际效果几乎完全依赖于工程技术人员整定参数的技术水平，因而具有较大的实施难度和局限性，其控制效果和稳定性也没有理论上的保证。因此，在科研领域更倾向于使用基于数学模型且具有良好理论依据的控制方法。

由于四旋翼无人机的动力学模型具有非线性特性，采用基于模型的线性控制器设计方法需要先对无人机模型在稳定点附近进行线性化，然后再进行控制器设计，如线性二次型最优控制器 [2]。该方法的缺点在于，控制系统的稳定性只能在稳定点附近得到保证。另外，由于建模不精确、外部干扰等问题，其实际控制效果可能会更差。除了传统的线性控制方法，研究人员针对模型的非线性特性和不确定性，也尝试了各种非线性控制方法，如反馈线性化 [3]、滑模控制 [4,5]、鲁棒

控制 [6]、模型预测控制 [7]、自适应控制 [8,9] 等。针对各种控制方法在四旋翼控制中表现出的优势和劣势，研究人员进一步设计了各种混合控制方法，如反步滑模控制 [10]、自适应鲁棒控制 [11]、模型预测模糊控制 [12] 等。这些基于模型的四旋翼控制方法，最终控制的动态响应效果和鲁棒性很大程度上还是取决于对四旋翼动力学模型构建的精确性和全面性。要取得更加精确和全面的模型，就需要对动力学模型及外部干扰和不确定性进行全面的分析，最终会大大提高数学模型本身的复杂性。从另一个方面来讲，对复杂的模型进行控制又会引入更加复杂的控制方法，最终导致计算复杂度的提高以至于难以保证机载控制计算的实时性。

近十几年来，随着机器学习的快速发展，传统控制领域也发生了巨大的变化，涌现出各种基于学习算法和数据驱动的控制方法。尤其是结合强化学习和神经网络的控制方法受到了广泛关注。基于强化学习的控制方法可以直接在与被控系统的交互之中学习相应的控制策略，并且不需要被控系统的精确模型。Waslander 等 [13] 最早将经典强化学习算法用于四旋翼飞行器的高度控制。首先使用局部加权线性回归算法将四旋翼模型转化为马尔可夫决策过程，随后使用标准的策略迭代算法对控制策略进行优化。近年来，深度强化学习技术的兴起使复杂非线性系统的值函数的准确拟合成为可能，随之也产生了大量基于深度强化学习的控制方法。Zhang 等 [14] 提出了一种基于指导策略搜索和模型预测控制的深度强化学习四旋翼无人机避障控制方法，使用深度神经网络将原始激光雷达数据直接映射到四旋翼无人机的电机控制量。模型预测控制器作为辅助控制器，用于在离策略训练的采样过程，以防坠机事故的发生。Hwangbo 等 [15] 给出了一种新型的确定性同策略执行器–评价器结构算法并结合自然策略梯度的四旋翼控制方法，在学习速度上超过了 DDPG 算法和 TRPO 算法。由于仿真环境和实际飞行还具有较大的区别，因此直接将仿真环境中学到的控制策略用于实际飞行会大大降低控制性能，尤其是在跟踪控制精度方面会有较大损失 [13,15]。为了解决这类问题，除了提高仿真系统的精度之外，还可以考虑通过提高控制器的鲁棒性以及在实际飞行中在线学习等方法加以解决。

本章基于 DDPG 算法设计了一种具有良好的动态性能和鲁棒性的四旋翼无人机强化学习飞行速度控制器。与传统的控制器设计方法不同，基于深度强化学习的控制器设计方法不需要对无人机的动力学模型进行分析，而是直接使用深度神经网络完成从无人机的当前状态和目标状态到电机控制指令的映射，同时使用深度强化学习算法，根据奖励反馈信号对深度神经网络进行训练，最终获得用神经网络表示的四旋翼无人机控制器。在实验过程中我们发现，基于原始 DDPG 算法学习到的控制器在控制效果上存在较大的稳态误差。针对此问题，本章对原始 DDPG 算法进行了改进，引入了积分补偿机制，提出了带积分补偿的确定性策略梯度 (deterministic policy gradient with integral compensator, DPG-IC) 算法，成功地消除了稳态误差。针对飞行器在训练飞行中的安全性问题，本章提出一种两段式训练算法，包括离线训练阶段和在线训练阶段。首先通过仿真环境中的离线训练得到一个稳定的控制器，然后在实际飞行中进行在线训练。在本章的最后，我们在高精度的仿真环境中对基于 DPG-IC 训练得到的控制器和商用 PID 控制器在无人机尺寸变化、负载变化、阵风扰动、执行器失效等多种情况下进行了鲁棒性的对比测试，结果表明基于 DPG-IC 的控制器具有更好的性能。

11.2 问题描述

四旋翼无人机是由四个螺旋桨驱动的十字形飞行器，螺旋桨安装在十字形框架的末端，其基本结构及坐标系如图 11.1 所示。姿态和位置是飞行器飞行中的两组基本状态参量。为了对无人机的运动状态进行描述，首先建立两组坐标系：惯性坐标系和机体坐标系。

(1) 惯性坐标系表示为 O_e-$X_eY_eZ_e$，与大地固连。原点 O_e 设置在飞行场地的地面上。坐标轴 O_eX_e、O_eY_e、O_eZ_e 分别指向正东方、正北方和竖直上方。

(2) 机体坐标系表示为 O_b-$X_bY_bZ_b$，与四旋翼无人机机体固连，跟随无人机旋转和运动。原点 O_b 与无人机质心重合，坐标轴 O_bX_b、O_bY_b、O_bZ_b 分别指向无人机的前旋翼、左旋翼和机体正上方。

无人机的姿态由机体坐标系相对于惯性坐标系的欧拉角来描述：相对 X_e 轴、Y_e 轴、Z_e 轴的旋转分别定义为滚转角 (ϕ)、俯仰角 (θ)、偏航角 (ψ)。旋转的正方向在图 11.1 中标出。旋转速度表示为 $\dot{\phi}$、$\dot{\theta}$、$\dot{\psi}$。无人机的位置定义为：$p=[x,\ y,\ z]^{\mathrm{T}}$，即无人机质心在惯性坐标系中的位置。无人机的运动速度和加速度分别由 $\dot{p}$ 和 $\ddot{p}$ 来表示。

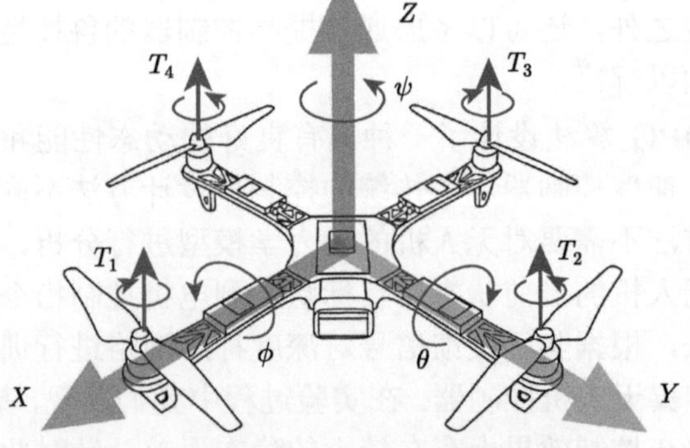

图 11.1　四旋翼无人机基本结构及坐标系

四旋翼无人机的四个旋翼分别由四个无刷电机驱动。无刷电机的旋转速度由电子调速器根据接收到的脉宽调制 (pulse-width modulation, PWM) 信号进行调节。得益于成熟的电子调速器的内置控制器设计，控制信号和螺旋桨产生的推力可以近似假设呈比例关系，即

$$T_i = K u_i, \quad i = 1, 2, 3, 4 \tag{11.1}$$

其中，T_i 为旋翼产生的推力；K 为推力系数；u_i 为归一化的控制输入，其范围是 $[0,1]$，$u_i = 0$ 代表无推力，$u_i = 1$ 代表最大推力。

每个电机距离质心的距离定义为 L。四旋翼无人机四个电机旋转方向是不同的，如图 11.1 所示，前方电机 (1#) 和后方电机 (3#) 顺时针旋转，左方电机 (2#) 和右方电机 (4#) 逆时针旋转，该设计使电机旋转的反扭矩相互抵消。

为了便于分析和建立动力学模型，假设四旋翼无人机是一个质量均匀并且关于坐标轴对称的刚体，忽略机体的弹性形变。下面分别对无人机的转动和平动进行分析和建模。在转动方面，根据欧拉动力学方程可得

$$M = M_\tau + M_c + M_f = I\dot{w} + w \times Iw \tag{11.2}$$

其中，$w = [\dot{\phi},\ \dot{\theta},\ \dot{\psi}]^{\mathrm{T}}$ 为旋转角速度；$I = \mathrm{diag}(I_x,\ I_y,\ I_z)$ 为无人机的转动惯量对角矩阵；M 为无人机受到的总力矩；$M_\tau = [\tau_\phi,\ \tau_\theta,\ \tau_\psi]^{\mathrm{T}}$ 为由旋翼推力之差形成的控制力矩：

$$M_\tau = \begin{bmatrix} \tau_\phi \\ \tau_\theta \\ \tau_\psi \end{bmatrix} = \begin{bmatrix} L(T_2 - T_4) \\ L(T_1 - T_3) \\ K_\psi(T_1 - T_2 + T_3 - T_4) \end{bmatrix} \tag{11.3}$$

控制力矩 τ_θ 和 τ_ϕ 分别是绕机体坐标系 X 轴和 Y 轴的力矩，分别控制机体的俯仰角和滚转角；控制力矩 τ_ψ 是绕机体坐标系 Z 轴的力矩，是四个旋翼反扭矩的总和，可以控制机体的偏航角。每个旋翼的反扭矩与推力近似成正比，系数为 K_ψ。式 (11.2) 中的 $M_c = [-I_p\dot{\theta}\varOmega,\ I_p\dot{\phi}\varOmega,\ 0]^{\mathrm{T}}$，表示由电机和旋翼旋转产生的陀螺效应，其中 I_p 为旋翼的转动惯量，$\varOmega$ 为旋翼的扰动系数。式 (11.2) 中的 $M_f = [-d_\phi\dot{\phi},\ -d_\theta\dot{\theta},\ -d_\psi\dot{\psi}]^{\mathrm{T}}$ 为无人机在转动中受到的空气阻力矩，其中 d_ϕ、d_θ、d_ψ 为空气阻力矩系数。

在平动方面，在惯性坐标系下使用牛顿第二定律可得

$$F_e = RF_l + F_d + G = m\ddot{p} \tag{11.4}$$

其中，F_e 是无人机受到的合外力，包括升力 F_l、空气阻力 F_d 和重力 G；m 是无人机的总质量；升力向量 $F_l = [0,\ 0,\ T_z]$ 表示无人机在机体坐标系下所受的总

升力，其中 $T_z = \sum_{i=1}^{4} T_i$。由于所有的旋翼都固定安装在机体坐标系的 X-Y 平面内，因此产生的推力均沿机体坐标系 Z 轴正方向。由于无人机的位置和速度都定义在惯性坐标系下，为了将升力向量从机体坐标系转化到惯性坐标系下，需要使用空间坐标变换矩阵 R，即

$$R = \begin{bmatrix} C_\phi C_\theta & C_\phi S_\theta S_\phi - C_\phi S_\psi & S_\phi S_\psi + C_\phi C_\psi S_\theta \\ S_\psi C_\theta & S_\phi S_\theta S_\psi + C_\phi C_\psi & C_\phi S_\theta S_\psi - C_\psi S_\phi \\ -S_\theta & C_\theta S_\phi & C_\phi C_\theta \end{bmatrix} \tag{11.5}$$

其中，$S_{\{\cdot\}}$ 和 $C_{\{\cdot\}}$ 分别代表正弦函数 $\sin(\cdot)$ 和余弦函数 $\cos(\cdot)$。式 (11.4) 中 $F_d = [-d_x\dot{x}, -d_y\dot{y}, -d_z\dot{z}]^{\mathrm{T}}$ 为在惯性坐标系下表示的空气阻力向量，其中 d_x、d_y、d_z 为空气阻力系数。$G = [0, 0, -mg]$ 为重力，g 是重力加速度。最后，合并上述转动和平动方程，四旋翼无人机的整体运动学方程表示如下：

$$\ddot{\phi} = (\tau_\phi - I_p\dot{\theta}\varOmega - d_\phi\dot{\phi} + \dot{\theta}\dot{\psi}(I_y - I_z))/I_x \tag{11.6}$$

$$\ddot{\theta} = (\tau_\theta - I_p\dot{\phi}\varOmega - d_\theta\dot{\theta} + \dot{\phi}\dot{\psi}(I_z - I_x))/I_y \tag{11.7}$$

$$\ddot{\psi} = (\tau_\psi - d_\psi\dot{\psi} + \dot{\phi}\dot{\theta}(I_x - I_y))/I_z \tag{11.8}$$

$$\ddot{x} = (T_z(C_\phi S_\theta C_\psi + S_\phi S_\psi) - d_x\dot{x})/m \tag{11.9}$$

$$\ddot{y} = (T_z(C_\phi S_\theta S_\psi - S_\phi C_\psi) - d_y\dot{y})/m \tag{11.10}$$

$$\ddot{z} = (T_z(C_\phi C_\theta) - d_z\dot{z} - mg)/m \tag{11.11}$$

从这组微分方程可以看出，四旋翼无人机是一个状态之间具有复杂耦合关系的高阶非线性系统。无论是辨识模型参数还是设计控制器，都会面临较大的困难。本章考虑四旋翼无人机的速度跟踪问题，控制目标为在最短时间内最小化四旋翼无人机的当前速度与目标速度之间的误差值。

11.3 积分补偿确定性策略梯度控制器

为了使用强化学习算法对四旋翼无人机进行稳定、准确、快速的控制，首先要将无人机的动力学模型转换成马尔可夫决策过程模型。通过合理地选择无人机的状态量和控制量，以及在时域上进行离散化，可以使其符合马尔可夫特性，然后再使用强化学习算法进行控制器的学习。在多种传统的强化学习算法中，由于策略梯度算法适用于处理连续的状态–动作空间的控制问题，因此可以用于四旋翼无人机的控制。在传统的策略梯度算法中，控制输入可以表示为关于状态的一

个条件概率分布 $\pi_\theta(a,s)=P(s|a,\theta)$，其中 θ 是条件概率的参数，即四旋翼的控制器参数。通过 REINFORCE 算法或执行器–评价器结构即可对控制器参数进行优化。但是考虑到被控对象具有复杂非线性动态，使用函数拟合的方法难以收敛到最优的确定性策略，只能得到具有局部最优的随机控制器。将随机策略用于飞行器控制，其产生的随机的控制量可能使四旋翼进入危险的状态，所以并不能用于实际飞行。针对传统的策略梯度算法用于实际控制问题的局限性，本章基于 DPG 算法 [16] 对四旋翼控制器进行设计。

11.3.1 确定性策略梯度算法

DPG 算法的控制量由确定性的函数运算得到，而非从分布中抽样取得，减少了控制中的随机性，大大提高了实际应用中的安全性。在具体的实施方式上选用了执行器–评价器结构配合神经网络函数拟合器以及离策略的训练方式。执行器用于表示四旋翼无人机的控制器 $A^\mu(s_t)$，其中 s_t 为无人机状态量，μ 为控制器参数。评价器 $Q^w(s_t,a_t)$ 用于拟合系统的状态–动作值函数，其中 w 为评价器的参数，a_t 为控制量。无人机控制的目标是设计稳定的控制策略使无人机尽快达到目标状态，故采用奖励值 r_t 表示无人机当前状态与目标状态的距离。定义在 N 步控制序列中的策略目标函数为

$$J(\mu)=\mathbb{E}\left[\sum_{t=1}^{N}\gamma^{t-1}r_t\right] \tag{11.12}$$

由确定性策略梯度定理 [16]，策略目标函数关于策略参数的梯度为

$$\nabla_\mu J(\mu)=\mathbb{E}_{s\sim\rho^{A^\mu}}\left[\nabla_\mu A^\mu(s)\nabla_a Q^{A^\mu}(s,a)|_{a=A^\mu(s)}\right] \tag{11.13}$$

其中，ρ^{A^μ} 是采用当前控制策略 A^μ 得到的状态分布；$Q^{A^\mu}(s,a)$ 是当前控制策略 A^μ 所对应的真实状态–动作值函数。

因为系统模型未知，当前控制策略的真实值函数无法获得。因此，需要使用评价器拟合状态–动作值函数，进而对控制策略进行更新。对评价器采用离策略的 Q 学习更新方法，在时间步 t，根据状态转移信息 $(s_t,a_t,r_{t+1},s_{t+1})$，可以得到时间差分误差为

$$\delta_t=r_{t+1}+\gamma Q^w\big(s_{t+1},A^\mu(s_{t+1})\big)-Q^w(s_t,a_t) \tag{11.14}$$

采用随机梯度下降方法调整评价函数的参数，最小化时间差分误差，即可逐步提高评价函数对状态–动作值函数的拟合精度。评价函数参数的更新公式为

$$w\leftarrow w-\alpha_c\delta_t\nabla_w Q^w(s_t,a_t) \tag{11.15}$$

其中，α_c 为评价网络参数学习率。

然后用评价函数代替真实的状态–动作值函数进行一步迭代更新，其评价器参数的更新公式为

$$\mu \leftarrow \mu + \alpha_\mu \nabla_\mu A^\mu(s_t) \nabla_a Q^w(s_t, a)|_{a=A^\mu(s)} \tag{11.16}$$

其中，α_μ 为执行网络参数的学习率。

在使用评价函数代替真实的状态–动作值函数对控制策略进行更新的前提下，保证迭代过程收敛性的一个重要前提是评价函数要满足兼容性函数拟合条件 [16,17]，也就是说，能够找到一个合适的评价函数 $Q^w(s,a)$，使得当使用评价函数关于动作的梯度 $\nabla_a Q^w(s,a)$ 替代真实状态–动作值函数 $\nabla_a Q^{A^\mu}(s,a)$ 关于动作的梯度的时候，其策略梯度不受影响。然而当前的研究仅能够在理论上保证当使用线性函数进行拟合时，该兼容性函数拟合条件得到满足 [16,18]。四旋翼无人机的动力学模型含有复杂非线性，因而其状态–动作值函数也无法用简单的线性函数进行描述。在近期的相关研究中，为了解决复杂非线性动态和高维状态下的值函数拟合问题，科研人员尝试直接采用深度神经网络拟合值函数并表示控制策略，因此上述评价器和执行器又称为评价网络和执行网络。除了使用深度神经网络之外，算法通过引入经验回放和目标网络两种辅助训练方法，大大提高了训练的稳定性，并且在各类其他复杂的控制问题中获得了成功 [19,20]。

基于经验回放的训练方法不再采用每一个单步数据对评价网络和执行网络进行更新，而是将经验数据存储起来，进行重复采样和批量式训练。具体来讲，将系统在时间步 t 和 $t+1$ 的状态转换经验记为 $e = (s_t, a_t, r_{t+1}, s_{t+1})$，经验回放方法首先设置一个大小为 M 的经验回放池 $\mathcal{D} = \{e_1, e_2, \cdots, e_M\}$。该回放池为一个定长的队列数据结构，总是存储距离当前时间步最近的 M 步经验的内容。每次训练更新从其中任意选取 N 组经验，然后使用这一组数据对评价网络和执行网络进行更新。通过这种方式进行训练，可以有效增加数据的利用效率，减小数据之间的相关性，进而提高训练的稳定性。

基于目标网络的训练方法在计算时间差分误差时，不直接使用当前的评价网络来计算下一步的状态–动作值，而是使用目标网络进行计算。该目标网络在训练开始时与评价网络完全相同，然而更新方式不同：评价网络通过时间差分误差的梯度进行更新，而目标网络以一个较小的软更新因子 τ，以评价网络的参数为目标进行缓慢更新。这里用 $Q^{w'}(s,a)$ 表示目标网络，w' 为其网络参数，其更新方式如下：

$$w' \leftarrow \tau w + (1-\tau) w' \tag{11.17}$$

这种方法可以减慢评价网络的更新速度，使训练过程更加稳定。在 DDPG 算法中，也设置了缓慢更新的执行网络，尽管该方法也能在一定程度上提高训练的稳

定性，但减慢了训练速度。本算法移除了这一部分，在保证训练过程稳定性的前提下，显著提高了训练速度。

在引入了上述经验回放和目标网络两个辅助训练方法后，应当对执行器–评价器结构更新公式进行相应的修改。在一次训练迭代中，首先从经验回放池中随机采样得到一批 N 条经验数据：(s_i, a_i, r_i, s_i')，$i = 1, 2, \cdots, N$。训练损失函数设为这批经验数据的时间差分误差的均方误差：

$$\mathcal{L}(w) = \frac{1}{N}\sum_{i=1}^{N}\Big(y_i - Q^w(s_i, a_i)\Big)^2 \tag{11.18}$$

其中，$y_i = r_i + \gamma Q^{w'}(s_i', A^\mu(s_i'))$ 为通过目标函数计算得到的目标值。

然后使用批量梯度下降法最小化损失函数：

$$\nabla_w \mathcal{L}(w) = \frac{1}{N}\sum_{i=1}^{N}\Big(y_i - Q^w(s_i, a_i)\Big)\nabla_w Q^w(s_i, a_i) \tag{11.19}$$

$$w \leftarrow w - \alpha_w \nabla_w \mathcal{L}(w) \tag{11.20}$$

对于执行网络，根据确定性策略梯度定理，使用批量梯度上升最大化策略目标函数：

$$\nabla_\mu J(\mu) \approx \frac{1}{N}\sum_{i=1}^{N}\nabla_\mu A^\mu(s_i)\nabla_a Q^w(s_i, a)|_{a=A^\mu(s_i)} \tag{11.21}$$

$$\mu \leftarrow \mu + \alpha_\mu \nabla_\mu J(\mu) \tag{11.22}$$

11.3.2 带积分补偿的确定性策略梯度算法

本节针对原始的基于确定性梯度策略算法的控制在实际应用中出现的稳态误差问题进行了改进。尽管原始的 DDPG 算法已经能够在很多控制任务中学到稳定快速的控制策略，如仿真物理环境的机械臂控制、赛车游戏控制、四旋翼控制等，然而在大量的训练和测试中我们发现基于 DPG 算法和神经网络的强化学习算法在连续状态和动作的控制上普遍存在稳态误差问题，即最终的状态量不能准确收敛于目标状态。即便是非常简单的控制任务，无论是通过各种训练和探索方式还是用更长的学习时间，都不能达到准确控制的目的。同样的稳态误差问题仍然存在于其他控制问题中。提出 DDPG 算法的文献 [19] 将完成训练的评价网络输出的状态–动作值与真实值进行了比对，结果表明，即使是在最简单的物理控制任务中，其状态–动作值也不能得到非常准确的拟合。在复杂的任务中，该拟合结果与真实值更是相差甚远。其更深层次的原因在于，在基于 DDPG 的强化学习算法中，同时采用了时间差分学习、离策略学习两种方法，而这两种方法都会在值函数的估计中引入方差 (variance) 和偏差 (bias) [21,22]，最终导致无法使用神经网络拟合到比较准确的值函数。根据 DPG 原理，控制策略的更新方向由评价函数确定，而评价函数的精准程度成为控制策略最终效果的关键所在。如果值函数不准确，最终控制精度也无法保证。

考虑到上述情况，进一步提高评价网络的拟合精度具有很大的困难，为了解决控制的稳态误差问题，我们对执行网络部分进行了改进。在传统的控制方法中，如 PID 控制中，可以通过引入积分的方法消除静差。另外还有线性二次型积分的控制方法 [23]，通过引入误差的积分作为扩展状态变量，然后使用最优状态反馈方法计算最优控制器以消除静差。但是如果在 DDPG 算法中引入扩展状态变量，则会增多状态的维度，进而使状态–动作空间上的搜索和函数拟合变得更加困难。基于上述分析，我们在执行器–评价器结构的基础上，加入积分补偿器，提出 DPG-IC 算法。该算法将状态误差与误差的积分相加，构成补偿误差状态，在执行中替代原始误差量。该方法既引入了误差的积分用以消除静差，又避免了增加状态变量的维度。具体来讲，设 s_e 为系统状态误差，则经过误差积分补偿的状态 s_c 为

$$s_c^t = s_e^t + \beta \sum_{i=1}^{t} s_e^i \tag{11.23}$$

其中，β 为积分增益，式中状态的上标 t 代表时间步。

该算法的基本原理与比例–积分控制类似，都是采用误差的积分来消除静态误差的原理。一般的 DPG 算法在训练完成之后，其控制策略表示为一个静态的神经网络，只能将当前状态 s_e^t 映射为一个固定的控制量 a_t，然而如果当前的控制量不能够驱动状态达到目标位置，状态和控制量都不会变化，最终表现为一个稳态误差。而 DPG-IC 算法的控制策略经过训练最终仍然为静态神经网络，但是其输入量 s_c 在误差不为零的情况下会持续变化，进而推动控制量继续变化，最终使控制误差收敛到零。

11.3.3 四旋翼 DPG-IC 控制器设计

本节详细介绍将 DPG-IC 算法用于四旋翼无人机位置控制的方法。该控制器的结构为内外环串级控制，其中内环控制器是基于 DPG-IC 算法通过训练得到速度跟踪控制器，根据目标速度对驱动旋翼的四个电机进行控制。外环控制器为简单的比例控制器，根据目标位置向内环控制器发送目标速度。

这里之所以采用位置控制和速度控制的串级控制结构，而不是直接使用 DPG-IC 算法进行位置控制，主要考虑到使用神经网络对执行器和评价函数进行表示时，通常采用归一化的方法提高训练速度和拟合精度。由于四旋翼的物理限制，其姿态角度、角速度和飞行速度都处于特定范围之内。然而无人机的位置可以在相当

大的范围内变化，难以进行归一化处理，因此将无人机的位置控制放在外环。该设计减少了强化学习中的状态维度，进而降低了状态空间复杂程度，减少了探索和训练的时间，也有利于下文中提出的在线训练算法的实施。另外，该串级控制结构还可以通过外环控制器的增益方便地实现对控制动态性能的调节。下面介绍状态变量选择、探索方法设计、奖励函数设计、神经网络结构设计四个方面的内容。

1. 状态变量选择

使用强化学习算法进行四旋翼无人机的控制，首先需要选择飞行器的状态变量，一方面系统模型符合马尔可夫性质，另一方面能够完整描述系统的飞行状态。对于飞行器的转动动态，选择姿态欧拉角及其角速度作为状态变量，即 ϕ、θ、ψ、$\dot{\phi}$、$\dot{\theta}$、$\dot{\psi}$。在无人机的平移动态上，选择三维速度误差值进行表示，即 $\dot{x}_e$、$\dot{y}_e$、$\dot{z}_e$，其中 $\dot{x}_e = \dot{x} - \dot{x}_d$，$\dot{y}_e = \dot{y} - \dot{y}_d$，$\dot{z}_e = \dot{z} - \dot{z}_d$。最终，四旋翼无人机的状态量表示为

$$s_t = [\dot{\phi}, \dot{\theta}, \dot{\psi}, \phi, \theta, \psi, \dot{x}_e, \dot{y}_e, \dot{z}_e] \tag{11.24}$$

2. 探索方法设计

DPG-IC 算法所给出的动作是确定性的，不像传统的随机策略，本身就具有探索功能，因而需要设计额外的探索方法对状态–动作空间进行探索。得益于我们使用的离策略的学习算法，实际执行的策略和所学习的策略是相互独立的。因此，我们设计了一个简单探索策略：在执行网络的输出上叠加高斯噪声 $n_t \sim \mathcal{N}(0, \sigma^2)$。最终，探索策略可以表示为

$$a_t = A^{\mu}(s_t) + n_t \tag{11.25}$$

3. 奖励函数设计

对于内环控制的速度跟踪问题，控制目标就是在最短时间内最小化当前速度和目标速度的误差。从强化学习的角度来讲，该控制目标可以表示为最小化在 N 个时间步内每一步的误差之和。因此，奖励函数可以设置为各个速度分量的误差之和：

$$r_t = -\left(\dot{x}_e^2 + \dot{y}_e^2 + \dot{z}_e^2 + \psi^2\right) + c \tag{11.26}$$

由于四旋翼飞行器的驱动特点，机头方向并不决定飞行方向，飞行器可以以任意偏航角悬停在某一位置上。为了简化问题，我们将偏航角的目标设置为 0°，因此在奖励函数中，除了速度误差之外，还加入了偏航角与目标角度之差。按照强化学习的惯例，一般用更大的奖励值代表更好的效果，因此将误差值取相反数并加入正常数 c。

4. 神经网络结构设计

本章提出的用于四旋翼控制的评价网络和执行网络结构如图 11.2 所示。图中左上部分标出了提出的积分补偿器结构。该积分补偿器将无人机的控制目标，即速度误差 $\dot{x}_e$、$\dot{y}_e$、$\dot{z}_e$ 变为补偿后的误差值，即 $\dot{x}_c$、$\dot{y}_c$、$\dot{z}_c$。通过这样的处理，输入执行网络的状态变量就变为一个 9 维向量，即 $[\dot{\phi},\dot{\theta},\dot{\psi},\phi,\theta,\psi,\dot{x}_c,\dot{y}_c,\dot{z}_c]$。执行网络和评价网络的结构对训练和控制效果有很大的影响：若网络规模过大，结构过于复杂，尽管能够拟合复杂的值函数和控制策略，然而训练耗时长，计算复杂度大；若网络结构过于简单，则难以表达复杂的动态特性，不能学到合理的控制策略。本章在网络结构的设计中，借鉴了文献 [19] 和文献 [15]，在其网络结构基础之上，通过在测试中反复调整，最终选择了合理的网络结构和规模。如图 11.2 的左半部分所示，执行网络由 3 个全连接层构成，激活函数均采用 Sigmoid 函数，其中包括两个隐含层，每层有 128 个隐节点。输出层有四个节点，同样采用 Sigmoid 函数将最终的输出值限制在 $[0,1]$ 范围之内，四个输出分别对应四旋翼无人机四个电机的归一化控制量。评价网络的基本结构如图 11.2 的右半部分所示，其输入是将无人机的 9 维状态 s 和 4 维动作 a 连接在一起的 13 维向量，其隐含层结构与执行网络基本相同，不同之处在于其输出层只有一个节点，并且采用线性激活函数，用于拟合动作–值函数。目标网络的结构与图中给出的评价网络完全相同。

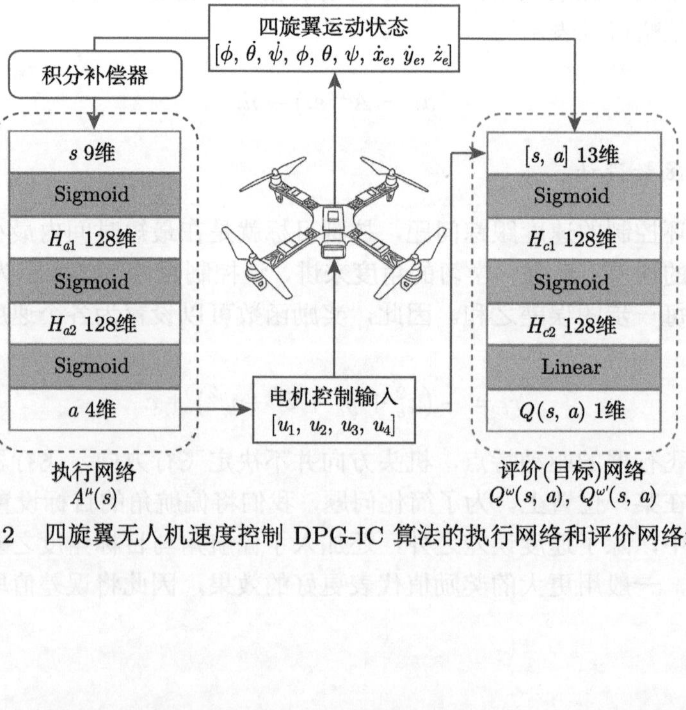

图 11.2　四旋翼无人机速度控制 DPG-IC 算法的执行网络和评价网络结构

11.4 基于 DPG-IC 的两段式训练算法

强化学习的核心思想在于在试错中学习，然而这种思想在一定程度上给实际应用带来很多局限，例如，在四旋翼无人机的实际控制问题中，直接采用强化学习算法去尝试一个错误的控制方法很可能会导致无人机的失控损毁。为了防止这种直接在实际的无人机上进行训练导致的损失，我们提出了两段式训练方法，并结合提出的 DPG-IC 算法，完成安全高效的基于强化学习的无人机控制器的学习过程。两段式训练算法分为两个训练阶段：离线训练阶段和在线训练阶段。在离线学习阶段，使用 DPG-IC 算法在高度简化的四旋翼无人机数学模型上进行训练，直到获得一个控制效果较好的离线控制器。在在线学习阶段，将离线控制器直接用于四旋翼无人机的实际飞行控制，在离线控制器的基础之上，继续更新控制策略，进而弥补简化的数学模型和实际飞行动力学之间的差异，以获得更好的控制效果。

11.4.1 离线训练阶段

离线训练阶段的主要目标是得到一个具有良好的模型泛化性能的策略，或者说是一个鲁棒性较好的控制器，使其能够不经过参数调节就能直接稳定地对实际的四旋翼飞行器进行控制。在实际飞行中，无人机的飞行状态受到各种干扰，如空气阻力、陀螺效应、外部风扰等。这些干扰具有不确定性而且与无人机的外形关系密切，因而不易进行建模。在强化学习的离线训练中，我们将四旋翼模型简化为一个只受旋翼推力和重力作用的悬浮刚体模型，只针对飞行器最基本的动力学模型进行训练，通过在控制量上叠加的探索噪声提高其对内外部干扰的鲁棒性。离线训练采用的模型由前述完整模型 (11.6)~(11.11) 简化得到

$$\ddot{\phi} = LK(u_2 - u_4)/I_x \tag{11.27}$$

$$\ddot{\theta} = LK(u_1 - u_3)/I_y \tag{11.28}$$

$$\ddot{\psi} = K_\psi(u_1 - u_2 + u_3 - u_4)/I_z \tag{11.29}$$

$$\ddot{x} = K(C_\phi S_\theta C_\psi + S_\phi S_\psi)(u_1 + u_2 + u_3 + u_4)/m \tag{11.30}$$

$$\ddot{y} = K(C_\phi S_\theta S_\psi - S_\phi C_\psi)(u_1 + u_2 + u_3 + u_4)/m \tag{11.31}$$

$$\ddot{z} = K(C_\phi C_\theta)(u_1 + u_2 + u_3 + u_4)/m - g \tag{11.32}$$

在离线训练阶段，我们使用分回合训练的方式，用提出的 DPG-IC 算法对无人机简化模型的执行网络和评价网络进行训练。执行网络和评价网络的初始权值

为随机值。目标网络的权值在一开始与评价网络完全相同。每个训练回合的目标是将无人机从任意初始状态调节至一随机生成的目标速度。为保证训练得到的离线策略在实际使用中的安全性，设置了无人机状态的安全范围，包括最大速度、最大姿态角度和最大角速度。无人机在每一回合的初始状态，包括速度、姿态角度、姿态角速度均为在安全范围内随机选取。同时，在每一回合开始之前也随机选取本回合的目标速度。在每个时间步 t，若执行动作 a_t 之后，下一个时间步的状态 s_{t+1} 超出了安全范围，我们将不再按照原规定的奖励规则给予奖励，而是给予 $r_t = 0$ 作为对超出安全范围的惩罚，并且结束当前回合，然后重新初始化新的一回合。每一训练回合中的每个时间步的状态更新和动作都被存入经验回放池。当经验回放池中有足够的经验条目时，再开始进行网络的训练。四旋翼无人机模型的离线训练具体步骤由算法 11.1 给出。

算法 11.1　基于 DPG-IC 的四旋翼无人机离线训练算法

初始化:
随机初始化执行网络 A^{μ}
随机初始化评价网络 Q^{w}
初始化目标评价网络 $Q^{w'}$
复制评价网络的权值 $w' \leftarrow w$
初始化大小为 M 的经验回放池 $\mathcal{D}$
载入简化四旋翼无人机动力学模型
for 训练回合数 $= 1$ **to** 最大训练回合数 **do**
　　初始化探索噪声序列 $\mathcal{N}(0, \sigma^2)$
　　初始化积分补偿器，清零积分值
　　随机初始化四旋翼飞行器状态
　　随机初始化速度目标值
　　观测初始状态 s_1
　　for 时间步数 $t = 1$ **to** 最大时间步数 $T_{\max}$ **do**
　　　　计算控制量 $a_t = A^{\mu}(s_t) + n_t$
　　　　在四旋翼模型执行控制量 a_t
　　　　将误差状态 $\dot{x}_e$、$\dot{y}_e$、$\dot{z}_e$ 转换为积分补偿状态 $\dot{x}_c$、$\dot{y}_c$、$\dot{z}_c$
　　　　观测新状态 s_{t+1} 和相应的奖励值 r_t
　　　　将经验 $(s_t, a_t, r_{t+1}, s_{t+1})$ 存入经验回放池 $\mathcal{D}$
　　　　从经验回放池 $\mathcal{D}$ 中随机抽取一批经验 $\{e_1, e_2, \cdots, e_N\}$
　　　　计算评价网络 $Q^{w}(s_t, a_t)$ 的梯度:

$$\nabla_w \mathcal{L}(w) = \frac{1}{N}\sum_{i=1}^{N}(y_i - Q^w(s_i, a_i))\nabla_w Q^w(s_i, a_i)$$

　　　　更新评价网络权值：$w \leftarrow w - \alpha_w \nabla_w \mathcal{L}(w)$
　　　　计算执行网络的策略梯度:

$$\nabla_\mu J(\mu) = \frac{1}{N}\sum_{i=1}^{N} \nabla_\mu A^\mu(s_i) \nabla_a Q^w(s_i, a)|_{a=A^\mu(s_i)}$$

更新策略网络：$\mu \leftarrow \mu + \alpha_\mu \nabla_\mu J(\mu)$

更新目标网络参数：$w' \leftarrow \tau w + (1-\tau) w'$

if s_{t+1} 超过安全范围 **then**

break

end if

end for

end for

在无人机离线训练中采用分回合式训练具有多方面的优势：① 每一回合从随机状态开始，构成了探索起始 (exploration start)，可以有效地探索到一些难以在控制量上通过叠加噪声的探索方式达到的状态。两种探索方式互补，能够进一步提高在状态–动作空间的探索效果。② 通过设置安全边界并对越界动作进行惩罚的方式，可以将无人机的状态限制在安全范围之内。这样一方面可以提高所学到的控制器的安全性，另一方面可以根据对应的边界将状态量进行归一化，有效提高神经网络的训练效果。通过离线训练，我们可以得到针对简化的四旋翼模型的离线控制器，通过下文中的鲁棒性测试实验，该控制器对无人机尺寸、重量变化、外部风扰等干扰均具有较好的鲁棒性。但是由于简化模型与实际的四旋翼具有一定的偏差，离线控制器在实际飞行中不一定能取得较好的动态性能。为了进一步弥补模型误差，提高动态性能，则需要执行在线训练。

11.4.2 在线训练阶段

在线训练阶段首先使用由离线训练阶段得到的离线控制器对真实的四旋翼无人机进行控制，并在该网络的基础上使用与离线训练基本相同的 DPG-IC 算法继续进行训练。为了防止在线更新的控制器在学习过程中驱动无人机状态超出安全边界，我们将离线控制器作为备份控制器，当无人机的状态接近安全边界时，切换至原离线控制器，将无人机从危险的边界拉回安全状态，然后重新使用在线控制器进行控制。由于这种离线–在线控制器切换的方式可以保证实际飞行的安全，因此在实际训练中，不再需要分回合式训练的方法，而可以在长时间的飞行中进行连续的训练。另外，在线训练中，我们还需要根据实际情况，对外环控制器的目标位置进行合理的设置，保证无人机在安全的空域范围之内进行训练飞行。

11.5 仿真实验

本节对提出的基于 DPG-IC 的四旋翼控制算法以及两段式训练方法进行全面的仿真环境测试。本节首先介绍用于仿真实验的高精度四旋翼飞行器模拟器。

然后介绍离线训练阶段的实施方法、训练过程和对比测试结果。我们将离线控制器与成熟的商用 PID 控制器的控制效果进行了对比。最后给出在线训练的一个实例，并将在线控制器的效果与离线控制器的效果进行对比。

11.5.1 训练和测试环境

本实验所采用的四旋翼仿真环境基于 Quanser 公司开发的 Qball-2 四旋翼无人机建立，其外形如图 11.3 所示。四旋翼完整的动力学方程由式 (11.6) ~ 式 (11.11) 给出，简化的动力学模型由式 (11.27) ~ 式 (11.32) 给出。四旋翼模型的基本参数，包括外形尺寸、转动惯量、重量、旋翼参数、电机参数等均来自 Quanser 公司官方产品手册 [24]。其他动力学参数通过北京航空航天大学可靠飞行控制研究组开发的多旋翼飞行器性能评估工具包得到 [25,26]。该工具包可以通过飞行器的基本外形参数，估算出飞行器的空气阻力系数等性能参数。飞行器所有基本参数在表 11.1 中列出。

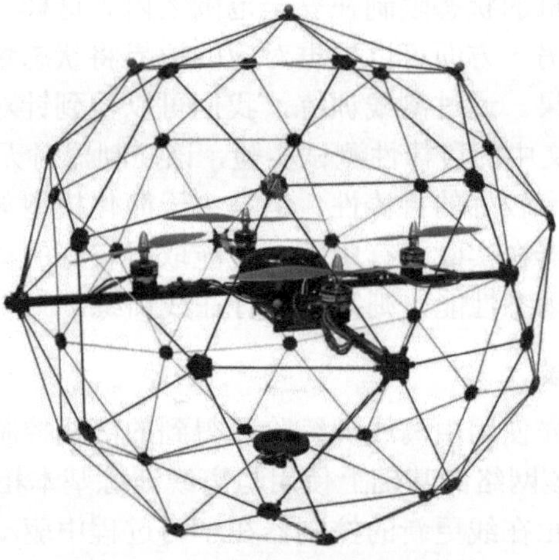

图 11.3 Qball-2 四旋翼无人机

表 11.1 Qball-2 四旋翼飞行模拟器参数

参数符号	参数描述	参数值
m	质量	1.79kg
L	力臂长	0.2m
I_x, I_y, I_z	机体转动惯量	$0.03\text{kg}\cdot\text{m}^2$, $0.03\text{kg}\cdot\text{m}^2$, $0.04\text{kg}\cdot\text{m}^2$
J_p	旋翼转动惯量	$0.00005\text{kg}\cdot\text{m}^2$
K	推力增益	8.78
K_ψ	反扭矩增益	0.4
d_x, d_y, d_z	机体空气阻力系数	0.1, 0.1, 0.2
g	重力加速度	9.81m/s^2

实验平台搭建在配有 3.6GHz 主频的英特尔 i7 处理器和 8GB 内存、运行 Ubuntu 14.04 操作系统的台式计算机上。四旋翼飞行模拟器由 Python 语言编写。神经网络模型使用 TensorFlow [27] 工具包配合 Python 语言搭建。神经网络的训练采用了 TensorFlow 内置的 Adam 优化器 [28]。

11.5.2 离线训练过程与结果

离线训练过程依照算法 11.1 执行，相关算法参数在表 11.2 中列出。针对角速度、角度、速度的安全范围在表 11.3 中给出。为进一步展示训练过程，在每 500 训练回合后，执行 50 回合的测试，对训练得到的控制策略进行评估。测试回合采用简化的四旋翼模型进行仿真测试，其与训练回合的区别主要有两个方面：① 执行网络产生的控制量直接输入四旋翼模型，不叠加探索噪声；② 测试回合中不进行经验的存储和网络的训练。我们主要在测试中使用两个指标对控制效果进行评价：平均累计奖励和平均稳态误差。

表 11.2 四旋翼无人机控制 DPG-IC 算法训练参数

参数符号	参数描述	参数值
γ	折扣因子	0.99
α_c	评价网络初始学习率	0.001
α_a	执行网络初始学习率	0.005
N	数据批量大小	128
M	经验回放池大小	100000
τ	目标网络软更新因子	0.002
σ	探索噪声方差	0.1
β	积分增益	0.01
Δt	仿真时间步长	0.01s
$t_{\max}$	训练回合中最大时间步长	500 (5s)

表 11.3 四旋翼无人机状态的安全范围

状态符号	状态描述	安全范围
$\dot{\phi}, \dot{\theta}, \dot{\psi}$	姿态角速度	$-4.5 \sim 4.5$rad/s
ϕ, θ	滚转角、俯仰角	$-45^\circ \sim 45^\circ$
ψ	偏航角	$-180^\circ \sim 180^\circ$
$\dot{x}, \dot{y}, \dot{z}$	线速度	$-10 \sim 10$m/s

(1) 平均累计奖励：50 测试回合奖励之和的平均值。在每个时间步中，更大的奖励值对应着当前状态与目标状态更小的差距。因此，更大的平均累计奖励意味着更加快速和精确的控制策略。在每次测试中，我们首先记录每个测试回合的奖励之和，然后计算 50 测试回合的平均值。

(2) 平均稳态误差：50 测试回合稳态误差之和的平均值。消除稳态误差是本章提出的 DPG-IC 算法的一个重要特点，因此我们选择平均稳态误差作为另一个评价指标来突出 DPG-IC 算法的优势。在每次测试中，当控制策略在一个测试最终将四旋翼控制在一个稳定的速度之后，我们将飞行器在空间三个维度上与目标速度的误差的绝对值之和作为该测试回合的稳态误差值，然后计算 50 测试回合的平均值。

在下面的训练和测试中，将 DPG-IC 算法与 DDPG 算法在四旋翼无人机简化模型离线训练任务上进行对比。DDPG 算法依照文献 [19] 中给出的算法过程具体实施，其评价网络和执行网络采用和本书相同的结构。对两种算法分别进行 10 轮 (trial) 独立的训练，每轮训练从随机初始化的执行网络和评价网络开始，共运行 50000 次训练步。在图 11.4 和图 11.5 中，实线代表了 10 轮训练中每次测试值的平均值，阴影部分则是测试值的标准误差范围。由于每轮训练均始于随机的执行网络，因此在初始阶段，控制策略并不能稳定地控制四旋翼的模型，稳态误差无法评价。通常情况下，约 12000 次训练步后，才能获得相对稳定的控制策略，所以在结果图中，我们从第 12000 次训练步开始展示测试的结果。

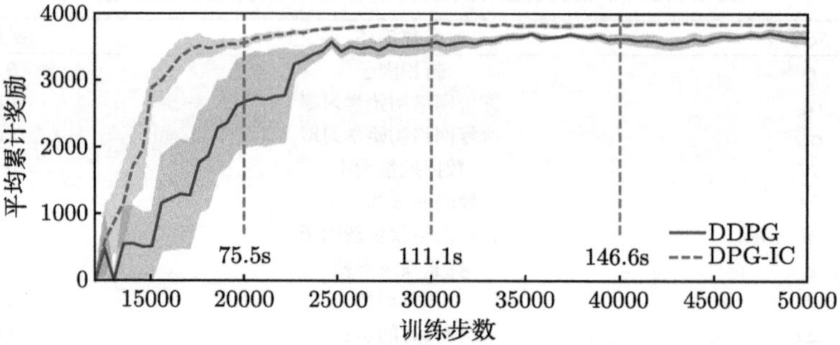

图 11.4 DPG-IC 算法和 DDPG 算法在简化四旋翼模型离线训练过程中学到的控制策略的平均累计奖励测试结果

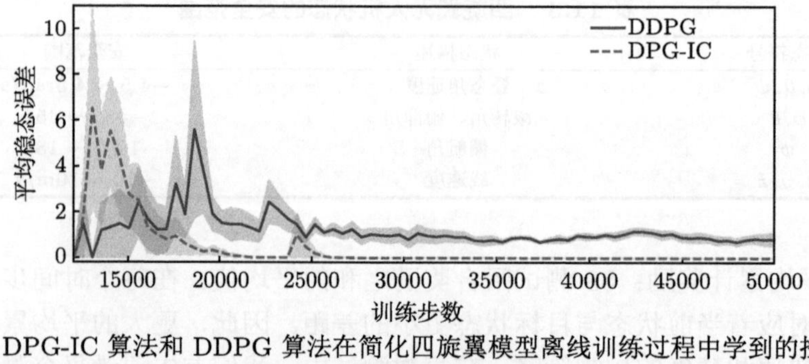

图 11.5 DPG-IC 算法和 DDPG 算法在简化四旋翼模型离线训练过程中学到的控制策略的平均稳态误差测试结果

通过图 11.4 中平均累计奖励反映出的学习过程来看，DPG-IC 算法相较于 DDPG 算法学习速度更快，最终获得的奖励值也更高。虽然两种算法均能在多轮独立训练测试中学到比较理想的控制策略，但是从多轮训练的标准差结果中可以发现 DPG-IC 算法在多次重复中具有更好的一致性。从图 11.5 可以清楚地看出，DPG-IC 算法和 DDPG 算法在稳态误差的控制方面具有明显的区别。在 30000 次训练步之后，DPG-IC 算法学到的控制策略完全消除了稳态误差。而 DDPG 算法学到的策略仍然留有稳态误差，而且在接下来的 20000 次训练步中，其平均稳态误差并没有表现出减少的趋势。在图 11.4 中还给出了 DPG-IC 算法的时间消耗情况，其中主要包括网络训练的运算和四旋翼模拟器的运行。实际上，由于两种算法采用了相同的神经网络结构和相似的更新算法，其运算速度基本相同。可以看出，在 30000 次训练步之后，两种算法学得的控制策略的结果基本趋于平稳，而此时仅耗时 111.1s。其他类似的基于深度强化学习的四旋翼控制方法，如文献 [15] 提出的方法，在高性能 GPU 上运行神经网络训练算法，耗时 10min 才能获得稳定的控制策略。相比之下，我们在不使用高性能 GPU 的前提下，还大大减少了训练所消耗的时间。

为了更加具体地对比 DPG-IC 算法和传统 DDPG 算法训练得到的控制策略的性能，我们对 50000 次训练步后得到的两个控制策略进行了速度控制对比测试。测试采用简化的四旋翼模型，从静止开始，目标速度设置为 $[1,-1,0]$m/s，测试时间为 5s。两种控制策略所得到的三维速度响应和姿态响应如图 11.6 所示。从图

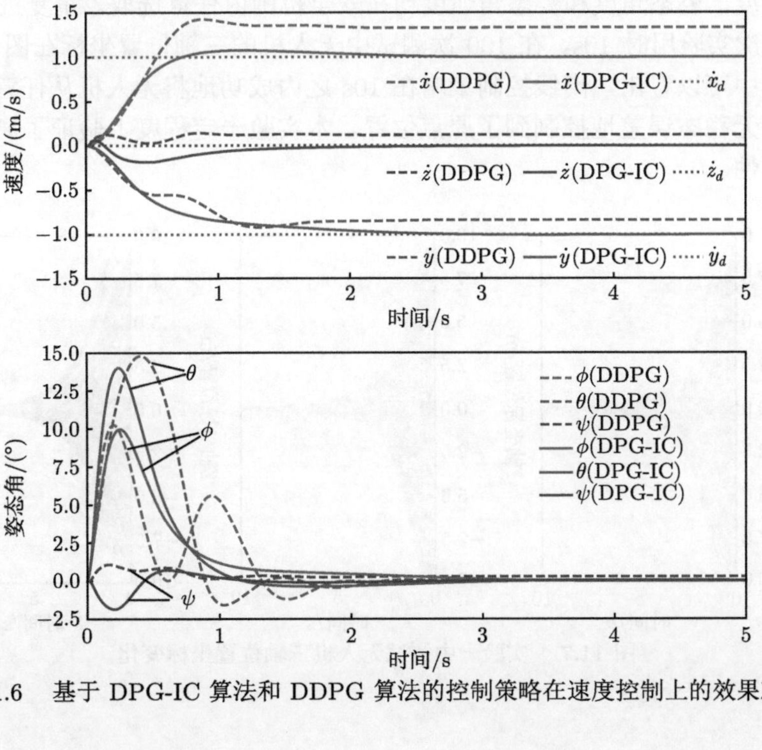

图 11.6　基于 DPG-IC 算法和 DDPG 算法的控制策略在速度控制上的效果对比

中可以看出，两种控制策略均能够快速稳定地将无人机驱动至目标状态附近，但是基于 DDPG 算法的控制策略未能将无人机速度精准地控制在目标速度上，而是留有较大的稳态误差。相比而言，基于 DPG-IC 算法的控制策略的控制效果更加精准，没有明显的稳态误差。另外，通过在调节过程中姿态角的变化，尤其是在滚转角 ϕ 和俯仰角 θ 方面，基于 DPG-IC 算法的控制策略在角度调节上更加平滑并且抖动较小。

11.5.3　离线控制策略实验和结果

离线训练的主要目标是在简化的四旋翼无人机模型上通过训练得到一个鲁棒的控制策略，在实际无人机和简化动力学模型有所差异的情况下，仍然能够直接稳定地控制实际的无人机。本节针对基于 DPG-IC 算法在简化模型上训练得到的离线控制策略的鲁棒性在四旋翼精确模型上进行了全面的测试，针对不同情况进行了三组实验，其实验方法和结果分别介绍如下。

1. 实验一：随机初始状态控制

在本实验中，我们对基于 DPG-IC 算法得到的离线控制策略进行位置控制测试。其目标是将无人机从随机初始状态驱动至原点位置并保持悬停。在每次实验中，无人机的初始位置在三轴坐标 $-10 \sim 10$m 立方体范围内任意选取，无人机的初始速度、姿态角度和姿态角速度均在安全范围内任意选取。重复进行 100 次实验，每次实验用时 10s，在 100 次测试中无人机的三轴位置坐标在图 11.7 中给出。从图中可以看出，离线控制策略在 10s 之内成功地将无人机从任意的初始状态快速且无稳态误差地控制到了原点位置。本实验一定程度上验证了离线控制策略的稳定性。

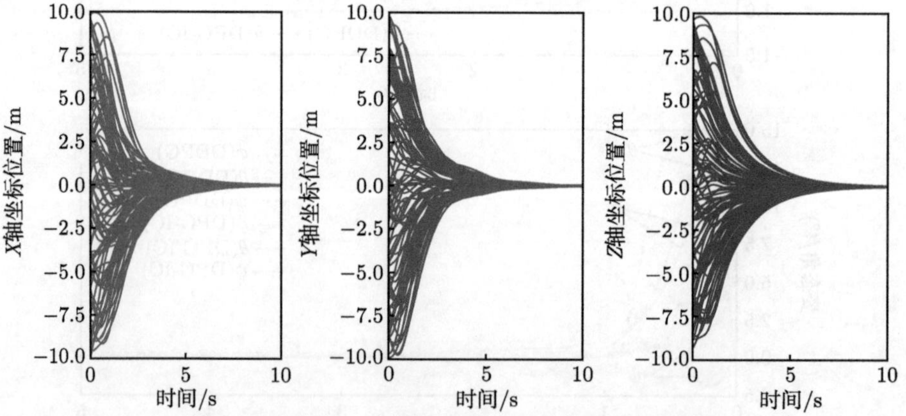

图 11.7　实验一中测试无人机三轴位置坐标变化

2. 实验二：控制策略鲁棒性测试

在本实验中，我们测试了控制策略针对四旋翼无人机模型尺寸、负载变化的鲁棒性。控制任务是从初始悬停位置 $[0,0,0]$m 飞往目标位置 $[5,5,5]$m 并保持悬停。在本实验中，我们将基于 DPG-IC 算法学到的离线控制策略与经典串级 PID 控制策略进行对比。本实验中所用的 PID 控制器来自 Qball-2 飞行器示例程序[24]。该控制器由研发该飞行器的专业人员设计并调试，在仿真和实际飞行中均表现出了良好的控制响应效果和鲁棒性。在本次实验中，我们选择了 PID 控制器而不是其他先进的控制器进行对比，主要考虑到基于强化学习的控制器和 PID 控制器都是基于无模型的控制方法，需要根据控制器表现出的效果，通过试错的方法对参数进行反复调节，最终得到理想的控制器。其不同之处在于，PID 控制器参数的调节是基于人的经验，而强化学习的方法是通过强化学习算法对参数进行调节。在本实验中，引入累计位置误差对控制效果进行评判。累计位置误差为在一定时间内每一个时间步的三维位置误差之和的累计。显然，在位置控制中更小的累计位置误差意味着更加准确和快速的控制效果。

首先，我们对两种算法的控制器在四旋翼模型尺寸变化的鲁棒性进行测试。四旋翼的标准力臂长度 (L) 为 0.2m。在接下来的测试中，将模型力臂长度在 0.12m 到 1.1m 的范围内进行取样并测试控制效果。在对模型进行调整的过程中，模型的总重量和电机的推力不变，但是转动惯量和空气阻力系数会相应地发生改变。其改变后的值由多旋翼飞行器性能评估工具包估算得到。两种控制器在不同尺寸下的累计位置误差如图 11.8 所示。从图中可以看出，两种控制器在无人机力臂长度为 $0.12 \sim 0.4$m 的区间内都有类似的误差表现。尤其是在 0.16m 和标准力臂长度 0.2m 的模型中，PID 控制器相比于 DPG-IC 控制器表现出了更好的控制效果。但是 PID 控制器无法对力臂长度大于 0.5m 的四旋翼进行稳定的控制。由于 PID

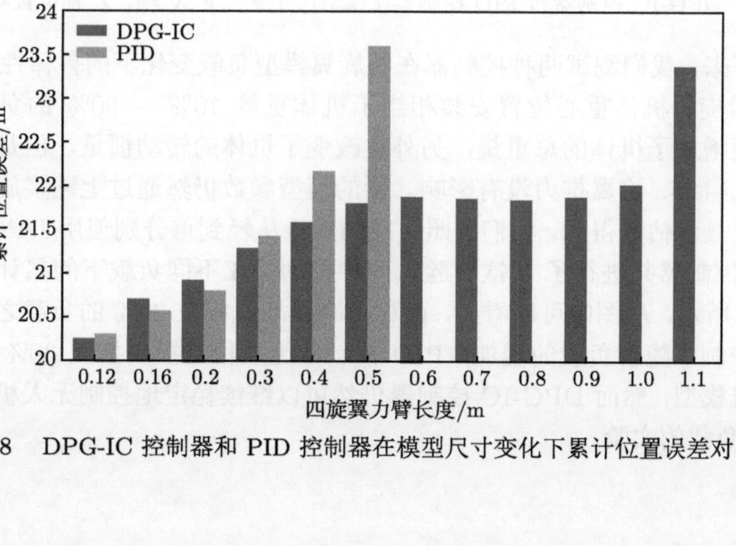

图 11.8 DPG-IC 控制器和 PID 控制器在模型尺寸变化下累计位置误差对比

控制器无法对力臂长度大于 0.5m 的四旋翼无人机进行稳定控制，其对应的累计位置误差在图 11.8 中略去。DPG-IC 控制器则可以稳定地控制更大尺寸的无人机模型，并且保持相对稳定的控制效果。

在本实验中的无人机在 X 轴和 Z 轴的位置响应曲线如图 11.9 所示。由于 X 轴和 Y 轴方向上的目标位置是相同的，无人机的机体结构也是对称的，在 X 轴和 Y 轴方向上的位置响应曲线是基本相同的，这里只给出 X 轴方向上的位置响应。从位置响应曲线中可以看出，DPG-IC 控制器在相当大的范围内几乎不受无人机尺寸的影响。PID 控制器能够稳定控制的尺寸范围则相对较小。从 0.12m 到 0.4m 的范围内，PID 控制效果与 DPG-IC 控制效果基本相同，然而当力臂长度大于 0.4m 之后，PID 控制是不稳定的。

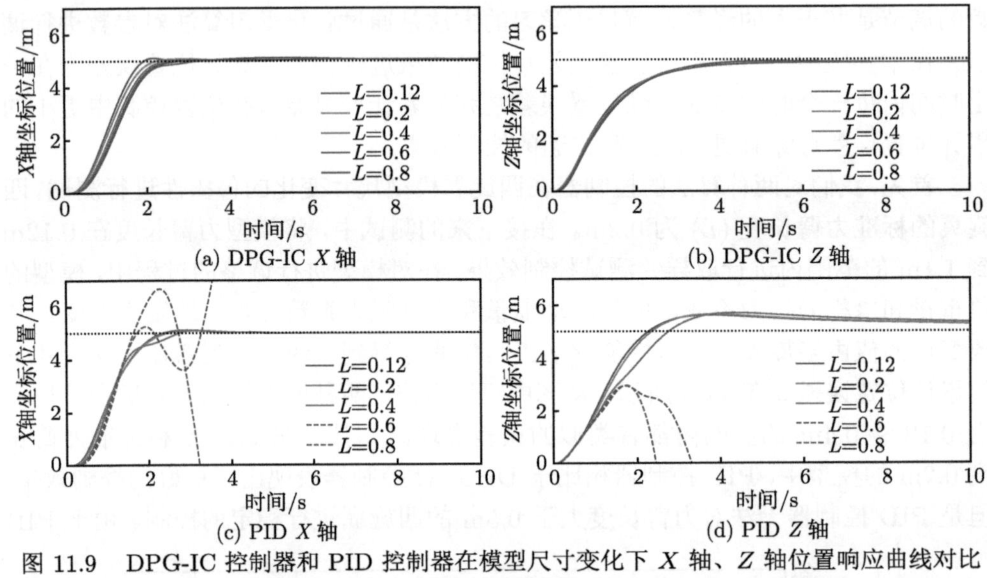

图 11.9　DPG-IC 控制器和 PID 控制器在模型尺寸变化下 X 轴、Z 轴位置响应曲线对比

接下来，我们测试两种控制器在四旋翼模型负载变化下的鲁棒性。在实验中，我们在四旋翼机体重心位置安装相当于机体重量 10% ∼ 50% 的负载。负载的安装主要增加了机体的总重量，另外也改变了机体的转动惯量，但是对机体的外形、空气阻力、旋翼推力没有影响。新的模型参数仍然通过上述多旋翼飞行器性能评估工具包估算得到。我们按照负载的重量从轻到重分别使用 DPG-IC 控制器和 PID 控制器共进行了 6 次实验。两种控制器在不同负载下的累计位置误差如图 11.10 所示。从图中可以看出，两种控制器均能够在 30% 的负载之内进行稳定的位置控制。随着负载的增加，PID 控制器无法稳定控制搭载 30% 及以上负载的无人机模型，然而 DPG-IC 控制器仍然可以继续稳定地控制无人机模型直到搭载 50% 负载的实验。

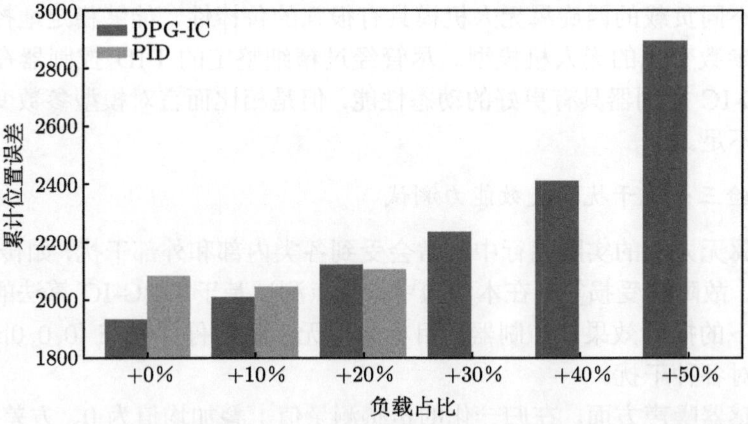

图 11.10 DPG-IC 控制器和 PID 控制器在模型负载变化下累计位置误差对比

本实验中无人机在 X 轴和 Z 轴方向上的位置响应曲线如图 11.11 所示。负载增加后，旋翼的很大一部分推力需要用于抵消飞行器的重力，余下的部分推力才能够用于调整飞行器的姿态，进而进行位置控制。这一部分用于调节的推力的减小，将会使控制效果变差。在这种情况下保证系统的稳定性具有较大的难度。从图中可以看出，两种控制策略的动态性能随着负载增大都会变差。基于 DPG-IC 算法的控制策略一直能够保持系统的稳定性，而基于 PID 算法的控制策略在高于 20% 的负载下就会发散。

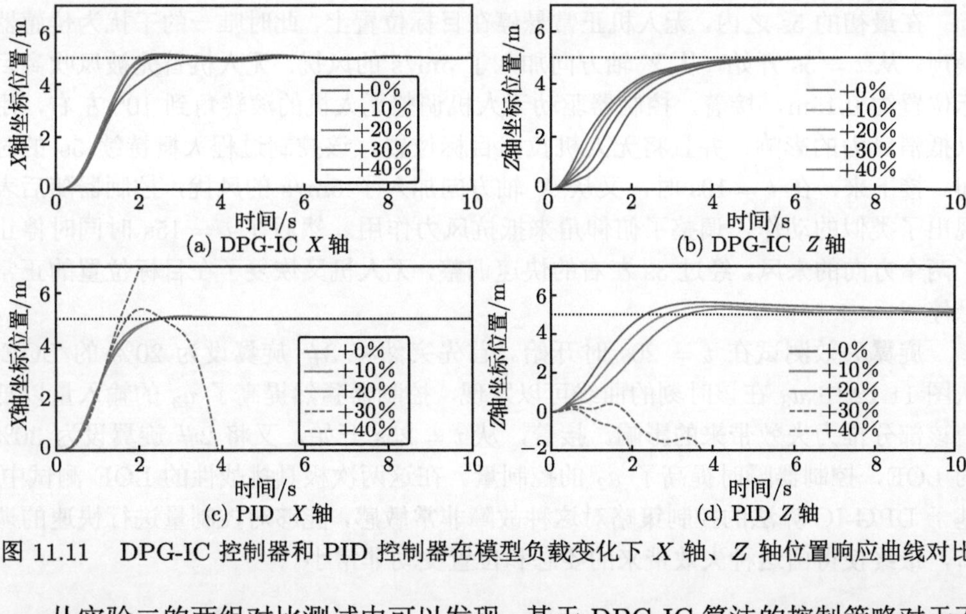

(a) DPG-IC X 轴 (b) DPG-IC Z 轴

(c) PID X 轴 (d) PID Z 轴

图 11.11 DPG-IC 控制器和 PID 控制器在模型负载变化下 X 轴、Z 轴位置响应曲线对比

从实验二的两组对比测试中可以发现，基于 DPG-IC 算法的控制策略对于不

同尺寸和不同负载的四旋翼无人机模具有很强的鲁棒性，能够稳定地控制相当大范围物理参数变化的无人机模型。尽管经过精细整定的 PID 控制器在某些模型上比 DPG-IC 控制器具有更好的动态性能，但是相比而言对模型参数变化的适应范围仍然不足。

3. 实验三：抗干扰和失效能力测试

四旋翼无人机的实际飞行中常常会受到各类内部和外部干扰，如传感器噪声、阵风干扰、故障和受损等。在本实验中，重点测试基于 DPG-IC 算法的离线控制器在扰动下的控制效果。控制器的目标为将无人机悬停保持在 $[0,0,0]$m 位置上，同时要应对各种干扰。

在传感器噪声方面，在归一化的传感测量值上叠加均值为 0、方差为 0.01 的噪声作为干扰。在阵风干扰方面，加入水平方向的阵风对无人机飞行状态进行干扰。在故障受损方面，主要考虑旋翼受损带来的推力降低问题，实验采用非完全故障失效 (loss of effect, LOE) 模型对这种故障进行建模。在这种失效模型中，对于相同的电机控制输入，故障的旋翼所产生的推力会表现出一定比例的降低。本实验的风扰模型和旋翼失效模型均基于文献 [29] 建立。

实验中所采用的基于 DPG-IC 算法的控制策略与前述实验一和实验二中所用的控制策略完全相同，没有附加任何传感器滤波处理。在实验的 30s 时间内，传感器噪声持续不断地加入，然后每隔 5s 加入一种干扰。整个实验过程中无人机的位置、姿态角和每个旋翼的控制量均在图 11.12 中给出。

在最初的 5s 之内，无人机正常悬停在目标位置上，此时唯一的干扰为传感器噪声。从 $t=5$s 开始，从 Y 轴方向加入了 5m/s 的风扰。无人机首先被风吹离目标位置约 0.15m，接着，控制器驱动无人机调整无人机的滚转角到 10° 左右，用以抵消风力的影响，并且将无人机拉回目标位置。该控制过程大概持续 5s 的时间。接下来，在 $t=10$s 时，又从 X 轴方向加入了 5m/s 的风扰，控制器随后表现出了类似的动作，调整了俯仰角来抵抗风力作用。然后在 $t=15$s 时同时停止了两个方向的来风，经过 3s 左右的快速调整，无人机又恢复了在目标位置的正常悬停。

旋翼失效测试在 $t=20$s 时开始。首先突然将 3# 旋翼设为 20% 的 LOE。从图 11.12 中 u_3 在该时刻的曲线可以发现，控制器猛然提高了 u_3 的输入量以抵消该部分推力失效带来的影响。接着，从 $t=25$s 开始，又将 2# 旋翼设为 30% 的 LOE，控制器瞬时提高了 u_2 的控制量。在这两次极具挑战性的 LOE 测试中，基于 DPG-IC 算法的控制策略对这种故障非常敏感，能够对控制量进行快速的调节，最终使得由这种失效带来的姿态和位置变动非常小。

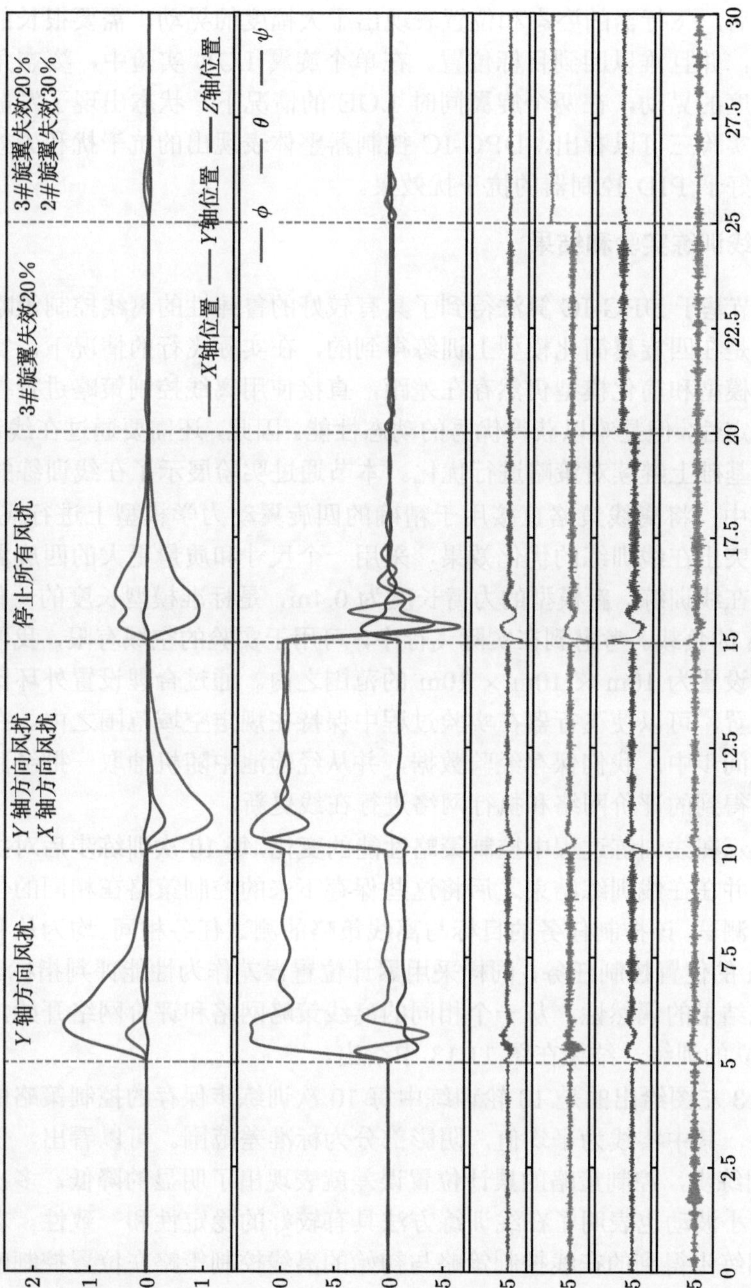

图 11.12 基于 DPG-IC 算法的控制策略的抗干扰和失效控制效果

另外，我们还测试了实验二中的 PID 控制器在风扰和旋翼 LOE 下的表现。在加入风扰后，飞行器的姿态和位置表现出了大幅度的晃动，需要很长的时间才能恢复稳定，并且难以回到目标位置。在单个旋翼 LOE 实验中，姿态角同样出现了较大幅度的晃动，在两个旋翼同时 LOE 的情况下，状态出现了发散失控的情况。通过实验三可以看出，DPG-IC 控制器整体表现出的抗干扰和失效能力非常强，且远好于 PID 控制器的抗干扰效果。

11.5.4 在线训练实验和结果

11.5.3 节基于 DPG-IC 算法得到了具有较好的鲁棒性的离线控制策略。然而，该控制策略是在四旋翼简化模型上训练得到的，在实际飞行的情况下，实际的四旋翼动力学模型和简化模型仍然存在差距，直接使用离线控制策略进行控制，虽然能保证稳定性，但是难以获得优秀的动态性能。因此，还需要通过在线训练，在离线策略的基础上继续对策略进行优化。本节通过实验展示了在线训练的效果。

在实验中，将离线策略直接用于精确的四旋翼动力学模型上进行飞行实验。为了进一步突出在线训练的优化效果，采用一个尺寸和质量更大的四旋翼无人机模型来进行在线训练。新模型的力臂长度为 0.4m，是标准模型长度的一倍，另外附加了 20% 的负载。考虑到在实际飞行中，可用于实验的空域有限，我们将仿真实验的空域设置为 10m × 10m × 10m 的范围之内。通过合理设置外环比例控制器的目标位置，可以使飞行器在实验过程中保持在规定空域范围之内。在在线训练的每个时间步中，我们保存经验数据，并从经验池中随机抽取一批经验数据对离线训练中得到的评价网络和执行网络进行在线更新。

为了显示在线训练过程中控制策略性能的变化，每 10 次训练步后对执行网络进行保存，并在在线训练结束之后将这些保存下来的控制策略在相同的位置控制任务上进行测试。该控制任务的目标与离线策略的测试任务相同，均为从 $[0,0,0]$m 到 $[5,5,5]$m 的位置控制任务，同样采用累计位置误差作为性能评判指标。为了减小在线训练结果的偶然性，从一个相同的离线策略网络和评价网络开始，重复进行 10 轮独立的训练，结果在图 11.13 中给出。

图 11.13 左图给出的是 10 轮训练中每 10 次训练步保存的控制策略的累计位置误差结果，其中实线为平均值，阴影部分为标准差范围。可以看出，仅仅经过了 200 次训练步，控制策略的累计位置误差就表现出了明显的降低。多次重复实验结果的较小波动也表明了在线训练方法具有较好的稳定性和一致性。右图是经过 300 次训练步得到的在线控制策略与初始的离线控制策略在位置控制响应上的对比。从图中可以清楚看到，在 X 轴方向的控制上，经过在线训练的控制器表现出了更小的超调量，在 Z 轴方向的高度控制上，在控制的上升时间方面表现出显著的提升。总而言之，通过在线训练，我们对标准四旋翼简化模型上训练得到的

离线控制策略进行了调整，使其能够在新的且具有更大尺寸和质量的四旋翼精确模型上获得更好的动态性能。

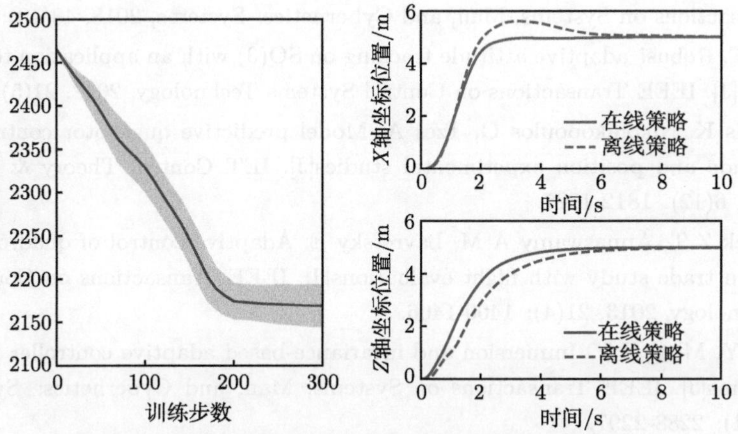

图 11.13 在线训练实验的学习过程和位置控制响应对比

11.6 本章小结

本章提出了一种基于深度强化学习的四旋翼无人机控制方法——DPG-IC 算法，成功解决了传统深度确定性策略梯度算法用于无人机控制时的稳态误差问题，大大提高了控制精确度。本章提出的两段式学习方法将基于简化的数学模型的离线训练和基于实际飞行的在线训练方法相结合，成功解决了基于强化学习的控制算法在实际中难以应用的难题。通过在精确的四旋翼模型仿真环境中的实验，我们发现通过离线训练得到的控制策略具有很强的鲁棒性，并且经过在线训练能够显著提升控制策略的动态性能。

参 考 文 献

[1] Bouabdallah S, Noth A, Siegwart R. PID vs LQ control techniques applied to an indoor micro quadrotor[C]. IEEE International Conference on Intelligent Robots and Systems, Sendai, 2004: 2451-2456.

[2] Cowling I D, Yakimenko O A, Whidborne J F, et al. A prototype of an autonomous controller for a quadrotor UAV[C]. European Control Conference, Kos, 2007: 4001-4008.

[3] Lee D, Kim H J, Sastry S. Feedback linearization vs. adaptive sliding mode control for a quadrotor helicopter[J]. International Journal of Control, Automation and Systems, 2009, 7(3): 419-428.

[4] Xu R, Ozguner U. Sliding mode control of a quadrotor helicopter[C]. Proceedings of the 45th IEEE Conference on Decision and Control, San Diego, 2006: 4957-4962.

[5] Xu B. Composite learning finite-time control with application to quadrotors[J]. IEEE Transactions on Systems, Man, and Cybernetics: Systems, 2018, 48(10): 1806-1815.

[6] Lee T. Robust adaptive attitude tracking on SO(3) with an application to a quadrotor UAV[J]. IEEE Transactions on Control Systems Technology, 2012, 21(5): 1924-1930.

[7] Alexis K, Nikolakopoulos G, Tzes A. Model predictive quadrotor control: Attitude, altitude and position experimental studies[J]. IET Control Theory & Applications, 2012, 6(12): 1812-1827.

[8] Dydek Z T, Annaswamy A M, Lavretsky E. Adaptive control of quadrotor UAVs: A design trade study with flight evaluations[J]. IEEE Transactions on Control Systems Technology, 2013, 21(4): 1400-1406.

[9] Zou Y, Meng Z Y. Immersion and invariance-based adaptive controller for quadrotor systems[J]. IEEE Transactions on Systems, Man, and Cybernetics: Systems, 2019, 49(11): 2288-2297.

[10] Ramirez-Rodriguez H, Parra-Vega V, Sanchez-Orta A, et al. Robust backstepping control based on integral sliding modes for tracking of quadrotors[J]. Journal of Intelligent & Robotic Systems, 2014, 73(1): 51-66.

[11] Zhao B, Xian B, Zhang Y, et al. Nonlinear robust adaptive tracking control of a quadrotor UAV via immersion and invariance methodology[J]. IEEE Transactions on Industrial Electronics, 2015, 62(5): 2891-2902.

[12] Santoso F, Garratt M A, Anavatti S G, et al. Robust hybrid nonlinear control systems for the dynamics of a quadcopter drone[J]. IEEE Transactions on Systems, Man, and Cybernetics: Systems, 2020, 50(8): 3059-3071.

[13] Waslander S L, Hoffmann G M, Jang J S, et al. Multi-agent quadrotor testbed control design: Integral sliding mode vs. reinforcement learning[C]. IEEE/RSJ International Conference on Intelligent Robots and Systems, Edmonton, 2005: 3712-3717.

[14] Zhang T H, Kahn G, Levine S, et al. Learning deep control policies for autonomous aerial vehicles with MPC-guided policy search[C]. IEEE International Conference on Robotics and Automation, Stockholm, 2016: 528-535.

[15] Hwangbo J, Sa I, Siegwart R, et al. Control of a quadrotor with reinforcement learning[J]. IEEE Robotics and Automation Letters, 2017, 2(4): 2096-2103.

[16] Silver D, Lever G, Heess N, et al. Deterministic policy gradient algorithms[C]. International Conference on Machine Learning, Beijing, 2014: 387-395.

[17] Sutton R S, McAllester D A, Singh S P, et al. Policy gradient methods for reinforcement learning with function approximation[C]. Advances in Neural Information Processing Systems, Denver, 2000: 1057-1063.

[18] Degris T, White M, Sutton R S. Linear off-policy actor-critic[C]. International Conference on Machine Learning, Edinburgh, 2012.

[19] Lillicrap T P, Hunt J J, Pritzel A, et al. Continuous control with deep reinforcement learning[C].The 4th International Conference on Learning Representations, San Juan, 2016: 1-14.

[20] Rodriguez-Ramos A, Sampedro C, Bavle H, et al. A deep reinforcement learning strategy for UAV autonomous landing on a moving platform[J]. Journal of Intelligent & Robotic Systems, 2019, 93(1): 351-366.

[21] Hasselt H. Double Q-learning[J]. Advances in Neural Information Processing Systems, Vancouver, 2010: 2613-2621.

[22] van Hasselt H, Guez A, Silver D. Deep reinforcement learning with double Q-learning[C]. Proceedings of the 30th AAAI Conference on Artificial Intelligence, Phoenix City, 2016: 2094-2100.

[23] Young P C, Willems J C. An approach to the linear multivariable servomechanism problem[J]. International Journal of Control, 1972, 15(5): 961-979.

[24] Qball 2 for QUARC: Set Up and Configuration (User Manual)[EB/OL]. https://docs.quanser.com/quarc/documentation/qball2.html. [2025-03-01].

[25] Shi D J, Dai X H, Zhang X W, et al. A practical performance evaluation method for electric multicopters[J]. IEEE/ASME Transactions on Mechatronics, 2017, 22(3): 1337-1348.

[26] Flying Evaluation[EB/OL]. http://www.flyeval.com/. [2024-11-21].

[27] Abadi M, Barham P, Chen J M, et al. TensorFlow: A system for large-scale machine learning[C]. The 12th Symposium on Operating Systems Design and Implementation, Savannah, 2016: 265-283.

[28] Kingma D P, Ba J. Adam: A method for stochastic optimization[J]. arXiv preprint arXiv: 1412.6980, 2014.

[29] Guo Y Y, Jiang B, Zhang Y M. A novel robust attitude control for quadrotor aircraft subject to actuator faults and wind gusts[J]. IEEE/CAA Journal of Automatica Sinica, 2018, 5(1): 292-300.

第 12 章　强化学习在移动机器人导航与避障中的应用

12.1　引　言

复杂环境中的导航和避障一直是机器人领域长期以来的一个基础问题，在实际应用中有大量的需求，如无人驾驶汽车、家庭服务机器人、工厂搬运机器人等。前期研究提出了大量的避障和规划算法，然而早期的避障算法一般是基于一定的规则，其避障算法的效果依赖于工程人员根据实际需求对规则的设计和参数的设定。早期的路径规划算法一般在已知环境地图上进行规划，对于未知和动态的环境则缺乏较好的解决方法。近年来，随着人工智能技术的发展，采用强化学习等智能算法使机器人在未知环境中通过学习完成导航和避障成为解决上述困难的一个重要突破口。同时，复杂环境中的导航和避障也是将先进的人工智能算法用于实际控制的一个代表性问题。

本章提出一种基于模块化深度强化学习的导航和避障算法，可以使移动机器人在室内环境中，通过二维激光雷达观测，自主躲避墙壁和快速移动的障碍物，并抵达目标位置。本章提出的模块化深度强化学习算法分为三个部分：避障模块、导航模块、动作调度模块。避障模块和导航模块分别对应根据局部二维激光雷达观测信息躲避邻近障碍物的功能和根据自身位置信息与目标位置信息的全局导航功能，而动作调度模块则用于在线训练过程中根据当前风险态势和训练情况合理地对避障模块和导航模块产生的动作进行调度。

通过模块化的设计可以将移动机器人在任务中所需要的不同技能进行独立的训练和测试，并且在类似的任务场景中进行重复使用。例如，避障功能是移动机器人在室内环境中执行任务的一个基本功能，当我们完成避障功能模块的训练之后，只要机器人的观测和动作空间是兼容的，该模块就可以用于各种机械形式的机器人和各种不同的环境。另外，通过在线训练的方法，可以将不同的功能模块进行在线融合并用于新的环境和任务当中。通过在不同环境中的实验，表明了提出的用于复杂环境导航和避障的模块化深度强化学习算法相比传统的机器人学算法和常规的深度强化学习算法在学习速度、导航效果、应用泛化能力等方面均有明显优势。

在传统机器人学领域，导航和避障问题具有长期的研究历史。研究人员针对各种不同的导航和避障的具体问题，提出了大量经典的算法。人工势场法 (potential field method, PFM) 通过基于环境地图建立势场的方法来进行导航 [1]。在势场中，机器人同障碍物之间表现出斥力，而与目标点之间表现出引力。基于人工势场法这一基本原理，还发展出各类变种算法 [2-4]。人工势场法在应用中存在一定的缺陷，例如，在某些狭窄的空间环境中，势场中障碍物产生的斥力和目标点产生的引力会达到平衡，导致机器人卡在该位置或在该位置附近反复振荡。向量场直方图 (vector field histogram, VFH) 方法以机器人位置为原点建立的与附近障碍物距离的直方图，然后通过寻找缺口的方法确定下一步运动的方向，该方法解决了人工势场法中由引力和斥力平衡导致“卡住”的问题。VFH 方法也有很多改进的方法，如 VFH+ [5] 和 VFH* [6]。同步定位与地图构建 (SLAM) 方法是机器人导航领域的另一种重要的方法 [7]。该方法在未知环境中通过对环境的观测持续构建地图，同时在这个构建的地图上对自身进行定位，进而完成未知环境中的避障和导航功能。SLAM 方法最初配合距离传感器 (如激光雷达) 通过卡尔曼滤波 [8] 和粒子滤波等方法 [9] 来实现。后来又发展出一些基于视觉的 SLAM 方法，如单目视觉 SLAM [10] 和立体视觉 SLAM [11]。尽管基于 SLAM 方法的机器人导航方法已经在一些领域得到了应用，如家用扫地机器人等，但是大多数现有的 SLAM 方法还无法处理动态环境中的导航问题。传统机器人学的导航方法的另一个最大的局限性是需要精确的机器人运动学模型和传感器模型才能实施，并且导航的策略是提前确定的，不能根据实际应用环境进行实时在线的调整。

近年来，深度学习在多个领域都表现出了强大的功能，机器人领域的研究人员也引入深度学习用于解决机器人的导航问题。Tai 等 [12] 提出了一种利用深度卷积神经网络针对搭载深度相机的移动机器人避障方法。该方法将机器人搭载的深度相机对环境拍摄的原始数据作为深度卷积神经网络的输入，网络的输出则是机器人的控制指令，同时采集人类操作员对机器人的避障控制操作动作构成数据集进行网络的训练，最终得到合理的避障策略。Pfeiffer 等 [13] 提出了一种针对搭载二维激光雷达的移动机器人的导航方法，并且使用了一种特殊结构的深度卷积神经网络：网络的卷积层的输入为二维激光雷达距离信息，在全连接层再输入机器人自身位置和目标位置的信息，网络的输出为机器人转向控制指令。与 Tai 等提出的方法相同，训练数据来自仿真环境中人类操作员的控制。这两种方法同传统依赖于机器人模型和人工设置的导航规则的方法相比，可以直接将原始的传感输入直接映射到机器人的控制指令，是一类更加简洁和灵活的方法。然而其问题在于仍然需要耗费大量的人力和时间进行示范操作并构建相应的数据集，从而给实际应用带来了较大的局限性。

基于强化学习的机器人导航算法不需要像深度学习算法一样在人工构建的数据集上进行训练，而是直接驱动机器人通过与环境交互的方法进行学习。Tai 等 [14]

搭建了一套机器人室内仿真环境，并基于此环境实现了基于深度 Q 网络的移动机器人避障控制，其 Q 网络的输入为机器人的原始 RGB-D 摄像机图像信息，输出为离散的机器人控制指令。他们将在仿真环境中训练得到的避障策略应用到实际环境中，取得了较好的效果。他们还在仿真环境中采用了深度强化学习算法对搭载二维激光雷达的机器人进行了避障任务的训练，同样获得了成功 [15]。除了机器人仿真环境之外，第一人称电子游戏同样有导航和路径规划方面的要求。Tessler 等 [16] 提出了一种分层深度强化学习方法，能够有效地对过去学到的能力进行迁移，并应用到当前的情景中。该方法在 *Minecraft* (一款第一人称视角像素风格沙盒游戏) 中的导航问题上得到了成功的应用。递归神经网络及其长短期记忆网络的实现方法在第一人称视角的导航问题中具有重要的应用，因为该结构能够依据历史信息进行动作的选择。Mirowski 等 [17] 结合了 A3C 算法、深度卷积神经网络、长短期记忆网络提出了一种用于复杂三维迷宫环境的视觉导航方法。

本章提出一种基于模块化深度强化学习的导航与避障算法，针对局部避障问题和全局导航问题使用两个模块并通过独立训练分别解决，提高了最终学习得到的控制策略的泛化能力。通过将激光雷达原始数据中的空间数据和时间数据分开处理，将障碍物的移动速度信息融合到智能体的观测输入当中。该结构和方法相比于常规的深度 Q 学习方法在移动障碍物避障任务中具有更快的学习速度和更好的避障效果。本章针对导航问题还提出了一种用于模块化导航策略的动作调度方法，可以将预训练得到的导航和避障策略进行在线融合，提高移动机器人在未知环境中进行在线学习的效率和安全性。

12.2　问 题 描 述

本章主要考虑二维环境中移动机器人躲避动态障碍物并抵达目标点的问题，为了便于研究该问题以及与相关算法进行比较，我们借鉴 Tai 等 [15] 使用的仿真环境，搭建了带有动态障碍物的室内机器人仿真环境。图 12.1 为搭建的环境的示意图，其中斜线阴影区域是外围墙壁和室内墙壁，多个红色大圆点代表了移动障碍物，黄色圆点代表我们控制的移动机器人，绿色圆点代表目标位置。示意图中采用浅色圆点表示移动障碍物的运动轨迹。

移动机器人使用模拟的二维激光测距传感器对周围环境进行感知，视野范围 (field of view, FOV) 为 360°。在每个时间步 t 以 1.8° 的角度间隔测量传感器与该方向上最近的障碍物的距离，然后返回一组 200 维的测距向量，记为 o_t。观测数据 o_t 基于传感器的最大观测距离 $o_{\max}$ 进行归一化。另外，机器人还能获得每个时间步自身位置与目标位置的二维相对坐标，记为 p_t。机器人的运动学模型为一个在 X-Y 方向上解耦的简单二阶系统，通过施加推力进行控制，相关参数包括推

力大小 $|F|$、质量 m、与地面的摩擦因数 μ。机器人的初始速度为 0，最大速度为 $v_{\max}$。驱动机器人的指令包括五个动作，动作空间 $\mathcal{A}=\{\uparrow, \leftarrow, \downarrow, \rightarrow, \bigcirc\}$，其中箭头分别代表机器人向着对应的方向施加驱动力，$\bigcirc$ 表示不施加驱动力。环境中的移动障碍物从随机初始位置开始以随机的初始速度做直线运动，当移动障碍物与墙壁碰撞时，遵循刚性碰撞定律改变运动方向但不改变运动速度，为减轻仿真环境的计算负担，我们不考虑移动障碍物之间的相互碰撞。

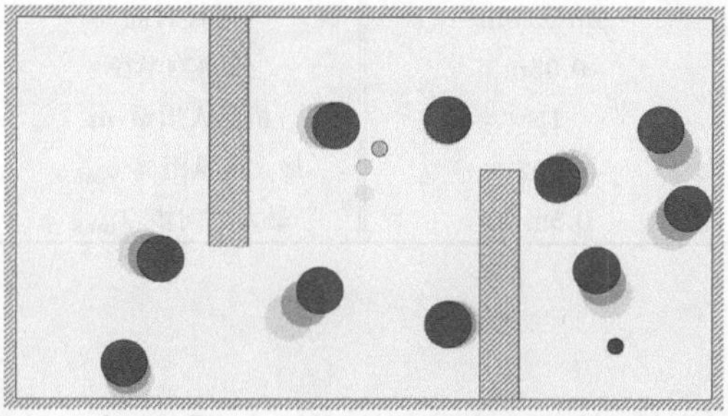

图 12.1 移动机器人二维导航与避障仿真环境示意图

为了在下一步的工作中对提出的导航算法的泛化能力进行测试和对比，我们设计了四种仿真环境布局，如图 12.2 所示。图中阴影部分代表墙壁，黄色区域和绿色区域分别是机器人和目标点的随机初始化区域，移动障碍物没有在图中画出，但是在实际仿真运行时仍然存在。在四个环境布局中，Room-1 环境是一个简单的空环境。Room-3 环境中间散布了一些方形的障碍物，机器人在躲避移动障碍物的同时也要躲避这些零散的方形障碍物。Room-2 和 Room-4 环境在初始点和目标点之间设有较长的墙壁，因此机器人需要经过多次转弯才能抵达终点，其中 Room-4 中墙壁的缺口很窄，对导航和避障算法是一个较大的考验。

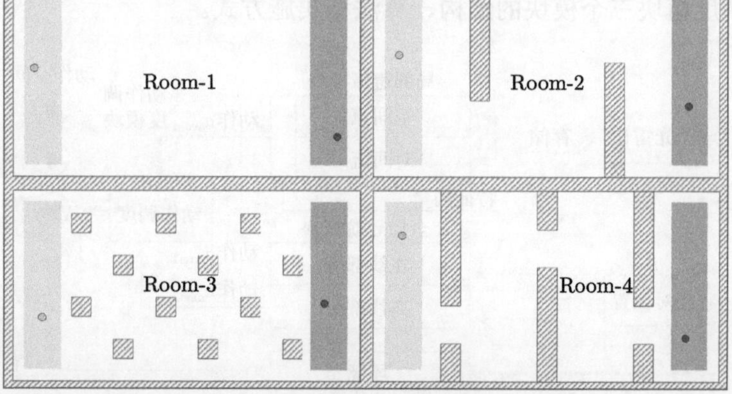

图 12.2 四种仿真环境布局

仿真环境使用分回合的运行方式，一个训练回合或测试回合结束之后，移动机器人、目标点和移动障碍物要全部重设。结束的条件有三个：① 移动机器人与墙壁或者移动障碍物发生碰撞；② 移动机器人到达目标点；③ 仿真时间到达最大时间步 $T_{\max}$。仿真环境的具体参数在表 12.1 中给出。

表 12.1　移动机器人导航与避障仿真环境参数

参数名称	参数值	参数名称	参数值
环境尺寸	9m × 5m	采样时间	0.1s
机器人半径	0.05m	障碍物半径	0.30m
推力大小 $\|F\|$	1N	机器人质量 m	1kg
摩擦因数 μ	0.02	最大测量距离 $o_{\max}$	2m
最大速度 $v_{\max}$	0.5m/s	最大时间步 $T_{\max}$	1000

12.3　模块化深度强化学习导航与避障算法

本章针对上述环境中的躲避障碍物和到达目标点的任务目标，提出了一种分而治之的模块化思想，将该任务整体划分成局部避障和全局导航两个子任务：局部避障任务是通过近距离局部环境的观测选择避障动作，使机器人远离移动障碍物及墙壁；全局导航任务则根据机器人与目标之间的相对位置获取导航动作，使机器人接近目标点。这两个子任务分别采用避障学习模块和导航学习模块通过深度强化学习得到。另外，引入任务调度模块在两个模块分别给出的动作中根据当前情况进行选择并对在线学习进行指导。图 12.3 给出了机器人导航与避障的模块化深度强化学习算法结构框图，其中强化学习内部结构用蓝色框线和箭头标出，外部环境部分用绿色框线和箭头标出。下面详细介绍局部避障模块、全局导航模块和动作调度模块三个模块的结构、算法和实施方式。

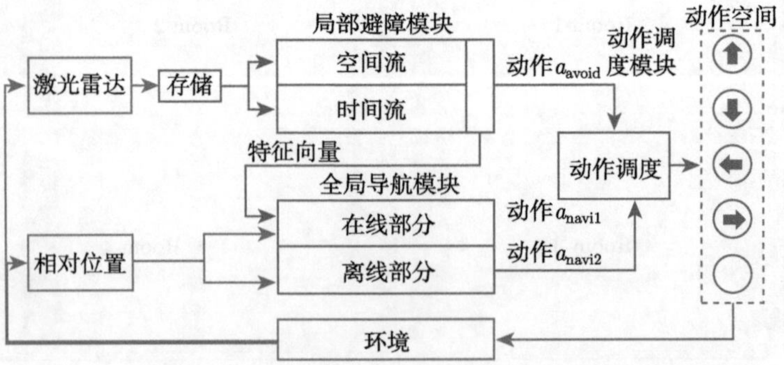

图 12.3　机器人导航与避障的模块化深度强化学习算法结构框图

12.3.1 局部避障模块

在避障学习模块的设计中，需要采用合理的强化学习算法和结构，使机器人在未知动态环境中通过局部的激光测距数据合理选择避障动作。要采用强化学习算法研究避障问题，需要首先将仿真环境中智能体同环境的交互过程建模成一个马尔可夫决策过程。在智能体与外部环境交互中，在时间步 t，智能体通过对环境的观测获得当前状态 $s_t \in \mathcal{S}$，根据策略 π 选择动作 $a_t \in \mathcal{A}$，根据环境的状态转移规则 $\mathcal{P}$ 到达一个新的状态 s_{t+1}，并且根据设计的奖励规则 $\mathcal{R}$ 得到奖励 r_{t+1}。在本章的避障问题中，由于激光雷达的探测距离有限，并且由于光线遮挡不能探测障碍物后面的情况，因此全局环境状态 s_t 是无法得到的，只能得到激光雷达所能探测到的局部环境信息，即观测 o_t。状态转移规则隐含在仿真环境的动力学中。通过设计合理的奖励规则，即对发生碰撞的动作进行惩罚，对没有碰撞的情况进行奖励，就能够通过最大化回报函数的方式学到能够躲避障碍物的策略。

通过以上方法，我们将避障问题建模为一个具有连续状态空间和离散动作空间的马尔可夫决策过程，并使用 Q 学习的方法进行解决。由于状态为 200 维的激光测距信息，其数据维度较高且为连续变量，为了避免“维度灾”的问题，采用函数拟合的方法对状态–动作值函数进行拟合。针对这种复杂非线性高维观测问题，可以使用深度强化学习算法，采用深度神经网络作为函数拟合器。本章在现有的深度强化学习算法——深度 Q 网络算法的基础上，针对基于激光测距数据的避障问题，设计了深度双流 Q 网络结构和算法，并构成了避障学习模块。

激光测距数据是以移动机器人为中心、最大测量距离为半径的圆内的最近障碍物的距离，反映的是环境中局部的静态空间信息。但是在动态环境中进行避障任务，机器人与障碍物之间的运动信息也非常重要。为了在选择动作的同时考虑当前观测到的静态空间信息和运动信息，我们引入了双流神经网络结构。该结构由神经科学中的双流假说 (two-stream hypothesis) [18] 发展而来。根据该双流假说，人类视觉皮层具有两条神经通路：一条用于静态物体的识别，称为空间流 (spatial stream)；另一条用于运动物体的识别，称为时间流 (temporal stream)。双流神经网络结构首先在深度学习中的视频动作识别任务中得到应用，并且获得了当时的最高水平 (state-of-the-art) [19]。受到该结构的启发，我们将环境观测分为两个部分：静态部分为原始的距离数据 o_t，动态部分为相邻两次距离数据之差 $d_t = o_t - o_{t-1}$，传递了前后两次观测之间的运动信息。图 12.4 给出了两部分观测信息 o_t 和 d_t 用极坐标表示的一个例子。图中从中心发出的线条长度代表与障碍物之间的距离，在 d_t 部分，红色线条代表正距离差，蓝色线条代表负距离差。该图所表示的静态信息和动态信息为从图 12.1 所示环境中机器人视角采集到的。如果只从 o_t 部分观察，我们只能看出在机器人的左上和右上方向各有一个圆形移动障碍物，另外，左方、右方和上方远处各有一堵墙壁，但通过 d_t 的观测，就可以得到很多额外的运动信息。在两个移动障碍物方向上，距离差值表现为负值，据此可以得知两个障碍物相对机器人是相互接近的运动关系。由于静态信息 o_t 和动态信息 d_t 从两个不同的方面对当前的局部环境进行表达，因此采用双流神经网络结构对两种信息特征分别提取是比较合理的处理方式。

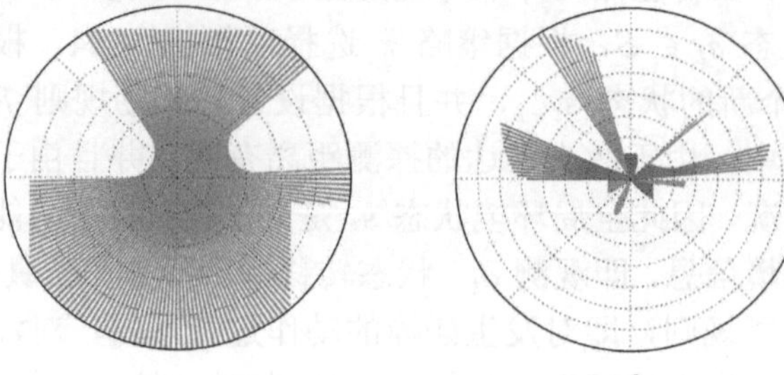

图 12.4 激光测距静态部分 o_t 和动态部分 d_t

神经网络结构对从原始的激光测距数据中进行特征提取的效果有很大的影响。近期的工作中也提出了一些有效的网络结构。Pfeiffer 等 [13] 使用了在深度学习中流行的卷积神经网络，将 1080 维的测距数据输入包含 5 个一维卷积层和 3 个全连接层的卷积神经网络。Tai 等 [15] 采用了简单的 3 隐含层全连接神经网络处理了 10 维测距数据。通过大量的实验和对比，全连接神经网络处理二维激光测距数据能够取得较好的处理效果，并且可以有效避免一维卷积将环形的测距数据首尾断开的处理方式，具体的对比实验结果在仿真实验部分进行了详细讨论。

图 12.5 是本章提出的可以分别处理激光测距数据静态和动态部分的深度双流 Q 网络结构。可以看出，将 200 维的静态信息和 200 维的动态信息分别输入到网络的两个处理流当中，并且通过两个全连接层分别进行处理，激活函数采用 ReLU 函数。经过两个处理流分别得到 64 维特征，最终连接成一个同时包含静态和动态信息的 128 维特征 ϕ。随后该特征通过线性全连接层映射到状态–动作值。双流 Q 网络表示为 $Q^w(s_t, a_t)$，其中 w 为神经网络的权值，状态为 $s_t = (o_t, d_t)$。

相比于传统 Q 学习的训练方法，深度双流 Q 网络采用了深度 Q 学习的训练方法 [20]，主要引入了经验回放和双 Q 学习两种技术来提高训练的效果并保证训练过程中的稳定性。经验回放将智能体与环境交互的一步状态转换经验 $e_t = (s_t, a_t, r_{t+1}, s_{t+1})$ 保存在经验回放池 $\mathcal{D} = (e_1, \cdots, e_M)$ 中。在每次训练迭代时，从经验回放池中随机选取一个批次的经验用来训练。通过使用经验回放机制，可以有效降低状态转换经验之间的关联性，提高训练的稳定性，同时能够有效利用交互过程中的历史数据，提高历史数据的利用率。而双 Q 学习是通过引入一个与 Q 网络结构完全相同而更新速度较慢的目标网络 $Q^{w'}(s_t, a_t)$，用于在 Q 网络的更新中提供目标动作值，提高训练的稳定性。

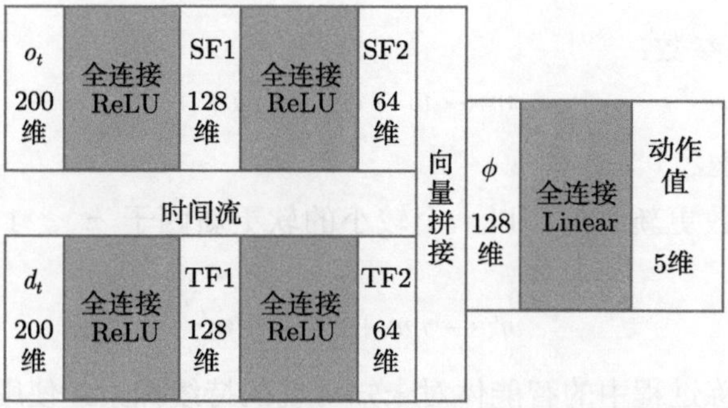

图 12.5　处理激光测距数据的深度双流 Q 网络结构

根据深度 Q 学习的基本算法，对双流 Q 网络的训练可以通过迭代的方法最小化下列损失函数实现：

$$\mathcal{L}(w) = \mathbb{E}_{e\sim\mathcal{D}}\Big[\big(y_t - Q^w(s_t, a_t)\big)^2\Big] \tag{12.1}$$

其中，y_t 为更新的目标值，表示为

$$y_t = r_t + \gamma Q^{w'}\Big(s_{t+1}, \arg\max_a Q^w(s_{t+1}, a)\Big) \tag{12.2}$$

从中可以看出，在选择使 Q 函数最大的动作时，使用了 Q 网络 Q^w，但是在对状态 s_{t+1} 下选择的动作进行评价时，使用了目标网络 $Q^{w'}$，这就是双 Q 学习算法在更新目标计算中将动作的选择和评价分开的处理方法。

在 Q 网络的迭代更新计算上，使用整个经验回放池中所有的经验数据计算损失函数的方式计算量太大，实际计算中可以使用在经验回放池中随机抽取的一批 N 条经验 (s_i, a_i, r_i, s'_i)，$i = 1, 2, \cdots, N$，对损失函数进行近似：

$$\mathcal{L}(w) \approx \frac{1}{N}\sum_{i=1}^{N}\Big[y_i - Q^w(s_i, a_i)\Big]^2 \tag{12.3}$$

其中，每条经验的更新目标值 y_i 改写为

$$y_i = r_i + \gamma Q^{w'}\Big(s'_i, \arg\max_a Q^w(s'_i, a)\Big) \tag{12.4}$$

然后使用批量式梯度下降法最小化损失函数，从而实现对双流 Q 网络的更新。首先计算损失函数的梯度：

$$\nabla_w \mathcal{L}(w) \approx \frac{1}{N}\sum_{i=1}^{N}\Big(y_i - Q^w(s_i, a_i)\Big)\nabla_w Q^w(s_i, a_i) \tag{12.5}$$

然后更新 Q 网络参数：

$$w \leftarrow w - \alpha\nabla_w \mathcal{L}(w) \tag{12.6}$$

其中，α 为学习率。

每次网络参数更新之后，以一个较小的软更新因子 $\tau \ll 1$ 更新目标网络的参数：

$$w' \leftarrow \tau w + (1-\tau)w' \tag{12.7}$$

为保证在训练过程中的智能体对未知环境的持续探索，使用 ε-贪婪策略进行动作的选择，即在每一步动作选择时以 ε 的概率任意选择一个动作，或者以 $1-\varepsilon$ 的概率选择使当前动作值最大的动作。

经过训练，深度双流 Q 网络 Q^w 会逐步趋近于当前环境下避障任务的最优状态–动作值函数 Q^*，此时每一步的最优避障策略可以表示为

$$a_t = \arg\max_a Q^w(s_t, a) \tag{12.8}$$

至此便完成了避障模块的设计，该模块的具体训练过程、测试结果，以及与其他算法的对比结果在本章仿真实验部分给出。

12.3.2 全局导航模块

全局导航模块的设计分为离线部分和在线部分两个部分。其中离线部分采用离线训练的方式得到靠近目标点的最优策略；在线部分则在训练好的局部避障模块和离线部分的辅助下通过在线学习完成最终的导航和避障任务。下面分别介绍全局导航模块的离线部分和在线部分。

1. 离线部分

离线部分在不考虑移动障碍物和房间结构的情况下完成从初始位置到目标点的导航任务。如图 12.3 所示，其输入仅为智能体与目标点的相对位置。虽然离线部分需要解决的导航问题相对简单，但是由于环境动态是连续的并且结构和模型均未知，使用常规的搜索和控制方法，如 A* 搜索方法 [21]、反馈控制方法 [21]，均难以解决。考虑到该问题相比于前述避障问题规模较小，我们使用了常规的 Q 学习算法加以解决，并使用了单隐含层神经网络进行 Q 函数的拟合。Q 网络输入为 2 维向量 p_t，输出为动作空间 $\mathcal{A}$ 中在状态 s_t 下每个动作对应的状态–动作值。在奖励函数的设计方面，当智能体成功抵达目标点时给予一个较大的正值奖励，并在每一个没有抵达的状态上给予一个较小的负值奖励，换句话说，就是对接近目

标过程中耗费的时间进行惩罚。通过这样的奖励函数设计，智能体学到一个以最快速度抵达目标点的控制策略。通过一定的训练，导航模块的离线部分可以由相对位置信息给出最快抵达目标点的动作。

2. 在线部分

在线部分结构综合考虑局部障碍物信息和全局位置导航信息，并且通过在环境中进行在线学习完成躲避障碍物并抵达目标位置的最终任务。根据结构图 12.3，在线部分有两部分的输入：① 智能体当前位置到目标位置的 2 维相对坐标 p_t；② 局部避障模块中双流 Q 网络中的局部 128 维特征 ϕ，该特征包含了激光测距数据中的空间静态信息和动态信息。我们首先将这两部分输入直接连接成一个 130 维的综合信息向量，然后输入在线部分的全连接网络，并进行在线训练。训练方法仍然采用与上述避障模块相同的深度 Q 学习的训练方法。在奖励函数的设计方面，由于在线部分需要完成导航和避障两方面内容，我们将避障任务的奖励机制和导航任务的奖励机制相结合，即对碰撞给予较大的负值奖励，对抵达目标点给予较大的正值奖励，对没有抵达目标的每一步给予较小的负值奖励。在训练中，同样使用了经验回放和双 Q 学习机制。但是在探索策略的选择上，不使用典型的 ε-贪婪策略，而是引入了动作调度模块，根据当前状况在避障模块、全局导航模块在线部分和离线部分三个备选动作中进行调度。动作调度模块的基本原理在 12.3.3 节中给出。

12.3.3 动作调度模块

对于一个新的环境，根据上述内容，我们最终需要使用全局导航模块的在线部分综合考虑局部信息和全局信息，通过学习来完成最终的导航和避障任务，其对应的 Q 网络虽然输入了局部和全局两方面的信息，但是网络是未经训练的，因此相应的 ε-贪婪的动作选取策略也是随机的。直接从该随机策略进行学习，就是典型的从零开始的传统强化学习问题，但是在相对比较复杂的环境下 (如 Room-4 对应的环境)，由于缺乏正确的引导，智能体通过一个随机策略几乎不可能到达目标点，也就无法获得相应的正值奖励，这就导致所有训练经验都是关于避障任务而不是导航任务，从而无法从经验中学到接近目标位置的子任务。

针对这个问题，本节设计了动作调度模块以利用离线预训练得到的避障策略和导航策略在新的未知环境中进行高效的探索。其基本思路是在未知环境中学习的初期阶段使用预训练得到的策略积累一定的高质量经验，尤其是关于抵达目标点的经验。然后在其后的训练过程逐渐过渡到在线学习策略上，继续优化该在线策略直到获得一个对于该环境的稳定的导航与避障策略。为了将先期离线训练得到的避障策略和导航策略相结合，我们采用了一个基于实时碰撞风险的切换策略，在避障策略和导航策略选择的动作中进行选择，构成一个启发式搜索策略。选择的基本思路为：在激光雷达探测范围之内的障碍物中，距离最近且靠近速度最快的障碍物具有最大的碰撞风险，因此，我们将探测到的障碍物相对位置和相对速度加权结合，构成实时风险系数 τ_t，定义如下：

$$\tau_t = \frac{1}{\min(o_t + \kappa d_t)} \tag{12.9}$$

其中，$\kappa \in [0,1]$ 表征了风险系数关于相对速度的灵敏度。显然，更大的风险系数 τ_t 意味着在某一方向上存在距离更近且靠近速度更快的障碍物，即存在更大的风险。在风险系数的基础上，定义切换阈值 λ，并且给出了相应的切换策略：

$$a_t = \begin{cases} a_{\text{navi2}}, & \tau_t < \lambda \\ a_{\text{avoid}}, & \tau_t \geqslant \lambda \end{cases} \tag{12.10}$$

其中，a_{navi2} 和 a_{avoid} 分别为在当前情况下，导航模块的离线部分和避障模块的策略给出的最优动作。

当风险系数超过切换阈值时，选择避障策略给出的动作以避开风险，否则采取导航策略给出的动作以接近目标点。虽然所提切换策略是一个静态的启发式探索策略，并不具备自适应或者学习的能力，但是相比于随机探索策略已经足以在未知的环境中提供高质量的经验，这些经验对于提高导航模块在线部分的训练具有非常重要的作用。

为了保证从启发式探索策略到在线学习策略的平滑转移，引入一个连续衰减的转移概率 φ。在每一次动作选择中，智能体以 φ 的概率选取启发式探索策略的动作，以 ε 的概率选取随机动作，以 $1-\varphi-\varepsilon$ 的概率选取在线学习策略动作。在学习过程中，转移概率 φ 从 $1-\varepsilon$ 逐渐衰减到 0。值得注意的是，我们最终保留了一个完全随机的动作选择策略的概率 ε 用来在已知的策略之外进行探索。具体来讲，在全局导航模块在线部分学习过程中，在初始阶段，实际执行的动作大部分来自启发式探索策略，并且积累了一定量的高质量经验，然后在在线部分根据这些经验进行在线学习，能够相对较快地建立躲避障碍物和接近目标的能力，在学习的后期，实际执行的动作主要来自在线学到的策略，并且通过保留的随机探索策略进行进一步的探索和优化。在线学习的整个执行过程在算法 12.1 中详细给出。

算法 12.1　基于模块化深度强化学习的导航与避障算法

1: **初始化:**
2: 随机初始化导航模块在线部分动作值函数 Q^{n1}
3: 载入导航模块离线部分动作值函数 Q^{n2}
4: 载入避障模块动作值函数 Q^{a}
5: 载入仿真环境

设置切换阈值 λ
设置探索概率 ε 和转移概率 $\varphi = 1 - \varepsilon$
for 训练回合数 = 1 **to** 最大训练回合数 **do**
  初始化/重置仿真环境
  观测激光测距数据 o_1 和相对位置数据 p_1，设置 $d_1 = [o_1, 0]$
  从避障模块获得局部信息特征 ϕ_1
  for 时间步数 $t = 1$ **to** 最大时间步数 $T_{\max}$ **do**
    if rand() $< \varphi$ {rand() 函数生成 [0,1] 随机数} **then**
      计算风险指数 η
      if $\eta < \lambda$ **then**
        调用导航模块离线部分选择动作 $a_t = \arg\max_a Q^{n2}(p_t, a)$
      else
        调用避障模块选择动作 $a_t = \arg\max_a Q^a([o_t, d_t], a)$
      end if
    else
      if rand() $< \varepsilon$ **then**
        a_t = 随机动作
      else
        $a_t = \arg\max_a Q^{n1}([\phi_t, p_t], a)$
      end if
    end if
    执行动作 a_t
    观测 o_{t+1}、d_{t+1}、p_{t+1} 和奖励 r_{t+1}
    从避障模块获得局部状态特征 ϕ_{t+1}
    存储状态转移经验 $e_t = ([\phi_t, p_t], a_t, r_t, [\phi_{t+1}, p_{t+1}])$
    使用批量梯度下降训练导航模块在线部分值函数 Q^{n1}
    衰减 φ
  end for
end for

12.4 仿真实验

本节对本章提出的基于模块化深度强化学习导航与避障算法在仿真环境中进行了全面的测试。我们首先测试深度双流 Q 网络在局部避障任务中的效果，与其他文献中提到的网络结构进行对比，并对结果进行讨论。随后对提出的全局导航在线学习和动作调度机制在预先设计的四个不同结构的环境中进行训练和测试，并与传统的人工势场导航算法和典型的深度 Q 学习算法的结果进行对比。最后，还研究了动作调度模块中切换阈值 λ 对学习速度和结果的影响。

本章所涉及的仿真实验搭建在配有 3.4GHz 主频的英特尔 i7 处理器和 NVIDIA TITAN Xp GPU、运行 Ubuntu 14.04 操作系统的图形工作站上。室内仿真环境由 Python 语言编写。神经网络模型使用 TensorFlow 工具包 [22] 建立。神经网络的训练使用 TensorFlow 工具包内置的 Adam 优化器。

12.4.1 深度双流 Q 网络局部避障训练与对比实验

局部避障模块的深度双流 Q 网络的训练在 Room-1 环境中进行，其中设置了 20 个移动障碍物。在训练局部避障任务的过程中，不设置目标点，并且智能体的位置可以在整个环境中随机初始化。在训练开始之前，首先随机初始化双流 Q 网络 Q^w 的权值 w，然后将该网络复制构成目标网络 $Q^{w'}$。在每个训练回合开始时，在环境范围内随机初始化 20 个移动障碍物的位置和速度以及智能体的位置，但是需要保证智能体周围一定的安全距离，以免在仿真的第一个时间步就发生碰撞。在每一回合的任一时间步上，当智能体与墙壁或障碍物发生碰撞时，给予智能体碰撞惩罚值 r_{coli}，保存该条经验，结束当前训练回合并重置下一个新的训练回合。然而考虑到仅有发生碰撞才能获得惩罚反馈，其他的没有碰撞的经验所得到的奖励均为 0，对网络的调节并没有效果，这样会使学习率很慢。针对这个问题，采用奖励重塑 (reward shaping) [23] 的方法，给每一步没有碰撞的经验给予一个较小的正值奖励 r_{step}，提高学习速度和经验利用率。实际训练中采用的奖励/惩罚值 r_{coli} 和 r_{step} 在表 12.2 中给出。

表 12.2 深度 Q 学习训练参数及奖励设定

训练参数	参数值	奖励/惩罚	奖励/惩罚值
折扣因子 γ	0.99	碰撞惩罚 r_{coli}	−100
初始学习率 α	0.0001	无碰撞奖励 r_{step}	1
目标网络软更新因子 τ	0.001	耗时惩罚 r_{time}	−0.1
经验回放池大小 M	50000	抵达目标奖励 r_{dest}	100
数据批量大小 N	32		

在训练的前 1000 步中，我们首先将随机探索的概率 ε 设为 1，然后在接下来的 10000 步中，将 ε 线性衰减到 0.1。第一步 $t=1$ 的状态设置为 $s_1=[o_1,0]$，其后每一步的状态为 $s_t=[o_t,d_t]$。每一步的状态转换经验 $e_t=(s_t,a_t,r_t,s_{t+1})$ 都存储在经验回放池 $\mathcal{D}$ 中。每一步的动作选择遵循 ε-贪婪的机制。在训练 1000 步之后，在每个时间步进行一次训练迭代，从经验回放池中抽取一批经验，并分别按照式 (12.5) 和式 (12.6) 估计梯度和更新双流 Q 网络，最后根据式 (12.7) 更新目标网络的参数。训练中采用的相关参数也在表 12.2 中给出。

为了进一步体现双流 Q 网络在避障任务中的优势，对比了相关文献中五种常用的在基于激光测距数据的避障问题中用于拟合 Q 函数的神经网络结构，使用相同的深度强化学习算法进行训练，并对结果进行了对比。五种神经网络结构如图 12.6 所示，下面简要介绍每种网络结构的特点。

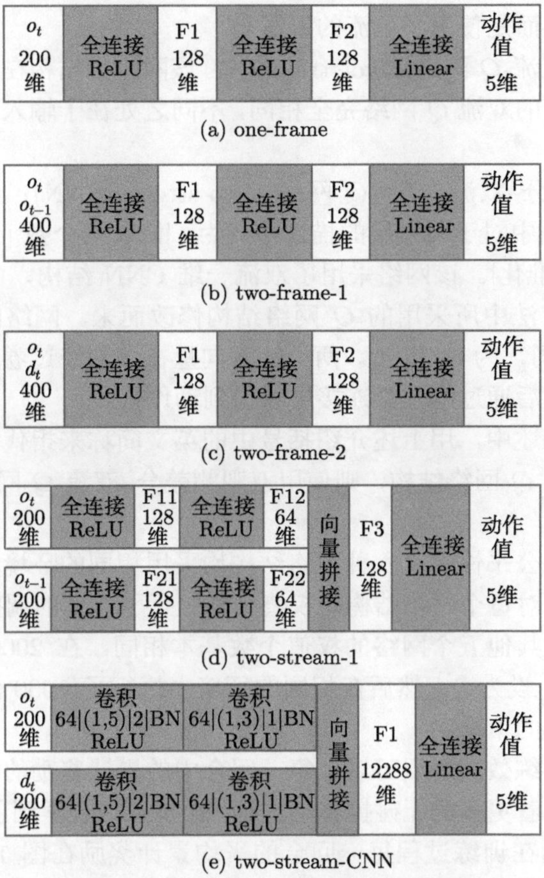

图 12.6 五种用于对比的神经网络结构

(1) 单观测–单流-Q 网络 (one-frame)：该网络的结构在图 12.6(a) 中给出，网络输入只有观测向量 o_t，经过两层带有 ReLU 激活函数的全连接神经网络，再通过线性连接层映射到动作值。这种网络结构是采用神经网络拟合低维观测的 Q 函数的常用结构。该结构用于本问题只输入了空间静态信息。

(2) 双观测–单流-Q 网络 (two-frame-1)：该网络的结构在图 12.6(b) 中给出，其输入为先后的连续两次观测向量 o_t 和 o_{t-1} 连接而成的一个向量。其之后的处理过程与 one-frame 网络相同。该网络结构与处理 Atari 游戏画面的深度 Q 网络相似，都是同时输入了多次原始观测的结果，其空间静态信息和运动信息是隐含在输入当中的。

(3) 双观测差分–单流-Q 网络 (two-frame-2)：该网络的结构在图 12.6(c) 中给出，其输入为将 o_t 和 d_t 两个向量连接而成的向量，并且采用了和 two-frame-1 网络相同的处理方法。该结构虽然输入与双流 Q 网络完全相同，但是没有分别处理这两部分数据，而是使用了单流的方法。

(4) 双观测–双流-Q 网络 (two-stream-1)：该网络的结构在图 12.6(d) 中给出，该结构与本章提出的双流 Q 网络完全相同，不同之处在于输入为先后的两次观测向量 o_t 和 o_{t-1}。

(5) 双观测差分–双流-CNN-Q 网络 (two-stream-CNN)：该网络的结构在图 12.6(e) 中给出，图中对于卷积层的描述格式为：[滤波器个数 | 滤波器尺寸 | 移动步长 | BN= 批标准化]。该网络采用了双流一维 CNN 结构，由文献 [13] 中基于激光雷达的避障方法中所采用的 Q 网络结构修改而来。网络的输入与本章提出的双流 Q 网络相同，为 o_t 和 d_t。两个输入向量在分别经过卷积层之后输出两个特征，连接在一起后通过线性全连接层映射到动作值。

在接下来的描述中，用上述介绍括号中的英文简称来指代每种网络结构，对于本章提出的双流 Q 网络结构，则使用双观测差分–双流-Q 网络 (two-stream-2) 代替。

为保证对比的公平性，这六种网络结构均采用相同的环境和训练参数进行训练和测试。我们还对每个网络结构的权值个数进行了特别的调整，保证除了 one-frame 网络之外的其他五个网络的权值个数基本相同。在 2000 训练回合结束之后，将探索概率 ε 设为 0，然后在相同的环境中执行了 1000 测试回合用于评估不同结构网络学到的策略。

避障策略的训练效果进展可以由每一回合中的累计奖励的提高体现，因为更高的累计奖励意味着更多的无碰撞移动过程，也就意味着学到了更好的避障策略。上述六种网络结构在训练过程每一回合的平均累计奖励在图 12.7 中以学习曲线的形式给出。最终避障策略的效果可以用在学习完成后的 1000 测试回合中的每一回合的平均累计奖励来评价，同时也可以体现在每一回合的平均步数上。这两方面的评估结果在图 12.8 中给出。

由于学习过程中的随机动作影响，每一回合的平均奖励累计原始曲线会表现出较大的方差，为了更好地显示每种网络结果的学习过程，我们对原始曲线进行了平滑处理，图 12.7 给出的就是平滑处理后的结果。通过学习过程曲线和评估结果图，可以很明显看出，本章提出的 two-stream-2 结构网络在学习率和最终学到的避障性能方面都优于其他五种网络。

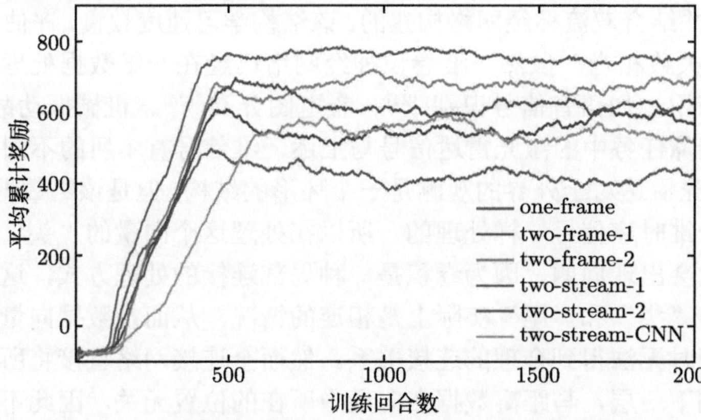

图 12.7 六种网络结构在学习过程中每回合的平均累计奖励

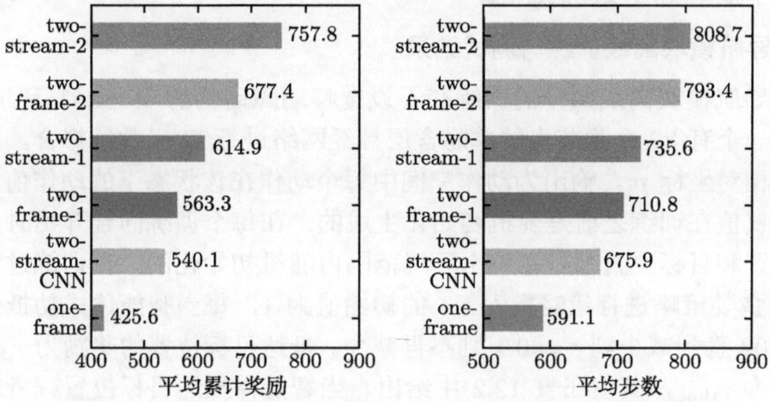

图 12.8 六种网络结构在测试回合中的平均累计奖励和步数

在动态环境中执行避障任务，空间动态信息对于智能体选择合理的动作至关重要。由于 one-frame 网络结构根本没有输入动态信息，因此在所有结构中性能最差。two-frame-1 和 two-stream-1 结构使用了连续的两次观测作为输入，其运动信息隐含在了输入当中，因此效果相比而言要好于 one-frame 的结果。但仅是简单地将连续的两次观测输入到网络中并没有清晰地传达运动信息，因此可能需要更长的训练时间或者相对更复杂的网络结果才能学到更好的效果。在 two-frame-2 结构中，虽然输入与 two-stream-2 相同，都输入了静态数据和动态数据，但是两部分向量在第一个全连接层就被连接在一起进行训练，因此很有可能在两部分数据之间搭建了一些无关的连接，从而对之后的学习效果造成影响。two-stream-2 结构将静态和动态两部分数据分开处理，分别提取特征，避免了无关数据之间的不当耦合，从而取得了更好的效果。

two-stream-CNN 是基于文献 [13] 中使用的一维卷积神经网络处理激光雷达

数据的方法，并结合双流神经网络构建的。该结构学习速度较慢，评估效果与 two-frame-1 效果大致相当。虽然一维卷积神经网络已经在一维数据处理方面得到了很多成功的应用，如语音信号识别 [24]、心电图分类 [25]、机械振动故障诊断 [26] 等，但是本避障任务中的激光雷达信号与上述一维信号有本质的不同。从图 12.4 可以看出，激光雷达对于外界的观测是一个环形的结构，但是该组数据在 CNN 中是像普通的一维时序信号一样处理的，所以在处理这个向量的“头”和“尾”部分的数据时就会出现问题。因为卷积是一种局部连接的处理方式，这种处理方式会忽略向量的“头”和“尾”实际上是相连的情况，从而在数据向量断开的部分进行卷积处理时无法得到合理的连接关系。然而全连接网络直接将所有的原始数据直接映射到下一层，与距离数据在向量中所在的位置无关，因此不会像卷积网络一样存在局部连接带来的问题。这个问题一定程度上也是 two-stream-CNN 结构在学习中效果相对较差的原因。

12.4.2 导航模块离线训练与测试结果

全局导航模块离线部分的训练在不设置移动障碍物的 Room-1 环境中执行。我们使用一个有 32 个隐节点的单隐含层神经网络进行 Q 函数的拟合。网络的输入为二维相对坐标 p_t，输出为动作空间中每个动作在该状态下的动作值。神经网络的初始权值在训练之前是随机初始化生成的。在每个训练回合开始时，智能体的初始位置和目标位置都是在整个环境范围内随机初始化的。在训练过程中，同样采用 ε-贪婪策略进行策略探索。ε 的初始值为 1，每当智能体成功抵达目标点则减少 0.02 直到减少到 $\varepsilon = 0.1$ 则不再减少。抵达目标位置的奖励为 r_{dest}，时间消耗惩罚为 r_{time}，其值在表 12.2 中给出。当智能体抵达目标位置或者超过最长时间步时结束本回合并重设新训练回合。在每个时间步，我们使用传统 Q 学习算法对神经网络进行更新。

在 1000 训练回合之后，将 ε 设为 0，又执行了 100 测试回合。事实上，由于该导航任务相对简单，在不到 100 回合之后便收敛到一个相对稳定的策略。在测试回合中，我们按照图 12.2 Room-1 中给定的智能体和目标点的初始位置范围进行初始化。测试结果表明，智能体在全部的 100 测试回合中，都成功地抵达了目标点，平均所用步数为 67.2。最好的和最差的十组的平均步数分别为 41.8 和 83.7。上述结果为机器人在没有任何障碍物的情况下，从预设初始区域出发抵达预设区域的目标点的步数结果，其数值可以为下面带有障碍物的测试结果提供一定的参考。

12.4.3 模块化深度强化学习在线训练与对比测试结果

在完成了避障模块和导航模块离线部分训练和测试之后，我们便可以在未知环境中对本章提出的模块化深度强化学习算法进行导航和避障任务的在线训练和测试。另外，我们还将本章所提算法与经典深度强化学习算法和人工势场导航算法进行对比。在下面的内容中，我们首先简要介绍三种算法的基本配置和实施方式，然后再对测试结果进行讨论。

(1) 模块化深度强化学习 (modular deep reinforcement learning，MDRL) 算法：首先对局部避障模块和导航模块离线部分进行预训练，至此我们已经通过上述内容完成了预训练，获得了高效的局部避障和全局导航策略。然后使用一个 128 个节点的单隐含层在线网络，将避障模块提供的局部信息特征 φ_t 和相对坐标 p_t 连接成的 130 维向量映射到在线学习的动作值函数。该网络在训练之前也采用随机权值进行初始化。在线训练的奖励/惩罚函数包括了 r_{coli}、r_{time}、r_{dest} 三个部分，数值在表 12.2 中给出。在线学习的方法依照算法 12.1 执行。

(2) 经典深度强化学习 (classic deep reinforcement learning，CDRL) 算法：在经典深度强化学习的对比实验中，使用文献 [20] 中的实施方法。对于其中用于 Q 函数拟合的神经网络，采用和本章相同的在线学习结构，即将双流网络的前半部分和在线学习网络相连接的结构。具体来讲，就是在双流网络部分，将局部距离信息 o_t 和 d_t 分别输入到网络的两个处理流中，然后在合成的 128 维特征 φ_t 处输入相对坐标信息 p_t，构成 130 维特征，再通过一个 128 个节点的隐含层网络，最终线性映射到动作值。除了网络结构相同之外，还使用相同的奖励函数设置和训练参数设置。ε-贪婪策略的设置也与本章所提算法相同。

(3) 人工势场导航 (artificial potential field navigation，APF) 算法：传统机器人导航和避障领域常用的方法。其基本的原理是通过在机器人所在的环境建立一个人工势场，并使势场中的机器人同时受到障碍物的斥力和目标点的引力。在本任务中，依照文献 [1] 的方法，使用激光测距数据和相对坐标，在智能体周围建立一个人工势场。依照原始算法，通过计算势场的负梯度方向给出智能体下一步的期望速度向量，但是该向量是一个连续变量。为了使这个方法与我们的离散动作空间匹配，使用如下算法进行计算：① 使用原人工势场法计算期望速度向量；② 计算智能体在当前状态下分别执行五种动作后所得到的预测速度向量；③ 选择与期望速度向量最接近的预测速度向量所对应的动作用于下一步的执行。换句话说，该方法就是去选择一个最有效的将当前速度向量转向期望速度向量的动作。另外在实际执行中，我们在不同环境的测试中专门调节相关参数，尽可能地提高其性能。

上述前两种基于强化学习的算法的主要不同在于 MDRL 算法可以在避障模块和离线导航模块预训练的基础上进行在线训练，而 CDRL 算法是从随机策略开始训练。为了保障一个相对公平的比较，将 CDRL 训练 5000 回合，而将 MDRL 算法只训练 2000 回合，用以补偿对避障网络预训练的 2000 回合和对离线导航网络训练的 1000 回合。用两种算法分别训练 2000 回合，CDRL 算法训练 5000 回合之后，将 $\varepsilon = 0$，再执行 1000 测试回合，对训练得到的策略进行测试。

对于三种算法在导航与避障任务中的性能，采用成功率和平均步数两个指标进行评判。其中成功率是指成功的测试回合数与总测试回合数之比。成功的测试回合是指机器人在最大步数 $T_{\max}$ 之内抵达了目标点。平均步数是指在所有成功的测试回合中，机器人从初始点抵达目标点所使用的平均步数。其中用成功率评价三种算法得到的策略完成导航任务的能力，作为主要评价指标。平均步数在成功率的基础上对策略的效率进行评价，为次要评价指标。将训练过程中的每 100 训练回合合并为一段 (epoch)，并对其成功率和平均步数进行计算。而对于 1000 测试回合，则直接进行计算。由于 APF 算法不需要进行训练，性能指标直接由测试回合给出。在环境中移动障碍物设置的数量方面，在环境 Room-1 中设置了 20 个移动障碍物，在环境 Room-2 和 Room-3 中设置了 15 个移动障碍物，由于 Room-4 可移动的空间相对狭窄，设置了 10 个移动障碍物。

在四个环境中的训练过程如图 12.9 所示。四个子图分别展示了各算法在每个

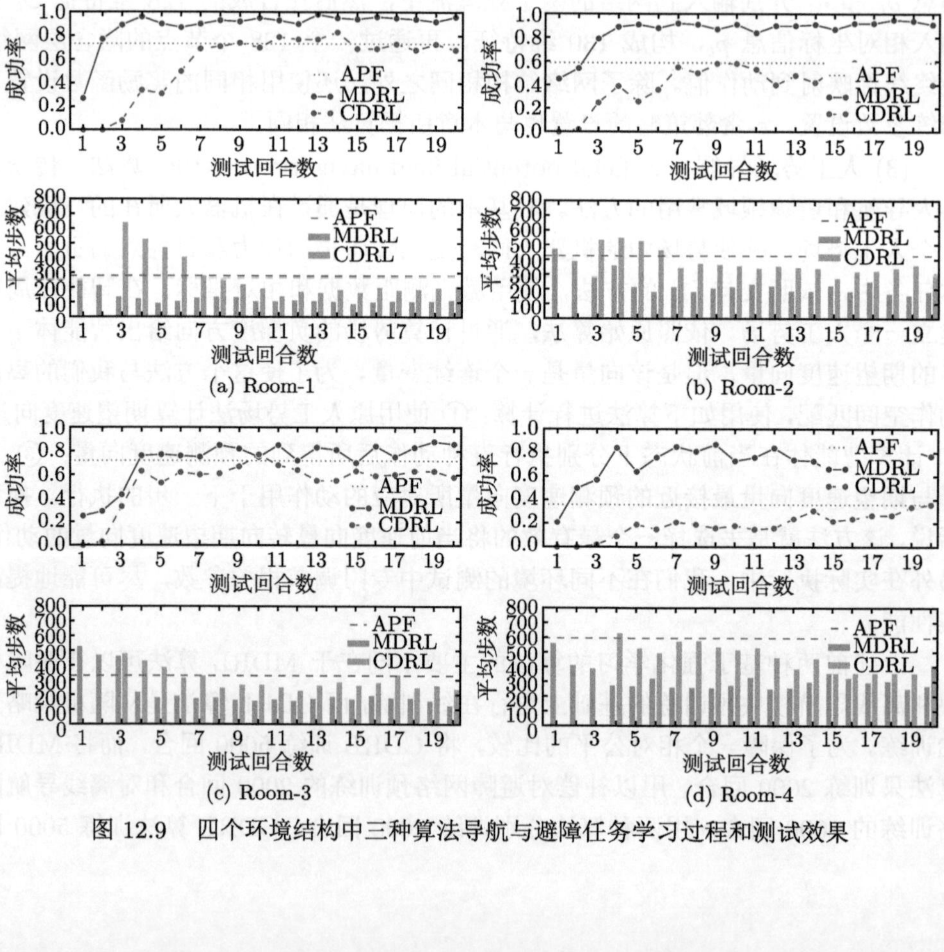

图 12.9　四个环境结构中三种算法导航与避障任务学习过程和测试效果

环境中的性能指标。每个子图中的上半部分的折线是每段训练中两种学习算法的成功率，下半部分的条形图是两种学习算法的平均步数指标，当在一段训练中成功的测试回合数少于 10 时，其平均步数指标将不具有代表性，因此不展示其平均步数。APF 算法的成功率和平均步数在对应的图中分别用水平虚线标出。训练之后在相应环境中的测试结果在表 12.3 中给出，其中 CDRL2000 和 CDRL5000 分别表示经典深度强化学习算法在训练 2000 回合和 5000 回合后的测试结果。表中括号外的数值是成功率，括号内的数值是对应的平均步数。

表 12.3 四个环境中的测试成功率 (平均步数)

环境	MDRL	CDRL2000	CDRL5000	APF
Room-1	0.953 (99)	0.781 (264)	0.792 (163)	0.732 (279)
Room-2	0.879 (191)	0.479 (329)	0.506 (286)	0.587 (425)
Room-3	0.840 (150)	0.626 (216)	0.711 (217)	0.718 (329)
Room-4	0.827 (333)	0.283 (368)	0.324 (347)	0.361 (596)

从图 12.9 中的成功率曲线可以看出，本章所提 MDRL 算法相比 CDRL 算法表现出了更快的学习率和更高的成功率。在所有环境中，最多只需要 4 段，即 400 回合的训练就可以稳定在较高的成功率上。从相应的平均步数指标来看，随着训练的进行，两种算法抵达终点的步数均表现出一定的下降，但是本章所提 MDRL 算法下降更快，其在每段中的平均步数也总小于 CDRL 算法的平均步数。另外从表 12.3 中的结果也可以看出，在最终的测试中本章所提 MDRL 算法均超过了 CDRL 算法和经过精细调参的 APF 算法。即便在结构非常狭窄和复杂的 Room-4 环境中，在其他算法均无法获得 50% 以上的成功率的情况下，本章所提 MDRL 算法仍然达到了 82.7% 的较高水平。下面根据具体的实验结果，对这几种算法的表现和本章所提 MDRL 算法的优势进行分析和讨论。

导航和避障任务中本章所提 MDRL 算法的学习速度要明显快于 CDRL 算法，主要是得益于前期预训练中得到的由避障模块和离线导航模块通过任务调度模块结合的启发式探索策略。该策略在训练前期能够提供大量抵达目标位置的高质量经验，能够给接下来的训练过程提供较好的方向。相比而言，CDRL 算法在训练的初期阶段采用的是随机探索策略，在随机策略的驱动下，机器人会频繁发生碰撞障碍物的情况，因此积累了大量碰撞的经验，从而学到了较好的避障策略。从图 12.9 中 CDRL 算法在训练初期较高的平均步数和很低的成功率就看出，此时的策略仅具有较好的避障策略，而无法有效抵达目标点。在这种策略下，获得抵达目标点的经验对之后的训练过程相当重要。在较为简单的环境中，如 Room-1，智能体可能通过 ε-贪婪策略抵达目标点以获取相关经验，从而逐渐训练得到导航去目标点的能力。但是在类似 Room-4 这种在初始点和目标点之间有较为复杂结构的环境，通过随机探索策略的方式抵达目标的概率非常小，因此难以获得相应的经验用于训练导航能力。从学习和测试结果中可以看出，即便经过了 5000 回合训练，其完成任务的成功率仍然很低，甚至要低于 APF 算法。而本章提出的 MDRL 算法在启发式探索策略的引导下，在复杂的 Room-4 环境中仍然以较快的学习速度得到了高效的导航策略。

本章所提 MDRL 算法的另一个重要优势在于其实际在线训练的网络规模、计算量和经验池存储量相比于 CDRL 算法都更小。因为在线学习所调整的在线网络仅为将避障模块输出的特征部分和相对坐标映射到动作值的规模较小的一个神经网络，有利于训练速度的提高。而 CDRL 算法需要对整个从原始测距信息输入到动作值的整个双流 Q 网络进行训练，规模相对较大。同样，我们仅需要保存特征值和坐标值作为训练经验，而无须保存原始测距信息，因此占用存储空间相对较小。

实验中作为对比的 APF 算法由于没有自适应能力，在本任务中的效果很大程度上依赖势场参数的调节。其主要难度在于如何调节障碍物的斥力势场和目标点的引力势场的相对大小，使其在两方面的任务中取得平衡。若斥力势场的强度过大，则机器人会在运动过程中距离障碍物更远，虽然移动更加安全，但是延长了时间。若斥力势场强度太小，则难以达到避障的效果。在实验中，我们针对每个环境分别对势场强度进行了反复的测试和调节，在 Room-1 和 Room-3 环境中，获得了较好的成功率结果，但是平均步数要远大于基于强化学习的方法，但是始终无法获得在成功率和平均步数两方面都能够与本章所提 CDRL 算法相比较的结果。

除了上述对比实验之外，我们还研究了动作调度模块参数中相对速度的灵敏度参数 κ 和切换阈值 λ 对学习效果的影响。对于 κ，根据由差分观测 d_t 表示的当前速度做向前一步的预测估计，因此设置 $\kappa = 1$ 较为合理。λ 对启发式探索策略的动作风格有较大的影响，具体表现为：较大的 λ 对碰撞风险比较敏感，倾向于选择躲避障碍的动作，而较小的 λ 会在一定程度上忽视碰撞风险，径直接近目标点。为了研究不同的 λ 对学习效果的影响，我们在 Room-4 环境中对设置不同的 λ 值的在线学习进行了测试。其学习曲线和测试结果如图 12.10 所示。图中折线上表示的值是训练过程中每段的成功率。每个 λ 值的测试成功率在上方图例括号中给出。可以看出，除了 $\lambda = 0.1$ 时学习速度较慢且最终效果较差之外，其他 λ 值下的学习效果基本相同，$\lambda = 0.7$ 时最终效果最好。该结果也证明我们的学习方法对启发式探索策略的参数 λ 敏感度不高，但不宜选择太小的值。

总体来说，上述实验结果充分证明了本章提出的 MDRL 算法在多种复杂环境的导航与避障任务中都取得了很好的效果，相比 CDRL 算法具有明显优势。

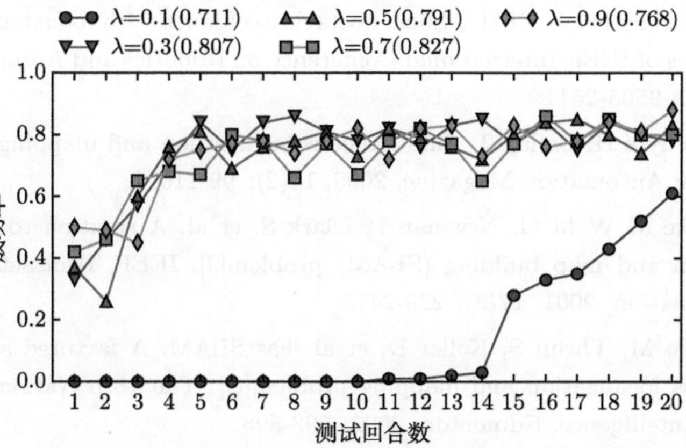

图 12.10 不同切换阈值 λ 在 Room-4 环境中对训练过程的影响

12.5 本章小结

本章提出了一种基于模块化深度强化学习的导航与避障算法，并将其成功应用于移动机器人在复杂动态环境中躲避障碍物并前往目标位置的问题。本章提出的算法基于深度 Q 学习算法构建，提出了一种新型的深度双流 Q 网络结构用于处理激光雷达数据。在局部避障效果中，该结构相比经典网络结构在学习速度和测试效果方面都有显著提升。通过引入结构化的设计，本章提出的算法可以在未知环境中利用预训练得到的启发式探索策略通过在线学习快速获得高性能的避障和导航策略。在与经典深度强化学习算法和传统人工势场导航算法在不同环境的对比中，本章提出的算法均表现出了更高的任务成功率和执行效率。

参 考 文 献

[1] Khatib O. Real-time obstacle avoidance for manipulators and mobile robots[J]. The International Journal of Robotics Research, 1986, 5(1): 90-98.

[2] Veatch P A, Davis L S. Efficient algorithms for obstacle detection using range data[J]. Computer Vision, Graphics, and Image Processing, 1990, 50(1): 50-74.

[3] Wang T M, Zhang B. Time-varying potential field based 'perception-action' behaviors of mobile robot[C]. Proceedings of IEEE International Conference on Robotics and Automation, Nice, 1992: 2549-2554.

[4] Ge S S, Cui Y J. Dynamic motion planning for mobile robots using potential field method[J]. Autonomous Robots, 2002, 13(3): 207-222.

[5] Ulrich I, Borenstein J. VFH: Reliable obstacle avoidance for fast mobile robots[C]. Proceedings of IEEE International Conference on Robotics and Automation, Leuven, 1998: 1572-1577.

[6] Ulrich I, Borenstein J. VFH*: Local obstacle avoidance with lookahead verification[C]. Proceedings of IEEE International Conference on Robotics and Automation, San Francisco, 2000: 2505-2511.

[7] Durrant-Whyte H, Bailey T. Simultaneous localization and mapping: Part I[J]. IEEE Robotics & Automation Magazine, 2006, 13(2): 99-110.

[8] Dissanayake M W M G, Newman P, Clark S, et al. A solution to the simultaneous localization and map building (SLAM) problem[J]. IEEE Transactions on Robotics and Automation, 2001, 17(3): 229-241.

[9] Montemerlo M, Thrun S, Koller D, et al. FastSLAM: A factored solution to the simultaneous localization and mapping problem[C]. The 18th National Conference on Artificial Intelligence, Edmonton, 2002: 593-598.

[10] Davison A J, Reid I D, Molton N D, et al. MonoSLAM: Real-time single camera SLAM[J]. IEEE Transactions on Pattern Analysis and Machine Intelligence, 2007, 29(6): 1052-1067.

[11] Jung I K, Lacroix S. High resolution terrain mapping using low attitude aerial stereo imagery[C]. Proceedings of the 9th IEEE International Conference on Computer Vision, Nice, 2003: 946-951.

[12] Tai L, Li S H, Liu M. A deep-network solution towards model-less obstacle avoidance[C]. IEEE/RSJ International Conference on Intelligent Robots and Systems, Daejeon, 2016: 2759-2764.

[13] Pfeiffer M, Schaeuble M, Nieto J, et al. From perception to decision: A data-driven approach to end-to-end motion planning for autonomous ground robots[C]. IEEE International Conference on Robotics and Automation, Singapore, 2017: 1527-1533.

[14] Tai L, Liu M. Towards cognitive exploration through deep reinforcement learning for mobile robots[J]. arXiv preprint arXiv: 1610.01733, 2016.

[15] Tai L, Paolo G, Liu M. Virtual-to-real Deep reinforcement learning: Continuous control of mobile robots for mapless navigation[J]. arXiv preprint arXiv: 1703.00420, 2017.

[16] Tessler C, Givony S, Zahavy T, et al. A deep hierarchical approach to lifelong learning in Minecraft[J]. arXiv preprint arXiv: 1604.07255, 2016.

[17] Mirowski P, Pascanu R, Viola F, et al. Learning to navigate in complex environments[J]. arXiv preprint arXiv: 1611.03673, 2016.

[18] Goodale M A, Milner A D. Separate visual pathways for perception and action[J]. Trends in Neurosciences, 1992, 15(1): 20-25.

[19] Simonyan K, Zisserman A, Simonyan K, et al. Two-stream convolutional networks for action recognition in videos[C]. Proceedings of the 28th International Conference on Neural Information Processing Systems, Montreal, 2014: 568-576.

[20] Mnih V, Kavukcuoglu K, Silver D, et al. Human-level control through deep reinforcement learning[J]. Nature, 2015, 518(7540): 529-533.

[21] Hart P E, Nilsson N J, Raphael B. A formal basis for the heuristic determination of minimum cost paths[J]. IEEE Transactions on Systems Science and Cybernetics, 1968, 4(2): 100-107.

[22] Abadi M, Barham P, Chen J M, et al. TensorFlow: A system for large-scale machine learning[C]. The 12th Symposium on Operating Systems Design and Implementation, Savannah, 2016: 265-283.

[23] Ng A Y. Shaping and policy search in reinforcement learning[D]. Berkeley: University of California, Berkeley, 2003.

[24] Golik P, Tüske Z, Schlüter R, et al. Convolutional neural networks for acoustic modeling of raw time signal in LVCSR[C]. The 16th Annual Conference of the International Speech Communication Association, Dresden, 2015 : 26-30.

[25] Kiranyaz S, Ince T, Gabbouj M. Real-time patient-specific ECG classification by 1-D convolutional neural networks[J]. IEEE Transactions on Bio-Medical Engineering, 2016, 63(3): 664-675.

[26] Ince T, Kiranyaz S, Eren L, et al. Real-time motor fault detection by 1-D convolutional neural networks[J]. IEEE Transactions on Industrial Electronics, 2016, 63(11): 7067-7075.

第 13 章　强化学习开源测试环境与算法库

本章对强化学习的测试环境及算法库进行介绍，包括对已有工具的功能介绍、下载安装及使用方法等，从而便于读者快速入门并开展相关任务的训练。

13.1　引　言

随着 DRL 技术在视频游戏、棋类博弈、机器人决策等领域不断令人瞩目的成就，人们越来越重视深度强化学习在解决大规模决策问题上具备的潜力。在该背景下，大量针对不同任务和环境的开源 DRL 算法不断涌现。然而，不同的算法在原理设计、组织框架、优化工具、接口调用等方面表现出巨大的差异，使得研究人员难以快速对现有算法进行开发与利用。

因此，本章首先介绍强化学习领域常用的一些开源测试环境，用于验证算法性能。其次，介绍一种基于统一 AI 框架的深度强化学习智能决策平台——玄策。该软件平台对原始的开源仿真环境进行二次封装，提供便捷的环境接口用于扩展用户自定义任务，并支持多进程并行环境。为了降低代码复写率，玄策对所有 DRL 算法的特征提取模块、经验回放模块、策略模块、学习模块及运行模块都进行了统一封装和设计。为方便不同 AI 框架用户的使用，玄策根据算子映射关系实现代码从 PyTorch 到 MindSpore 和 TensorFlow 的迁移。目前，玄策包含 35 种主流深度强化学习算法，能够处理单智能体控制与决策任务、多智能体协作/对抗任务、大规模多智能体攻防博弈任务等，可在 CPU、GPU、国产昇腾 AI 处理器上部署训练。该软件平台兼容 Linux、Windows、macOS 等主流操作系统，并支持多核并行运算，能够为深度强化学习相关工作人员提供极大的操作便利和有力的技术支撑。

13.2　强化学习开源测试环境

在深度强化学习领域，开源仿真环境扮演着至关重要的角色，为研究人员和开发者提供了丰富多样的场景和任务，用于测试、评估和开发各种深度强化学习算法。这些仿真环境涵盖了从经典问题到现实场景等多个领域，包括游戏、机器人控制、交通管理等，为深度强化学习的应用和实践提供了便利和灵感。本章将介绍一系列知名的深度强化学习开源仿真环境，探讨它们的设计理念、特点、功能及应用场景。

13.2.1 OpenAI Gym

OpenAI Gym 是由 OpenAI 提供的一个开源强化学习测试环境库，旨在提供一个标准化接口，使研究人员能够更轻松地设计、实现和评估强化学习算法。它包含了一系列标准的强化学习问题，涵盖了从简单的控制任务到复杂的 Atari 游戏等多个领域。其主要特点如下。

(1) 提供了丰富的环境选择，包括经典的控制问题 (如 CartPole、Mountain-Car)、Atari 游戏 (如 *Pong*、*Breakout*) 等。

(2) 容易使用的应用程序接口 (application program interface，API)，方便用户编写和测试自己的强化学习算法。

(3) 支持并行化训练和评估，可用于加速实验和提高效率。

(4) 社区活跃，拥有丰富的文档和示例代码，为用户提供了丰富的学习资源。

OpenAI Gym 可以用于测试和评估各种深度强化学习算法，包括深度 Q 网络、策略梯度方法、执行器–评价器算法等。它在学术界和工业界都得到了广泛应用，被用于研究机器人控制、自动驾驶、游戏智能等领域。

开源环境主页：https://www.gymlibrary.dev/。

13.2.2 Unity ML-Agents Toolkit

Unity ML-Agents Toolkit 是由 Unity Technologies 提供的一个强化学习工具包，与 Unity 游戏引擎结合，允许用户在 Unity 环境中创建自定义的强化学习场景。它提供了一种简单而强大的方法，让用户可以利用 Unity 引擎的强大功能和灵活性，设计和测试各种深度强化学习算法。该环境主要具备如下特点。

(1) 可以在 Unity 中创建高度逼真的 3D 场景，包括各种虚拟环境、机器人模型等。

(2) 提供了丰富的工具和示例场景，方便用户快速上手和开始实验。

(3) 支持多智能体协作和竞争，可用于研究群体智能、博弈论等问题。

(4) 与深度学习框架 (如 TensorFlow、PyTorch) 无缝集成，支持各种深度强化学习算法的实现和训练。

Unity ML-Agents Toolkit 在游戏开发、虚拟仿真、机器人控制等领域有着广泛的应用。研究人员可以利用它来设计和测试自己的深度强化学习算法，开发智能体控制游戏角色、机器人、虚拟人等，实现各种有趣的应用和实验。

开源环境主页：https://unity.com/products/machine-learning-agents。

13.2.3 PyBullet

PyBullet 是一个基于物理仿真的开源强化学习环境库，提供了各种物理场景和机器人模型，可用于机器人控制、动作规划等任务。它是 Bullet 物理引擎的 Python 封装，为用户提供了一种简单而强大的方法，来构建和测试各种深度强化学习算法。PyBullet 主要有如下特征。

(1) 提供了丰富的物理场景和机器人模型，包括各种仿真环境、机械臂、移动机器人等。

(2) 支持多种物理特性和约束条件，如碰撞检测、关节限制等，可以模拟各种真实世界的物理场景。

(3) 高度可定制性，用户可以根据自己的需求和实验设计来调整环境和模型的参数。

该环境可以用于研究和开发各种机器人控制算法、动作规划算法等，包括机器人视觉、抓取任务、导航任务等。它在学术界和工业界都得到了广泛的应用，被用于研究机器人学、自动化控制、虚拟仿真等领域。

开源环境主页：https://pybullet.org/wordpress/。

13.2.4 DeepMind Control Suite

DeepMind Control Suite 是由 DeepMind 提供的一组物理仿真环境，用于测试和评估强化学习算法在连续控制任务上的性能。它提供了一系列高度可定制的仿真场景，包括各种机器人模型、物体操纵任务等，用于研究和开发深度强化学习算法，它的主要特点如下。

(1) 提供了多种连续控制任务，包括机器人控制、手眼协调、物体操纵等。

(2) 高度可定制性，用户可以根据自己的需求和实验设计来调整环境和任务的参数。

(3) 支持多种物理引擎，包括 MuJoCo、Bullet 等，用户可以根据自己的喜好和需求选择合适的物理引擎。

DeepMind Control Suite 可以用于研究和开发各种连续控制任务上的强化学习算法，包括机器人控制、手眼协调、物体操纵等。它在学术界和工业界都得到了广泛的应用，被用于研究机器人学、自动化控制、虚拟仿真等领域。

开源项目主页：https://github.com/google-deepmind/dm_control.git。

13.3 玄策强化学习开源算法库

13.3.1 软件概述

1. 软件总体功能介绍

玄策是一种同时兼容 PyTorch、TensorFlow 和 MindSpore 三种主流 AI 编程框架的 DRL 智能决策平台，总体功能框架如图 13.1 所示①。该软件平台利用 PyYAML 文件为决策算法配置参数，包括定义神经网络结构、学习率、折扣因子等，参数配置便捷灵活。为了尽量降低代码复写率，玄策将所有算法在不同 AI 框架下所需要的基础工具进行接口统一封装，其中包括基础工具、经验回放工具等。为了让玄策兼容不同仿真环境下的模型训练，对主流的仿真环境进行了二次封装，保证输入输出接口的参数类型及数量保持统一。用户也可根据封装规则，快速搭建属于自己的仿真环境。该软件平台支持并行环境，即同时开启多个进程运行多个环境，从而提高智能体的采样效率。为了应对多样化任务需求，该平台同时支持单、多智能体在内的强化学习算法超过 35 种，用户还能在此基础上快速扩充新的算法。新算法扩充无须再重复编写经验回放工具、基础工具等模块，只需完成算法的核心模块即可，有效提升了研究人员对 DRL 算法的二次开发效率。

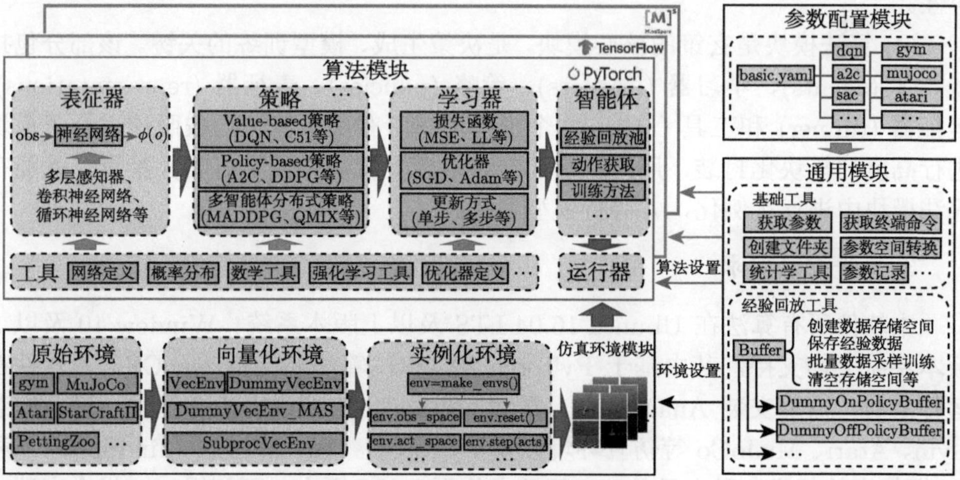

图 13.1 软件总体功能框架图

① 玄策开源链接：https://github.com/agi-brain/xuance.git。

2. 模块介绍

本软件共分为四个模块，分别为参数配置模块 (configs)、通用模块 (common)、仿真环境模块 (environments) 及算法模块 (algorithms)。

(1) 参数配置模块包含对算法、环境、硬件设备等参数的配置，具体配置信息以列表格式写在 PyYAML 文件中。该模块分为基础参数配置和定制化参数配置。基础参数配置主要确定 AI 框架、可视化工具、计算设备等模块的选择，配置信息写在./config/basic.yaml 文件中。定制化参数配置确定每种算法在特定环境中运行的参数，包括环境名称、神经网络配置、策略、训练步数、学习率等，以 A2C 算法在 Atari 环境中的参数为例，配置信息写在./config/a2c/atari.yaml 文件中。当用户需要添加新的任务时，必须以相同的格式配置该文件。

(2) 通用模块定义了各种框架下的通用工具，其中基础工具包括获取参数、获取终端命令、创建文件夹、参数空间转换、统计学工具、参数记录等，经验回放工具分为单智能体和多智能体两部分，每部分均根据不同类算法进行了细分，例如，on-policy 算法族、off-policy 算法族的经验回放池定义各不相同。

(3) 仿真环境模块 DRL 的决策对象，通过和该模块的交互能够获取经验数据，用于模型训练。在玄策中，不同的仿真环境写在各自文件夹中，一般包括原始环境、向量化环境和实例化环境三个部分。所有的仿真环境在封装后输入输出的参数名称、参数个数均保持一致，以保证整个框架对不同算法和不同任务的兼容性。

(4) 算法模块是玄策的核心模块，是决策生成、模型训练的关键。该部分包括智能体 (agents)、学习器 (learners)、策略 (policies)、表征器 (representations)、运行器 (runner) 和工具 (utils) 六个子模块。所有决策算法均按照该六个子模块进行高度的模块化封装，用户只需要在参数配置模块中确定好相关配置，就能在算法模块中进行实例化，并等待模型训练。

3. 软件安装需求

本软件所有算法在 Ubuntu 16.04 LTS 及以上版本系统、Window 10 及以上版本系统上均支持，其中基于 PyTorch 的 DRL 算法还支持 macOS。本软件在运行之前，需要安装 Anaconda3，配置 Python 3.7 或以上版本开发环境，安装 Gym、Atari、MuJoCo 等仿真环境以及 PyTorch、TensorFlow、MindSpore 三种 AI 框架中的任意一种。目前，玄策已上传至 PyPI 平台，可利用 pip 指令实现一键安装。下面将演示本软件 1.0.11 版本的详细安装及使用方法。

4. 软件安装方法

步骤 1：安装 Anaconda3。

进入官方网站 (https://www.anaconda.com/)，下载 Linux 版安装包 (图 13.2)；打开终端窗口，进入安装包所在文件目录，使用如下命令完成安装：

```
$ bash Anaconda-xxx-x86_64.sh
```

图 13.2 Anaconda3 软件下载

在终端运行并单击回车确认 (图 13.3 和图 13.4)。

图 13.3 在终端运行 Anaconda3-2018.12-Linux-x86_64.sh

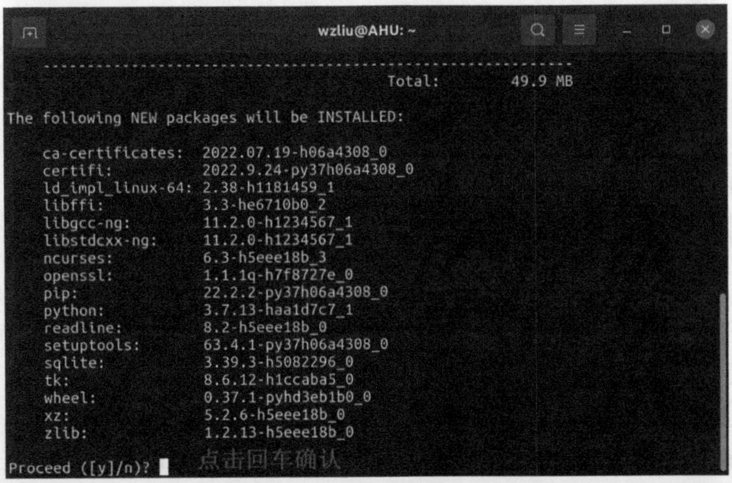

图 13.4 点击回车确认安装

步骤 2：配置 conda 虚拟环境。

采用如下命令创建并激活 conda 虚拟环境 (图 13.5 和图 13.6)：

```
$ conda create -n xuance python=3.7
$ conda activate xuance
```

图 13.5　创建 conda 环境

图 13.6　激活并进入 conda 环境

步骤 3：安装 xuance 软件包。

利用如下 pip 指令安装软件包：

```
$ pip install xuance==1.0.11
```

该指令完成安装后，还需要根据用户各自需求安装相应的 AI 工具包，如 PyTorch、TensorFlow 或 MindSpore。当然，用户也可以根据需要用如下指令实现安装：

```
$ pip install xuance[all]==1.0.11 # 一键安装所有AI工具包
$ pip install xuance[torch]==1.0.11 # 同时安装PyTorch
$ pip install xuance[tensorflow]==1.0.11 # 同时安装TensorFlow
$ pip install xuance[mindspore]==1.0.11 # 同时安装MindSpore
```

13.3.2　软件主要功能详解

1. 通用工具

为了方便开发人员扩展模块功能，节约开发成本，本软件定义了数学工具、基础算子、日志工具、经验池、配置工具、统计工具等。这些工具在不同算法中共享，具有良好的兼容性。下面分别加以介绍。

1) 数学工具

算法库中需要用到的数学工具定义在./common/common_tools.py 文件中，目前包含一个用于计算累计折扣奖励的滤波器函数 disount_cumsum()。该函数输入为一个回合的奖励值序列和折扣因子，输出为每一时刻的累计奖励序列。用户可在该模块中根据自己开发需要，增加其他数学工具。

2) 基础算子

基础算子主要涉及对神经网络权值和梯度相关的操作，包含 get_flat_grad、get_flat_params、assign_from_flat_grads、assign_from_flat_params。这些基础算子均在 xuance/torch/utils/operators.py、xuanpoilcy/tensorflow/utils/operators.py 和 xuanpoilcy/mindspore/utils/operators.py 文件中完成定义，分别用于实现 PyTorch、TensorFlow 和 MindSpore 三种框架下的强化学习算法设计。用户可根据所设计算法的需求，在该文件中扩展其他算子。

3) 日志工具

本软件同时支持 tensorboard 和 wandb 两种数据可视化工具，用户可选择任意一种用于保存训练数据、观察中间结果等需求。若选择使用 tensorboard，则可通过 tensorboard.writer 模块中的 SummaryWriter 类对算法训练过程中产生的中间结果进行存储，并通过其 add_scalar() 成员函数实现训练数据的可视化。若选择使用 wandb 工具，则可直接通过 wandb.init() 函数初始化并利用 wandb.log() 实现数据可视化。可视化工具的选择在 configs/basic.yaml 文件，通过配置 logger 变量实现。

4) 经验池

经验池是强化学习算法的重要组成部分，主要存储智能体同环境交互的原始数据以及参与模型训练的其他数据。根据在轨策略和离轨策略的不同，经验池分为基于 on-policy 和基于 off-policy 两大类。单智能体 DRL 和 MARL 的经验池类定义分别位于./common/memory_tools.py 和./common/memory _tools_marl.py 两个文件中。经验池具有初始化存储空间、存入交互数据、处理轨迹数据、批量数据采样等功能。

5) 配置工具

针对不同算法的参数配置，该软件采用.yaml 文件格式进行设置和存储，并利用 yaml 工具对配置文件进行读取。同时结合 sys.argv 工具对命令行参数进行解析，并整合到最终的算法的参数字典变量中。

6) 统计工具

强化学习算法所需要的统计工具在 xuance/common/statistic_tools.py 及 xuance/torch/utils/distributions.py 文件中定义，其中包括数据归一化工具类 RunningMeanStd、动作噪声类 OUNoise、概率分布基类 Distribution 等。

2. MDP 仿真环境

本软件包含的单智能体任务仿真环境有 Classic Control、Box2D、Atari、MuJoCo 等，包含的多智能体任务仿真环境有 MAgent2、MPE、SISL、StarCraftII、GoogleFootball 等。每个仿真环境下包含丰富的任务场景，如表 13.1 所示。

表 13.1　本软件所包含的环境名称及其对应的场景名称列表

环境名称	包含的场景名称
Classic Control	CartPole-v1, Acrobot-v1, MountainCar-v0, Pendulum-v1
Atari (DRL)	ALE/Alien-v5, ALE/Pong-v5, ALE/Breakout-v5, 等 60 种
MuJoCo	Ant-v4, HalfCheetah-v4, Hopper-v4 Walker2d-v4, Swimmer-v4, Humanoid-v4, Reacher-v4, IndependentPendulum-v4, IndependentDoublePendulum-v4
Box2D	LunarLander-v2, BipedalWalker-v3, CarRacing-v2
MAgent2	adversarial_pursuit_v3, battle_v3, battlefield_v3, combined_arms_v5, gather_v3, tiger_deer_v3
MPE	simple_adversary_v2, simple_crypto_v2, simple_push_v2, simple_reference_v2, simple_speaker_listener, simple_spread_v2, simple_tag_v2, simple_v2, simple_world_comm_v2
SISL	multiwalker_v7, pursuit_v3, waterworld_v3
StarCraftII	2m_vs_1z, 3m, 5m_vs_6z, 8m, corridor, MMM2, 等
GoogleFootball	1v1, 5v5, 11v11_competition, 11v11_kaggle, 11v11, 11v11_easy, 11v11_hard, 3v1, corner, ca_easy, ca_hard, eg, eg_close, psk, rpsk, rs, rsk, single_gvl

3. 用户自定义环境

若用户所使用的仿真环境不在表 13.1 中，可对环境进行二次封装并存放至 xuance/environment 目录下。具体添加方法如下。

步骤 1: 在./environment 目录下创建文件夹 myenv (名称自拟)，进入 myenv 文件夹并创建 my_env.py 文件 (文件名自拟)，编写如下内容：

```
class My_Env(gym.Env):
    def __init__(self, env_id: str, seed: str)
        self.env = make_env(env_id)
        self.env.seed(seed)
        self.obeservation_space = Box(0, 1, self.env.dim_state)
    self.action_space = self.env.action_space
        self.metadata = self.env.metadata
        self.reward_range = self.env.reward_range
        self.spec = self.env.spec
        super(My_Env, self).__init__()
    def reset(self):
        return self.env.reset()
    def step(self, action):
```

```
        return self.env.step()
    def seed(self, seed):
        return self.env.seed(seed)
    def render(self, mode)
        return self.env.render(mode)
    def close(self)
        self.env.close()
```

步骤 2：在./environment/myenv 文件夹中，编写向量化环境封装类，框架如下：

```
class DummyVecEnv_MyEnv(VecEnv):
    def __init__(self, env_fns)
        pass # 可参考已有向量化环境封装写法，下同
    def reset(self):
        pass
    def step_async(self, actions):
        pass
    def step_wait(self):
        pass
    def close_extras(self):
        self.closed = True
        for env in self.envs:
            env.close()
    def render(self, mode):
        return [env.render() for env in self.envs]
```

步骤 3：在./environment/___init___.py 文件中导入自定义环境类 My_Env。

```
from .myenv.my_env import My_Env
```

4. 状态表征网络

1) 多层感知器模块

多层感知器是一种最简单的深层神经网络模型，用于处理向量输入，用户可根据各自需要实例化多层感知器模块，其定义位于 xuance/torch/utils/layers.py、xuance/tensorflow/utils/layers.py 和 xuance/mindspore/utils/layers.py 文件中，类名称为 mlp_block。实例化该类需指定输入维度大小 (input_dim)、输出维度大小 (output_dim)、归一化方法 (normalize)、激活函数选择 (activation) 和初始化方法 (initialize)。在 PyTorch 下实现还需指定设备类型 (device)，以确定模型在 CPU 上运行还是 GPU 上运行。

2) 卷积神经网络模块

卷积神经网络主要用于处理图像输入数据，提取出特征向量，一般输入类型为多通道图像矩阵，输出高维向量特征，名称为 cnn_block, 其定义位于 xuance/torch/utils/layers.py、xuance/tensorflow/utils/layers.py 和 xuance/mindspore/utils/layers.py 文件中。实例化该类需要指定输入尺寸 (input_shape)、滤波方法 (filter)、核大小 (kernel_size)、步长 (stride)、归一化方法 (normalize)、激活函数 (activation) 和初始化方法 (initialize)。在 PyTorch 下实现还需指定设备类型 (device)，以确定模型在 CPU 上运行还是 GPU 上运行。

3) 循环神经网络模块

循环神经网络主要用于处理时序信号信息，提取出当前时序信号的特征向量。根据使用场景差异，本软件提供两种循环神经网络模块：gru_block 和 lstm_block，其定义均位于 xuance/torch/utils/layers.py、xuance/tensorflow/utils/layers.py 和 ./xuance_ms/utils/layers.py 中。实例化该类需指定输入维度大小 (input_dim)、输出维度大小 (output_dim)、剪枝方法 (droupout) 和初始化方法 (initialize)。同样地，在 PyTorch 下实现还需指定设备类型 (device)，以确定模型在 CPU 上运行还是 GPU 上运行。

5. 策略网络

1) 离散动作随机策略

针对离散动作随机策略，本软件根据 PyTorch、TensorFlow 和 MindSpore 三种编程框架的差异，通过不同的方式加以实现，相关定义均位于各自目录的 policy 子文件夹下。其中，使用 torch.distributions、tensorflow_probability.distributions 和 mindspore.nn.probability.distribution 类分别实现 PyTorch、TensorFlow 和 MindSpore 三种 AI 框架下的 Categorical 分布。根据动作的维度大小确定 Categorical 的类别数量。相关的策略包括 ActorCriticPolicy、ActorPolicy 等。

2) 高斯分布随机策略

针对连续动作随机策略，本软件根据 PyTorch、TensorFlow 和 MindSpore 三种编程框架的差异，通过不同的方式加以实现，相关定义均位于各自目录的 policy 子文件夹下。其中，使用 torch.distributions、tensorflow_probability.distributions 和 mindspore.nn.probability.distribution 工具分别实现 PyTorch、TensorFlow 和 MindSpore 三种 AI 框架下的 Gaussian 分布。根据动作维度大小确定均值和方差维度。相关策略包括 ActorCriticPolicy、ActorPolicy 等。

3) 确定性策略

确定性策略主要用于 DQN 和 DDPG 两大类算法的策略实现。确定性策略包括 BasicQnetwork、DuelQnetwork、DDPGPolicy、TD3Policy、MixingQnetwork、Weighted_MixingQnetwork、Qtran_MixingQnetwork、DCG_policy、Basic_DDPG_policy、MADDPG_policy 等。相关定义均位于./policy 子文件下。确定性策略不包含概率分布，因此不需要用到 distribution 工具。其包含的 Q 网络、执行网络和评价网络，均建立在状态表征网络基础上，利用本节第 4 部分中介绍的多层感知器模块实现。

6. Agent 类

1) 类初始化部分

Agent 类是智能体运行的核心程序，其包含强化学习算法运行所需要的全部元素，包括参数配置 (config)、日志记录模块 (writer)、经验回放池模块 (memory)、学习器模块 (learner)、优化器 (optimizer)、策略网络 (policy) 和实例化环境 (envs) 等。在类初始化程序中，将对这些模块进行实例化与参数配置，便于运行接下来的算法。

2) 观测、奖励归一化模块

为了便于神经网络训练，本软件考虑将观测数据和奖励值信息进行归一化处理，归一化函数分别为 _process_observation 和 _process_reward。用户可通过对 config.use_obsnorm 和 config.use_rewnorm 两个变量的设置，决定是否采取归一化处理。True 表示采取归一化处理，False 表示不进行归一化处理。

3) 动作输出函数

动作输出函数 _action() 是 Agent 类中的重要环节，智能体在环境中将根据该函数决定下一步采取什么样的动作，并计算出当前观测下状态表征网络提取出的状态特征，以及当前状态下的值函数输出结果。需要注意的是，不同算法的动作输出函数内容有所差异，其返回的变量也因各算法的需要而不同，但是均包含当前状态下智能体所应采取的动作信息。

4) 训练模块

训练模块 train() 是 Agent 类的主干部分，也是强化学习算法同环境进行交互并实现模型训练的核心环节。当程序进入该部分时，首先初始化回合数、奖励、得分等变量信息，并重置环境，接着便进入主循环，算法运行流程图如图 13.7 所示。

5) 学习器更新

学习器的更新程序，在 learner.update() 函数中。该部分是一个算法的核心部分，也是该算法区别于其他算法的主要环节，主要包括对采样数据的预处理，计算当前网络的输出，以及目标值等信息，构造出损失函数并利用 PyTorch、TensorFlow 或 MindSpore 中的优化器实现网络更新。

6) 测试模块

测试模块和训练模块的主要区别在于，测试模块不需要存储交互数据，也不

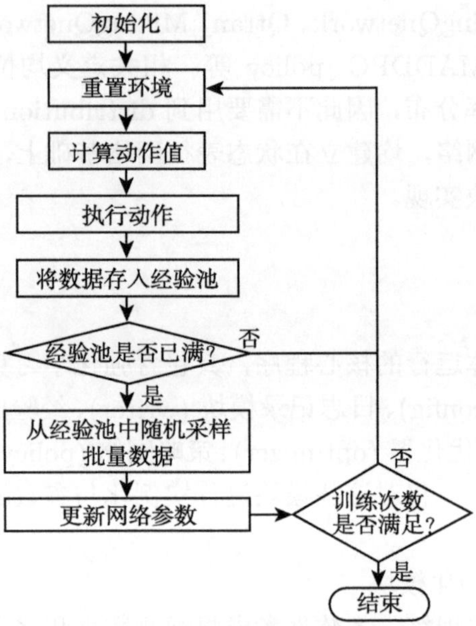

图 13.7 模型训练流程图

需要对模型参数进行更新和学习，但是需要在运行之前先加载已有的模型参数。在测试模块运行时，用户可观察到仿真环境的实际运行效果。

7. 学习器 Learner 类

1) 学习器功能介绍

Learner 类是每个 DRL 算法优化模型参数的关键部分，其初始化输入包含策略网络 (policy)、优化器 (optimizer)、日志模块 (summary_writer/wandb) 和模型存储地址 (modeldir) 等。Learner 类的主要功能是更新网络参数，在成员函数 update() 中加以实现，具体内容因算法而异。

2) 本软件支持的 Learner 列表

本软件包含 30 余种 DRL 算法，均支持 PyTorch、TensorFlow 和 MindSpore 三种编程框架，每种算法均对应一个 Agent 类和 Learner 类。其中，Agent 类主要负责智能体和环境交互、采集经验数据等功能，Learner 类主要负责计算损失并完成反向传播，更新神经网络权值。本软件支持的算法如表 13.2 所示。

表 13.2 本软件支持的算法列表

序号	Learner 名称	算法所属类别	支持的编程框架
1	Deep Q-Network - DQN	Value-based	PyTorch, TensorFlow, MindSpore
2	Double DQN	Value-based	PyTorch, TensorFlow, MindSpore
3	Duel DQN	Value-based	PyTorch, TensorFlow, MindSpore

续表

序号	Learner 名称	算法所属类别	支持的编程框架
4	Priority Replay Buffer - PerDQN	Value-based	PyTorch, TensorFlow, MindSpore
5	DQN with Quantile Regression - QRDQN	Value-based	PyTorch, TensorFlow, MindSpore
6	DQN with Parameter Space Noise for Exploration - NoisyDQN	Value-based	PyTorch, TensorFlow, MindSpore
7	Deep Recurrent Q-Netwrk - DRQN	Value-based	PyTorch, TensorFlow, MindSpore
8	Distributional Reinforcement Learning - C51DQN	Value-based	PyTorch, TensorFlow, MindSpore
9	Vanilla Policy Gradient - PG	Policy-based	PyTorch, TensorFlow, MindSpore
10	Phasic Policy Gradient - PPG	Policy-based	PyTorch, TensorFlow, MindSpore
11	Advantage Actor Critic - A2C	Policy-based	PyTorch, TensorFlow, MindSpore
12	Soft Actor-Critic based on Maximum Entropy - SAC	Policy-based	PyTorch, TensorFlow, MindSpore
13	Proximal Policy Optimization - PPO	Policy-based	PyTorch, TensorFlow, MindSpore
14	Deep Deterministic Policy Gradient - DDPG	Policy-based	PyTorch, TensorFlow, MindSpore
15	Twin Delayed Deep Deterministic Policy Gradient - TD3	Policy-based	PyTorch, TensorFlow, MindSpore
16	Parameterised Deep Q Network - P-DQN	Policy-based	PyTorch, TensorFlow, MindSpore
17	Multi-Pass Parameterised Deep Q Network - MP-DQN	Policy-based	PyTorch, TensorFlow, MindSpore
18	Split Parameterised Deep Q Network - SP-DQN	Policy-based	PyTorch, TensorFlow, MindSpore
19	Independent Q-learning - IQL	Multi-agent policy	PyTorch, TensorFlow, MindSpore
20	Value Decomposition Networks - VDN	Multi-agent policy	PyTorch, TensorFlow, MindSpore
21	Q-Mixing Networks - QMIX	Multi-agent policy	PyTorch, TensorFlow, MindSpore
22	Weighted Q-Mixing Networks - WQMIX	Multi-agent policy	PyTorch, TensorFlow, MindSpore
23	Q-Transformation - QTRAN	Multi-agent policy	PyTorch, TensorFlow, MindSpore
24	Deep Coordination Graphs - DCG	Multi-agent policy	PyTorch, TensorFlow, MindSpore
25	Independent Deep Deterministic Policy Gradient - IDDPG	Multi-agent policy	PyTorch, TensorFlow, MindSpore
26	Multi-Agent Deep Deterministic Policy Gradient - MADDPG	Multi-agent policy	PyTorch, TensorFlow, MindSpore
27	Multi-Agent Twin Delayed Deep Deterministic Policy Gradient - MATD3	Multi-agent policy	PyTorch, TensorFlow, MindSpore
28	Counterfactual Multi-Agent Policy Gradient - COMA	Multi-agent policy	PyTorch, TensorFlow, MindSpore
29	Independent Proximal Policy Optimization - IPPO	Multi-agent policy	PyTorch, TensorFlow, MindSpore
30	Multi-Agent Proximal Policy Optimization - MAPPO	Multi-agent policy	PyTorch, TensorFlow, MindSpore
31	Mean-Field Q-Learning - MFQ	Multi-agent policy	PyTorch, TensorFlow, MindSpore
32	Mean-Field Actor-Critic - MFAC	Multi-agent policy	PyTorch, TensorFlow, MindSpore
33	Independent Soft Actor-Critic - ISAC	Multi-agent policy	PyTorch, TensorFlow, MindSpore
34	Multi-agent Soft Actor-Critic - MASAC	Multi-agent policy	PyTorch, TensorFlow, MindSpore
35	Value Decomposition Actor-Critic - VDAC	Multi-agent policy	PyTorch, TensorFlow, MindSpore

13.3.3　软件使用说明

1. 模型训练方法

下面以 Linux 下软件的使用方法为例，详细说明本软件的使用步骤。

步骤 1：选择算法和仿真环境，编写 demo.py 主程序 (可任意命名)，如图 13.8 所示。

```
import argparse
from xuanpolicy import get_runner

def parse_args():
    parser = argparse.ArgumentParser("Run a demo.")
    parser.add_argument("--method", type=str, default="a2c")
    parser.add_argument("--env", type=str, default="classic_control")
    parser.add_argument("--env-id", type=str, default="Pendulum-v1")
    parser.add_argument("--test", type=int, default=0)
    parser.add_argument("--device", type=str, default="cuda:0")
    return parser.parse_args()

if __name__ == '__main__':
    parser = parse_args()
    runner = get_runner(method=parser.method,
                        env=parser.env,
                        env_id=parser.env_id,
                        parser_args=parser,
                        is_test=parser.test)
    runner.run()
```

图 13.8　demo.py 主程序代码

步骤 2：选择算法和运行环境，输入以下指令开始训练 (图 13.9 和图 13.10)。

```
$ python main.py --method dqn --env toy
```

图 13.9　运行训练程序

图 13.10 进度条结束，完成训练

步骤 3：运行如下 tensorboard 指令查看训练结果 (图 13.11)。

```
$ tensorboard --logdir logs/dqn_th/
```

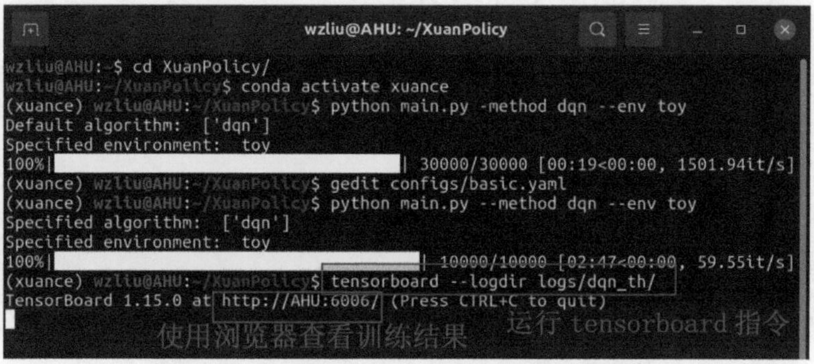

图 13.11 运行 tensorboard 查看训练结果

步骤 4：打开浏览器查看训练结果 (图 13.12)。

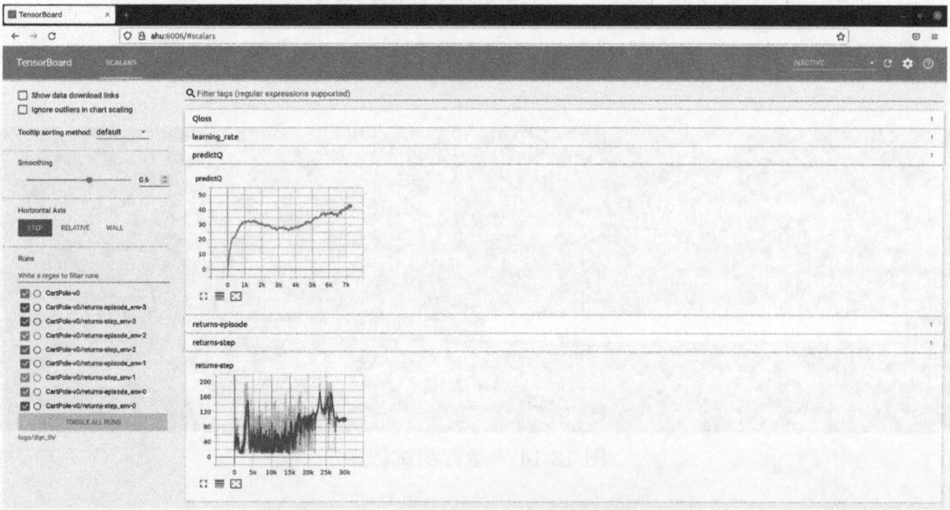

图 13.12 浏览器中观察到的训练曲线

2. 模型测试方法

步骤 1：修改本节中编写的 demo.py 文件，将 parse_args() 函数中的 test 变量默认值设为 1，或者在终端命令行后增加–test 1，从而激活测试模式。模型测试代码见图 13.13。

```
import argparse
from xuanpolicy import get_runner

def parse_args():
  parser = argparse.ArgumentParser("Run a demo.")
  parser.add_argument("--method", type=str, default="a2c")
  parser.add_argument("--env", type=str, default="classic_control")
  parser.add_argument("--env-id", type=str, default="Pendulum-v1")
  parser.add_argument("--test", type=int, default=1)   test 默认值设为 1
  parser.add_argument("--device", type=str, default="cuda:0")
  return parser.parse_args()

if __name__ == '__main__':
  parser = parse_args()
  runner = get_runner(method=parser.method,
             env=parser.env,
             env_id=parser.env_id,
             parser_args=parser,
             is_test=parser.test)
  runner.run()
```

图 13.13　模型测试代码

步骤 2：再次运行如下程序，开始测试 (图 13.14)。

```
$ python main.py --method dqn --env toy
```

图 13.14　运行测试程序

步骤 3：模型测试效果如图 13.15 所示，此处运行的是倒立摆仿真实验。

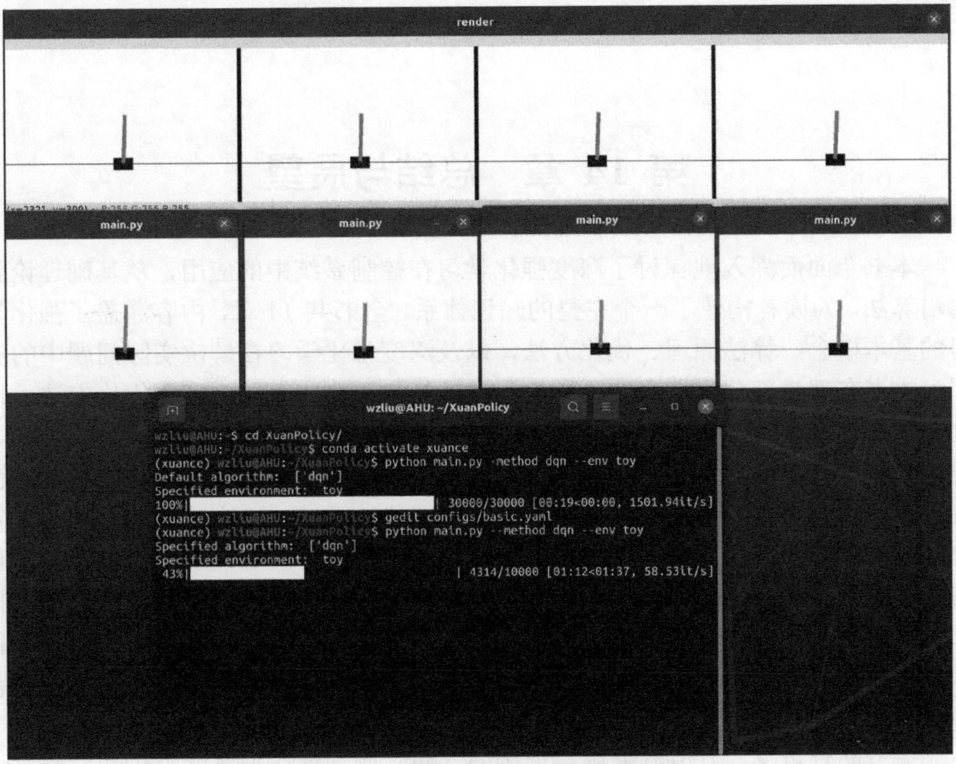

图 13.15 倒立摆仿真实验测试效果

13.4 本章小结

本章介绍了一些常用的深度强化学习仿真环境及任务，并介绍了玄策深度强化学习算法库平台。从目前来看，玄策是国际上首个同时支持 PyTorch、MindSpore 和 TensorFlow 的统一深度强化学习算法库，其中 MindSpore 是由华为公司推出的一款全栈、全场景的国产 AI 计算框架，这对国内外基于不同硬件平台的深度强化学习研究来说具有重要的意义，其算法设计思想也为更多平台下的算法库建设提供了重要的参考价值。该算法库现已在 GitHub 社区开源开放，开源链接：https://github.com/agi-brain/xuance.git。

第 14 章 总结与展望

本书全面而深入地探讨了深度强化学习在控制系统中的应用，从基础理论到前沿算法，为读者构建了一个完整的知识体系。全书共 14 章，内容涵盖了强化学习的基本概念、算法原理、优化方法，以及深度强化学习在解决实际问题中的应用。本书在理论部分详细介绍了强化学习的基本概念、算法原理和优化方法，特别强调了强化学习在解决输入受限、状态依赖输入约束、自治切换、受控切换等复杂系统控制问题时的优势。通过引入先进的算法和理论，本书为这些问题的解决提供了新的思路和方法。同时，书中还对多智能体强化学习进行了深入探讨，研究了多智能体系统中的协同控制、迁移学习和一致性控制等问题，为多智能体系统的研究和实践提供了有益的参考。在强化学习的应用部分，本书以飞行器控制和移动机器人导航与避障为例，详细介绍了强化学习在实际工程中的应用方法和效果。这些应用案例展示了强化学习在解决实际问题时的重要性和潜力，为读者提供了宝贵的实践经验和技术指导。

本书的亮点之一是对开源平台玄策的介绍，这一平台为深度强化学习的研究和实践提供了强有力的工具支持，进一步推动了强化学习技术的发展和应用。通过支持多种计算框架，如 PyTorch、MindSpore 和 TensorFlow，玄策为不同硬件平台上的研究提供了便利，同时也体现了国产 AI 计算框架在国际舞台上的竞争力。如今，深度强化学习已经在各个领域的应用中取得了显著的进展，尤其在机器人、自动驾驶等领域。但是深度强化学习模型最常见的缺点是通过人机合作技术与人类进行交互的能力差。如何使智能体与人类进行高效交互仍是一大挑战。在动态、开放的现实环境中，单靠人类智能无法进行大规模、高效率的正确决策，而单靠机器智能无法处理训练中未曾遇到的新情况，无法给出创造性的响应和决策。人在回路架构的进展可以与多智能体强化学习相结合，将人类智能与机器智能整合起来应对复杂问题。

无模型深度强化学习已经能够解决许多单智能体和多智能体领域的复杂问题。然而，这类方法需要大量样本和长时间学习才能达到良好的性能。基于模型的方法在样本效率、可转移性和通用性方面已经证明有效，可以在各种问题中使用单一或多智能体模型。尽管模型化方法的深度学习扩展最近在单智能体领域中进行了研究，但在多智能体领域中，这些扩展尚未被广泛研究。这一研究空白，可以发展成为基于模型的多智能体强化学习的研究方向。

随着现实场景的动态和任务需求的日益复杂，复杂异构大规模多智能体系统的强化学习控制成为本领域亟待应对的挑战。在传统的同质智能体的场景下，智能体拥有相同的状态和动作空间，以及领域知识和目标任务，通过集中化训练和分散式执行可以实现可扩展性。而在大规模异构智能体的场景中，如何提供最优解并在智能体之间实现有效的协调和合作策略，以最大限度地提高任务成功率是最关键的挑战。该问题在通信受限且涉及更多异构智能体的对抗环境中由于贡献分配问题的引入而变得更加困难。

总体而言，本书不仅为读者提供了深度强化学习控制领域的全面知识体系，而且通过介绍玄策等工具，为读者进入该领域的研究和实践提供了桥梁。随着人工智能技术的不断进步，深度强化学习在控制系统中的应用将更加广泛，本书的内容将为这一领域的发展提供坚实的理论基础和实践指导。